高等院校精品课程系列教材·省级

32位汇编语言程序设计

第2版

钱晓捷 编著

32-bit Assembly
Language Programming
Second Edition

机械工业出版社
China Machine Press

图书在版编目（CIP）数据

32 位汇编语言程序设计 / 钱晓捷编著 . —2 版 . —北京：机械工业出版社，2016.7
（2021.11 重印）
（高等院校精品课程系列教材）

ISBN 978-7-111-54335-0

I. 3… II. 钱… III. 汇编语言—程序设计—高等学校—教材 IV. TP313

中国版本图书馆 CIP 数据核字（2016）第 159889 号

本书以 32 位 Intel 80x86 处理器和个人计算机为硬件平台，基于 32 位 Windows 操作系统软件平台，借助微软 MASM 汇编程序讲解汇编语言程序设计。本书内容包括基本的汇编语言基础、常用处理器指令和汇编语言伪指令以及顺序、分支、循环、子程序结构，还包括扩展的 Windows 和 DOS 编程、与 C++ 语言的混合编程、输入输出指令及编程，并涉及浮点、多媒体及 64 位指令等方面。

本书可以作为普通高校"汇编语言程序设计"等课程的教材或参考书，适合计算机、电子、通信和自控等电类专业的本科学生以及软件学院、计算机等电类专业的高职学生、成教学生阅读，同时也适合作为计算机应用开发人员和希望深入学习汇编语言的读者的极佳参考书。

出版发行：机械工业出版社（北京市西城区百万庄大街 22 号　邮政编码：100037）

责任编辑：迟振春　　　　　　　　　　　　　责任校对：殷　虹

印　　刷：北京文昌阁彩色印刷有限责任公司　版　　次：2021 年 11 月第 2 版第 5 次印刷

开　　本：185mm×260mm　1/16　　　　　印　　张：17.75

书　　号：ISBN 978-7-111-54335-0　　　　　定　　价：45.00 元

随着计算机技术的发展，国内高校师生希望能够在 32 位 Windows 操作系统平台学习汇编语言，但如何面向初学者实施教学却面临诸多难点。于是，我们结合近年来的 32 位汇编语言教学实践编写了本书。

本书具有以下特色。

1. 简单易用的开发环境

目前，32 位 Windows 平台的汇编语言编程主要使用 MASM32 和 Visual C++ 集成化开发系统，但它们都略显复杂和庞大，不适合初学者（本书将此内容安排在第 6 章和第 7 章）。为此，本书构建了一个简单易用的开发环境（详见第 1 章），无须安装和配置，直接复制就可使用。它支持 32 位 Windows 控制台和 16 位 DOS 环境，提供 MASM 汇编程序、连接程序、WinDbg 和 CodeView 调试程序及其帮助文档、配套输入输出子程序库及方便操作的批处理文件等。

2. 重点明确的教学内容

汇编语言的教学目的是从软件角度理解计算机硬件工作原理，为相关课程提供基础知识，同时让读者全面认识程序设计语言，体会低层编程特点，以便更好地应用高级语言。为此，本书不是详尽展开所有处理器指令、全部汇编伪指令，而是选择处理器通用的基本指令和反映汇编语言特色的常用伪指令；没有引出复杂的程序格式，而是侧重编程思想和技术。这样一方面能够降低教学难度、易于学生掌握，另一方面使得教学内容更加实用、便于学生实际应用。

3. 突出实践的教学过程

本书以约 70 个示例程序和 60 个习题程序贯穿教学内容。第 1 章在介绍必要的寄存器和存储器知识后，就引出汇编语言开发环境，介绍汇编语言的语句格式、源程序框架和开发方法，并利用简单易用的输入输出子程序编写具有显示结果的程序。第 2 章结合数据编码、常量定义和变量应用，自然地引出常用伪指令。第 3 章分类学习处理器基本指令，逐渐编写特定要求的程序片段。第 4~9 章以程序结构为主线，围绕数码转换子程序，结合 Windows 编程、混合编程、DOS 和 I/O 编程、浮点指令，从简单到复杂逐步编写具有实用价值的应用程序。

4. 循序渐进的教学原则

为了便于学生理解和掌握，且便于教师实施教学，本书以"循序渐进、难点分散、前后对照"为原则，努力做到"语言浅显、描述详尽、图表准确"。本书内容编排精彩纷呈，例如，将处理器指令和汇编伪指令分散于各个教学内容之中，引出列表文件暂时避开调试程序，用简单的子程序库化解系统调用的烦琐；程序具有交互性和趣味性，适当对比高级语言，并展示底层工作原理；每章都编制丰富的习题，满足课外练习、上机实践和试题组织的需要。

为了更好地服务于广大师生和读者，编者开辟了"大学微机技术系列课程教学辅助网站"（http://www5.zzu.edu.cn/qwfw）。该网站面向"汇编语言程序设计"和"微机原理及接口技术"课程，提供相关教学课件（电子教案）、教学大纲、教材勘误、疑难解答、输入输出子程序库、示例源程序文件等辅助资源，是本教材的动态延伸。

相对于第1版教材，第2版的总体结构和主体内容没有改变，主要针对教学过程中师生反馈的问题增加了更加详尽的讲解。具体来说，修订如下：

1）修改最大的是第4章，增加了示例程序的流程图和说明，使得读者更容易理解汇编语言的特点和程序结构，掌握汇编语言的编程技巧。

2）第2章和第4章特别加入了对各种寻址方式的图示，利于读者理解这些概念。

3）第3章重点展开了MOV指令，让读者清晰地理解指令对不同数据长度（整数类型）的支持。

4）对第1~5章和第9章部分知识点进行补充说明，对全书各个章节中发现的个别错误进行修正。

本书由郑州大学信息工程学院钱晓捷编著，并得到了张青、穆玲玲、关国利、程楠、姚俊婷等同事的帮助，衷心感谢他们的支持。

编　者

2016年4月

汇编语言课程主要有每周 4 授课学时（总学时 68）和每周 3 授课学时（总学时 51）两种教学方案，并配合足够的上机实践学时。结合本书内容，各章学时安排参见下表，表中各章内容简介用于提示教学重点。

目　录	内 容 简 介	学时（68）	学时（51）
第 1 章 汇编语言基础	在了解软硬件开发环境的基础上，熟悉通用寄存器和存储器组织，掌握汇编语言的语句格式、程序框架和开发方法	4	4
第 2 章 数据表示和寻址	在理解计算机如何表达数据的基础上，熟悉汇编语言中如何使用常量和变量，掌握利用处理器指令寻址数据的方式	8	6
第 3 章 通用数据处理指令	熟悉 IA-32 处理器数据传送、算术运算、逻辑运算和移位操作等基本指令，通过程序片段掌握指令功能和编程应用	8	8
第 4 章 程序结构	以顺序、分支和循环程序结构为主线，结合数值运算、数组处理等示例程序，掌握控制转移指令以及编写基本程序的方法	12	10
第 5 章 模块化程序设计	以子程序结构为主体，围绕数码转换实现键盘输入和显示输出示例程序，掌握子程序、文件包含、宏汇编等多模块编程的方法	12	8
第 6 章 Windows 编程	熟悉汇编语言调用 API 函数的方法，掌握控制台输入输出函数。熟悉 MASM 的高级特性，理解 Windows 图形窗口程序的编写	10	6
第 7 章 与 Visual C ++ 混合编程	掌握嵌入汇编和模块连接进行混合编程的方法，理解堆栈帧的作用，熟悉汇编语言调用高级语言函数的方法和开发、调试过程	6	4
第 8 章 DOS 环境程序设计	熟悉 DOS 应用程序的特点和 DOS 功能调用，掌握串操作指令和输入输出指令及应用，理解初始化编程、中断控制编程方法	6	4
第 9 章 浮点、多媒体及 64 位指令	熟悉浮点数据格式、多媒体数据格式及 64 位编程环境的特点，了解浮点操作、多媒体操作和 64 位指令	2	1

目 录

汇编语言基础

程序设计语言是人与计算机沟通的语言，程序员利用它进行软件开发。通常人们习惯使用类似自然语言的高级程序设计语言，如 C、C++、Basic、Java 等。高级语言需要翻译为计算机能够识别的指令（机器语言），才能被计算机执行。机器语言是一串 0 和 1 组成的二进制代码，对程序员来说晦涩难懂，称为低级语言。将二进制代码的指令和数据用便于记忆的符号（助记符，Mnemonic）表示就形成汇编语言（Assembly），所以汇编语言是一种面向机器的低级程序设计语言，也称为低层语言。

本章首先介绍汇编语言的硬件基础：Intel 80x86 系列处理器和个人计算机，然后是软件基础：Windows 操作系统和微软 MASM 汇编程序，接着讲解汇编语言的意义，最后学习汇编语言的程序格式，并编写第一个汇编语言程序。

1.1 Intel 80x86 系列处理器

汇编语言的主体是处理器指令。处理器（Processor）是计算机的运算和控制核心，也常称为中央处理单元（Central Processing Unit，CPU）。微型计算机中的处理器常采用一块大规模集成电路芯片，称之为微处理器（Microprocessor），它代表着整个微型计算机系统的性能。所以，通常将采用微处理器为核心构造的计算机称为微型计算机。

微型计算机（Microcomputer）是我们最常使用的一类计算机，在科学计算、信息管理、自动控制、人工智能等领域有着广泛的应用。工作、学习和娱乐中使用的个人计算机（PC）是我们最熟悉也是最典型的微型计算机。

美国 Intel（英特尔）公司是目前世界上最有影响的处理器生产厂家，也是世界上第一个微处理器芯片的生产厂家，其生产的 Intel 80x86 系列处理器一直是个人计算机的主流处理器。

1.1.1 16 位 80x86 处理器

1971 年，Intel 公司生产的 4 位处理器芯片 4004 宣告了微型计算机时代的到来。1972 年，Intel 公司开发了 8 位处理器 8008 芯片；1974 年，生产了 Intel 8080；1977 年，Intel 公司将8080 及其支持电路集成在一块集成电路芯片上，形成了性能更高的 8 位处理器 8085。从 1978年开始，Intel 公司在其 8 位处理器基础上，陆续推出了 16 位结构的 8086、8088 和 80286（也可以表示成 Intel 286，本书采用 80286 这种形式）等处理器，它们在 IBM PC 系列机中获得广泛应用，被称为 16 位 80x86 处理器。

1. 8086

1978 年，Intel 公司推出 16 位 8086 处理器，这是该公司生产的第一个 16 位芯片。8086 的数据总线为 16 位，地址总线为 20 位，主存容量为 1MB，时钟频率为 5MHz。8086 支持的所有指令，即指令系统（Instruction Set）成为整个 Intel 80x86 系列处理器的 16 位基本指令集。

为了方便与当时的 8 位外部设备连接，1979 年，Intel 公司推出准 16 位处理器 8088。8088 只是将外部数据总线设计为 8 位，内部仍保持 16 位结构，指令系统等都与 8086 相同。随后的 80186 和 80188 则分别是以 8086 和 8088 为核心并配以支持电路构成的芯片，但它们在 8086 指令系统的基础上增加了若干条实用指令，涉及堆栈操作、输入输出指令、移位指令、乘法指令、支持高级语言的指令。

2. 80286

1982 年，Intel 公司推出仍为 16 位结构的 80286 处理器，但地址总线扩展为 24 位，即主存储器具有 16MB 容量。80286 设计了与 8086 工作方式一样的实方式（Real Mode），还新增了保护方式（Protected Mode）。在实方式下，80286 相当于一个快速 8086。在保护方式下，80286 提供了存储管理、保护机制和多任务管理的硬件支持。为支持保护方式，80286 引入了系统指令，为操作系统等核心程序提供处理器控制功能。

1.1.2　IA-32 处理器

IBM PC 系列机的广泛应用推动了处理器芯片的生产。Intel 公司在推出 32 位结构的 80386 处理器后，明确宣布 80386 芯片的指令集结构（Instruction Set Architecture，ISA）为以后开发的 80x86 系列处理器的标准，称为 Intel 32 位结构（Intel Architecture-32，IA-32）。现在，Intel 公司的 80386、80486 以及 Pentium 各代处理器统称为 IA-32 处理器或 32 位 80x86 处理器。

1. 80386

1985 年，Intel 80x86 处理器进入第三代 80386。80386 处理器采用 32 位结构，数据总线为 32 位，地址总线也是 32 位，可寻址 4GB（$1GB = 2^{30} B = 1024MB$）主存，时钟频率有 16MHz、25MHz 和 33MHz。IA-32 指令系统在兼容原 16 位 80286 指令系统的基础上，全面升级为 32 位，还新增了有关位操作、条件设置等指令。

80386 除保持与 80286 兼容外，又提供了虚拟 8086 工作方式（Virtual 8086 Mode）。虚拟 8086 方式是在保护方式下的一种特殊状态，类似于 8086 工作方式但又接受保护方式的管理，能够模拟多个 8086 处理器。32 位 PC 的 Windows 操作系统采用保护方式，其 MS-DOS 命令行（环境）就是虚拟 8086 方式，而早期采用的 DOS 操作系统是以实方式为基础建立的。

2. 80486

1989 年，Intel 公司推出 80486 处理器。它的内部集成了 120 万个晶体管，最初的时钟频率为 25MHz，很快发展到 33MHz 和 50MHz。从结构上来说，80486 = 80386 + 80387 + 8KB Cache，即 80486 把 80386 处理器与 80387 数学协处理器和 8KB 高速缓冲存储器（Cache）集成在一个芯片上，使处理器的性能大大提高。

传统上，中央处理单元 CPU 主要是整数处理器。为了协助处理器处理浮点数据（实数），Intel 公司设计了数学协处理器，后被称为浮点处理单元（Floating-point Processing Unit，FPU）。配合 8086 和 8088 整数处理器的数学协处理器是 8087，配合 80286 的是 80287，配合 80386 的是 80387。而从 80486 开始，FPU 已经被集成到处理器中。这样，IA-32 处理器的指令系统也就包含了浮点指令，能够直接支持对浮点数据的处理。

3. Pentium 系列

Pentium 芯片应该称为 80586 处理器，因为数字很难进行商标版权保护而特意取名。其实，

Pentium 是源于希腊文"pente"（数字 5），再加上后缀-ium（化学元素周期表中命名元素常用的后缀）变化而来的。同时，Intel 公司为其取了一个响亮的中文名称"奔腾"，并进行了商标注册。

Intel 公司于 1993 年制造成功 Pentium，于 1995 年正式推出 Pentium Pro（原来被称为 P6，中文名称为"高能奔腾"）。在处理器结构上，Pentium 主要引入了超标量（Superscalar）技术，Pentium Pro 主要采用了动态执行技术来提升处理器性能。它们增加了若干条整数指令，完善了浮点指令。

前面所述的各代 IA-32 处理器都新增了若干实用指令，但非常有限。为了顺应微机向多媒体和通信方向发展，Intel 公司及时在其处理器中加入了多媒体扩展（MultiMedia eXtension，MMX）技术。MMX 技术于 1996 年正式公布，它在 IA-32 指令系统中新增了 57 条整数运算多媒体指令，可以用这些指令对图像、音频、视频和通信方面的程序进行优化，使微机对多媒体的处理能力较原来有了大幅度提升。MMX 指令应用于 Pentium 处理器就是 Pentium MMX（多能奔腾）。MMX 指令应用于 Pentium Pro 处理器就是 Pentium Ⅱ，它于 1997 年推出。

1999 年，针对互联网和三维多媒体程序的应用要求，Intel 公司在 Pentium Ⅱ 的基础上又新增了 70 条 SSE（Streaming SIMD Extensions）指令（原称为 MMX-2 指令），开发了 Pentium Ⅲ。SSE 指令侧重于浮点单精度多媒体运算，极大地提高了浮点 3D 数据的处理能力。SSE 指令类似于 AMD 公司发布的 3D Now！指令。由于这些多媒体指令具有显著的单指令多数据（Single Instruction Multiple Data，SIMD）处理能力，即一条指令可以同时进行多组数据的操作，所以现在统称为 SIMD 指令。

2000 年 11 月，Intel 公司推出 Pentium 4，它新增了 76 条 SSE2 指令集，侧重于增强浮点双精度多媒体运算能力。2003 年，新一代 Pentium 4 处理器又新增了 13 条 SSE3 指令，用于补充、完善 SIMD 指令集。

1.1.3　Intel 64 处理器

随着互联网、多媒体、3D 视频等的发展，信息时代的应用对计算机性能提出了越来越高的要求，32 位单核处理器已不能适应这一要求。

1. Intel 64 结构

一直以来，80x86 处理器的更新换代都保持与早期处理器的兼容，以便继续使用现有的软硬件资源。但是，Intel 公司迟迟不愿将 80x86 处理器扩展为 64 位，这给了 AMD 公司一个机会。AMD 公司是生产 IA-32 处理器兼容芯片的厂商，是 Intel 公司最主要的竞争对手。AMD 公司的 IA-32 兼容处理器，其价格低于 Intel，但性能却没有超越 Intel。于是，AMD 公司于 2003 年 9 月率先推出支持 64 位、兼容 80x86 指令集结构的 Athlon 64 处理器（K8 核心），将桌面 PC 引入了 64 位领域。

2005 年，在 PC 用户对 64 位技术的企盼和 AMD 公司 64 位处理器的压力下，Intel 公司推出了扩展存储器 64 位技术（Extended Memory 64 Technology，EM64T）。EM64T 技术是 IA-32 结构的 64 位扩展，首先应用于支持超线程技术的 Pentium 4 终极版（支持双核技术）和 6xx 系列 Pentium 4 处理器。随着 EM64T 技术的出现，IA-32 指令系统也扩展成为 64 位，称为 Intel 64 结构。这之后的 Pentium 4 处理器、Pentium E 系列多核处理器、酷睿（Core）2 和酷睿 i 系列多核处理器等都支持 Intel 64 结构。

Intel 64 结构为软件提供了 64 位线性地址空间，支持 40 位物理地址空间。IA-32 处理器支持保护方式（含虚拟 8086 方式）、实地址方式和系统管理 SMM 方式，Intel 64 结构则引入了一个新的工作方式：32 位扩展工作方式（IA-32e）。IA-32e 除有一个运行 32 位和 16 位软件的兼容方式外，还有一个 64 位方式。在 64 位工作方式下，允许 64 位操作系统运行存取 64 位地址空间的应用程序，还可以存取 8 个附加的通用寄存器、8 个附加的 SIMD 多媒体寄存器、64 位通用寄存器和 64 位指令指针等。

2. 多核技术

单纯以提高时钟频率等增加处理器复杂度的传统方法已经很难提升处理器性能，传统方法还带来功耗剧增、发热量巨大的问题。于是，多核（Multi-core）技术应运而生。多核处理器是在一个集成电路芯片上制作了两个或多个处理器执行核心，依靠多个处理器核心相互协作同时执行多个程序线程提升性能。基于不同的处理器内部结构，Intel 公司推出了多款多核处理器，目前主要是 Intel 奔腾 E 系列多核处理器、酷睿 2 和酷睿 i 系列多核处理器。

另一方面，SSE 系列指令集继续丰富，酷睿 2 补充了 SSE3 指令（即 32 条 SSSE3 指令），又推出增加了 54 条指令的 SSE4 指令集。其中，47 条指令在 Intel 公司面向服务器领域的至强（Xeon）5400 系列和酷睿 2 至尊版 QX9650 中引入，称为 SSE4.1 指令，这些指令致力于提升多媒体、3D 处理等的性能；其余 7 条指令称为 SSE4.2 指令。

Intel 酷睿 2 系列之后是酷睿 i 系列处理器，并面向高中低端市场分成 i7、i5 和 i3 系列。酷睿 i 系列处理器支持大容量第 3 级高速缓冲存储器（L3 Cache），内部集成主存控制器和图形处理器（显示卡）等，性能进一步提升。例如，2013 年推出的第 4 代 i7 系列具有 4 个处理器核心，支持 8 个线程，时钟频率可达 3.90GHz，L3 Cache 可达 8MB，集成 Intel HD Graphics 4600 图形处理器。

另外，为了满足移动设备（笔记本电脑和智能手机）的低功耗需要，Intel 公司从 2008 年开始推出 Atom（凌动）处理器。例如，2013 年推出的 E3858 凌动处理器，具有两个处理器核心，时钟频率可达 1.91GHz，L3 Cache 可达 2MB，集成 Intel HD Graphics 图形处理器，功耗 10W。

Intel 公司充分利用集成电路生产的先进技术和处理器结构的革新技术，推出了多种 Intel 80x86 系列处理器芯片。就目前的发展来看，Intel 公司正在利用单芯片多处理器技术生产双核、4 核等多核处理器，并逐渐推广支持 64 位处理器和 64 位软件的个人计算机。

1.2 个人计算机系统

计算机系统包括硬件和软件两大部分。硬件（Hardware）是指构成计算机的实在的物理设备，是我们看得见、摸得着的物体，就像人的躯体一样。软件（Software）一般是指在计算机上运行的程序（广义的软件还包括由计算机管理的数据和有关的文档资料），是我们指示计算机工作的命令，就像人的思想一样。

1.2.1 硬件组成

源于冯·诺伊曼设计思想的计算机由 5 大部件组成：控制器、运算器、存储器、输入设备和输出设备。控制器是整个计算机的控制核心；运算器是对信息进行运算处理的部件；存储器是用来存放数据和程序的部件。输入设备将数据和程序转换成计算机内部所能识别和接受的信息方式，并顺序地把它们送入存储器中；输出设备将计算机处理的结果以人们或其他机器能接受的形式送出。

现代计算机在很多方面都对冯·诺伊曼计算机结构进行了改进，例如，在现代计算机中，5 大部件成为 3 个硬件子系统：处理器、存储系统和输入输出系统。处理器（中央处理单元，CPU）包括运算器和控制器，是信息处理的中心部件。存储系统由寄存器、高速缓冲存储器、主存储器和辅助存储器构成层次结构。处理器和存储系统在信息处理中起主要作用，是计算机硬件的主体部分，通常被合称为"主机"。输入（Input）设备和输出（Output）设备统称为外部设备，简称为外设或 I/O 设备。输入输出系统的主体是外设，还包括外设与主机之间相互连接的接口电路。

为简化各个部件的相互连接，现代计算机广泛应用总线结构，参见图 1-1。采用总线连接系统中的各个功能部件使得计算机系统具有组合灵活、扩展方便的特点。

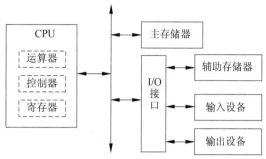

图 1-1　计算机系统的硬件组成

1. 处理器

计算机的核心是处理器（CPU），微型计算机中也常称为微处理器。它是采用大规模集成电路技术生产的半导体芯片，芯片内集成了控制器、运算器和若干高速存储单元（即寄存器）。高性能处理器内部非常复杂，例如，运算器中不仅有基本的整数运算器，还有浮点处理单元甚至多媒体数据运算单元；控制器还会包括存储管理单元、代码保护机制等。处理器及其支持电路构成了计算机系统的处理和控制中心，对系统的各个部件进行统一的协调和控制。

16 位 IBM PC 系列机采用 16 位 80x86 处理器，32 位 PC 则采用 IA-32 处理器或其兼容芯片（如 AMD 公司的系列处理器）。

2. 存储器

存储器（Memory）是存放程序和数据的部件。存储系统由处理器内部的寄存器（Register）、高速缓冲存储器、主板上的主存储器和以外设形式出现的辅助存储器构成。

主存储器（简称主存或内存）由半导体存储器芯片组成，安装在机器内部的电路板上，相对辅助存储器来说，主存储器造价高、速度快，但容量小，主要用来存放当前正在运行的程序和正待处理的数据。辅助存储器（简称辅存或外存）主要由磁盘、光盘存储器等构成，以外设的形式安装在机器上，相对主存储器来说，辅助存储器造价低、容量大、信息可长期保存，但速度慢，主要用来长久保存程序和数据。

从读写功能来区分，存储器分为可读可写的随机存取存储器（Random Access Memory，RAM）和只读存储器（Read Only Memory，ROM）。构成主存时既需要 RAM 也需要 ROM，但注意半导体 RAM 芯片在断电后原存放信息将会丢失，而 ROM 芯片中的信息可在断电后长期保存。

个人计算机的主存由半导体存储芯片 ROM 和 RAM 构成。ROM 部分主要是固化的 ROM-BIOS。BIOS（Basic Input/Output System）表示"基本输入输出系统"，是 PC 软件系统最底层的程序。它由诸多子程序组成，主要用来驱动和管理诸如键盘、显示器、打印机、磁盘、时钟、串行通信接口等基本的输入输出设备。操作系统通过对 BIOS 的调用驱动各硬件设备，用户也可以在应用程序中调用 BIOS 中的许多功能。

ROM 空间还包含机器复位后初始化系统的程序，它将操作系统引导到 RAM 空间执行。在 16 位 PC 系列机时代，RAM 容量是 64KB 或 1MB。32 位 PC RAM 容量从最初的 4MB，逐渐发展到 2010 年的 2GB 或 4GB。由于大量应用程序都需要 RAM 主存空间，因此 PC 的主存主要由 RAM 构成，俗称内存条。

3. 外部设备

外部设备是指计算机上配备的输入设备和输出设备，也称 I/O 设备或外围设备（简称外设，Peripheral），其作用是让用户与计算机实现交互。

个人计算机上配置的标准输入设备是键盘，标准输出设备是显示器，二者合称为控制台（Console）。个人计算机还可选择鼠标器、打印机、扫描仪等 I/O 设备。作为外部存储器驱动装置的磁盘驱动器，既是输出设备又是输入设备。

由于各种外设的工作速度、驱动方法差别很大，无法与处理器直接匹配，所以不可能将它们直接连接到主机上。这就需要有一个 I/O 接口来充当外设和主机间的桥梁，通过该接口电路来完成信号变换、数据缓冲、联络控制等工作。在个人计算机中，较复杂的 I/O 接口电路常制成独立的电路板，也常称为接口卡（Card），使用时将其插在主板上。

4. 系统总线

总线（Bus）是用于多个部件相互连接、传递信息的公共通道，物理上就是一组共用导线。例如，处理器芯片的对外引脚（Pin）常称为处理器总线。这里的系统总线（System Bus）是指计算机系统中主要的总线，例如，处理器与存储器和 I/O 设备进行信息交换的公共通道。

16 位 PC 采用 16 位工业标准结构（Industry Standard Architecture，ISA）系统总线连接各个功能部件。32 位 PC 使用外设部件互连（Peripheral Component Interconnect，PCI）总线连接 I/O 接口卡。系统总线除了作为主板上处理器、主存和 I/O 接口的公共通道外，主板上还设置有许多系统总线插槽，主要用于插接 I/O 接口电路以扩充系统连接的外设，故被称为 I/O 通道。

对汇编语言程序员来说，处理器、存储器和外部设备依次被抽象为寄存器、存储器地址和输入输出地址，因为编程过程中只能通过寄存器和地址实现处理器控制、存储器和外设的数据存取和处理等操作。下面具体学习 IA-32 处理器的寄存器和存储器组织，而输入输出地址将在 8.3 节"输入输出程序设计"中介绍。

1.2.2　寄存器

处理器内部需要高速存储单元，用于暂时存放程序执行过程中的代码和数据，这些存储单元称为寄存器（Register）。处理器内部设计有多种寄存器，每种寄存器又可能有多个，从应用的角度可以将这些寄存器分成两类：透明寄存器和可编程寄存器。

有些寄存器对应用人员来说不可见，不能直接控制，例如，保存指令代码的指令寄存器，所以称它们为透明寄存器。这里的"透明"（Transparency）是计算机学科中常用的一个专业术语，表示实际存在但从某个角度看好像没有，运用"透明"思想可以使我们抛开不必要的细节，而专注于关键问题。

底层语言程序员需要掌握可编程（Programmable）寄存器，它们具有引用名称，供编程使用，可编程寄存器还可以进一步分成通用寄存器和专用寄存器两类：

- 通用寄存器：这类寄存器在处理器中数量较多、使用频度较高，具有多种用途。例如，它们可用来存放指令需要的操作数据，又可用来存放地址以便在主存或 I/O 接口中指定操作数据的位置。
- 专用寄存器：这类寄存器只用于特定目的。例如，程序计数器（Program Counter，PC）用于记录将要执行指令的主存地址，标志寄存器用于保存指令执行的辅助信息。

IA-32 处理器通用指令（整数处理指令）的基本执行环境包括 8 个 32 位通用寄存器、6 个 16 位段寄存器、1 个 32 位标志寄存器和 1 个 32 位指令指针寄存器，如图 1-2 所示（图中数字 31、15、7、0 等依次用于表达二进制位 D_{31}、D_{15}、D_7、D_0）。

1. 通用寄存器

通用寄存器（General-Purpose Register）一般是指处理器最常使用的整数通用寄存器，可用于保存整数数据、地址等。IA-32 处理器只有 8 个 32 位通用寄存器，数量有限。

IA-32 处理器的 8 个 32 位通用寄存器分别被命名为 EAX、EBX、ECX、EDX、ESI、EDI、EBP 和 ESP，它们是在原 8086 支持的 16 位通用寄存器的基础上扩展而得到的。上述 8 个名称中去掉表达扩展含义的字母 E（Extended），就是 8 个 16 位通用寄存器的名称：AX、BX、CX、DX、SI、DI、BP 和 SP，分别表示相应 32 位通用寄存器低 16 位部分。其中前 4 个通用寄存器 AX、BX、CX 和 DX 还可以进一步分成高字节 H（High）和低字节 L（Low）两部分，这样又有

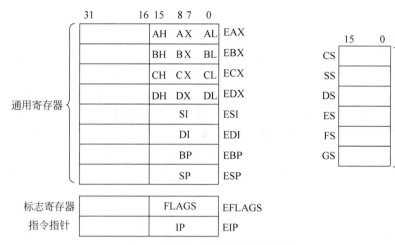

图 1-2　IA-32 常用寄存器

了 8 个 8 位通用寄存器：AH 和 AL、BH 和 BL、CH 和 CL、DH 和 DL。

编程中可以使用 32 位寄存器（如 ESI），也可以只使用其低 16 位部分（名称中去掉字母 E，如 SI，多用在 16 位平台和操作 16 位数据时）。对前 4 个 32 位通用寄存器（如 EAX），可以使用全部 32 位：$D_{31} \sim D_0$（EAX），可以使用低 16 位：$D_{15} \sim D_0$（AX），还可以将低 16 位再分成两个 8 位使用：$D_{15} \sim D_8$（AH）和 $D_7 \sim D_0$（AL）。注意，存取 16 位寄存器时，相应的 32 位寄存器的高 16 位不受影响；存取 8 位寄存器时，相应的 16 位和 32 位寄存器的其他位也不受影响。这样，Intel 80x86 处理器一方面保持了相互兼容，另一方面也可以方便地支持 8、16 和 32 位操作。

通用寄存器是多用途的，可以保存数据、暂存运算结果，也可以存放存储器地址、作为变量的指针。但在 IA-32 处理器中每个寄存器又有它们各自的特定作用，并因而得名。程序中通常也按照其含义使用它们，如表 1-1 所示。

表 1-1　IA-32 处理器的通用寄存器

寄存器名称	中英文含义	作用
EAX	累加器（Accumulator）	使用频度最高，用于算术运算、逻辑运算以及与外设传送信息等
EBX	基址寄存器（Base Address Register）	常用来存放存储器地址，以方便指向变量或数组中的元素
ECX	计数器（Counter）	常作为循环操作等指令中的计数器
EDX	数据寄存器（Data Register）	可用来存放数据，其中低 16 位 DX 常用来存放外设端口地址
ESI	源变址寄存器（Source Index Register）	用于指向字符串或数组的源操作数
EDI	目的变址寄存器（Destination Index Register）	用于指向字符串或数组的目的操作数
EBP	基址指针寄存器（Base Pointer Register）	默认情况下指向程序堆栈区域的数据，主要用于在子程序中访问通过堆栈传递的参数和局部变量
ESP	堆栈指针寄存器（Stack Pointer Register）	专用于指向程序堆栈区域顶部的数据，在涉及堆栈操作的指令中会自动增加或减少

许多指令有两个操作数：源操作数和目的操作数。

- 源操作数是指被传送或参与运算的操作数。
- 目的操作数是指保存传送结果或运算结果的操作数。

堆栈（Stack）是一个特殊的存储区域，它采用先进后出（First In Last Out，FILO）或称为后进先出（Last In First Out，LIFO）的操作方式存取数据。调用子程序时，它用于暂存数据、传递参数、存放局部变量，也可以用于临时保存数据。堆栈指针会随着处理器执行有关指令自动增大或减小，所以 ESP 不应该再用于其他目的，这样，ESP 可归类为专用寄存器，但是，ESP 又可以像其他通用寄存器一样灵活地改变。

2. 标志寄存器

标志（Flag）用于反映指令执行结果或控制指令执行形式。许多指令执行之后将影响有关的状态标志位，不少指令的执行要利用某些标志，当然，也有很多指令与标志无关。处理器中用一个或多个二进制位表示一种标志，其 0 或 1 的不同组合表示标志的不同状态。Intel 8086 支持的标志形成了一个 16 位的标志寄存器 FLAGS。以后各代 80x86 处理器有所增加，形成了 32 位的 EFLAGS 标志寄存器，如图 1-3 所示（图上方的数字表示该标志在标志寄存器中的位置）。EFLAGS 标志寄存器包含一组状态标志、一个控制标志和一组系统标志，其初始状态为 00000002H（也就是 D_1 位为 1，其他位全部为 0。H 表示这是用十六进制表达的数据），其中 1、3、5、15 和 22~31 位被保留，软件不应该使用它们或依赖于这些位的状态。

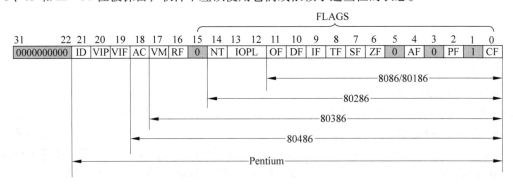

图 1-3　标志寄存器 EFLAGS

（1）状态标志

状态标志是最基本的标志，用来记录指令执行结果的辅助信息。加减运算和逻辑运算指令是主要设置状态标志的指令，其他有些指令的执行也会相应地设置它们。状态标志有 6 个，处理器主要使用其中 5 个构成各种条件，分支指令判断这些条件实现程序分支。从低位到高位依次是：进位标志 CF（Carry Flag）、奇偶标志 PF（Parity Flag）、调整标志 AF（Adjust Flag）、零标志 ZF（Zero Flag）、符号标志 SF（Sign Flag）、溢出标志 OF（Overflow Flag）。

（2）控制标志

IA-32 处理器只有一个控制标志：方向标志 DF（Direction Flag），该标志仅用于串操作指令中，控制地址的变化方向。

（3）系统标志

系统标志用于控制操作系统或核心管理程序的操作方式，应用程序不应该修改它们。例如，中断允许标志 IF（Interrupt-enable Flag）或简称中断标志，用于控制外部可屏蔽中断是否可以被处理器响应。再如，陷阱标志 TF（Trap Flag）也常称为单步标志，用于控制处理器是否进入单步操作方式。

8086 具有 9 个基本标志，后续处理器增加的标志主要用于处理器控制，由操作系统使用，在学习指令时将会涉及它们的具体用法。其中状态标志比较关键，它是汇编语言程序设计中必须特别注意的一个方面。

3. 指令指针寄存器

程序由指令组成，指令存放在主存储器中。处理器需要一个专用寄存器表示将要执行的指令在主存的位置，这个位置用存储器地址表示。在 IA-32 处理器中，存储器地址保存在 32 位指令指针寄存器 EIP 中。16 位 80x86 处理器使用低 16 位部分 IP。

EIP 具有自动增量的能力。处理器执行完一条指令，EIP 就加上该指令的字节数，指向下一条指令，实现程序的顺序执行。需要实现分支、调用等操作时要修改 EIP，其改变将引起程序转移到指定的指令执行。但 EIP 寄存器不能像通用寄存器那样直接赋值修改，是在执行控制转移指令（如跳转、分支、调用和返回指令）、出现中断或异常时被处理器赋值而相应改变。

4. 段寄存器

在程序中，有可以执行的指令代码，还有指令操作的各类数据等。遵循模块化程序设计思想，希望将相关的代码安排在一起，相关的数据安排在一起，于是段（Segment）的概念自然就出现了。一个段安排一类代码或数据。程序员在编写程序时，可以很自然地把程序的各部分放在相应的段中。对应用程序来说，主要涉及三类段：存放程序中指令代码的代码段（Code Segment）、存放当前运行程序所用数据的数据段（Data Segment）和指明程序使用的堆栈区域的堆栈段（Stack Segment）。

为了表明段在主存中的位置，16 位 80x86 处理器设计有 4 个 16 位段寄存器：代码段寄存器 CS、堆栈段寄存器 SS、数据段寄存器 DS 和附加段寄存器 ES。其中附加段（Extra Segment）也是用于存放数据的数据段，专为处理数据串设计的串操作指令必须使用附加段作为其目的操作数的存放区域。IA-32 处理器又增加了两个同样是 16 位的段寄存器：FS 和 GS，它们都属于数据段性质的段寄存器。

5. 其他寄存器

简单的数据处理、实时控制领域一般使用整数，而科学计算等工程领域还要使用实数。在计算机中，采用浮点数据格式表达实数。进行浮点数据处理的硬件电路比整数处理单元复杂，称之为浮点处理单元（Floating-Point Unit，FPU）。与整数处理器类似，浮点处理单元也采用一些寄存器协助完成处理浮点数的指令操作。对程序员来说，组成 IA-32 浮点执行环境的寄存器主要是 8 个浮点数据寄存器（FPR0 ~ FPR7），以及浮点状态寄存器、浮点控制寄存器、浮点标记寄存器等。

要快速处理大量的图形图像、音频、动画和视频等多种媒体形式的数据，整数和浮点指令已经很难胜任。IA-32 处理器从奔腾开始，陆续加入了多媒体指令（SIMD 指令）。配合处理整型多媒体数据的 MMX 技术支持 8 个 64 位的 MMX 寄存器（MM0 ~ MM7）；配合处理浮点多媒体数据的 SSE 技术支持 8 个 128 位的 SIMD 浮点数据寄存器（XMM0 ~ XMM7）和控制状态寄存器（MXCSR）。

理解处理器工作原理、编写系统程序时需要了解系统专用寄存器。在保护方式下，这些寄存器由系统程序控制，通过一类所谓的"特权"指令来操作。例如，指向系统中特殊段的系统地址寄存器：全局描述符表寄存器 GDTR、中断描述符表寄存器 IDTR、局部描述符表寄存器 LDTR 和任务状态段寄存器 TR，它们用于支持存储管理。另外，还有 5 个控制寄存器 $CRn(n=0 ~ 4)$，用于保存影响系统中所有任务的机器状态；以及用于内部调试的 8 个调试寄存器 $DRn(n=0 ~ 7)$，等等。

1.2.3　存储器组织

个人计算机主板上的内存条和一个 ROM 芯片构成主存储器，保存正在运行使用的指令和数据。处理器从主存储器读取指令，在执行指令的过程中读写数据。

主存储器是一个很大的信息存储库，被划分成许多存储单元。为了区分和识别各个存储单元，并按指定位置进行存取，给每个存储单元编排一个顺序号码，称为存储单元地址（Memory Address）。现代计算机中，主存储器采用字节编址，即主存储器的每个存储单元具有一个地址，保存一个字节（8 个二进制位）的信息，因此也称为字节可寻址，因为通过存储单元地址可以访问到一个字节信息。

对存储器的基本操作是按照要求向指定地址（位置）存进（写入，Write）或取出（读出，Read）信息。只要指定位置就可以存取的方式，称为"随机存取"。

计算机存储信息的基本单位是一个二进制位（bit），一个位可存储一位二进制数：0 或 1，一般使用小写字母 b 表达。8 个二进制位组成一个字节（Byte），常用大写字母 B 表达，位编号自右向左从 0 开始递增计数，分别为 $D_0 \sim D_7$，如图 1-4 所示。8086 和 80286 字长为 16 位，由 2 个字节组成，称为一个字（Word），位编号自右向左为 $D_0 \sim D_{15}$。IA-32 处理器字长为 32 位，由 4 个字节组成，叫作双字（Double Word），位编号自右向左为 $D_0 \sim D_{31}$。右边最低位称为最低有效位（Least Significant Bit，LSB），即 D_0 位；左边最高位称为最高有效位（Most Significant Bit，MSB），对于字节、字、双字分别指 D_7、D_{15} 和 D_{31} 位。

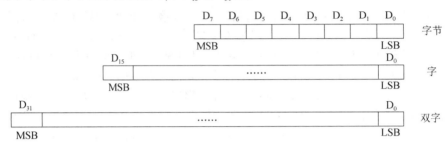

图 1-4　数据的位格式

1. 存储模型

主存储器需要处理器通过总线进行访问，称为物理存储器。物理存储器的每个存储单元有一个唯一的地址，这个地址就是物理地址（Physical Address）。物理地址空间从 0 开始顺序编排，直到处理器支持的最大存储单元。8086 处理器只支持 1MB 存储器，其物理地址空间是 $0 \sim 2^{20}-1$，用 5 位十六进制数表达物理地址是 00000H ~ FFFFFH。IA-32 处理器支持 4GB 存储器，其物理地址空间是 $0 \sim 2^{32}-1$，需用 8 位十六进制数表达物理地址：00000000H ~ FFFFFFFFH。

表达存储容量时常使用的单位及数量如表 1-2 所示。它们虽然借用了日常生活中的千、兆、吉等单位，但没有使用其 10^3 的倍数关系，而是 $2^{10}=1024$ 的倍数关系（近似 10^3，即 1000）。有些产品（如硬盘、U 盘）的生产厂商给出的容量采用 10^3 倍数关系，请注意分辨。

表 1-2　存储容量的常用单位

英文符号	中英文名称	格式化存储容量倍数关系	日常进位关系
K	千（Kilo）	$1\text{KB}=2^{10}\text{B}=1024\text{B}$	$1\text{K}=10^3$
M	兆（Mega）	$1\text{MB}=2^{10}\text{KB}=2^{20}\text{B}$	$1\text{M}=10^6$
G	千兆，吉（Giga）	$1\text{GB}=2^{10}\text{MB}=2^{30}\text{B}$	$1\text{G}=10^9$
T	兆兆，太（Tera）	$1\text{TB}=2^{10}\text{GB}=2^{40}\text{B}$	$1\text{T}=10^{12}$

为了有效地使用存储器，几乎所有操作系统和核心程序都具有存储管理功能，即动态地为程序分配存储空间的能力。IA-32 处理器内部设计有存储管理单元，提供分段和分页管理机制，以存储模型形式供程序员使用主存储器。

利用存储管理单元之后，程序并不直接寻址物理存储器。IA-32 处理器提供了 3 种存储模型（Memory Model），用于程序访问存储器。

（1）平展存储模型

平展存储模型（Flat Memory Model）下，对程序来说存储器是一个连续的地址空间，称为线性地址空间。程序需要的代码、数据和堆栈都包含在这个地址空间中。线性地址空间也以字节为基本存储单位，即每个存储单元保存一个字节且具有一个地址，这个地址称为线性地址（Linear Address）。IA-32 处理器支持的线性地址空间是 $0 \sim 2^{32}-1$（4GB 容量）。

（2）段式存储模型

段式存储模型（Segmented Memory Model）下，对程序来说存储器由一组独立的地址空间组成，这个地址空间称为段（Segment）。通常，代码、数据和堆栈位于分开的段中。程序利用逻辑地址（Logical Address）寻址段中的每个字节单元，每个段都可以达到 4GB。

在处理器内部，所有的段都被映射到线性地址空间。程序访问一个存储单元时，处理器会将逻辑地址转换成线性地址。使用段式存储模型的主要目的是增加程序的可靠性。例如，将堆栈安排在分开的段中，可以防止堆栈区域增加时侵占代码或数据空间。

（3）实地址存储模型

实地址存储模型（Real-address Mode Memory Model）是 8086 处理器的存储模型。IA-32 处理器之所以支持这种存储模型，是为了兼容原来为 8086 处理器编写的程序。实地址存储模型是段式存储模型的特例，其线性地址空间最大为 1MB 容量，由最大为 64KB 的多个段组成。

2. 工作方式

编写程序时，程序员需要明确处理器执行代码的工作方式，因为工作方式决定了可以使用的指令和存储模型。IA-32 处理器支持 3 种基本的工作方式（操作模式）：保护方式、实地址方式和系统管理方式。

（1）保护方式

保护方式（Protected Mode）是 IA-32 处理器固有的工作状态。在保护方式下，IA-32 处理器能够发挥其全部功能，可以充分利用其强大的段页式存储管理以及特权与保护能力。保护方式下，IA-32 处理器可以使用全部 32 条地址总线，可寻址 4GB 物理存储器。

IA-32 处理器从硬件上实现了特权的管理功能，方便操作系统使用。它为不同程序设置了 4 个特权层（Privilege Level）：0～3（数值小表示特权级别高，所以特权层 0 级别最高）。例如，特权层 0 用于操作系统中负责存储管理、保护和存取控制部分的核心程序，特权层 1 用于操作系统，特权层 2 可专用于应用子系统（数据库管理系统、办公自动化系统和软件开发环境等），应用程序使用特权层 3。这样，系统核心程序、操作系统、其他系统软件以及应用程序可以根据需要分别处于不同的特权层而得到相应的保护。当然，如无必要不一定使用所有的特权层。例如，在 PC 中，Windows 操作系统处于特权层 0，应用程序则处于特权层 3。

保护方式具有直接执行实地址 8086 软件的能力，这个特性称为虚拟 8086 方式（Virtual-8086 Mode）。虚拟 8086 方式并不是处理器的一种工作方式，只是提供了一种在保护方式下类似于实地址方式的运行环境。例如，Windows 中的 MS-DOS 运行环境。

处理器工作在保护方式时，可以使用平展或段式存储模型；处理器在虚拟 8086 方式时，只能使用实地址存储模型。

（2）实地址方式

通电或复位后，IA-32 处理器处于实地址方式（Real-address Mode，简称实方式）。它实现了与 8086 相同的程序设计环境，但有所扩展。实地址方式下，IA-32 处理器只能寻址 1MB 物理存储器空间，每个段最大不超过 64KB；但可以使用 32 位寄存器、32 位操作数和 32 位寻址方式，相当于可以进行 32 位处理的快速 8086。

实地址方式具有最高特权层 0，而虚拟 8086 方式处于最低特权层 3。所以，虚拟 8086 方式的程序都要经过保护方式确定的所有保护性检查。

实地址工作方式只能支持实地址存储模型。

（3）系统管理方式

系统管理方式（System Management Mode，SMM）为操作系统和核心程序提供节能管理和系统安全管理等机制。进入系统管理方式后，处理器首先保存当前运行程序或任务的基本信息，然后切换到一个分开的地址空间，执行系统管理相关的程序。退出 SMM 方式时，处理器将恢复原来程序的状态。

处理器在系统管理方式切换到的地址空间，称为系统管理 RAM，使用类似于实地址的存储模型。

3. 逻辑地址

不论是何种存储模型，程序员都采用逻辑地址进行程序设计，逻辑地址由段基地址和偏移地址组成。段基地址（简称段地址）确定段在主存中的起始地址。以段基地址为起点，段内的位置可以用距离该起点的位移量表示，称为偏移（Offset）地址。逻辑地址常借用 MASM 汇编程序的方法，使用英文冒号"："分隔段基地址和偏移地址。这样，存储单元的位置就可以用"段基地址：偏移地址"指明。存储单元可以处于不同起点的逻辑段中（当然对应的偏移地址也就不同），所以可以有多个逻辑地址，但只有一个唯一的物理地址。编程使用的逻辑地址由处理器映射为线性地址，在输出之前转换为物理地址。

编写应用程序时，通常涉及 3 类基本段：代码段、数据段和堆栈段。

代码段中存放程序的指令代码。程序的指令代码必须安排在代码段，否则将无法正常执行。程序利用代码段寄存器 CS 获得当前代码段的段基地址，指令指针寄存器 EIP 保存代码段中指令的偏移地址。处理器利用 CS：EIP 取得下一条要执行的指令。CS 和 EIP 不能由程序直接设置，只能通过执行控制转移指令、外部中断或内部异常等间接改变。

数据段存放当前运行程序所用的数据。一个程序可以使用多个数据段，以便于安全有效地访问不同类型的数据。例如，程序的主要数据存放在一个数据段（默认用 DS 指向），只读的数据存放在另一个数据段，动态分配的数据安排在第 3 个数据段。使用数据段，程序需要设置 DS、ES、FS 和 GS 段寄存器。数据的偏移地址由各种存储器寻址方式计算出来（详见第 2 章）。

堆栈段是程序所使用的堆栈所在的区域。程序利用 SS 获得当前堆栈段的段基地址，堆栈指针寄存器 ESP 保存堆栈栈顶的偏移地址。处理器利用 SS：ESP 操作堆栈数据。

4. 段选择器

逻辑地址的段基地址部分由 16 位的段寄存器确定。段寄存器保存 16 位的段选择器（Segment Selector）。段选择器是一种特殊的指针，指向对应的段描述符（Descriptor），段描述符包括段基地址，由段基地址就可以指明存储器中的一个段。段描述符是保护方式引入的数据结构，用于描述逻辑段的属性。每个段描述符有 3 个字段，包括段基地址、段长度和该段的访问权字节（说明该段的访问权限，用于特权保护）。

根据存储模型不同，段寄存器的具体内容也有所不同。编写应用程序时，程序员利用汇编程序的命令创建段选择器，操作系统创建具体的段选择器内容。如果编写系统程序，程序员可能需要直接创建段选择器。

平展存储模型下，6 个段寄存器都指向线性地址空间的地址 0 位置，即段基地址等于 0，偏移地址等于线性地址。应用程序通常设置两个重叠的段：一个用于代码，一个用于数据和堆栈。CS 段寄存器指向代码段，其他段寄存器都指向数据段和堆栈段。

当使用段式存储模型时，段寄存器保存不同的段选择器，指向线性地址空间不同的段，如图 1-5 所示。某个时刻，程序最多可以访问 6 个段。CS 指向代码段，SS 指向堆栈段，DS 等其他 4 个段寄存器指向数据段。段式存储管理的段基地址和偏移地址都是 32 位，段基地址加上偏移地址形成线性地址。

实地址存储模型的主存空间只有 1MB（ $=2^{20}$ 字节），仅使用地址总线的低 20 位，其物理地址范围为 00000H ~ FFFFFH。实地址存储模型也进行分段管理，但有两个限制：每个段最大为 64KB，段只能开始于低 4 位地址全为 0 的物理地址处。这样，实地址方式的段寄存器直接保存段基地址的高 16 位，只要将逻辑地址中的段地址左移 4 位（十六进制一位）加上偏移地址就得到 20 位物理地址。

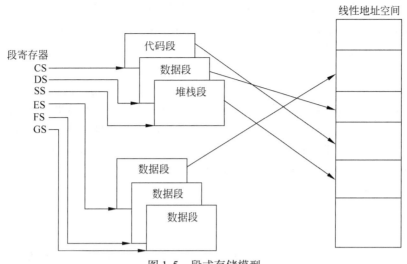

图 1-5　段式存储模型

5. Win32 的虚拟地址分配

32 位 Windows 操作系统工作于保护方式，使用分段和分页机制，为程序构造了一个虚拟地址空间。尽管虚拟存储管理比较复杂，但对 Windows 应用程序来说，所面对的是从 0 ~ FFFFFFFFH 的 4GB 虚拟地址（线性地址）空间。在这 4GB 空间中，高 2GB 属于操作系统使用的地址空间，应用程序使用从 0 ~ 7FFFFFFFH 的 2GB 线性地址空间，如图 1-6 所示为 Win32 进程的地址空间分配情况。例如，32 位 Windows 应用程序通常从 00400000H 开始分配地址空间。

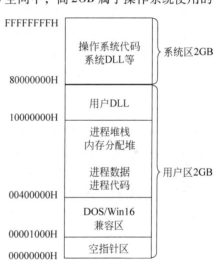

图 1-6　Win32 进程的空间分配

1.2.4　程序设计语言

利用计算机解决实际问题，一般要编制程序。程序设计语言就是程序员用来编写程序的语言，它是人与计算机之间交流的工具。程序设计语言可以分为机器语言、汇编语言和高级语言三种。

1. 机器语言

计算机能够直接识别的是二进制数 0 和 1 组成的代码。机器指令（Instruction）就是用二进制编码的指令，指令是控制计算机操作的命令，是处理器不需要翻译就能识别（直接执行）的"母语"，通常一条机器指令控制计算机完成一个操作。每种处理器都有各自的机器指令，某处理器支持的所有指令的集合就是该处理器的指令集（Instruction Set）或指令系统。指令集及使用它们编写程序的规则称为机器语言（Machine Language）。

用机器语言形成的程序是计算机唯一能够直接识别并执行的程序，而用其他语言编写的程序必须翻译、变换成机器语言程序，所以，机器语言程序常称为目标程序（或目的程序）。

例如，完成两个数据 100 和 256 相加的功能，在 IA-32 处理器的代码序列如下：

```
10111000 01100100 00000000 00000000 00000000
00000101 00000000 00000001 00000000 00000000
```

几乎没有人能够直接读懂该程序段的功能，因为机器语言就是看起来毫无意义的一串代码。

用机器语言编写程序的最大缺点是难以理解,因而极易出错,也难以发现错误。所以,只是在计算机发展的早期或不得已的情况下才用机器语言编写程序。现在,除了有时在程序某处需要直接采用机器指令填充外,几乎没有人采用机器语言编写程序了。

2. 汇编语言

为了克服机器语言的缺点,人们采用便于记忆并能描述指令功能的符号来表示机器指令。表示指令功能的符号称为指令助记符,简称助记符。助记符一般是表明指令功能的英语单词或其缩写。指令操作数同样也可以用易于记忆的符号表示。用助记符表示的指令就是汇编格式指令。汇编格式指令以及使用它们编写程序的规则就形成汇编语言(Assembly Language)。用汇编语言书写的程序就是汇编语言程序,或称汇编语言源程序。

例如,实现 100 与 256 相加的 MASM 汇编语言程序片段如下:

```
mov eax,100
add eax,256
```

第一条指令的功能将数据 100 传送给名为 EAX 的寄存器,MOV 是传送指令的助记符,它对应的机器代码就是上述机器语言例子中的第一个二进制串(如果用十六进制表达,可以书写成:B8 64 00 00 00)。

第二条指令实现加法操作,ADD 是加法指令的助记符,它对应上述机器语言例子中的第二个二进制串(如果用十六进制表达,可以书写成:05 00 01 00 00)。

这时,我们熟悉了有关助记符及对应指令的功能,于是就可以读懂上述程序片段了。

汇编语言是一种符号语言,它用助记符表示操作码,比机器语言容易理解和掌握,也容易调试和维护。但是,汇编语言源程序要翻译成机器语言程序才可以由处理器执行,这个翻译的过程称为"汇编",完成汇编工作的程序就是汇编程序(Assembler)。

3. 高级语言

汇编语言虽然较机器语言直观一些,但仍然烦琐难记。于是在 20 世纪 50 年代,人们研制出了高级程序设计语言。高级语言比较接近人类自然语言的语法习惯及数学表达形式,它与具体的计算机硬件无关,更容易被广大计算机工作者掌握和使用。利用高级语言,即使一般的计算机用户也可以编写软件,而不必懂得计算机的结构和工作原理。

目前,计算机高级语言已有上百种之多,得到广泛应用的有十几种,每种高级语言都有其最适用的领域。用任何一种高级语言编写的程序都要通过编译程序(Compiler)翻译成机器语言程序(称为目标程序)后计算机才能执行,或者通过解释程序边解释边执行。

例如,用高级语言表达 100 与 256 相加,就是通常的数学表达形式:100 + 256。

4. 学习汇编语言程序设计的意义

高级语言简单、易学,而汇编语言复杂、难懂,是否就没有必要再采用汇编语言了呢?下面我们首先比较一下汇编语言和高级语言的特点。

- 汇编语言与处理器密切相关。每种处理器都有自己的指令系统,相应的汇编语言各不相同。所以,汇编语言程序的通用性、可移植性较差。相对来说,高级语言与具体计算机无关,高级语言程序可以在多种计算机上编译后执行。

- 汇编语言功能有限,又涉及寄存器、主存单元等硬件细节,所以编写程序比较烦琐,调试起来也比较困难。高级语言提供了强大的功能,它不关心标志、堆栈等琐碎问题,采用类似自然语言的语法,所以容易被掌握和应用。

- 汇编语言本质上就是机器语言,它可以直接、有效地控制计算机硬件,因而容易产生运行速度快、指令序列短小的高效率目标程序。高级语言不易直接控制计算机的各种操作,编译程序产生的目标程序往往比较庞大、难以优化，所以运行速度较慢。

通过对比，高级语言的优势明显。很自然，人们称机器语言和汇编语言为低级语言。但事实上，汇编语言被称为低层语言（Low Level Language）更合适。这是因为，程序设计语言是按照计算机系统的层次结构区分的，本没有"高低贵贱"之分，只是某种语言更适合某种应用层面（或说场合）。我们看到，汇编语言便于直接控制计算机硬件电路，可以编写在"时间"和"空间"两方面最有效，即执行速度快和目标代码小的程序。这些优点使得汇编语言在程序设计中占有重要的位置，是不可取代的。

汇编语言的主要应用场合有：

- 程序要具有较快的执行时间，或者只能占用较小的存储容量。例如，操作系统的核心程序段、实时控制系统的软件、智能仪器仪表的控制程序等。
- 程序与计算机硬件密切相关，要直接、有效地控制硬件。例如，I/O 接口电路的初始化程序段、外部设备的低层驱动程序等。
- 大型软件需要提高性能、优化处理的部分。例如，计算机系统频繁调用的子程序、动态连接库等。
- 没有合适的高级语言或只能采用汇编语言时。例如，开发最新的处理器程序时，暂时没有支持新指令的编译程序。
- 汇编语言还有许多实际应用，例如，分析具体系统尤其是该系统的低层软件、加密/解密软件、分析和防治计算机病毒等。

当然，无须回避的事实是，随着各种编程技术的发展，单独使用汇编语言开发程序尤其是应用程序的情况越来越少。所以，在实际的程序开发过程中，可以采用高级语言和汇编语言混合编程的方法，互相取长补短，更好地解决实际问题。

另外，编写汇编语言程序，需要使用处理器指令解决应用问题，而指令只是完成诸如将一个数据从存储器传送到寄存器、对两个寄存器值求和、指针增量指向下一个地址等简单的功能。所以，从教学角度来说，汇编语言程序员在将复杂的应用问题翻译成简单指令的过程中，就是从处理器角度解决问题，于是很自然地理解了计算机的工作原理。

1.2.5　软件系统

完整的微型计算机系统包括硬件和软件，软件又分成系统软件和应用软件。系统软件是为了方便使用、维护和管理计算机系统的程序及其文档，其中最重要的是操作系统。应用软件是解决某个问题的程序及其文档，大到用于处理某专业领域问题的程序，小到完成一个非常具体工作的程序。

1. 操作系统

操作系统（Operating System，OS）管理着系统的软硬件资源，为用户提供使用机器的交互界面，为程序员使用资源提供可供调用的驱动程序，为其他程序构建稳定的运行平台。

在早期的 16 位 IBM PC 系列机和兼容机上，主要采用磁盘操作系统（Disk Operating System，DOS）。DOS 是单用户单任务操作系统，通常只有一个用户的一个应用程序在机器上执行。DOS 操作系统相对比较简单，但允许程序员访问任意资源，尤其是允许执行输入输出指令。本书将在第 8 章学习 DOS 环境的汇编语言程序设计。读者可以使用 MS-DOS（例如，其最终版本 MS-DOS 6.22）启动机器并运行于实地址方式，但建议使用 Windows 操作系统的模拟 DOS 环境。模拟 DOS 环境虽不是真正的 DOS 平台，但兼容绝大多数 DOS 应用程序，同时可以借助 Windows 的强大功能和良好保护。

32 位 PC 主要使用 Windows 或 Linux 操作系统，本书主要基于 Windows 操作系统平台。32 位

Windows 有多个版本，依次是 Windows 98、Windows 2000、Windows XP，以及 Windows 7 或 Windows 8 等。Windows 操作系统除提供图形操作界面外，还提供控制台环境。32 位控制台环境具有类似于 DOS 的外观和操作，也是采用键盘直接输入命令，所以被称为"命令提示符"。但控制台功能更多，例如，支持汉字输入输出等。

本书主要利用 32 位控制台学习和实践汇编语言编程。在 32 位 Windows 图形界面下，有两种方法打开 32 位控制台窗口：

- 从桌面左下角"开始"依次展开"（所有）程序→附件→命令提示符"。
- 在桌面左下角"开始"展开的"运行"对话框中，输入 CMD 命令。使用 PC Windows 键盘的 Windows 旗帜键也可以展开"开始"菜单，组合字母 R 键就可以打开"运行"对话框。

打开 32 位控制台窗口，实际上是执行了 Windows 的控制台程序 CMD. EXE。它保存于 Windows 所在文件夹（Windows 用% SystemRoot% 表示，XP 以及 7 和 8 版本是安装分区的 WINDOWS）的 SYSTEM32 子文件夹下。

32 位 Windows 所在文件夹的 SYSTEM32 子文件夹下，还有一个 COMMAND. COM 文件，它是为了兼容 16 位 DOS 应用程序而存在的，可以说这才是一个模拟 DOS 环境。由于 32 位控制台（CMD. EXE 程序）的窗口外观和操作都与原来的 DOS 操作系统类似，绝大多数人都简单地称之为 DOS 窗口，甚至不知道 16 位模拟 DOS 环境（COMMAND. COM 程序）的存在。绝大多数情况下，标准的 16 位 DOS 应用程序都可以在 32 位控制台运行，不过有些程序还是有差别的。

要打开 16 位模拟 DOS 窗口，需要在"运行"对话框中输入 COMMAND 命令。DOS 窗口中提示为"Microsoft$^{(R)}$ Windows DOS"，版权时间是 1990—2001 年，说明从 2001 年以后没有再更新。为了避免与其他同名文件混淆，打开 16 位模拟 DOS 窗口时最好给出完整的路径，例如，输入"% SystemRoot% \system32 \command. com"。

在 64 位 Windows 操作系统中，控制台也是 64 位的，执行的程序名称还是 CMD. EXE，兼容 32 位应用程序。不过，64 位 Windows 不兼容 16 位 DOS 应用程序，所以操作系统中不存在 COMMAND. COM 文件。运行 16 位 DOS 应用程序需要使用虚拟机软件模拟 DOS 环境，例如简单的 DOSBox 或者功能强大的 VMware 虚拟机。

相对操作简单的触屏、图形界面来说，字符输入的命令行虽然单调，但却是最基本的交互方式。由于需要理解目录结构、文件路径等知识，在命令提示符的操作过程中可以更深刻地认识操作系统的文件管理机制。

2. 汇编程序

支持 Intel 80x86 处理器的汇编程序有很多。在 DOS 和 Windows 操作系统下，最流行的是微软公司的汇编程序 MASM，Borland 公司的 TASM 也很常用，两者相差不大。在 Linux 操作系统下，标准的汇编程序是 GAS，NASM 也较常用。

20 世纪 80 年代初，微软公司推出 MASM 1.0。MASM 4.0 支持 80286/80287 处理器和协处理器；MASM 5.0 支持 80386/80387 处理器和协处理器，并加进了简化段定义伪指令和存储模型伪指令，汇编和连接的速度更快。MASM 6.0 是 1991 年推出的，支持 80486 处理器，它对 MASM 进行重新组织，并提供了许多类似高级语言的新特点。MASM 6.0 之后又有一些改进，推出了 MASM 6.11，利用它的免费补丁程序可以升级到 MASM 6.14，MASM 6.14 支持 MMX Pentium、Pentium Ⅱ 及 Pentium Ⅲ 指令系统。MASM 6.11 是最后一个独立发行的 MASM 软件包，这以后的 MASM 都存在于 Visual C ++ 开发工具中，例如，本书从 Visual C ++ 6.0 中复制出 MASM 6.15，以便支持 Pentium 4 的 SSE2 指令系统。Visual C ++ . NET 2003 中包含 MASM 7.10，但没有什么大的更新。Visual C ++ . NET 2005 提供的 MASM 8.0 才支持 Pentium 4 的 SSE3 指令系统，同时还提供了一个 ML64. EXE 程序用于支持 64 位指令系统。

本书主要采用 MASM 6.15，并精心准备了用于 32 位控制台环境和用于 16 位模拟 DOS 环境开发汇编语言程序的压缩文件（这里及本书后面所提到的文件都可从"前言"中提到的网站上下载），解压缩后将创建一个基本但完整的 MASM 6.15 汇编语言开发系统。

3. 文件路径

文件路径是操作系统中很重要的一个概念，对正确使用 32 位控制台环境和 16 位 DOS 环境起着关键作用，也有助于理解 Windows 文件系统。

操作系统以目录（Directory）形式管理磁盘上的文件（Windows 为了使普通用户容易理解，使用了"文件夹"这个通俗的说法表示专业术语"目录"）。当指明某个文件时，为了区别于同名的其他文件，有必要说明该文件所在分区、根目录、各级子目录。分区和目录就是文件的路径（Path），32 位控制台和 DOS 环境中利用向右的斜线"\"分隔各级目录。例如，位于硬盘 D 分区根目录 MASM 的 PROGS 子目录下的文件 EG0101. ASM 表示如下：

```
d:\masm\progs\eg0101.asm
```

文件的完整路径称为绝对路径。采用这种指明文件的方法保证了唯一性，但未免有些烦琐。所以，经常使用相对路径指明文件。采用相对路径时，首先必须明确相对的位置，即当前所在的目录，简称当前目录（Current Directory）。实际上，在闪烁的 32 位控制台或 DOS 提示符"_"前的路径就是当前目录所在位置。例如，如果 D 分区当前目录是根目录下的 MASM 目录，则上述 EG0101. ASM 文件可以如下指明：

```
progs\eg0101.asm
```

再如，若上述 PROGS 为当前目录，则 MASM 目录中 BIN 子目录下的 ML. EXE 文件可以如下指明：

```
..\bin\ml.exe
```

这里的两个小数点".."表示当前目录的上级目录。另外，还经常使用"\"表示当前分区的根目录，用一个小数点"."表示当前目录。

那么，32 位控制台和 DOS 环境下如何改变当前目录呢？这就要用到内部命令 CD（Change Directory）。例如，进入 32 位控制台或模拟 DOS 环境后，可以首先键入分区字母加一个冒号，从而进入所需要的当前磁盘分区，然后键入 CD 命令，并用空格隔开需要进入的当前目录，如下所示：

```
d:
cd \masm
```

4. 内部命令和外部命令

内部命令是 32 位控制台或 DOS 环境本身具有的、直接支持的命令。进入 32 位控制台或 DOS 环境后，只要键入其内部命令的关键字加上需要的参数就可以使用内部命令，例如，常用的内部命令有改变目录 CD、文件列表 DIR、文件拷贝 COPY、清除屏幕 CLS、退出 EXIT 等。利用帮助命令 HELP 可以查看所有的内部命令及其使用方法，也可以用命令加"/?"参数查询该命令的使用方法。

外部命令也是 32 位控制台或 DOS 环境提供的命令，但它与其他可执行文件一样以文件形式保存在磁盘上，存放在 Windows 操作系统所在目录的 SYSTEM32 子目录下。由于操作系统通常已经将该目录列为搜索路径，所以一般可以直接输入文件和参数执行外部命令。例如，要使用 DOS 平台的调试程序 DEBUG. EXE，输入 DEBUG 即可。

但是，对于没有建立搜索路径的其他可执行文件，或者存在多个同名的可执行文件，执行时需要先键入绝对路径或相对路径，然后键入文件名，再用空格分隔键入的参数。

如果没有指明路径，32 位控制台或 DOS 环境将在当前目录下查找该文件；如果没有，则在事先设置的搜索路径中依次查找；如果仍然没有查找到该文件，则将显示 " 'XX' 不是内部或外部命令，也不是可运行的程序或批处理文件"（'XX' is not recognized as an internal or external command, operable program or batch file）。使用内部命令 PATH 可以查看和设置当前的搜索路径。所以，如果没有指明路径或者指明的路径不正确，虽然文件存在但却会提示没有，或者执行另外一个同名的文件。

32 位控制台和 DOS 都支持扩展名为 EXE 的可执行文件，DOS 还支持扩展名为 COM 的可执行文件。批处理文件使用扩展名 BAT，它实际上是一个纯文本文件，其中编辑有依次执行的可执行文件名，在 32 位控制台和 DOS 环境都可以应用。如果执行外部命令时没有键入扩展名，则 32 位控制台或 DOS 环境依次以 BAT、COM 和 EXE 为扩展名，先查找到哪个文件就执行哪个文件。

5. 进入 MASM 目录的批处理文件

执行 32 位控制台和 DOS 环境的应用程序时，通常需要首先进入相应环境，然后在提示符下输入可执行文件名。在 32 位 Windows 窗口环境下，直接运行（例如，双击启动）32 位控制台和 DOS 环境的程序，常会在屏幕上一闪而过。

为了操作方便，可以在 Windows 窗口环境中建立一个快速进入 32 位控制台或 DOS 环境，并将 MASM 目录（假设在 D:\MASM 下）作为当前目录的批处理文件 WIN32.BAT，文件内容可以是：

```
@echo off
@set PATH = D:\MASM;D:\MASM\BIN;%PATH%
%SystemRoot% \system32 \cmd.exe
@echo on
```

第 1 行命令表示不显示下面各行信息。第 2 行设置当前 WIN32.BAT 文件所在的 D 分区 MASM 目录和其下的 BIN 子目录作为搜索路径，以便实际操作时能够执行这些目录下的文件。第 3 行执行操作系统所在根目录提供的 CMD.EXE 进入 32 位控制台窗口（并将该文件所在的目录作为当前目录）。第 4 行表示以后输入的命令将显示出来。

利用同样的方法可以建立快速进入模拟 DOS，并将 MASM 目录作为当前目录的批处理文件 DOS16.BAT，这只需将上述文件中的 CMD.EXE 修改为 COMMAND.COM。

如果希望打开的 32 位控制台或 16 位模拟 DOS 窗口能够使用鼠标操作，可以在其左上角点击展开控制菜单，选择其中的 "属性" 命令，在 "选项" 选项卡中，使 "编辑选项" 区中的 "快速编辑模式" 为不选中状态。这样，在这个命令行窗口，运行支持鼠标操作的程序时就可以使用鼠标操作了。

1.3   汇编语言程序格式

有了最基本的软硬件基础，下面我们开始学习汇编语言，掌握 MASM 的语句格式、源程序框架和开发过程，编写第一个汇编语言程序。

1.3.1   指令代码格式

指令代码格式（Instruction Code Format）说明如何用二进制编码指令，也称机器代码（Machine Code）格式。指令由操作码和操作数（地址码）组成。指令的操作码（Opcode）表明处理器执行的操作，例如，数据传送、加法运算、跳转等操作。操作数（Operand）是参与操作的数据，也就是各种操作的对象，主要以寄存器或存储器地址、I/O 地址形式指明数据的来源，所以也称为地址码。例如，数据传送指令的源地址和目的地址，加法指令的加数、被加数及和值都是操作数。有些指令不需要操作数，通常的指令都有 1 个或 2 个操作数，也有个别指令有 3 个甚至 4 个操作数。多数操作数需要显式指明，有些操作数隐含使用。

IA-32 处理器的指令系统采用可变长度指令格式，指令编码非常复杂。这一方面是为了兼容 8086 指令，另一方面是为了向编译程序提供更有效的指令。图 1-7 是 IA-32 处理器指令代码的一般格式。它包括几个部分：可选的指令前缀、1～3 字节的主要操作码、可选的寻址方式域（包括 ModR/M 和 SIB 字段）、可选的位移量和可选的立即数。指令前缀和主要操作码字段对应指令的操作码部分，其他字段对应指令的操作数部分。

0～4字节	1～3字节	0或1字节	0或1字节	0、1、2或4字节	0、1、2或4字节
指令前缀	操作码	ModR/M	SIB	位移量	立即数

图 1-7　IA-32 处理器的指令代码格式

1. 指令前缀

指令前缀（Prefix）是指令之前的辅助指令（也称前缀指令），用于扩展指令功能。每个指令之前可以有 0～4 个前缀指令，顺序任意，并可以分成 4 组。

第 1 组有 LOCK 前缀指令（指令代码为 F0H），用于控制处理器总线产生锁定操作。使用 LOCK 前缀后，在指令的执行过程中，不允许其他处理器访问共享存储器中的数据，从而保证了数据的唯一性。第 1 组中还包括仅用于串操作指令的重复前缀指令：REP、REPE/REPZ、REPNE/REPNZ，用于控制串操作指令重复执行。

第 2 组主要是段超越（Segment Override）前缀指令，用于明确指定数据所在段。它们是 CS、DS、SS、ES、FS、GS，对应的指令代码依次是 2EH、3EH、36H、26H、64H、65H。

第 3 组是操作数长度超越（Operand-size Override）前缀，指令代码为 66H。第 4 组是地址长度超越（Address-size Override）前缀，指令代码为 67H。某条指令单独或同时使用了操作数长度超越前缀和地址长度超越前缀，将改变默认的长度。

保护方式下，IA-32 处理器可以通过段描述符为当前运行的代码段选择默认的地址和操作数长度：32 位地址和操作数长度，或者 16 位地址和操作数长度。使用 32 位地址长度，最大偏移地址是 FFFFFFFFH（$2^{32}-1$），逻辑地址由一个 16 位段选择器和一个 32 位偏移地址组成。使用 16 位地址长度，最大偏移地址是 FFFFH（$2^{16}-1$），逻辑地址由一个 16 位段选择器和一个 16 位偏移地址组成。32 位操作数长度确定操作数可以是 8 位或者 32 位；16 位操作数长度确定操作数可以是 8 位或者 16 位。例如，当前段默认是 32 位操作数长度和地址长度，而如果指令使用了操作数长度超越前缀，则指令的操作数实际上是 16 位。

实地址方式、虚拟 8086 方式、系统管理方式默认采用 16 位地址和操作数长度，也可以使用两个长度超越前缀，以采用 32 位操作数和地址长度。不过，此时采用 32 位地址长度所访问的线性地址最大是 000FFFFFH（$2^{20}-1$）。

2. 操作码和操作数

指令执行的操作（如加、减、传送等）编码称为操作码部分。主要操作码是 1～3 个字节，有些还用到 ModR/M 中的 3 位。

IA-32 处理器设计有多种存取操作数的方法，所以操作数的编码（地址码）也比较复杂。寻址方式的 ModR/M 和 SIB 字段提供操作数地址信息。例如，它们指明操作数是在指令代码中还是在寄存器或存储器中。如果操作数在指令代码中，立即数字段就是所需要的操作数；如果操作数在存储器中，则需要进一步指明采用何种方式访问存储器，有时还需要相对起始地址的位移量。

IA-32 处理器除上述一般指令格式外，还有一些特殊的编码格式。有关指令代码的详细编码组合已经超出本书的范围，具体可以阅读参考文献。下面以程序中使用最多的同时也是指令系统中最基本的数据传送指令为例进行简单说明。

数据传送指令的助记符是 MOV（取自 Move），其功能是将数据从一个位置传送到另一个位置，类似于高级语言的赋值语句。如下所示：

```
mov dest,src
```

SRC 表示要传送的数据或数据所在的位置，称为源（Source）操作数，写在逗号之后。DEST 表示数据将要传送到的位置，称为目的（Destination）操作数，写在逗号之前。

例如，将寄存器 EBX 的数据传送到 EAX 寄存器的指令可以书写为：

```
mov eax,ebx
```

这个指令的机器代码是：8B C3（十六进制）。其中，8B 是操作码，C3 表达操作数。如果使用 16 位操作数形式，即指令"MOV AX，BX"，那么它的机器代码是：66 8B C3，这里的 66 就是操作数长度超越前缀。

再如，将由 EBX 指明偏移地址的存储器内的数据传送到 EAX，可以书写为：

```
mov eax,[ebx]
```

这个指令的机器代码是：8B 03（十六进制）。其中，03 字节由 ModR/M 字段生成。

如果数据不在默认的 DS 数据段，则需要使用段超越前缀显式说明。例如：

```
mov eax,es:[ebx]
```

该指令用"ES:"表达数据在 ES 段，它的机器代码是：26 8B 03，这里的 26 就是 ES 段超越前缀。IA-32 支持复杂的数据寻址方法，例如：

```
mov eax,[ebx+esi*4+80h]
```

这个指令中，数据来自主存数据段，偏移地址由 ESI 内容乘以 4 加 EBX 再加位移量 80H 组成。它的机器代码是：8B 84 B3 80 00 00 00。其中 84 由 ModR/M 字段生成，B3 由 SIB 字段生成，后面 4 个字节表达位移量 00000080H。

1.3.2 语句格式

像其他程序设计语言一样，汇编语言对其语句格式、程序结构以及开发过程等也有相应的要求，它们本质上相同、方法上相似、具体内容各有特色。

汇编语言源程序由语句序列构成，每条语句一般占一行，每行不超过 132 个字符（从 MASM 6.0 开始每行不超过 512 个字符）。语句有相似的两种，一般都由分隔符分成的 4 个部分组成。

1）表达处理器指令的语句称为执行性语句。执行性语句汇编后对应一条指令代码。由处理器指令组成的代码序列是程序设计的主体。执行性语句的格式如下：

标号： 处理器指令助记符 操作数,操作数 ;注释

2）表达汇编程序命令的语句称为说明性（指示性）语句。说明性语句指示源程序如何汇编、变量如何定义、过程如何设置等。相对于真正的处理器指令（也称为真指令、硬指令），汇编程序命令也称为伪指令（Pseudoinstruction）、指示符（Directive）。说明性语句的格式如下：

名字 伪指令助记符 参数,参数,…… ;注释

1. 标号与名字

在执行性语句中，冒号前的标号表示处理器指令在主存中的逻辑地址，主要用于指示分支、循环等程序的目的地址，可有可无。说明性语句中的名字可以是变量名、段名、子程序名等，反映变量、段和子程序等的逻辑地址。标号采用冒号分隔处理器指令，名字采用空格或制表符分隔伪指令，据此也可以区分两种语句。

标号和名字是符合汇编程序语法的用户自定义的标识符（Identifier）。标识符（也称为符号，Symbol）最多由 31 个字母、数字及规定的特殊符号（如_、$、?、@）组成，但不能以数字开头（与高级程序设计语言一样）。在一个源程序中，用户定义的每个标识符必须是唯一的，而且不能是汇编程序采用的保留字。保留字（Reserved Word）是编程语言本身需要使用的各种具有特定含义的标识符，也称为关键字（Key Word），汇编程序中的保留字主要有处理器指令助记符、伪指令助记符、操作符、寄存器名以及预定义符号等。

例如，msg、var2、buf、next、again 都是合法的用户自定义标识符。而 8var、eax、mov、byte 则是不符合语法（非法）的标识符，原因是：8var 以数字开头，其他是保留字（eax 是寄存器名、mov 是指令助记符、byte 是伪指令助记符或操作符）。

默认情况下，汇编程序不区别包括保留字在内的标识符的字母大小写。换句话说，汇编语言是大小写不敏感的。例如，寄存器名 EAX 还可以书写成 eax、Eax 等，而变量名 msg，还可以以 Msg、MSG 等形式出现。本书的原则是：程序中一般采用小写字母形式，新引出指令进行格式介绍时助记符采用大写字母形式，功能注释、文字说明通常采用大写字母形式。

用户自定义标识符时，应尽量具有描述性并易于理解，一般不建议以特殊符号开头，因为特殊符号没有含义，而且常被编译（汇编）程序所使用，例如，C 语言编译程序在内部为函数增加"_"前缀，MASM 大量使用"@"作为预定义符号的前缀。如果不确信标识符可用，就不使用。一个简单的规则是：以字母开头，后跟字母或数字。

2. 助记符

助记符（Mnemonics）是帮助记忆指令的符号，反映指令的功能。处理器指令助记符可以是任何一条处理器指令，表示一种处理器操作。同一系列的处理器指令随版本的升级会增加，不同系列的处理器的指令系统不尽相同。伪指令助记符由汇编程序定义，表达一个汇编过程中的命令，随着汇编程序版本升级，伪指令会增加，功能也会增强。

例如，数据传送指令的助记符是 MOV。调用子程序（对应高级语言的函数或过程）的处理器指令是调用指令，其助记符是 CALL。

汇编语言源程序中使用最多的字节变量定义伪指令，其助记符是 BYTE（或 DB，取自 Define Byte），功能是在主存中分配若干的存储空间，用于保存变量值，该变量以字节为单位存取。例如，可以用 BYTE 伪指令定义一个字符串，并使用变量名 MSG 表达其在主存中的逻辑地址：

```
msg    byte 'Hello,Assembly !',13,10,0
```

字符串最后的"0"表示字符串结束（C 和 C++ 语言中隐含用 NULL（即 0）作为字符串结尾）。变量名 MSG 包含有段基地址和偏移地址，例如，可以用一个 MASM 操作符 OFFSET 获得其偏移地址，保存到 EAX 寄存器。汇编语言指令如下：

```
mov eax,offset msg    ;EAX 获得 MSG 的偏移地址
```

MASM 操作符（Operator）是对常量、变量、地址等进行操作的关键字。例如，进行加减乘除运算的操作符（也称运算符）与高级语言一样，依次是符号 +、−、* 和/。

3. 操作数和参数

处理器指令的操作数表示参与操作的对象，可以是一个具体的常量，也可以是保存在寄存

器中的数据，还可以是一个保存在存储器中的变量。在双操作数的指令中，目的操作数写在逗号前，用来存放指令操作的结果；对应地，逗号后的操作数就称为源操作数。

例如，在指令"MOV EAX, OFFSET MSG"中，EAX 是寄存器形式的目的操作数，OFFSET MSG 是常量形式的源操作数，经汇编后转换为一个具体的偏移地址。

伪指令的参数可以是常量、变量名、表达式等，可以有多个，参数之间用逗号分隔。例如，在"'Hello, Assembly!', 13, 10, 0"示例中，参数包括用单引号表达的字符串"Hello, Assembly!"、常量 13 和 10（这两个常量在 ASCII 码表中分别表示回车和换行控制字符，其作用相当于 C 语言的"\n"）、一个数值 0（作为字符串结尾）。

4. 注释和分隔符

在汇编语言语句中，分号后的内容是注释，它通常是对指令或程序片段功能的说明，是为了便于程序阅读而加上的，不是必须有的。必要时，一个语句行也可以由分号开始作为阶段性注释。汇编程序在翻译源程序时将跳过该部分，不对它们做任何处理。建议大家一定要养成书写注释的良好习惯。

汇编语言语句的 4 个组成部分要用分隔符分开。标号后的冒号、注释前的分号以及操作数间和参数间的逗号都是规定使用的分隔符，其他部分通常采用空格或制表符作为分隔符。多个空格和制表符的作用与一个相同。另外，MASM 还支持续行符"\"，表示本行内容与上一行内容属于同一个语句。注释可以使用英文书写，在支持汉字的编辑环境当然也可以使用汉字进行程序注释，但注意分隔符都必须使用英文标点，否则无法通过汇编。

良好的语句格式有利于编程，尤其是源程序阅读。在本书的汇编语言源程序中，标号和名字从首列开始书写，通过制表符对齐各个语句行的助记符，助记符之后用空格分隔操作数和参数部分（对于多个操作数和参数，按照语法要求使用逗号分隔），再利用制表符对齐注释部分。

1.3.3　源程序框架

汇编程序为汇编语言制定了严格的语法规范，例如，语句格式、标识符定义、保留字、注释符等。同样，汇编程序也为源程序书写设计了框架结构，包括数据段和代码段等的定义、程序起始执行的位置、汇编结束的标识等。

MASM 各版本支持多种汇编语言源程序格式。本书使用 MASM 6.x 版本的简化段定义格式，利用作者创建的包含文件和子程序库，引出一个简单的源程序框架。程序模板如下：

```
;eg0000.asm in Windows Console
        include io32.inc    ;包含 32 位输入输出文件
        .data               ;定义数据段
        ……                  ;数据定义(数据待填)
        .code               ;定义代码段
start:                      ;程序执行起始位置
        ……                  ;主程序(指令待填)
        exit 0              ;程序正常执行终止
        ……                  ;子程序(指令待填)
        end start           ;汇编结束
```

随着教学内容的深入，本书将逐渐展开源程序框架的每个部分。学习初期，大家可以暂时不去深究。在后面的大部分示例程序中，本书也只是表明数据段如何定义数据以及代码段如何编写程序。大家只要根据这个程序模板（EG0000. ASM），填入内容就可以形成源程序文件。另外请大家注意，利用这个程序模板需要在当前目录保存有本书提供的 IO32. INC 和 IO32. LIB 文件。

1. 包含伪指令

MASM 提供源文件包含伪指令 INCLUDE，用于声明常用的常量定义、过程说明、共享的子程序库等内容（相当于 C 和 C++ 语言中包含头文件的作用）。IO32.INC 是配合本书的包含文件，它是文本类型的文件，可以用任何一个文本编辑软件打开。其中前 3 个语句是：

```
.686
.model flat,stdcall
option casemap:none
```

第一个语句是 MASM 汇编程序的处理器选择伪指令，声明采用 Pentium Pro（原被称为 80686 处理器）支持的指令系统。这是因为，MASM 在默认情况下只汇编 16 位 8086 处理器的指令，如果程序员需要使用 80186 及以后处理器增加的指令，必须使用处理器选择伪指令，如表 1-3 所示。本书讲解 IA-32 处理器，所以源程序必须加上 ".386" 或其他 32 位处理器的选择伪指令。

表 1-3 处理器选择伪指令

伪指令	功　　能	伪指令	功　　能
.8086	仅接受 8086 指令（缺省状态）	.387	接受 80387 数学协处理器指令
.186	接受 80186 指令	.No87	取消使用协处理器指令
.286	接受除特权指令外的 80286 指令	.586	接受除特权指令外的 Pentium 指令
.286P	接受全部 80286 指令，包括特权指令	.586P	接受全部 Pentium 指令
.386	接受除特权指令外的 80386 指令	.686	接受除特权指令外的 Pentium Pro 指令
.386P	接受全部 80386 指令，包括特权指令	.686P	接受全部 Pentium Pro 指令
.486	接受除特权指令外的 80486 指令，包括浮点指令	.MMX	接受 MMX 指令
.486P	接受全部 80486 指令，包括特权指令和浮点指令	.K3D	接受 AMD 处理器的 3D 指令
.8087	接受 8087 数学协处理器指令	.XMM	接受 SSE，SSE2 和 SSE3 指令
.287	接受 80287 数学协处理器指令		

注：.586/.586P 由 MASM 6.11 引入；
　.686/.686P/.MMX 由 MASM 6.12 引入；
　.K3D 由 MASM 6.13 引入；
　.XMM 由 MASM 6.14 引入，MASM 6.15 支持 SSE2 指令，MASM 8.0 支持 SSE3 指令。

第二个语句 ".MODEL" 确定程序采用的存储模型。编写 Windows 操作系统下的 32 位程序时，只能选择 FLAT 平展模型。如果编写 DOS 操作系统下的应用程序，还可以选择其他 6 种模型：小型程序可以选用 SMALL 模型、大型程序选择 LARGE 模型，还有微型 TINY、中型 MEDIUM、紧凑 COMPACT 和巨型 HUGE 模型。

程序需要使用 Windows 提供的系统函数，它的应用程序接口（Application Program Interface，API）采用标准调用规范 "STDCALL"。MASM 汇编程序还支持 C 语言调用规范，其关键字是 "C"。

使用简化段定义的源程序格式，必须有存储模型语句，且位于所有简化段定义语句之前。另外，程序默认采用 32 位地址和操作数长度，需要将 .386 或其他 32 位处理器选择伪指令书写在 MODEL 存储模型语句之前。如果将 32 位处理器选择伪指令书写在存储模型语句之后，该程序将默认采用 16 位地址和操作数长度。

汇编语言默认不区分大小写，但选项伪指令 "OPTION CASEMAP：NONE" 告知 MASM 要区分标识符的大小写，这是因为 Windows 的 API 函数区别大小写。汇编程序 ML.EXE 的参数 "/Cp" 具有同样的效果，也是告知 MASM 不要更改用户定义的标识符的大小写。在这种情况下，虽然 MASM 保留字使用大小写均可，但用户自定义的符号不能随意使用大小写。用户可以按照高级语言的要求使用标识符，本书在汇编语言程序中基本都使用小写字母。

2. 段的简化定义

对应存储空间的分段管理，用汇编语言编程时也常将源程序分成代码段、数据段或堆栈段。需要独立运行的程序必须包含一个代码段，并指示程序执行的起始位置。需要执行的可执行性语句必须位于某一个代码段内。说明性语句通常安排在数据段，或根据需要位于其他段。

在简化段定义（Simplified Segment Definition）的源程序格式中，".DATA"和".CODE"伪指令分别定义了数据段和代码段，一个段的开始自动结束上一个段。堆栈段用伪指令".STACK"创建。通常堆栈由 Windows 操作系统维护，用户不必设置，但如果程序使用的堆栈空间较大，也可以设置。

3. 程序的开始和结束

程序模板中定义了一个标号 START（也可以使用其他标识符），在最后的汇编结束 END 指令需要利用它作为参数，以指明程序开始执行的位置。

应用程序执行终止，应该将控制权交还操作系统。另外，还可以给操作系统提供一个返回代码，可以用语句"EXIT 0"实现此功能，其中数值 0 就是返回代码，通常用 0 表示执行正确。

源程序的最后需要有一条汇编结束 END 语句，这之后的语句不会被汇编程序所汇编。所以，汇编结束表示汇编程序到此结束将源程序翻译成目标模块代码的过程，而不是指程序终止执行。END 伪指令后面可以有一个"标号"性质的参数，用于指定程序开始执行于该标号所指示的指令。

现在用上述程序格式，编写一个在屏幕上显示信息的程序。

[例 1-1] 信息显示程序

大家一定记得学习 C 语言编写的第一个问候世界（Hello, world!）的显示程序，只要使用语句：

```
printf("Hello, world!\n");
```

就可以实现。

在汇编语言中，要显示的字符串需要在数据段进行定义，采用字节定义伪指令 BYTE 实现：

```
    ;数据段
msg  byte 'Hello, Assembly!',13,10,0    ;定义要显示的字符串
```

其中，参数 13 和 10 是回车和换行控制字符，对应 C 语句的"\n"，实现光标回到下行首列的功能。而汇编语言定义的字符串最后，有一个 0 作为结尾字符，是不可少的。在 C 语句中，虽然没有显式写出这个 0，但 C 语言编译程序会自动为每个字符串在最后增添这个结尾字符，实质上存在这个结尾字符。汇编程序并不区别字符或字符串，不会为字符串自动添加结尾字符，所以，程序员需要自行定义结尾字符。

对应 C 语言 printf 函数的功能，汇编语言需要在代码段编写显示字符串的程序：

```
;代码段
mov eax,offset msg      ;指定字符串的偏移地址
call dispmsg            ;调用 I/O 子程序显示信息
```

这里使用了字符串显示子程序 DISPMSG，它需要在调用前设置 EAX 等于字符串在主存的偏移地址（详见下一小节"输入输出子程序库"）。

将语句纳入主函数，形成完整的源程序文件，就是经典的 C 语言信息显示程序：

```
#include <stdio.h>
int main()
```

```
{
  printf("Hello, world! \n");
  exit(0);
}
```

同样，将上述汇编语言语句填入程序模板（EG0000.ASM）预留的位置，即将数据段内容填入数据段定义指令.DATA 之后，将代码段内容填入程序的 START 标号之后，就编制了一个完整的 MASM 汇编语言源程序 EG0101.ASM（除非有特别说明，否则本书示例程序都可以如此处理）：

```
;eg0101.asm
            include io32.inc            ;包含 32 位输入输出文件
            .data                       ;数据段
msg         byte 'Hello,Assembly!',13,10,0   ;定义要显示的字符串
            .code                       ;代码段
start:                                  ;程序起始位置
            mov eax,offset msg          ;指定字符串的偏移地址
            call dispmsg                ;调用 I/O 子程序显示信息

            exit 0                      ;程序正常执行终止
            end start                   ;汇编结束
```

特别提醒大家，本书前 5 章例题程序都将如此处理，教材只给出数据段的变量定义、主程序和子程序代码等部分（除非有特别说明），以便将注意力集中于编程本身（而不是被烦琐的程序格式所困扰）。读者可以基于模板文件的源程序框架创建完整的源程序文件，也可以参考配套软件包中提供的所有例题程序的源程序文件。

现在，对绝大多数读者来说，都是从高级语言开始熟悉计算机程序设计的。虽然汇编语言不是高级语言，但它们都是程序设计语言，有许多本质上相同或相通的方面。所以，学习过程中不妨做些简单对比，这样，既可以巩固高级语言的知识，也有利于熟悉汇编语言，通过汇编语言还可以进一步加深对高级语言的理解。

4. 输入输出子程序库

使用一种编程语言进行程序设计时，程序员需要利用其开发环境提供的各种功能，如函数、程序库。如果这些功能无法满足程序员的要求，还可以直接利用操作系统提供的程序库，再不行的话就只有自己编写特定的程序了。

汇编语言作为一种低级程序设计语言，汇编程序通常并没有为其提供任何函数或程序库，所以必须利用操作系统的编程资源。显然，这是进行程序设计尤其是采用汇编语言进行程序设计应该掌握的一个方面。但是，对于初学者来说，就有些勉为其难了。这是因为，Windows 的系统函数是为了方便高级语言调用而编写的，本身也比较复杂，需要了解较多内容才能在汇编语言中使用。为此，本书提供了一个简单易用的输入输出子程序库，实现了主要的键盘输入和显示器输出功能。

开发 32 位 Windows 控制台应用程序使用 IO32.LIB 子程序库文件和 IO32.INC 包含文件，注意在源程序开始中使用包含命令 INCLUDE 声明。常用的子程序参见表 1-4，详见附录 B。本书的输入输出子程序库使用 READ 开头表示键盘输入、DISP 开头表示显示器输出，通过后缀字母区别数据类型。C 语言支持格式输入 scanf 和格式输出 printf 函数，利用格式符控制输入输出数据的类型，表中进行了对比，其中 a 表示相应类型的变量。

表 1-4 常用 I/O 子程序

C 语言格式符	子程序名	参数及功能说明
printf（"%s", a）	DISPMSG	入口参数：EAX = 字符串地址　功能说明：显示字符串（以 0 结尾）
printf（"%c", a）	DISPC	入口参数：AL = 字符的 ASCII 码　功能说明：显示一个字符

（续）

C 语言格式符	子程序名	参数及功能说明
printf（"\n"）	DISPCRLF	功能说明：光标回车换行，到下一行首位置
	DISPRD	功能说明：显示 8 个 32 位通用寄存器内容（十六进制）
	DISPRF	功能说明：显示 6 个状态标志的状态
printf（"%X"，a）	DISPHD	入口参数：EAX = 32 位数据　功能说明：以十六进制形式显示 8 位数据
printf（"%u"，a）	DISPUID	入口参数：EAX = 32 位数据　功能说明：显示无符号十进制整数
printf（"%d"，a）	DISPSID	入口参数：EAX = 32 位数据　功能说明：显示有符号十进制整数
scanf（"%s"，&a）	READMSG	入口参数：EAX = 缓冲区地址　功能说明：输入一个字符串（回车结束） 出口参数：EAX = 实际输入的字符个数（不含结尾字符 0），字符串以 0 结尾
scanf（"%c"，&a）	READC	出口参数：AL = 字符的 ASCII 码　功能说明：输入一个字符（回显）
scanf（"%X"，&a）	READHD	出口参数：EAX = 32 位数据　功能说明：输入 8 位十六进制数据
scanf（"%u"，&a）	READUID	出口参数：EAX = 32 位数据　功能说明：输入无符号十进制整数（$\leqslant 2^{32} - 1$）
scanf（"%d"，&a）	READSID	出口参数：EAX = 32 位数据　功能说明：输入有符号十进制整数（$-2^{31} \sim 2^{31} - 1$）

注：在 16 位编译程序中，需要在上述格式符 X、u 和 d 前，加一个字母 "l"，表示长整型（long）类型，即 32 位。

调用这些子程序的格式如下：

```
MOV EAX,入口参数
CALL 子程序名
```

例如，在当前光标位置显示字符串的功能是 DISPMSG 子程序。使用这个子程序，需要定义以 0 结尾的字符串，调用前将 EAX 赋值为该字符串的偏移地址，使用 CALL 指令实现调用：

```
mov eax,offset msg
call dispmsg
```

在学习初期，大家可以利用这个子程序库实现简单的输入输出。在后续章节的学习过程中，本书将展开这些子程序编写的技术和方法。最后，大家还可以补充和完善这个子程序库，或者创建其他子程序库。

1.3.4　开发过程

源程序的开发过程都需要编辑、编译（汇编）、连接等步骤，如图 1-8 所示。首先，用一个文本编辑器形成一个以 ASM 为扩展名的源程序文件；然后，用汇编程序翻译源程序，将 ASM 文件转换为 OBJ 目标模块文件；最后，用连接程序将一个或多个目标文件（含 .LIB 库文件）连接成一个 .EXE 可执行文件。

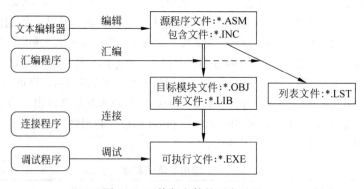

图 1-8　可执行文件的开发过程

1. 开发软件

开发汇编语言程序，首先需要安装开发软件。微软 MASM 原是为开发 DOS 应用程序设计的，独立的 MASM 软件包不适合开发 32 位应用程序。现在的 MASM 软件集成于 Visual C++ 集成开发环境中，对于初学者来说又显得过于庞大和复杂。本书从 MASM 6.11 和 Visual C++6.0 集成开发环境中抽取有关文件构造了一个基本的 MASM 开发软件包，主要包含如下程序：

1）BIN 子目录保存进行汇编、连接及配套的程序文件，包括：

- MASM 6.15 的汇编程序 ML.EXE 和配套的汇编错误信息文件 ML.ERR。这些程序取自 Visual C++6.0，用于汇编 32 位和 16 位汇编语言程序。

- 32 位连接程序 LINK32.EXE 和配套的动态库文件 MSPDB60.DLL，32 位子程序库创建、管理文件 LIB32.EXE，32 位可执行程序、目标模块等二进制文件的结构显示和反汇编程序 DUMPBIN.EXE，使用 Windows 基本 API 函数所需要的开发导入库文件 KERNEL32.LIB 等。这些程序取自 Visual C++6.0，用于开发 32 位 Windows 应用程序。本书将其中连接程序和库管理程序文件名后增加了 "32"，以便与 16 位相应程序区别。由于库管理程序、反汇编程序要调用连接程序，且仍然使用 "LINK.EXE" 文件名，所以 32 位连接程序有名为 "LINK32.EXE" 和 "LINK.EXE" 的两个文件，但实际上是相同的。

- 16 位连接程序 LINK16.EXE，16 位子程序库创建、管理文件 LIB16.EXE。这些程序取自 MASM 6.11，用于开发 16 位 DOS 应用程序。

2）HELP 子目录是 MASM 6.11 所包含的有关帮助文件，输入 QH.BAT 就可以查看。

3）WINDBG 子目录保存调试程序 WinDbg.EXE 和配套动态连接库文件，用于调试 32 位 Windows 应用程序。其中还包括 WinDbg 调试程序的帮助文档 "DEBUGGER.CHM"，可以在调试程序中使用帮助菜单打开，也可以在 Windows 中直接双击打开。

4）CV 子目录是 MASM 6.11 配套的调试程序 CodeView，用于调试 DOS 应用程序，支持 32 位指令。

5）PROGS 子目录存放本书所示例程序。

6）MASM 主目录主要是本书作者提供的包含文件、库文件、批处理文件等，包括：

- 本书作者编写的 32 位 Windows 控制台环境的输入输出子程序库文件 IO32.LIB 和配套的包含文件 IO32.INC，16 位 DOS 环境的输入输出子程序库文件 IO16.LIB 和配套的包含文件 IO16.INC。

- 本书作者编辑的方便操作的快捷方式和多个批处理文件。例如，WIN32.BAT 是进入 32 位控制台的批处理文件，DOS16.BAT 是进入 16 位模拟 DOS 的批处理文件。再如，MAKE32.BAT 用于创建 32 位 Windows 控制台应用程序，MAKE16.BAT 用于创建 16 位 DOS 应用程序。

建议将本书配套的 MASM 软件包安装到硬盘 D 分区的 MASM 目录（否则，最好将 WIN32.BAT 和 DOS16.BAT 中的设置路径命令 "D:\MASM" 修改为相应的分区和目录），且将正在进行创建的汇编语言程序存放在 MASM 主目录中，开发过程中生成的各种文件自然也存放于此，以避免指明文件路径的麻烦和出现找不到文件的错误。

这样，在 Windows 资源管理器中双击批处理文件即可直接进入 MASM 目录，用一个简单的命令就可以生成可执行文件（假设源程序文件名是 EG0101.ASM，扩展名一定是 ASM）：

```
MAKE32 eg0101
```

图 1-9 为快速开发并运行程序的屏幕截图，其中带有下划线的部分是用户输入内容，其他是程序显示结果。

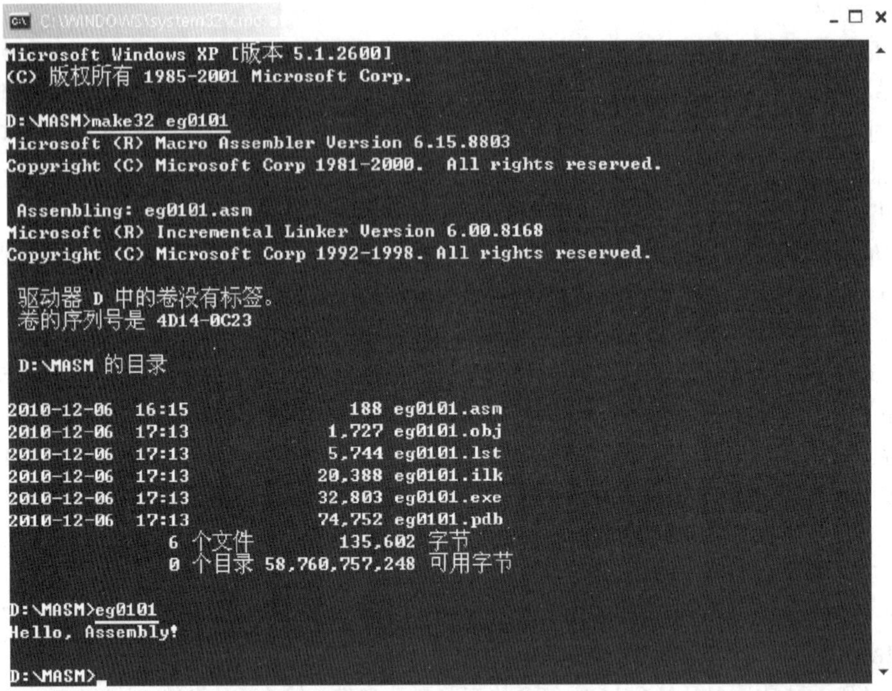

```
Microsoft Windows XP [版本 5.1.2600]
(C) 版权所有 1985-2001 Microsoft Corp.

D:\MASM>make32 eg0101
Microsoft (R) Macro Assembler Version 6.15.8803
Copyright (C) Microsoft Corp 1981-2000.  All rights reserved.

 Assembling: eg0101.asm
Microsoft (R) Incremental Linker Version 6.00.8168
Copyright (C) Microsoft Corp 1992-1998. All rights reserved.

 驱动器 D 中的卷没有标签。
 卷的序列号是 4D14-0C23

 D:\MASM 的目录

2010-12-06  16:15               188 eg0101.asm
2010-12-06  17:13             1,727 eg0101.obj
2010-12-06  17:13             5,744 eg0101.lst
2010-12-06  17:13            20,388 eg0101.ilk
2010-12-06  17:13            32,803 eg0101.exe
2010-12-06  17:13            74,752 eg0101.pdb
               6 个文件        135,602 字节
               0 个目录 58,760,757,248 可用字节

D:\MASM>eg0101
Hello, Assembly!

D:\MASM>_
```

图1-9 快速开发并运行程序的操作过程

当然，大家还可以使用其他开发软件包，如 Steve Hutchesson 的免费集成软件包 MASM32 (http://www.movsd.com)，但要注意按照其格式要求编写汇编语言程序文件。

2. 源程序的编辑

源程序文件的形成（编辑）可以使用任何一个文本编辑器，但使用功能完善的编辑软件会提高编程效率。例如，可以使用 Windows 提供的记事本（Notepad）、DOS 中的全屏幕文本编辑器 EDIT 或者 MS Word。大家也可以使用自己熟悉的其他程序开发工具中的编辑环境，如 Visual C++ 或 Turbo C 的编辑器。一些专用于各种源程序文件编写的文本编辑软件也非常好用，如 UltraEdit32（http://www.ultraedit.com）。

本书配套开发软件 MASM 主目录中有一个 Notepad2.exe 程序也很好用。建议在“设置”菜单中使用“文件关联”命令将汇编语言程序.ASM 文件与其建立关联（以后双击.ASM 程序就可以打开该记事本），还可以在“查看”菜单中选择使用汇编程序语法高亮方案和语法高亮配置（便于区别助记符、数据等）。另外，在“查看”菜单中选中“行号”，该记事本就可以给程序标示行号，以便出现错误时能够根据提示的行号快速定位到错误语句。

源程序文件是无格式文本文件，注意保存为纯文本类型，MASM 要求其源程序文件要以.ASM 为扩展名。现在可以将例 1-1 的源程序输入编辑器，并以 EG0101.ASM 为文件名保存在 MASM 目录下。为了便于操作，本书要求将源程序文件保存在 MASM 主目录下，开发过程中生成的可执行程序等文件也将保存在 MASM 主目录下，开发完成后的程序可以放到另外一个目录下保存。为了便于管理，本书中的源程序文件的命名规则是：EG 表示例题，EX 表示习题，前两个数字表示程序所在章号，后两个数字表示例题或习题序号，数字后的字母表示同一个程序的不同格式或解答。

3. 源程序的汇编

汇编是将汇编语言源程序翻译成由机器代码组成的目标模块文件的过程。MASM 6.x 提供的

汇编程序是 ML. EXE。进入已建立的 MASM 目录，键入如下命令及相应参数即可以完成源程序的汇编：

```
BIN\ML /c /coff eg0101.asm
```

其中，ML 表示运行 ML. EXE 程序（保存在 BIN 子目录，如果已经建立搜索路径，则可以省略"BIN\"），参数"/c"（小写字母，ML. EXE 的参数是大小写敏感的）表示仅利用 ML 实现源程序的汇编，参数"/coff"（小写字母）表示生成 COFF（Common Object File Format）格式的目标模块文件。COFF 是 32 位 Windows 和 UNIX 操作系统使用的目标文件格式。上述两个参数必须有，注意参数之间一定要用空格分隔。参数也可以使用短线引导，例如：

```
BIN\ML -c -coff eg0101.asm
```

如果源程序中没有语法错误，MASM 将自动生成一个目标模块文件（EG0101. OBJ），否则 MASM 将给出相应的错误信息。这时应根据错误信息，重新编辑修改源程序文件后，再进行汇编。

4. 目标文件的连接

连接程序能把一个或多个目标文件和库文件合成一个可执行文件。在 MASM 目录下有了 EG0101. OBJ 文件，键入如下命令实现目标文件的连接：

```
BIN\LINK32 /subsystem:console eg0101.obj
```

其中，参数"/subsystem：console"必须有，表示生成 Windows 控制台（Console）环境的可执行文件。如果生成图形窗口的可执行文件，则应该使用"/subsystem：windows"参数。

如果连接过程没有错误，将自动生成一个可执行文件（EG0101. EXE），否则连接程序将给出错误信息。这时应根据错误信息相应修正，再进行汇编和连接。

软件开发的主要步骤是编译（汇编）和连接。为了方便操作，可以编辑一个批处理文件 MAKE32. BAT，将其中的汇编和连接以及需要参数事先设置好，例如：

```
@ echo off
REM make32.bat,for assembling and linking 32 -bit Console programs(.EXE)
BIN\ML /c /coff /Fl /Zi %1.asm
if errorlevel 1 goto terminate
BIN\LINK32/subsystem:console/debug %1.obj
if errorlevel 1 goto terminate
DIR %1.*
:terminate
@echo on
```

@ echo off 表示不显示下面的命令，@ echo on 则表示显示命令。REM 开头表示这是一个注释行。汇编和连接命令中使用"%1"代表输入的第一个文件名（扩展名已经表示出来，所以不需要输入英文句号及扩展名）。如果汇编和连接过程中没有错误，将在 MASM 目录生成列表文件、目标文件和可执行文件等文件，并使用文件列表 DIR 命令进行显示。如果汇编或连接有错误，"if-goto"命令将跳转到 terminate 位置，结束处理。

汇编程序 ML 和连接程序 LINK 支持很多参数，以便控制汇编和连接过程，用"/?"参数就可以看到帮助信息。例如，ML 可以用空格分隔多个 ASM 源程序文件，以便一次性汇编多个源文件。LINK 也可以将多个模块文件连接起来（用加号"+"分隔），形成一个可执行文件；还可以带 LIB 库文件进行连接。再如，ML 的参数"/Fl"表示生成列表文件（稍后介绍）；要在调试程序中直接使用程序定义的各种标识符，可在 ML 命令中增加参数"/Zi"，LINK 命令中增加参数"/debug"，表示生成调试用的符号信息。

5. 可执行文件的运行

运行 Windows 控制台（或模拟 DOS 环境）的可执行文件，需要首先进入控制台（或模拟 DOS）环境，然后在命令行提示符下输入文件名（可以省略扩展名）、按下回车键：

```
eg0101.exe
```

操作系统装载该文件进入主存，开始运行。如果发现运行错误，可以从源程序开始进行静态排错，也可以利用调试程序进行动态排错。一般不要在 Windows 资源管理器下双击文件名启动 Windows 控制台（或 DOS）可执行文件，这样往往看不到运行的显示结果，屏幕显示只是一闪而过。

6. 列表文件

列表文件（List File）是一种文本文件，扩展名为 .LST，含有源程序和目标代码，对大家学习汇编语言和发现错误很有用。创建列表文件时，需要 ML 汇编程序使用"/Fl"参数（大写字母 F，接着小写字母 l，不是数字 1），例如，输入如下命令：

```
BIN\ML /c /coff /Fl eg0101.asm
```

该命令除产生模块文件 EG0101.OBJ 外，还将生成列表文件 EG0101.LST。列表文件有两部分内容，第一部分是源程序及其代码，如下所示：

```
eg0101.asm                    Page 1-1
00000000                              .data
00000000 48 65 6C 6C 6F        msg     byte 'Hello,Assembly!',13,10,0    ;字符串
         2C 20 41 73 73
         65 6D 62 6C 79
         21 0D 0A 00
00000000                              .code
00000000                      start:
00000000 B8 00000000 R                mov eax,offset msg     ;显示
00000005 E8 00000000 E                call dispmsg
                                      exit 0
00000011                              end start
```

在第一部分中，最左列是数据或指令在该段从 0 开始的相对偏移地址（十六进制数形式），中间是存放在主存的数据或指令的机器代码（从低地址开始，十六进制数形式，操作码部分以字节为单位，操作数则以数据类型为单位），最右列则是汇编语言语句。机器代码后有字母"R"表示该指令的立即数或位移量现在不能确定或只是相对地址，它将在程序连接或进入主存时才能定位。调用指令代码后的字母"E"表示子程序来自外部（External），详见附录 E。如果程序中有错误（Error）或警告（Warning），也会在相应位置提示。Error 是比较严重的语法错误，不能产生机器代码或产生的代码无法正确运行；Warning 一般是不太关键的语法错误，有些警告并不影响程序的正确性。

列表文件的第二部分是各种标识符的说明，部分内容如下所示：

```
eg0101.asm              Symbols 2-1
Macros:
        Name            Type
exit.................. Proc
Segments and Groups:
        Name            Size  Length  Align  Combine  Class
FLAT.................. GROUP
_DATA................. 32 Bit 00000014 Para Public 'DATA'
_TEXT................. 32 Bit 00000011 Para Public 'CODE'
```

这部分列表文件中，罗列了程序中使用的宏（Macros）、段和组（Segments and Groups），以

及标号、变量名、子程序名等符号（Symbols）的有关信息。这些信息包括类型（Type）、段的操作数和地址长度（Size）、段的字节数量（Length）、变量的初始数值（Value）等。这些内容需要学习第 2 章后才能理解。

7. 调试程序

学习程序设计和进行实际的程序开发，往往离不开调试程序，有时还会用到反汇编程序等工具软件。为了让调试程序方便进行源程序级调试，汇编时需要增加参数"/Zi"，连接命令中增加参数"/debug"。这时，连接过程还将生成增量状态文件（.ILK，微软连接程序的数据库，用于增量连接。重新连接时会提示警告信息，不必理会）和程序数据库文件（.PDB，保存调试和项目状态信息，使用这些信息可以对程序的调试配置进行增量连接）。

本书配套软件包提供了 WinDbg 用于调试 32 位 Windows 应用程序，CodeView 用于调试 DOS 应用程序。如果只调试 16 位 8086 指令的 DOS 应用程序，还可以使用 DOS 操作系统自带的 DE-BUG.EXE 调试程序。

WinDbg（Microsoft Debugging Tools For Windows）是微软免费提供的 Windows 调试程序。本教材主要介绍进行汇编语言应用程序调试的方法，只需要抽取 WinDbg 软件包的主要文件，复制到某个目录下就可以启动运行。调试程序 WinDbg 的使用方法详见附录 A，配合汇编语言的具体应用将在随后章节逐渐引入。

第 1 章习题

1.1 简答题

（1）哪个处理器的指令系统成为 80x86 系列处理器的基本指令集？

（2）ROM-BIOS 是什么？

（3）什么是通用寄存器？

（4）堆栈的存取原则是什么？

（5）标志寄存器主要保存哪方面的信息？

（6）最高有效位（MSB）是指哪一位？

（7）汇编语言中的标识符与高级语言的变量和常量名的组成原则有本质的区别吗？

（8）汇编语言的标识符大小写不敏感意味着什么？

（9）在汇编语言源程序文件中，END 语句后的语句会被汇编吗？

（10）汇编时生成的列表文件主要包括哪些内容？

1.2 判断题

（1）EAX 也被称为累加器，因为它使用最频繁。

（2）指令指针 EIP 寄存器属于通用寄存器。

（3）IA-32 处理器在实地址方式下，不能使用 32 位寄存器。

（4）保护方式下，段基地址加偏移地址就是线性地址或物理地址。

（5）Windows 的模拟 DOS 环境与控制台环境是一样的。

（6）处理器的传送指令 MOV 属于汇编语言的执行性语句。

（7）汇编语言的语句由明显的 4 部分组成，不需要分隔符区别。

（8）MASM 汇编语言的注释以分号开始，但不能用中文分号。

（9）程序终止执行也就意味着汇编结束，所以两者含义相同。

（10）源程序文件和列表文件都是文本性质的文件。

1.3 填空题

（1）Intel 8086 支持_____容量主存空间，IA-32 处理器支持_____容量主存空间。

（2）Intel ＿＿＿＿＿＿处理器将 80x86 指令系统升级为 32 位指令系统，＿＿＿＿＿＿处理器内部集成浮点处理单元、开始支持浮点操作指令。

（3）IA-32 处理器有 8 个 32 位通用寄存器，其中 EAX、＿＿＿＿＿＿、＿＿＿＿＿＿和 EDX 可以分成 16 位和 8 位操作，还有另外 4 个是＿＿＿＿＿＿、＿＿＿＿＿＿、＿＿＿＿＿＿和＿＿＿＿＿＿。

（4）寄存器 EDX 是＿＿＿＿＿＿位的，其中低 16 位的名称是＿＿＿＿＿＿，它还可以分成两个 8 位的寄存器，其中 $D_0 \sim D_7$ 和 $D_8 \sim D_{15}$ 部分可以分别用名称＿＿＿＿＿＿和＿＿＿＿＿＿表示。

（5）IA-32 处理器有＿＿＿＿＿＿个段寄存器，它们都是＿＿＿＿＿＿位的。

（6）IA-32 处理器复位后，首先进入的是＿＿＿＿＿＿工作方式。该工作方式的分段最大不超过＿＿＿＿＿＿。

（7）逻辑地址由＿＿＿＿＿＿和＿＿＿＿＿＿两部分组成。代码段中下一条要执行的指令由 CS 和＿＿＿＿＿＿寄存器指示，后者在实地址模型中起作用的仅有＿＿＿＿＿＿寄存器部分。

（8）Windows 的文件夹对应的专业术语是＿＿＿＿＿＿。

（9）指令由表示指令功能的＿＿＿＿＿＿和表示操作对象的＿＿＿＿＿＿部分组成，IA-32 处理器的指令前缀属于＿＿＿＿＿＿部分。

（10）MASM 要求汇编语言源程序文件的扩展名是＿＿＿＿＿＿，汇编产生的扩展名为 .OBJ 的文件称为＿＿＿＿＿＿文件，编写 32 位 Windows 应用程序应选择＿＿＿＿＿＿存储模型。

1.4 简述 Intel 80x86 系列处理器在指令集方面的发展。

1.5 说明微型计算机系统的硬件组成及各部分的作用。

1.6 什么是标志？什么是 IA-32 处理器的状态标志、控制标志和系统标志？说明状态标志在标志寄存器 EFLAGS 中的位置和含义。

1.7 什么是平展存储模型、段式存储模型和实地址存储模型？

1.8 什么是实地址方式、保护方式和虚拟 8086 方式？它们分别使用什么存储模型？

1.9 IA-32 处理器有哪三类基本段，各有什么用途？

1.10 说明高级语言、汇编语言、机器语言三者的区别，谈谈你对汇编语言的认识。

1.11 区别如下概念：助记符、汇编语言、汇编语言程序和汇编程序。

1.12 区别如下概念：路径、绝对路径、相对路径、当前目录。系统磁盘上存在某个可执行文件，但在 DOS 环境输入其文件名却提示没有这个文件，是什么原因？

1.13 汇编语言语句有哪两种，每种语句由哪 4 部分组成？

1.14 什么是标识符和保留字，汇编语言程序中的标识符是怎样组成的？

1.15 在 MASM 汇编语言中，下面哪些是程序员可以使用的自定义标识符？
    FFH, DS, Again, next, @data, h_ascii, 6364b, flat

1.16 汇编语言程序的开发有哪 4 个步骤，分别利用什么程序完成、产生什么输出文件？

第 2 章

数据表示和寻址

数据（Data）是计算机处理的对象，处理器指令操作的对象称为操作数（Operand）。计算机中的数据需要使用二进制的 0 和 1 组合表示，程序设计语言中使用常量和变量形式表达和定义，处理器指令则以寻址方式操作数据进行处理。

本章首先介绍计算机中数值和字符的编码方法，然后了解汇编语言如何使用常量表达数据，接下来说明汇编语言如何使用变量保存数据，最后学习处理器指令如何寻址数据。本章围绕计算机内部数据的工作原理展开，读者可以通过阅读简单的程序及其列表文件直观理解，同时进一步熟悉汇编语言的开发过程和子程序库的使用。

2.1 数据表示

计算机只能识别 0 和 1 两个数码，进入计算机的任何信息都要转换成 0 和 1 数码。IA-32 整数指令支持的基本数据类型是 8、16、32、64 位无符号整数和有符号整数，也支持字符、字符串和 BCD 码操作。本节主要介绍这些数据类型的数据表示。

2.1.1 数制

人有 10 个手指，所以习惯了十进制计数。计算机的硬件基础是数字电路，它处理具有低电平和高电平两种稳定状态的电平信号，所以使用了二进制。为了便于表达二进制数，人们又常用到十六进制数。

1. 二进制

计算机中为便于存储及物理实现，采用二进制表达数值。二进制数的特点为：逢二进一，由 0 和 1 两个数码组成，基数为 2，各个位权以 2^k 表示。

$$a_n a_{n-1} \cdots a_1 a_0.\, b_1 b_2 \cdots b_m = a_n \times 2^n + a_{n-1} \times 2^{n-1} + \cdots + a_1 \times 2^1 + a_0 \times 2^0 + b_1 \times 2^{-1}$$
$$+ b_2 \times 2^{-2} + \cdots + b_m \times 2^{-m}$$

其中 a_i，b_j 非 0 即 1。

二进制数的算术运算与十进制类似，只不过是逢二进一、借一当二，表 2-1 是二进制运算规则。图 2-1 采用 4 位二进制数，举例说明了二进制的加减乘除运算，注意，加减法会出现进位或借位，乘积和被除数是双倍长的数据，除法有商和余数两个部分。

表 2-1　二进制运算规则

加法运算	减法运算	乘法运算
$1+0=1$	$1-0=1$	$1\times0=0$
$1+1=0$（进位 1）	$1-1=0$	$1\times1=1$
$0+0=0$	$0-0=0$	$0\times0=0$
$0+1=1$	$0-1=1$（借位 1）	$0\times1=0$

```
1101+0011=0000(进位1)              1101-0011=1010
      1 1 0 1                           1 1 0 1
  +     0 0 1 1                     -     0 0 1 1
  ─────────────                     ─────────────
    1 0 0 0 0                           1 0 1 0
      a) 加法                            b) 减法

1101×0011=00100111          01001001÷1101=0101(余数1000)
      1 1 0 1                              1 0 1
  ×     0 0 1 1               1101 / 1 0 0 1 0 0 1
  ─────────────                   -   1 1 0 1
      1 1 0 1                     ─────────────
  +   1 1 0 1 0                       0 1 0 1 0 1
  ─────────────                       -   1 1 0 1
    1 0 0 1 1 1                     ─────────────
                                        1 0 0 0
      c) 乘法                            d) 除法
```

图 2-1　二进制数的算术运算

2. 逻辑运算

事件的假和真可以分别用数码 0 和 1 表示，这样事件之间的逻辑关系就可以利用二进制表达。同样，将数字电路的低电平用数码 0 表示、高电平用数码 1 表示，数字信号之间的逻辑关系（或者说数字电路的逻辑功能）也可以利用二进制描述。当然，此时的数码 0 和 1 并不代表数值，而只是代表两种状态。它们的运算不再是普通代数而是逻辑代数，也称为布尔代数（Boolean Algebra）。数学家布尔发明的逻辑代数起初并不为人熟知，后来成为数字电路的数学理论基础，从而获得广泛应用。数字电路也因此常被人们称为逻辑电路。

基本的逻辑运算（逻辑关系）有逻辑与（AND）、逻辑或（OR）、逻辑非（NOT）和逻辑异或（XOR），常分别使用符号 ∧、∨、~ 和 ⊕ 表示，表 2-2 为基本逻辑运算的规则。二进制数的逻辑运算就是按位（各位独立）逻辑运算的过程（详见 3.3 节的逻辑运算指令）。

表 2-2　逻辑运算规则

逻辑与运算	逻辑或运算	逻辑非运算	逻辑异或运算
$1\wedge0=0$	$1\vee0=1$	$\sim0=1$	$1\oplus0=1$
$1\wedge1=1$	$1\vee1=1$		$1\oplus1=0$
$0\wedge0=0$	$0\vee0=0$	$\sim1=0$	$0\oplus0=0$
$0\wedge1=0$	$0\vee1=1$		$0\oplus1=1$

例如，4 位二进制数的逻辑运算如下：

逻辑与：　$1101\wedge0011=0001$

逻辑或：　$1101\vee0011=1111$

逻辑非：　$\sim1101=0010$

逻辑异或：$1101\oplus0011=1110$

3. 十六进制

由于二进制数书写较长、难以辨认，因此常用易于与之转换的十六进制数来描述二进制数。十六进制数的基数是 16，共有 16 个数码：0、1、2、3、4、5、6、7、8、9 和 A、B、C、D、E、F（也可以使用小写字母 a～f，依次表示十进制的 10～15），逢十六进一，各个位的位权为 16^k。

$$a_n a_{n-1} \cdots a_1 a_0. b_1 b_2 \cdots b_m = a_n \times 16^n + a_{n-1} \times 16^{n-1} + \cdots + a_1 \times 16^1 + a_0 \times 16^0 + b_1 \times 16^{-1}$$
$$+ b_2 \times 16^{-2} + \cdots + b_m \times 16^{-m}$$

其中 a_i、b_j 为 0～F 中的一个数码。

十六进制数的加减运算也与十进制类似，但注意逢十六进一，借一当十六。例如：

$$23D9H + 94BEH = B897H, \quad A59FH - 62B8H = 42E7H$$

这里的后缀字母 H（或小写 h）表示十六进制形式表达的数据。在涉及计算机学科知识的文献中，常使用十六进制数表达地址、数据、指令代码等，所以应该熟悉十六进制数的加减运算。

4. 数制之间的转换

1）二进制数、十六进制数转换为十进制数需按权展开。例如：

$$0011.1010B = 1 \times 2^1 + 1 \times 2^0 + 1 \times 2^{-1} + 0 \times 2^{-2} + 1 \times 2^{-3} = 3.625$$
$$1.2H = 1 \times 16^0 + 2 \times 16^{-1} = 1.125$$

这里的后缀字母 B（或小写 b）表示二进制形式表达的数据。

2）十进制数的整数部分转换为二进制数和十六进制数可用除法，即把要转换的十进制数的整数部分不断除以二进制数和十六进制数的基数 2 或 16，并记下余数，直到商为 0 为止，再由最后一个余数起逆向取各个余数，则为该十进制数整数部分转换成的二进制数或十六进制数。

图 2-2 演示了转换 126 的过程，结果是：126 = 01111110B，126 = 7EH。

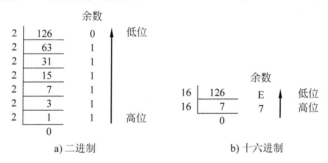

a) 二进制   b) 十六进制

图 2-2 十进制整数的转换

3）十进制数的小数部分转换为二进制数和十六进制数则可分别乘以各自的基数，记录整数部分，直到小数部分为 0 为止。

图 2-3 演示了转换 0.8125 的过程，结果是：0.8125 = 0.1101B，0.8125 = 0.DH。

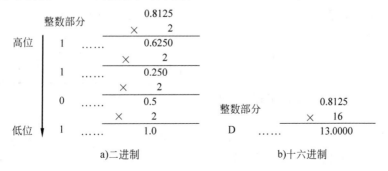

a) 二进制   b) 十六进制

图 2-3 十进制小数的转换

小数部分的转换可能会发生总是无法乘到为 0 的情况，这时可选取一定位数（精度），当然也势必产生无法避免的转换误差。

4）二进制数和十六进制数之间具有对应关系：以小数点为基准，整数从右向左（从低位到高位）、小数从左向右（从高位到低位）每 4 个二进制位对应一个十六进制位，如表 2-3 所示，所以二进制数和十六进制数之间的相互转换非常简单。表 2-3 还给出了 BCD 码以及常用的二进制位权值。例如：

$$00111010B = 3AH，F2H = 11110010B$$

表 2-3　不同进制间（含 BCD 码）的对应关系

十进制	二进制	十六进制	BCD 码	常用二进制位权
0	0000	0	0	$2^{-3} = 0.125$
1	0001	1	1	$2^{-2} = 0.25$
2	0010	2	2	$2^{-1} = 0.5$
3	0011	3	3	$2^0 = 1$
4	0100	4	4	$2^1 = 2$
5	0101	5	5	$2^2 = 4$
6	0110	6	6	$2^3 = 8$
7	0111	7	7	$2^4 = 16$
8	1000	8	8	$2^5 = 32$
9	1001	9	9	$2^6 = 64$
10	1010	A		$2^7 = 128$
11	1011	B		$2^8 = 256$
12	1100	C		$2^9 = 512$
13	1101	D		$2^{10} = 1024$
14	1110	E		$2^{15} = 32\,768$
15	1111	F		$2^{16} = 65\,536$

2.1.2　数值的编码

编码是用文字、符号或者数码来表示某种信息（数值、语言、操作指令、状态等）的过程。组合 0 和 1 数码就是二进制编码。用 0 和 1 数码的组合在计算机中表达的数值称为机器数，相应地，现实中真实的数值称为真值。对数值来说，主要有两种编码方式：定点格式和浮点格式。定点整数是本书的主要讨论对象，浮点实数将在 9.1 节介绍。

1. 定点整数

定点格式固定小数点的位置表达数值，计算机中通常将数值表达成纯整数或纯小数，这种机器数称为定点数。对于整数，可以将小数点固定在机器数的最右侧，实际上并不用表达出来，这就是整数处理器支持的定点整数，如图 2-4 所示。如果将小数点固定在机器数的最左侧就是定点小数。

定点整数如果不考虑正负，只表达 0 和正整数，就是无符号整数（简称无符号数）。在前面的数值转换和运算中，就默认采用无

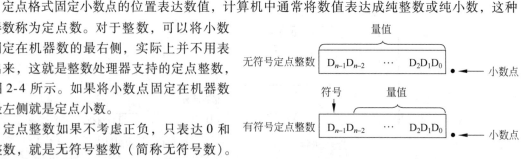

图 2-4　定点整数格式

符号整数。8 位二进制数有 256 个编码，依次是 00000000、00000001、00000010、…、11111110、11111111，采用十六进制形式表示，依次是 00、01、02、…、FE、FF，所表达的无符号整数的真值依次是 0、1、2、…、254、255。N 位二进制共有 2^N 个编码，表达的真值范围为 $0 \sim 2^N - 1$。因此，16 位和 32 位二进制数所能表示的无符号整数范围分别是 $0 \sim 2^{16} - 1$ 和 $0 \sim 2^{32} - 1$。

如果要表达数值正负，则需要占用一个位，通常用机器数的最高位（故称为符号位），并用 0 表示正数、1 表示负数，这就是有符号整数（简称有符号数、带符号数）。

2. 补码

有符号整数有多种表达形式，计算机中默认采用补码（2' Complement）。因为采用补码，减法运算可以变换成加法运算，所以硬件电路只需设计加法器。

补码中，最高位表示符号：正数用 0，负数用 1；正数补码与无符号数一样，直接表示数值大小；负数补码是将对应正数补码取反（将 0 变为 1，1 变为 0），然后加 1 形成。例如：

正整数 105 用 8 位补码表示：

$$[105]_{补码} = 01101001B$$

负整数 -105 用 8 位补码表示：

$$[-105]_{补码} = [01101001B]_{取反} + 1 = 10010110B + 1 = 10010111B$$

一个负数的真值用机器数补码表示时，需要一个"取反加 1"的过程。同样，将一个最高位为 1 的补码（即真值为负数）转换成真值时，也需要一个"取反加 1"的过程。例如：

补码：11100000B

真值：$-([11100000B]_{取反} + 1) = -(00011111B + 1) = -00100000B = -2^5 = -32$

进行负数求补运算，在数学上等效于用带借位的 0 作减法（下面等式中用中括号表达借位）。例如：

真值：-8，补码：$[-8]_{补码} = [1]0 - 8 = [1]00000000B - 00001000B = 11111000B$

补码：11111000B，真值：$-([1]00000000B - 11111000B) = -00001000B = -8$

注意，求补只针对负数进行，正数不需要求补。另外，十六进制更便于表达，上述运算过程可以直接使用十六进制数。

由于符号要占用一个数位，所以 8 位二进制补码中只用 7 个数位表达数值，其所能表示的数值范围是 $-128 \sim -1$、$0 \sim +127$，对应的二进制补码是 $10000000 \sim 11111111$、000000000 $\sim$ 011111111，若用十六进制表达是 $80 \sim FF$、$00 \sim 7F$。16 位和 32 位二进制补码所能表示的数值范围分别是 $-2^{15} \sim +2^{15} - 1$ 和 $-2^{31} \sim +2^{31} - 1$。用 N 位二进制编码有符号整数，表达的真值范围是 $-2^{N-1} \sim +2^{N-1} - 1$。使用补码表达有符号整数，和无符号整数表达的数值个数一样，但范围不同。

3. 补码运算

数学家早已发现，对 N 位十进制作减法运算：被减数 - 减数 = 差，可以转换为加法：被减数 + $(10^N -$ 减数$)$，其中 $(10^N -$ 减数$)$ 是 10 的补码，丢弃进位就是差值。例如，$126 - 8 = 118$。$126 + (10^3 - 8) = [1]118$，不要进位就是结果：118。这个方法可以扩展到二进制运算，用于简化计算机的算术运算：

$$[X]_{补码} + [Y]_{补码} = [X + Y]_{补码} \qquad\qquad [X]_{补码} - [Y]_{补码} = [X]_{补码} + [-Y]_{补码} = [X - Y]_{补码}$$

图 2-5 示例了 4 个 8 位二进制数据的加减运算。从中可以看到，利用无符号数加法结合补码表达，除可以实现无符号数加法之外，也可以实现无符号数减法，还可以实现有符号数的加法和减法操作。对于无符号数加减运算，需要利用进位或借位才能得到正确结果；而对于有符号数加减运算，如果出现溢出，则结果是错误的。关于进位和溢出的详细讨论参见 3.2 节。

a) 无符号整数：126＋248＝256＋118，进位　　　　b) 无符号整数：126＋8＝134，无进位
　有符号整数：126－8＝118，无溢出　　　　　　　有符号整数：126＋8＝－122？，溢出、错误

	二进制补码	无符号整数	有符号整数			二进制补码	无符号整数	有符号整数
	01111110	126	126			01111110	126	126
+	11111000	248	－8		+	00001000	8	8
	[1]01110110	256＋118	118			10000110	134	－122？

c) 无符号整数：151＋32＝183，无进位　　　　　　d) 无符号整数：151＋224＝256＋119，进位
　有符号整数：－105＋32＝－73，无溢出　　　　　有符号整数：－105－32＝119？，溢出、错误

	二进制补码	无符号整数	有符号整数			二进制补码	无符号整数	有符号整数
	10010111	151	－105			10010111	151	－105
+	00100000	32	32		+	11100000	224	－32
	10110111	183	－73			[1]01110111	256＋119	119？

图 2-5　补码运算示例

4. 原码和反码

原码和反码也是表达有符号整数的编码。正数的原码和反码与补码和无符号数一样，而负数的原码是对应正数原码的符号位改为 1，负数的反码是对应正数反码的取反。所以，求负数的原码、反码和补码，都需要首先计算其对应正数的编码，然后取反符号位（设置为 1）成为原码，再取反其他位得到反码，最后加 1 就是补码。例如：

真值：32；机器数：$[32]_{原码}＝[32]_{反码}＝[32]_{补码}＝00100000B＝20H$

真值：－32；机器数：$[-32]_{原码}＝10100000B＝A0H$，$[-32]_{反码}＝11011111B＝DFH$，$[20H]_{补码}＝11100000B＝E0H$

使用原码和反码进行加减运算时比较麻烦，另外数值 0 都有两种表达形式。

2.1.3　字符的编码

在计算机中，各种字符需要用若干位的二进制码的组合表示，即字符的二进制编码。由于字节是计算机的基本存储单位，所以常以 8 个二进制位为单位表达字符。

1. BCD

一个十进制数位在计算机中用 4 位二进制编码来表示，这就是所谓的二进制编码的十进制数（Binary Coded Decimal，BCD）。常用的 BCD 码是 8421 BCD 码，它用 4 位二进制编码的低 10 个编码表示 0~9 这十个数字，参见前面的表 2-3。

BCD 码很容易实现与十进制真值之间的转换。例如：

BCD 码：0100 1001 0111 1000.0001 0100 1001；十进制真值：4978.149

如果将 8 位二进制（即一个字节）的高 4 位设置为 0，仅用低 4 位表达一位 BCD 码，称为非压缩（Unpacked）BCD 码；而通常用一个字节表达两位 BCD 码，称为压缩（Packed）BCD 码。

BCD 码虽然浪费了 6 个编码，但能够比较直观地表达十进制数，也容易与 ASCII 码相互转换，便于输入、输出。另外，它还可以比较精确地表达数据。例如，对于一个简单的数据 0.2，采用浮点格式（详见 9.1 节）无法精确表达，而采用 BCD 码可以只使用 4 位"0010"表达。最初的计算机支持十进制运算，IA-32 整数处理器中使用调整指令实现十进制运算。

2. ASCII

字母和各种字符也必须按特定的规则用二进制编码才能在计算机中表示。编码方式有多种，其中最常用的一种编码是 ASCII（American Standard Code for Information Interchange，美国标准信息交换码）。现在使用的 ASCII 码源于 20 世纪 50 年代，完成于 1967 年，由美国标准化组织（ANSI）定义在 ANSI X3.4—1986 中。

　　标准 ASCII 码用 7 位二进制编码，故有 128 个，如表 2-4 所示。计算机的存储单位为 8 位，表达 ASCII 码时，最高 D_7 位通常作为 0；通信时，D_7 位通常用作奇偶校验位。

表 2-4　标准 ASCII 码及其字符

ASCII 码	字符	ASCII 码	字符	ASCII 码	字符	ASCII 码	字符
00H	NUL	20H	SP	40H	@	60H	`
01H	SOH	21H	!	41H	A	61H	a
02H	STX	22H	"	42H	B	62H	b
03H	ETX	23H	#	43H	C	63H	c
04H	EOT	24H	$	44H	D	64H	d
05H	ENQ	25H	%	45H	E	65H	e
06H	ACK	26H	&	46H	F	66H	f
07H	BEL	27H	'	47H	G	67H	g
08H	BS	28H	(	48H	H	68H	h
09H	HT	29H	)	49H	I	69H	i
0AH	LF	2AH	*	4AH	J	6AH	j
0BH	VT	2BH	+	4BH	K	6BH	k
0CH	FF	2CH	,	4CH	L	6CH	l
0DH	CR	2DH	–	4DH	M	6DH	m
0EH	SO	2EH	.	4EH	N	6EH	n
0FH	SI	2FH	/	4FH	O	6FH	o
10H	DLE	30H	0	50H	P	70H	p
11H	DC1	31H	1	51H	Q	71H	q
12H	DC2	32H	2	52H	R	72H	r
13H	DC3	33H	3	53H	S	73H	s
14H	DC4	34H	4	54H	T	74H	t
15H	NAK	35H	5	55H	U	75H	u
16H	SYN	36H	6	56H	V	76H	v
17H	ETB	37H	7	57H	W	77H	w
18H	CAN	38H	8	58H	X	78H	x
19H	EM	39H	9	59H	Y	79H	y
1AH	SUB	3AH	:	5AH	Z	7AH	z
1BH	ESC	3BH	;	5BH	[	7BH	{
1CH	FS	3CH	<	5CH	\	7CH	|
1DH	GS	3DH	=	5DH	]	7DH	}
1EH	RS	3EH	>	5EH	∧	7EH	~
1FH	US	3FH	?	5FH	–	7FH	Del

　　ASCII 码表中的前 32 个和最后一个编码是不可显示的控制字符，用于表示某种操作。并不是所有设备都支持这些控制字符，也不是所有设备都按照同样的功能应用这些控制字符。不过，有些控制字符获得广泛使用。例如：0DH 表示回车 CR（Carriage Return），控制屏幕光标时就是使光标回到本行首位；0AH 表示换行 LF（Line Feed），就是使光标进入下一行，但列位置不变；08H 实现退格 BS（Backspace）；7FH 实现删除 DEL（Delete）。另外，07H 表示响铃 BEL（Bell），1BH（ESC）常对应键盘的 ESC 键（多数人称其为 Escape 键）。ESC（Extra Services Control）字符常与其他字符一起发送给外设（例如打印机），用于启动一种特殊功能，很多程序中常使用它表示退出操作。

　　那么，C 语言转义符 "\n" 是哪个字符呢？在 C 语言中，转义符 "\n" 设置显示（打印）位置为下一行首列。使用的 ASCII 控制字符依系统不同而不同：微软的 DOS 和 Windows 操作系统使用回车 CR 和换行 LF 两个控制字符实现，Unix（Linux）操作系统使用一个换行 LF 控制字符实现，而苹果公司的 Mac 操作系统使用一个回车 CR 控制字符实现。所以，编写底层应用程序，尤其是跨平台应用时，需要理解这些不同。例如，同一个文本文件在不同的操作系统下打开时，就会遇到换行问题。功能略强的文本类编辑软件都具有处理这个问题的能力，但功能简单的 Windows 记事本程序就没有处理这个问题的能力，因此会出现文本换行错误的情况。

表示字符串结束，可以在字符串最后使用特殊的标识符号，即结尾字符。结尾字符可以自行定义，曾使用过回车字符、换行字符等，现在多使用 0（例如，C/C++ 和 Java 语言）。这个 0 就是 ASCII 表的首个字符，称为空字符（ASCII 码值为 0），编程语言中常用常量 NULL（或 NUL 等）表示。不要与字符 "0"（ASCII 码值为 30H）以及空格字符（ASCII 码值为 20H）混淆。

ASCII 码表中从 20H 开始的 95 个编码是可显示（打印）的字符，其中包括数字（0~9）、英文字母、标点符号等。从表中可看到，字符 '0'~'9' 的 ASCII 码为 30H~39H，去掉高 4 位（或者说减去 30H）就是 BCD 码。大写字母 A~Z 的 ASCII 码为 41H~5AH，而小写字母 a~z 的 ASCII 码为 61H~7AH。大写字母和对应的小写字母相差 20H（32），所以大小写字母很容易相互转换。ASCII 码中，20H 表示空格。尽管它显示空白，但要占据一个字符的位置；它也是一个字符，表中用 SP（space）表示。熟悉这些字符的 ASCII 码规律对解决一些应用问题很有帮助，例如，英文字符就是按照其 ASCII 码大小进行排序的。

处理器只是按照二进制数操作字符编码，并不区别可显示（打印）字符和非显示（控制）字符，只有外部设备才区别对待，产生不同的作用。例如，ASCII 字符设备总是以 ASCII 形式处理数据，要显示（打印）数字 "8"，必须将其 ASCII 码（38H）提供给显示器（打印机）。

另外，PC 还采用扩展 ASCII 码，主要用于表达各种制表用的符号等。扩展 ASCII 码的最高 D_7 位为 1，以与标准 ASCII 码区别。

3. Unicode

ASCII 码表达了英文字符，但却无法表达世界上所有语言的字符，尤其是非拉丁语系的语言（如中文、日文、韩文、阿拉伯文等）的字符。因此，各国也都定义了各自的字符集，但相互之间并不兼容。例如，1981 年我国制定了《信息交换用汉字编码字符集基本集 GB 2312—80》国家标准（简称国标码），规定每个汉字使用 16 位二进制编码（即两个字节）表达，共计 7445 个汉字和字符。实际应用中，为了保持与标准 ASCII 码兼容，不产生冲突，国标码两个字节的最高位被设置为 1，称为汉字的机内码。不过，汉字机内码可能与扩展 ASCII 码冲突（因它们的最高位都是 1），所以一些西文制表符有时会显示为莫名其妙的汉字。

为了解决世界范围的信息交流问题，1991 年国际上成立了统一码联盟（Unicode Consortium），制定了国际信息交换码 Unicode。在其网站上对 "什么是 Unicode？" 给出了如下解答："Unicode 给每个字符提供了一个唯一的数字，不论是什么平台，不论是什么程序，不论是什么语言。"Unicode 使用 16 位编码，能够对世界上所有语言的大多数字符进行编码，并提供了扩展能力。Unicode 作为 ASCII 的超集，保持了与其兼容。Unicode 的前 256 个字符对应 ASCII 字符，16 位编码的高字节为 0、低字节等于 ASCII 码值。例如，大写字母 A 的 ASCII 码值是 41H，用 Unicode 编码是 0041H。

现在，Unicode 已经越来越被大家认同，很多程序设计语言和计算机系统都支持它。例如，Java 语言和 Windows 操作系统的默认字符集就是 Unicode。Unicode 标准还在发展，2010 年 10 月 11 日发布 Unicode 6.0.0 版本，详情请访问统一码联盟网站（http://www.unicode.org）。

2.2 常量表达

学习 C 语言时，首先也是讲解数据类型，以掌握如何用常量和变量表达数据。C 语言的基本数据类型有字符 char、整型 int (包括短整型 short 和长整型 long),以及浮点单精度 float 和双精度 double。本章讨论最基本的整数编码,包括整型和字符,因为字符本质上是 ASCII 码值,属于 8 位整数。两种浮点数据类型将在第 9 章介绍。

那么,汇编语言又怎样使用常量和变量形式表达整数编码呢? 基于前面的基本知识,本节先介绍如何使用常量表示数值和字符,下节说明怎样将它们保存在存储器中,最后一节讲解处理器指令如何访问它们。

常量 (Constant) 是程序中使用的一个确定数值,在汇编语言中有多种表达形式。

1. 常数

常数是指由十进制、十六进制和二进制形式表达的数值,如表 2-5 所示。各种进制的数据以后缀字母区分,默认不加后缀字母的是十进制数。十六进制常数若以字母 A ~ F 开头,则要添加前导 0 来避免与以这些字母开头的标识符混淆。例如,十进制数 10 用十六进制表达为 A,汇编语言需要表达成 0AH,如果不用前导 0,则将与寄存器名 AH 相混淆。在 C 和 C ++ 语言中,十六进制数使用 0x 前导,因此就不会出现这个问题。

表 2-5 各种进制的常数

进 制	数 字 组 成	举 例
十进制	由 0 ~ 9 数字组成,以字母 D 或 d 结尾 (默认情况下可以省略)	100,255D
十六进制	由 0 ~ 9,A ~ F 组成,以字母 H 或 h 结尾; 以字母 A ~ F 开头前面要用 0 表达,以避免与标识符混淆	64H,0FFH 0B800H
二进制	由 0 或 1 两个数字组成,以字母 B 或 b 结尾	01101100B

程序设计语言通常都支持八进制数,但现在已经较少使用,本书不再介绍。

2. 字符和字符串

字符或字符串常量是用英文缩略号 (形态上很像单引号,一般也就称为单引号) 或双引号括起来的单个字符或多个字符,其数值是每个字符对应的 ASCII 码值。例如,'d' (= 64H)、'AB','Hello,Assembly!'。在支持汉字的系统中,也可以括起汉字,每个汉字是两个字节,为汉字机内码或 Unicode。

如果字符串中有单引号本身,可以用双引号,反之亦然。例如:

"Let's have a try."

'Say "Hello",my baby.'

也可以直接用单引号或者双引号的 ASCII 值 (单引号:27H;双引号:22H)。

3. 符号常量

符号常量使用标识符表达一个数值。常量若使用有意义的符号名来表示,可以提高程序的可读性,同时更具有通用性。程序中可以多次使用符号常量,但修改时只需改变一处。例如,高级语言中把常用的数值定义为符号常量并保存为常量定义文件,通过包含该文件,程序中就可以直接使用它们。MASM 汇编语言当中也可以如此应用。

MASM 提供的符号定义伪指令有 "等价 EQU" 和 "等号 ="。它们用来为常量定义符号名,格式为:

```
符号名 EQU 数值表达式
符号名 EQU <字符串 >
符号名 = 数值表达式
```

等价伪指令 EQU 给符号名定义一个数值或定义成另一个字符串,这个字符串甚至可以是一条处理器指令。例如:

```
NULL equ 0
STD_INPUT_HANDLE =-10
STD_OUTPUT_HANDLE =-11
WriteConsole equ < WriteConsoleA >
```

EQU 用于数值等价时不能重复定义符号名，但" ＝"允许有重复赋值。例如：

```
COUNT =100
COUNT = COUNT +64H
```

4. 数值表达式

数值表达式是指用运算符（MASM 中统称为操作符，Operator）连接各种常量所构成的算式。汇编程序在汇编过程中计算表达式，最终得到一个确定的数值，所以也属于常量。由于表达式是在程序运行前的汇编阶段计算，所以组成表达式的各部分必须在汇编时就确定。汇编语言支持多种运算符，但主要应用算术运算符：+（加）、-（减）、*（乘）、/（除）和 MOD（取余数）。当然，还可以运用圆括号表达运算的先后顺序。

MOD 用于进行除法取余数，例如，"10 MOD 4"的结果是"2"。

对于整数数值表达式或地址表达式，参加运算的数值和运算结果必须是整数，除法运算的结果只有商没有余数。地址表达式只能使用加减，常用"地址 + 常量"或"地址 - 常量"形式指示地址移动常量表示的若干个存储单元，注意存储单元的单位是字节。

[例 2-1]　数据表达程序

```
                                     ;数据段
00000000 64 64 64 64 64        const1    byte 100,100d,01100100b,64h,'d'
00000005 01 7F 80 80 FF FF     const2    byte 1, +127,128, -128,255, -1
0000000B 69 97 20 E0 32 CE     const3    byte 105, -105,32, -32,32h, -32h
00000011 30 31 32 33 34 35     const4    byte '0123456789','abcxyz','ABCXYZ'
         36 37 38 39 61 62
         63 78 79 7A 41 42
         43 58 59 5A
00000027 0D 0A 00              crlf      byte 0dh,0ah,0
=0000000A                      minint    =10
=000000FF                      maxint    equ 0ffh
0000002A 0A 0F FA F5           const5    byte minint,minint +5,maxint -5,maxint -minint
0000002E 10 56 15 EB           const6    byte 4*4,34h +34,67h -52h,52h -67h
                                         ;代码段
00000010 B8 00000011 R         mov eax,offset const4
00000013 E8 00000000 E         call dispmsg
```

本示例程序用于说明各种数据的表达形式，用到了定义字节变量 BYTE 伪指令。左边是列表文件内容，右边才是源程序本身（编辑源程序文件时，不要把左边列表文件内容录入，下同）。

数据段的第一行用不同进制和形式表达了同一个数值：100（＝64H），从这一行左边列表文件的 5 个"64"可以体会到：无论在源程序中如何表达，在计算机内部都是二进制编码。

随后两行给出一些典型数据，用于对比，例如，真值 255 和 -1 的机器代码（8 位、字节量）都是 FFH，128 和 -128 都变换为 80H，原因在于它们采用不同的编码，前者是无符号数，后者是补码表达的有符号数。从第 3 行看出 105 的补码是 69H， -105 的补码是 97H（读者可以看一下 -32、 -32H 的补码分别是什么）。

第 4 行定义字符串，左边列表文件内容是每个字符的 ASCII 码值。

随后定义两个数值 0DH 和 0AH，它们分别是 ASCII 码表中的回车符和换行符，注意前导 0 不能省略（否则成为 DH 和 AH，与两个 8 位寄存器重名），数字 0 表示了字符串结尾，调用显示功能时需要它。

符号常量 MININT 的数值为 10，MAXINT 的数值为 255，它们只是一个符号，并不占主存空间，应用时可直接将其代表的内容替代。

接着，CONST6 用表达式定义，但实质还是一个常量，例如，表达式 "4 * 4" 计算后为 16，对应列表内容是 10（表示十六进制 10H，即十进制 16）。

代码段从 CONST4 开始显示，遇到 0 结束，所以程序运行后的显示结果是：0123456789 abcxyzABCXYZ。

前一章已经介绍了汇编语言的开发过程，以后各章的程序请读者亲自上机实践一下，逐渐就能熟练掌握 MASM 汇编语言程序的开发方法。汇编过程中，建议生成列表文件；连接生成可执行文件之后，要运行一下看看结果，以获得直观的感受。配合查阅列表文件、观察运行结果，教材中的许多解释往往就比较容易理解和掌握了。相信有过高级语言编程经历的读者都有深刻的体会，通过源程序编辑、编译（汇编）、连接，以及可执行文件运行、错误排除和调试等一系列上机实践过程，对很多问题常有恍然大悟的感觉，看似艰涩难懂或长篇大论的说明也一目了然了。

2.3　变量应用

程序运行中有很多随之发生变化的结果，需要在可读可写的主存开辟存储空间保存，这就是变量（Variable）。变量实质上是主存单元的数据，因而可以改变。变量需要事先定义（Define）才能使用，并具有属性，方便应用。

在使用 C、C ++ 和 Java 等高级语言进行编程时，可以使用不同数据类型的变量（例如，字符型、整型或者浮点型），一般不太关心它们在计算机内部的表达和存储。但在机器底层时，我们必须关注数据如何保存，例如，有时需要将数据从一种表达形式转换为另一种表达形式。所以，学习汇编语言的变量时请读者注意本书提供的列表文件，体会数据是如何存储的。

2.3.1　变量定义

变量定义是为了给变量申请固定长度的存储空间，还可以将相应的存储单元初始化。

1. 变量定义伪指令

变量定义伪指令是最常使用的汇编语言说明性语句，它的汇编语言格式为：

变量名　变量定义伪指令　初值表

变量名即汇编语句名字部分，是用户自定义的标识符，表示初值表首个数据的逻辑地址。汇编语言使用这个符号表示地址，故有时被称为符号地址。变量名可以省略，在这种情况下，汇编程序将直接为初值表分配空间，没有符号地址。设置变量名是为了方便存取它指示的存储单元。

初值表是用逗号分隔的参数，由各种形式的常量以及特殊的符号 "?" 和 DUP 组成。其中，"?" 表示初值不确定，即未赋初值。如果多个存储单元初值相同，可以用复制操作符 DUP 进行说明。DUP 的格式为：

重复次数　DUP（重复参数）

变量定义伪指令有 BYTE、WORD、DWORD、FWORD、QWORD 和 TBYTE（早期版本依次是 DB、DW、DD、DF、DQ、DT，它们在新版本中也可以使用），它们根据申请的主存空间单位分类，如表 2-6 所示。除了 BYTE、WORD、DWORD 等定义的简单变量外，汇编语言还支持复杂的数据变量，如结构（Structure）、记录（Record）、联合（Union）等。

表 2-6   变量定义伪指令

助记符	变量类型	变量定义功能
BYTE	字节	分配一个或多个字节单元；每个数据是字节量，也可以是字符串常量 字节量表示 8 位无符号数或有符号数、字符的 ASCII 码值
WORD	字	分配一个或多个字单元；每个数据是字量、16 位数据 字量表示 16 位无符号数或有符号数、16 位段选择器、16 位偏移地址
DWORD	双字	分配一个或多个双字单元；每个数据是双字量、32 位数据 双字量表示 32 位无符号数或有符号数、32 位段基地址、32 位偏移地址
FWORD	3 个字	分配一个或多个 6 字节单元 6 字节量常表示含 16 位段选择器和 32 位偏移地址的 48 位指针地址
QWORD	4 个字	分配一个或多个 8 字节单元 8 字节量表示 64 位数据
TBYTE	10 个字节	分配一个或多个 10 字节单元，表示 BCD 码、10 字节数据（用于浮点运算）

2. 字节量数据

用 BYTE 定义的变量是 8 位字节量（Byte-sized）数据（对应 C、C++ 语言中的 char 类型）。它可以表示无符号整数 0～255、补码表示的有符号整数 −128～＋127、一个字符（ASCII 码值），还可以表达压缩 BCD 码 0～99、非压缩 BCD 码 0～9 等。

[例2-2]   字节变量程序

```
                                  ;数据段
 =0000000A                        minint  =10
00000000 00 80 FF 80 00 7F        bvar1   byte 0,128,255,-128,0,+127
00000006 01 FF 26 DA 38 C8        bvar2   byte 1,-1,38,-38,38h,-38h
0000000C 00                       bvar3   byte ?
0000000D 00000005[                bvar4   byte 5 dup('$')
         24
         ]
00000012 0000000A[                bvar5   byte minint dup(0),minint dup(minint,?)
         00
         ]
         0000000A[
         0A 00
         ]
00000030 00000002[                        byte 2 dup(2,3,2 dup(4))
         02 03
         00000002[
         04
         ]
         ]
```

在数据表达的例 2-1 中已经应用到不少字节定义变量，可以再次观察、深入理解。本示例程序重点说明无初值和重复初值的情况。

变量 BVAR3 无初值，表示在主存为该变量保留相应的存储空间。既然有存储空间，就一定有内容，但内容应是任意、不定的，而事实上汇编程序是用 0 填充（像高级语言的编译程序一样）。

本示例程序通过 DUP 操作符为 BVAR4 定义了 5 个相同的数据，在左侧列表文件中用中括号表示。DUP 操作符可以嵌套，最后一个无变量名的变量初值依次是：02 03 04 04 02 03 04 04。

3. 字量数据

用 WORD 定义的变量是 16 位字量（Word-sized）数据（对应 C、C++ 语言中的 short 类型）。

字量数据包含高低两个字节，可以表示更大的数据。实地址方式下的段地址和偏移地址都是 16 位的，可以用 16 位变量保存。

[例2-3] **字变量程序**

```
                              ;数据段
=0000000A                     minint  =10
00000000 0000 8000 FFFF       wvar1   word 0,32768,65535,-32768,0,+32767
         8000 0000 7FFF
0000000C 0001 FFFF 0026       wvar2   word 1,-1,38,-38,38h,-38h
         FFDA 0038 FFC8
00000018 0000                 wvar3   word ?
0000001A 2010 1020            wvar4   word 2010h,1020h
0000001E 00000005[                    word 5 dup(minint,?)
         000A 0000
         ]
00000032 3139 3832            wvar6   word 3139h,3832h
00000036 39 31 32 38          bvar6   byte 39h,31h,32h,38h
0000003A 00                           byte 0
                              ;代码段
00000000 B8 00000032 R        mov eax,offset wvar6
00000005 E8 00000000 E        call dispmsg
```

每个 WORD 伪指令定义的变量数据都是 16 位的，所以真值 1 和 -1 用字节量表达分别是 01H 和 FFH，用字量表达则分别是 0001H 和 FFFFH。对于有符号数据，最高位仍是符号位，负数真值 -38H 对应补码 FFC8H（=[1]0000H-0038H）。

16 位为两个字节，在以字节为基本存储单元的处理器主存中要占用两个连续的存储单元。例如，同样是无初值定义变量，前一个示例中的 BVAR3 占一个字节，本示例中的 WVAR3 占两个字节。那么高低两个字节是怎样存放在主存的两个存储单元的呢？是低字节数据存放在低地址存储单元、高字节数据存放在高地址存储单元，还是低字节数据存放在高地址存储单元、高字节数据存放在低地址存储单元？IA-32 处理器采用前者，即"低对低、高对高"，称为小端方式（Little Endian）；有些处理器采用后者，称为大端方式（Big Endian）。列表文件左侧将字变量 WVAR6 的两个初值以字量数据显示，按习惯高位在前、低位在后，分别是 3139 和 3832。而字节变量 BVAR6 仍以字节量形式显示，所以两者存放的内容相同，如图 2-6 所示。这也可以从本程序执行后的屏幕显示结果（91289128）看出。

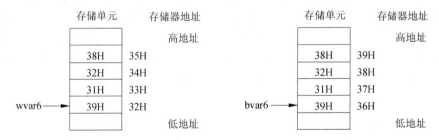

图 2-6　数据的存放顺序

4. 双字量数据

用 DWORD 定义的变量是 32 位双字量（Doubleword-sized）数据（对应 C、C++ 语言中的 long 类型），占用 4 个连续的字节空间，采用小端方式存放。在 32 位平展存储模型中，32 位变量可用于保存 32 位偏移地址、线性地址或段基地址。

[例2-4] 双字变量程序

```
                                ;数据段
 =0000000A                      minint  =10
00000000 00000000               dvar1   dword 0,80000000h,0ffffffffh, -80000000h,0,7fffffffh
         80000000
         FFFFFFFF
         80000000
         00000000
         7FFFFFFF
00000018 00000001               dvar2   dword 1, -1,38, -38,38h, -38h
         FFFFFFFF
         00000026
         FFFFFFDA
         00000038
         FFFFFFC8
00000030 00000000               dvar3   dword ?
00000034 00002010                       dword 2010h,1020h
         00001020
0000003C 0000000A[              dvar5   dword minint dup(minint,?)
         0000000A
         00000000
         ]
0000008C 38323139               dvar6   dword 38323139h
00000090 39 31 32 38            bvar6   byte 39h,31h,32h,38h
00000094 00                             byte 0
                                ;代码段
00000000 B8 0000008C R          mov eax,offset dvar6
00000005 E8 00000000 E          call dispmsg
```

本示例程序定义的数据 DVAR2 似乎与前一个示例程序定义的 WVAR2 一样，但由于采用了双字类型，所以同样的数据占用 4 个字节。术语小端和大端来自《格利佛游记》（Gulliver's Travels）的小人国故事，小人们为吃鸡蛋从小端打开还是从大端打开发起了一场"战争"。专家在制定网络传输协议时借用了这个词汇，这就是计算机结构中的字节顺序问题，在多字节数据的传输、存储和处理中都存在这样的问题。就像吃鸡蛋无所谓小端还是大端一样，两种字节顺序形式各有特点，不能说哪一个更好。只是有些情况更适合小端方式，而有些情况采用大端方式更快。例如，Intel 公司采用小端方式，而大多数精简指令集计算机（RISC）则采用大端方式。

对于 IA-32 处理器采用"低对低、高对高"的小端方式，如果从偏移地址 00405090H 开始连续 4 个存储单元的内容依次是 39H、31H、32H、38H，如图 2-7 所示，那么，存储地址 00405090H 处的字节量是 39H，00405090H 处的字量是 3139H，00405090H 处的双字量是 38323139H。理解了这些，看到本示例程序运行后显示 91289128 就不奇怪了。

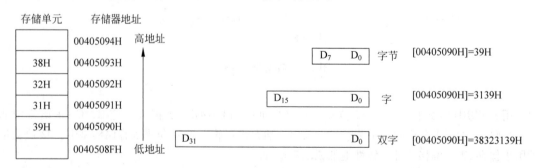

图 2-7 小端存储方式

5. 变量定位

变量定义的存储空间是按照书写的先后顺序一个接着一个分配的。但是，定位伪指令可以控制其存放的偏移地址。

（1）ORG 伪指令

ORG 伪指令将参数表达的偏移地址作为当前偏移地址，格式是：

```
ORG 参数
```

例如，从偏移地址 100H 处安排数据或程序，可以使用语句：

```
org 100h
```

（2）ALIGN 伪指令

对于以字节为存储单位的主存储器来说，多字节数据不仅存在按小端或大端方式存放的问题，还有是否对齐地址边界的问题。

对 N（$N = 2$，4，8，16，…）个字节的数据，如果起始于能够被 N 整除的存储器地址位置（也称为模 N 地址）存放，则对齐地址边界。例如，16 位 2 字节数据起始于偶地址（模 2 地址，地址最低 1 位为 0）、32 位 4 字节数据起始于模 4 地址（地址最低 2 位为 00）就是对齐地址边界。

难道不允许 N 字节数据起始于非模 N 地址吗？是，也不是。

有很多处理器要求数据的存放必须对齐地址边界，否则会发生非法操作。而 IA-32 处理器比较灵活，允许不对齐边界存放数据。不过，访问未对齐地址边界的数据，处理器需要更多的读写操作，其性能不如访问对齐地址边界的数据，尤其是有大量频繁的存储器数据操作时。

所以，为了获得更好的性能，常要进行地址边界对齐。例如，高级语言的编译程序往往会根据地址对齐原则优化代码。ALIGN 伪指令便是用于此目的，其格式如下：

```
ALIGN N
```

其中，N 是对齐的地址边界值，取 2 的乘方（2，4，8，16，…）。另外，EVEN 伪指令用于实现对齐偶地址，与 "ALIGN 2" 语句的功能一样。

［例 2-5］　变量定位程序

```
                    ;数据段
                            org 100h
00000100 64         bvar1   byte 100
                            align 2
00000102 0064       wvar2   word 100
                            align 4
00000104 00000000   dvar3   dword ?
                            align 4
00000108 00000000   dvar4   dword ?
```

通过列表文件可以看到，汇编程序将 BVAR1 安排在 0100H 相对地址，这是 ORG 伪指令指示的地址，否则第一个变量通常起始于 0。

BVAR1 之后的存储单元是 0101H，但 "ALIGN 2" 语句指示对齐偶地址，所以 WVAR2 被安排在 0102H 处。

同样，"ALIGN 4" 语句指示对齐模 4 地址，所以 DVAR3 占用 0104H ～ 0107H 地址单元。下一个单元地址是 0108H，已经对齐模 4 地址，所以分配给 DVAR4，之前的 "ALIGN 4" 语句也就不需要调整存储地址。

指令代码也由汇编程序按照语句的书写顺序安排存储空间，定位伪指令也同样可以用于控制其偏移地址，但注意顺序执行的指令之间不能使用对齐伪指令 ALIGN。

2.3.2   变量属性

变量定义除分配存储空间和赋初值外，还可以创建变量名。这个变量名一经定义便具有两类属性：

- 地址属性——指首个变量所在存储单元的逻辑地址，含有段基地址和偏移地址。
- 类型属性——指变量定义的数据单位，有字节量、字量、双字量、3 字量、4 字量和 10 字节量，依次用类型名 BYTE、WORD、DWORD、FWORD、QWORD 和 TBYTE 表示。

在汇编语言程序设计中，经常会用到变量名的属性，因此，汇编程序提供有关的操作符，以方便获取这些属性值，如表 2-7 所示。

表 2-7   常用的地址和类型操作符

属　　性	操　作　符	作　　用
地址	[ ]	将括起的表达式作为存储器地址指针
	$	返回当前偏移地址
	OFFSET 变量名	返回变量名所在段的偏移地址
	SEG 变量名	返回段基地址（实地址存储模型）
类型	类型名 PTR 变量名	将变量名按照指定的类型使用
	TYPE 变量名	返回一个字量数值，表明变量名的类型
	LENGTHOF 变量名	返回整个变量的数据项数（即元素数）
	SIZEOF 变量名	返回整个变量占用的字节数

1. 地址操作符

地址操作符用于获取变量名的地址属性，主要有 SEG 和 OFFSET，分别取得变量名的段地址和偏移地址两个属性值。中括号和美元符与地址有关，也可以归类为地址操作符。

[例 2-6]   变量地址属性程序

```
                              ;数据段
00000000 12 34               bvar    byte 12h,34h
                                     org $+10
0000000C 0001 0002 0003      array   word 1,2,3,4,5,6,7,8,9,10
         0004 0005 0006
         0007 0008 0009
         000A
00000020 5678                wvar    word 5678h
00000022 =00000016           arr_size = $-array
 =0000000B                   arr_len =arr_size/2
00000022 9ABCDEF0            dvar    dword 9abcdef0h
                              ;代码段
00000000 A0 00000000 R       mov al,bvar
00000005 8A 25 00000001 R    mov ah,bvar +1
0000000B 66|8B 1D            mov bx,wvar[2]
         00000022 R
00000012 B9 0000000B         mov ecx,arr_len
00000017 BA 00000017 R       mov edx, $
0000001C BE 00000022 R       mov esi,offset dvar
00000021 8B 3E               mov edi,[esi]
00000023 8B 2D 00000022 R    mov ebp,dvar
```

```
00000029 E8 00000000 E              call disprd
```

　　列表文件总是将段开始的偏移地址假设为 0（但并不表示主存中其偏移地址一定是 0），然后计算其他数据或代码的相对偏移地址。头一个字节变量 BVAR 有两个数据，占用 00000000H 和 00000001H 存储单元。

　　操作符"$"代表当前偏移地址值，即前一个存储单元分配后当前可以分配的存储单元的偏移地址。语句"ORG $ + 10"表示在当前偏移地址（= 00000002H）基础上加 10，即跳过 10 个字节空间，然后安排变量 ARRAY，所以其偏移地址为 0000000CH（= 2 + 10）。再分配 11 个字变量数据后，当前相对偏移地址成为 00000022H。所以，符号常量 ARR_SIZE = 00000016H（= 0022H – 000CH），也就是 ARRAY 和 WVAR 变量所占存储空间的字节数：16H = 22（= [10 + 1] × 2）。因为每个字变量值占两个字节，故 ARR_LEN 等于它们的数据项数（个数）：ECX = 0000000BH = 22 ÷ 2 = 11。

　　变量名具有逻辑地址。数据段中直接使用变量名就代表它的偏移地址（也可以加一个 OFFSET 以示明确）。程序代码中，通过引用变量名指向其首个数据，通过变量名加减常量存取以首个数据为基地址的前后数据。BVAR 表示它的头一个数据，故 AL = 12H；BVAR + 1 表示下一个字节的数据，故 AH = 34H。变量名实际上就是用地址操作符"[]"括起变量名所代表的偏移地址。变量名后用"+ n"或"[n]"作用相同，都表示后移 n 个字节存储单元。所以，WVAR[2] 是指 WVAR 两个字节之后的数据，即 DVAR 的前一个字量数据：BX = DEF0H。

　　代码段中通过"$"获得当前指令"MOV EDX, $"的偏移地址传送给 EDX。

　　语句"MOV ESI, OFFSET DVAR"通过 OFFSET 操作符获得双字变量 DVAR 的偏移地址传送给 ESI。"[ESI]"则指示该偏移地址的存储单元，从中获取一个双字数据，即 DVAR 变量值；而指令"MOV EBP, DVAR"也将使 EBP 等于 DVAR 变量值。

　　注意，程序的数据段和代码段开始的实际偏移地址不一定是 0。所以，本例中 ESI 和 EDX 并不一定是列表文件的相对偏移地址 22H 和 17H。

　　代码段最后调用本书配套子程序库中显示 32 位通用寄存器内容的子程序 DISPRD，显示传送结果，如图 2-8 所示。大家也可以在任何位置调用该子程序，显示程序执行到该位置时通用寄存器的内容，以便与自己分析的结果进行对比。

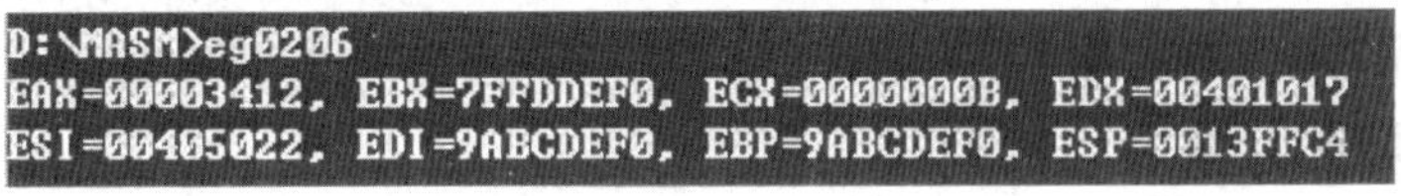

```
D:\MASM>eg0206
EAX=00003412, EBX=7FFDDEF0, ECX=0000000B, EDX=00401017
ESI=00405022, EDI=9ABCDEF0, EBP=9ABCDEF0, ESP=0013FFC4
```

图 2-8　例 2-6 程序的运行结果

2. 类型操作符

　　类型操作符使用变量名的类型属性。与大多数程序设计语言一样，在汇编语言中变量也需要先定义，并给定一种类型，每个变量通常表示相应类型的数值。类型转换操作符 PTR 用于更改变量名的类型，以满足指令对操作数的类型要求。"类型名"可以是 BYTE、WORD、DWORD、FWORD、QWORD 和 TBYTE（依次表示字节、字、双字、3 字、4 字和 10 字节），还可以是由结构、记录等定义的类型。

　　MASM 中，各种变量类型用一个双字量数值（在 16 位平台则是字量数值）表达，这就是 TYPE 操作符取得的数值。对变量，TYPE 返回该类型变量的一个数据项所占的字节数，例如，对字节、字和双字变量依次返回 1、2 和 4。TYPE 后跟常量和寄存器名，则分别返回 0 和该寄存器能保存数据的字节数，这是因为常量没有类型，寄存器具有类型（8 位寄存器是字节类型、16 位寄存器是字类型、32 位寄存器则是双字类型，依次返回 1、2 和 4）。

　　对变量，还可以用 LENGTHOF 操作符获知某变量名指向多少个数据项，用 SIZEOF 操作符获知它共占用多少字节空间，即 SIZEOF 值 = TYPE 值 × LENGHOF 值。对于字节变量和 ASCII 字符串变量，LENGTHOF 和 SIZEOF 的结果相同。

[例 2-7] **变量类型属性程序**

```
                                  ;代码段
00000000 A1 0000000C R      mov eax,dword ptr array    ;获得数据
00000005 BB 00000001        mov ebx,type bvar          ;获得字节类型值
0000000A B9 00000002        mov ecx,type wvar          ;获得字类型值
0000000F BA 00000004        mov edx,type dvar          ;获得双字类型值
00000014 BE 0000000A        mov esi,lengthof array     ;获得数据个数
00000019 BF 00000014        mov edi,sizeof array       ;获得字节长度
0000001E BD 00000016        mov ebp,arr_size           ;获得字节长度
00000023 E8 00000000 E      call disprd
```

本例采用与上例同样的数据段，这里只列出了代码段。

在指令"MOV EAX, DWORD PTR ARRAY"中，EAX 是 32 位寄存器，属于双字量类型，变量 ARRAY 被定义为字量，两者类型不同，而 MOV 指令不允许不同类型的数据进行传送，所以利用 PTR 改变 ARRAY 的类型，结果是将 ARRAY 前两个字数据按照小端方式组合成双字量数据传送给 EAX（= 00020001H）。随后的指令利用类型操作符获取相关数值，EBX 到 EBP 寄存器的内容依次是 01H、02H、04H、0AH、14H 和 16H，如图 2-9 所示。

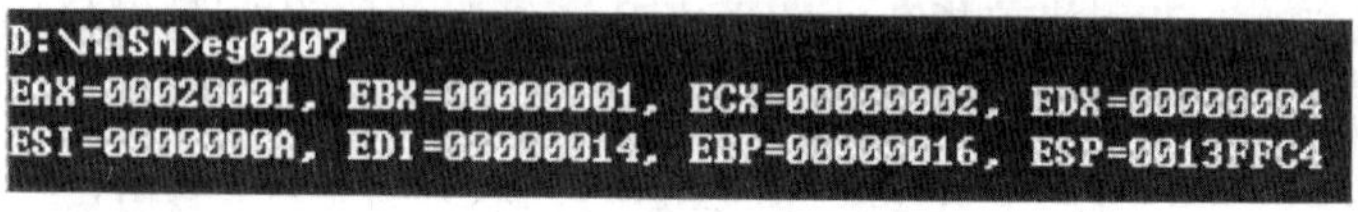

```
D:\MASM>eg0207
EAX=00020001, EBX=00000001, ECX=00000002, EDX=00000004
ESI=0000000A, EDI=00000014, EBP=00000016, ESP=0013FFC4
```

图 2-9 例 2-7 程序的运行结果

除变量名外，还有段名、子程序名等伪指令的名字以及硬指令的标号，它们都有地址和类型属性，也都可以使用地址操作符和类型操作符。我们将在后续章节学习它们。

注意，在前面的示例程序中，为了说明问题，我们既使用了 32 位数据、寄存器，也使用了 8 位和 16 位数据、寄存器。但对于 32 位指令集结构的 IA-32 处理器，编程中的一般规则是：尽量使用 32 位操作数和寄存器，除非需要单独对 8 位（如 ASCII 码字符、字符串）或 16 位数据（从列表部分可以看出，机器代码前面有一个 66H 的指令前缀）进行处理。

2.4 数据寻址方式

运行的程序保存于主存储器，需要通过存储器地址访问程序的指令和数据。通过地址访问指令或数据的方法称为寻址方式（Addressing Mode）。一条指令执行后，确定下一条执行指令的方法是指令寻址。指令执行过程中，访问所需要操作的数据（操作数）的方法是数据寻址。

本章前面介绍了汇编语言如何用常量和变量表达数据，现在学习处理器指令中如何访问这些数据。指令由操作码和操作数两部分组成，本节学习操作数如何表示和访问。虽然有些指令不需要操作数，但大多数指令都有一个或两个操作数。

笼统地说，数据来自主存或外设，但数据可能事先已经保存在处理器的寄存器中，也可能与指令操作码一起进入了处理器。主存和外设在汇编语言中被抽象为存储器地址或 I/O 地址，而寄存器虽然以名称表达，但机器代码中同样用地址编码区别寄存器，所以指令的操作数需要通过地址指示。这样，通过地址才能查找到数据本身，这就是数据寻址方式（Data-addressing Mode）。对处理器的指令系统来说，绝大多数指令采用相同的寻址方式。寻址方式对理解处理器工作原理和指令功能，以及进行汇编语言程序设计都至关重要。

在汇编语言中，操作码用助记符表示，操作数则由寻址方式体现。IA-32 处理器只有输入输出指令与外设交换数据，我们将在 8.3 节学习。除外设数据外的数据寻址方式有以下 3 类：

- 用常量表达的具体数值（立即数寻址）。
- 用寄存器名表示的其中内容（寄存器寻址）。
- 用存储器地址代表的保存的数据（存储器寻址）。

2.4.1 立即数寻址方式

在立即数寻址（或立即寻址）方式中，指令需要的操作数紧跟在操作码之后作为指令机器代码的一部分，并随着处理器的取指操作从主存进入指令寄存器。这种操作数用常量形式直接表达，从指令代码中立即得到，称之为立即数（Immediate）。立即数寻址方式只用于指令的源操作数，在传送指令中常用来给寄存器和存储单元赋值。

例如，将数据 33221100H 传送到 EAX 寄存器的指令可以书写为：

```
mov eax,33221100h
```

这个指令的机器代码（十六进制）是 B8 00 11 22 33，其中头一个字节（B8）是操作码，后面 4 个字节就是立即数本身：33221100H。IA-32 处理器规定：数据高字节存放于存储器高地址单元，数据低字节存放于存储器低地址单元，如图 2-10 所示。

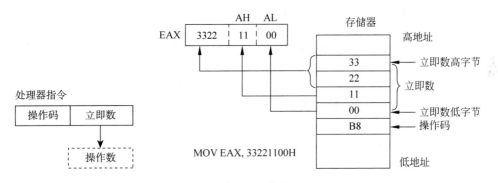

图 2-10 立即数寻址

[例 2-8] 立即数寻址程序

```
                                        ;数据段
=00000040                               const=64
00000000 87 49                          bvar  byte 87h,49h
00000002 12345678 0000000C              dvar  dword 12345678h,12
                                        ;代码段
00000000 B0 12                          mov al,12h
00000002 B4 64                          mov ah,'d'
00000004 66|BB FFFF        labl:        mov bx,-1
00000008 B9 00000040                    mov ecx,const
0000000D BA 00000040                    mov edx,const*4/type dvar
00000012 BE 00000000 R                  mov esi,offset bvar
00000017 BF 00000004 R                  mov edi,labl
0000001C C6 05 00000000 R               mov bvar,01001100b
         4C
00000023 C7 05 00000006 R               mov dvar+4,12h
         00000012
0000002D E8 00000000 E                  call disprd
```

本示例程序的代码段中，所有 MOV 指令的源操作数均采用立即数寻址方式，立即数寻址方式也只能用于源操作数。它们尽管有多种形式，但汇编后都是一个确定的数值，即立即数，列表文件紧跟着操作码的就是计算机内部对这些立即数的编码。

前 5 条指令使用常量的不同形式表达立即数，依次是十六进制常数、字符（实际上就是 ASCII 码值）、十进制负数（内部采用补码）、符号常量（表示其等价的数值）和表达式（其中还使用了类型操作符）。

用地址操作符 OFFSET 获得变量地址，也是立即数寻址。标号 LABL 也有地址属性，指令直接使用它就是表示其偏移地址（也可以加上 OFFSET 操作符）。例 2-7 中的源操作数（除第一条指令外）也都采用立即数寻址方式。

立即数也可以传送给变量，后面两条 MOV 指令就是如此。

注意，立即数（常量）没有类型，它的类型取决于另一个操作数的类型。所以代码段中第一条 MOV 指令的 8 位寄存器 AL 确定"12H"是一个字节量，指令进行 8 位数据传送。最后一条 MOV 指令的变量 DVAR 是双字类型，这里的"12H"则是双字量（前导 0 被省略了）。程序最后利用子程序 DISPRD 显示寄存器值，以对比读者判断的结果。

2.4.2　寄存器寻址方式

指令的操作数存放在处理器的寄存器中，就是寄存器寻址方式。通常直接使用寄存器名表示它保存的数据，即寄存器操作数。绝大多数指令采用通用寄存器寻址（IA-32 处理器是 EAX、EBX、ECX、EDX、ESI、EDI、EBP 和 ESP，它还支持其 16 位形式：AX、BX、CX、DX、SI、DI、BP 和 SP，以及 8 位形式：AL、AH、BL、BH、CL、CH、DL 和 DH），部分指令支持专用寄存器，如段寄存器、标志寄存器等。寄存器寻址方式简单快捷，是最常使用的寻址方式。

在前面示例程序的许多指令中，凡是只使用寄存器名（无其他符号，如加有中括号、变量名等）的操作数都采用寄存器寻址方式。

［例 2-9］　寄存器寻址程序

```
                              ;代码段
00000000 8A C4                mov al,ah
00000002 66|8B D8             mov bx,ax
00000005 8B D8                mov ebx,eax
00000007 66|8C DA             mov dx,ds
0000000A 66|8E C2             mov es,dx
                              mov edi,si
eg0209.asm(11):error A2022:instruction operands must be the same size
```

本示例程序的指令操作数都是寄存器寻址。寄存器既可以做源操作数也可以做目的操作数，另一个操作数可以是变量也可以是常量（源操作数）。但要注意，指令通常要求操作数类型一致，所以最后一条指令"MOV EDI, SI"有错，列表文件将其标明出来，记录下语句行号、错误编号和错误原因（有时不甚准确，尤其是多种错误同时出现时）。该指令错误信息的含义是：指令操作数必须类型一致（同样长度）。汇编程序 MASM 提示的错误信息保存在 ML. ERR 文件中，常见的错误信息见附录 F。

初学编程，难免会出现各种错误。首先遇到的问题，可能就是汇编（编译）不过、提示各种错误（Error）或警告（Warning）信息，这是因为书写了不符合语法规则的语句，导致汇编（编译）程序无法翻译，称为语法错误。常见的造成语法错误的原因有符号拼写错误、多余的空格、遗忘的后缀字母或前导 0、不正确的标点、太过复杂的常量或表达式等。初学者也常因为未能熟练掌握指令功能导致操作数类型不匹配、错用寄存器等出现指令的语法错误，当然还会因为算法流程、非法地址等出现逻辑错误或者运行错误。可以根据提示的语句行号和错误原因进行修改。注意，汇编（编译）程序只能发现语法错误，而且提示的错误信息有时不甚准确，尤其当多种错误同时出现时。应特别留心第一个引起错误的指令，因为后续错误可能因其产生，修改了这个错误也就可能纠正了后续错误。

例如，更准确地说，本例错误的原因是两个操作数的类型不匹配，因为 EDI 是 32 位寄存器、SI 是 16 位寄存器，MOV 指令不允许把 16 位寄存器的数据传送到 32 位寄存器。虽然会觉得 32 位寄存器可以放下 16 位数据，占用其低 16 位就可以了，但事实上，80x86 处理器的设计人员基于简化硬件电路的考虑，没有按照这个思路去实现。所以，这是一条不存在的指令，即非法指令。同时，编写汇编程序的系统程序员也没有人性化地按照这个思路去处理这个问题。对于应用程序员来说，只能遵循这个规则。虽然这个现象让我们很困惑，但其实，透过现象看本质，我们是否也略微体会了处理器的工作原理和设计思路呢？

2.4.3 存储器寻址方式

数据很多时候都保存在主存储器中。尽管可以事先将它们取到寄存器中再进行处理，但指令也需要能够直接寻址存储单元进行数据处理。寻址主存中存储的操作数就称为存储器寻址方式，也称为主存寻址方式。编程时，存储器地址使用包含段选择器和偏移地址的逻辑地址。

1. 段寄存器的默认和超越

段寄存器（段选择器）有默认的使用规则，如表 2-8 所示。寻址存储器操作数时，段寄存器不用显式说明，数据就在默认的段中，一般是 DS 段寄存器指向的数据段；如果采用 EBP（BP）或 ESP（SP）作为基地址指针，则默认使用 SS 段寄存器指向堆栈段。

表 2-8 段寄存器的使用规定

访问存储器方式	默认的段寄存器	可超越的段寄存器	偏移地址
读取指令	CS	无	EIP
堆栈操作	SS	无	ESP
一般的数据访问（下列除外）	DS	CS、ES、SS、FS 和 GS	有效地址 EA
EBP 或 ESP 为基地址的数据访问	SS	CS、ES、DS、FS 和 GS	有效地址 EA
串指令的源操作数	DS	CS、ES、SS、FS 和 GS	ESI
串指令的目的操作数	ES	无	EDI

如果不使用默认的段选择器，则需要书写段超越指令前缀显式说明。段超越指令前缀是一种只能跟随在具有存储器操作数的指令之前的指令，其助记符是段寄存器名后跟英文冒号，即 CS：、SS：、ES：、FS：或 GS：。

2. 偏移地址的组成

因为段基地址由默认的或指定的段寄存器指明，所以指令中只有偏移地址即可。存储器操作数寻址使用的偏移地址常称为有效地址（Effective Address，EA）。但是，指令代码中通常只表达形式地址，由形式地址结合规则，经过计算得到有效地址。最后，处理器将有效地址转换为物理地址访问存储单元。

为了方便各种数据结构的存取，IA-32 处理器设计了多种主存寻址方式，但可以统一表达如下（参见图 2-11）：

$$32 \text{ 位有效地址} = \text{基址寄存器} + \text{变址寄存器} \times \text{比例} + \text{位移量}$$

其中的 4 个组成部分是：

- 基址寄存器——任何 8 个 32 位通用寄存器之一。
- 变址寄存器——除 ESP 之外的任何 32 位通用寄存器之一。
- 比例——可以是 1、2、4 或 8（因为操作数的长度可以是 1、2、4 或 8 字节）。
- 位移量——可以是 8 或 32 位有符号值。

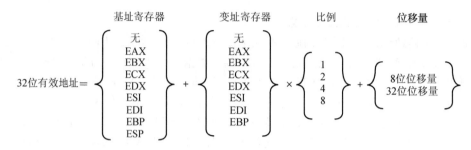

图 2-11 IA-32 处理器的存储器寻址

需要注意的是，编写运行在 32 位 Windows 环境的应用程序时，必须接受操作系统的管理，不能违反其保护规则。例如，一般不能修改段寄存器的内容，进行数据寻址的地址必须在规定的数据段区域内。如果随意设置访问的逻辑地址，将可能导致非法访问。尽管汇编和连接过程中没有语法错误，但运行时将会提示运行错误。

3. 直接寻址

有效地址只有位移量部分，且直接包含在指令代码中，就是存储器的直接寻址方式。直接寻址常用于存取变量。

例如，将变量 COUNT 的内容传送给 ECX 的指令是：

```
mov ecx,count            ;也可以表达为:mov ecx,[count]
```

在汇编语言的指令代码中，直接书写变量名就是在其偏移地址（有效地址）的存储单元读写操作数。假设操作系统为变量 COUNT 分配的有效地址是 00405000H，则该指令的机器代码是：8B 0D 00 50 40 00，反汇编的指令形式为：MOV ECX, DS:[405000H]，其源操作数采用直接寻址方式。

MASM 汇编程序使用中括号表示偏移地址，变量 COUNT 也可以用加有中括号的形式"[COUNT]"，体现其访问存储单元的特性。

图 2-12 演示了该指令的执行过程：该指令代码中数据的有效地址（图中第①步）与数据段寄存器 DS 指定的段基地址一起构成操作数所在存储单元的线性地址（图中第②步）。该指令的执行结果是将逻辑地址"DS:00405000H"单元的内容传送至 ECX 寄存器（图中第③步）。图中假设程序工作在 32 位保护方式，平展存储模型中 DS 指向的段基地址等于 0。

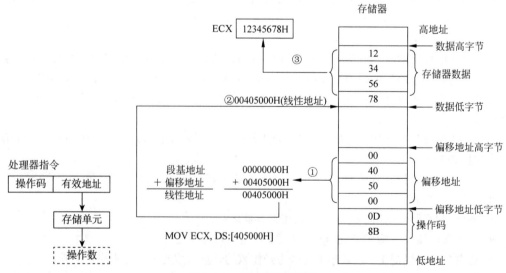

图 2-12 存储器直接寻址

[例 2-10] 存储器直接寻址程序

```
                            ;数据段
00000000 87 49              bvar    byte 87h,49h
00000002 12345678 0000000C  dvar    dword 12345678h,12
                            ;代码段
00000000 8A 0D 00000000 R   mov cl,bvar
00000006 8B 15 00000002 R   mov edx,dvar
0000000C 88 35 00000001 R   mov bvar +1,dh
00000012 66|89 15           mov word ptr dvar +2,dx
         00000004 R
00000019 C7 05 00000002 R   mov dvar,87654321h
         87654321
                            mov dvar +4,dvar
eg0210.asm(13):error A2070:invalid instruction operands
```

本示例程序的每条指令都采用了直接寻址，或为源操作数或为目的操作数，从列表文件可以看到指令代码中包含其相对地址（后缀 R 是列表文件的一个标志，表示这是一个相对地址，连接时还需要形成真正的偏移地址）。最后一条指令要实现的功能是将 DVAR 的第一个数据传送到 DVAR +4 位置，但提示出错，错误信息是"无效的指令操作数"。这是因为绝大多数指令并不支持两个操作数都是存储单元。虽然高级语言将一个变量赋值给另一个变量很常见，但使用直接寻址访问变量，需要在指令代码中编码有效地址。如果编码两个地址，将导致指令代码过长；而指令执行时至少要访问两次主存，也使得指令功能较复杂，硬件实现也较困难。所以，处理器设计人员没有实现这种双操作数都是存储单元的指令。当然，可以先将一个变量转存到某个通用寄存器，然后再传送给另一个变量。也就是说，无法用一条处理器指令实现高级语言的两个变量直接赋值的语句，但使用两个指令就可以了。

4. 寄存器间接寻址

有效地址存放在寄存器中，就是采用寄存器间接寻址存储器操作数（如图 2-13a 所示）。MASM 汇编程序使用英文中括号括起寄存器名表示寄存器间接寻址。IA-32 处理器的 8 个 32 位通用寄存器都可以作为间接寻址的寄存器，但建议主要使用 EBX、ESI、EDI，访问堆栈数据时使用 EBP。

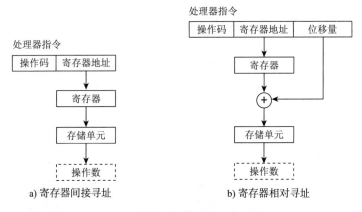

图 2-13 寄存器间接寻址和相对寻址

例如，下面的前两条指令的源操作数、后两条指令的目的操作数都是寄存器间接寻址方式：

```
mov edx,[ebx]        ;双字传送,EBX 间接寻址主存数据段
mov cx,[esi]         ;字传送,ESI 间接寻址主存数据段
mov [edi],al         ;字节传送,EDI 间接寻址主存数据段
```

```
mov [ebp],edx                ;双字传送,EBP 间接寻址主存堆栈段
```

在寄存器间接寻址中，寄存器的内容是偏移地址，相当于一个地址指针。指令"MOV EDX, [EBX]"执行时，如果 EBX = 405000H，则该指令等同于"MOV EDX, DS:[405000H]"。

利用寄存器间接寻址，可以方便地对数组的元素或字符串的字符进行操作。也就是说，将数组或字符串首地址（或末地址）赋值给通用寄存器，利用寄存器间接寻址就可以访问到数组或字符串头一个（或最后一个）元素或字符，再加减数组元素所占的字节数（对 ASCII 码字符串来说，每个字符占一个字节）就可以访问到其他元素或字符。

[例2-11] 寄存器间接寻址程序

```
              ;数据段
srcmsg        byte 'Try your best,why not.',0
dstmsg        byte sizeof srcmsg dup(?)
              ;代码段
              mov ecx,lengthof srcmsg          ;ECX = 字符串字符个数
              mov esi,offset srcmsg            ;ESI = 源字符串首地址
              mov edi,offset dstmsg            ;EDI = 目的字符串首地址
again:        mov al,[esi]                     ;取源串一个字符送 AL
              mov [edi],al                     ;将 AL 传送给目的串
              add esi,1                        ;源串指针加1,指向下一个字符
              add edi,1                        ;目的串指针加1,指向下一个字符
              loop again                       ;字符个数 ECX 减1,不为0,则转到 AGAIN 标号处执行
              mov eax,offset dstmsg            ;显示目的字符串内容
              call dispmsg
```

本示例程序实现将源字符串传送给目的字符串 DSTMSG（没有给出列表文件内容，请读者重点关注程序）。程序首先利用 OFFSET 获得源字符串 SRCMSG 的首地址传送给 ESI，用 ESI 寄存器间接寻址访问源字符串的每个字符。同样，目的字符串 DSTMSG 采用 EDI 指向，EDI 寄存器间接寻址访问每个字符。再从源串取一个字符，通过 AL 传送给目的串（MOV 指令不支持两个存储单元直接传送）。接着 ESI 和 EDI 都加1（ADD 是加法指令）指向下一个字符，重复传送。循环指令 LOOP（详见4.3节）利用 ECX 控制计数：首先将 ECX 减1，然后判断 ECX 是否为0，不为0则继续循环执行，为0则结束。所以，程序开始设置 ECX 等于字符串的长度（字符个数）。

程序最后显示目标字符串，用于判断是否传送正确。

5. 寄存器相对寻址

寄存器相对寻址的有效地址是寄存器内容与位移量之和（如图2-13b 所示）。例如：

```
mov esi,[ebx+4]          ;源操作数也可以表达为[4][ebx],或者4[ebx]
```

在这条指令中，源操作数的有效地址由 EBX 寄存器内容加位移量4得到，默认与 EBX 寄存器配合的是 DS 指向的数据段。再如：

```
mov edi,[ebp-08h]        ;源操作数也可以表达为[-08h][ebx],但不能是-08h[ebx]
```

在该指令中，源操作数的有效地址等于 EBP − 8，与之配合的默认段寄存器为 SS。

偏移量还可以采用其他常量形式，也可以使用变量所在的地址作为偏移量。例如：

```
mov eax,count[esi]
```

这里用变量名 COUNT（也可以加中括号形式"[COUNT]"）表示其偏移地址用做相对寻址的偏移量，由其地址与寄存器 ESI 相加的数据作为有效地址访问存储单元。

像寄存器间接寻址一样，利用寄存器相对寻址也可以方便地对数组的元素或字符串的字符

进行操作。方法是：用数组或字符串首地址作为位移量，赋值寄存器等于数组元素或字符所在的位置量。

[例 2-12]　寄存器相对寻址程序

```
            ;数据段
srcmsg      byte 'Try your best,why not.',0
dstmsg      byte sizeof srcmsg dup(?)
            ;代码段
            mov ecx,lengthof srcmsg        ;ECX = 字符串字符个数
            mov ebx,0                      ;EBX 指向首个字符
again:      mov al,srcmsg[ebx]             ;取源串一个字符送 AL
            mov dstmsg[ebx],al             ;将 AL 传送给目的串
            add ebx,1                      ;加 1,指向下一个字符
            loop again                     ;字符个数 ECX 减 1,不为 0,则转到 AGAIN 标号处执行
            mov eax,offset dstmsg          ;显示目的字符串内容
            call dispmsg
```

本示例程序采用寄存器相对寻址，变量所在的偏移地址与寄存器 EBX 相加得到有效地址访问字符串。采用寄存器相对寻址方式的程序更简洁一些，但每个相对地址都需要指令进行加法运算（增加了指令的复杂性）。

要观察程序的动态执行情况，需要利用调试程序。附录 A 介绍了 WinDbg 调试程序，大家可以参考，并尝试执行指令和程序，以便获得指令执行的直观感受。

6. 变址寻址

使用变址寄存器寻址操作数称为变址寻址。在变址寄存器不带比例（或者认为比例为1）的情况下，需要配合使用一个基址寄存器（称为基址变址寻址方式），还可以再包含一个位移量（称为相对基址变址寻址方式），存储器操作数的有效地址由一个基址寄存器的内容加上变址寄存器的内容或再加上位移量构成。这种寻址方式适用于二维数组等数据结构。例如：

```
mov eax,[ebx +esi]               ;基址变址寻址,功能:EAX = DS:[EBX +ESI]
mov eax,[ebx +edx +80h]          ;相对基址变址寻址,功能:EAX = DS:[EBX +EDX +80H]
```

MASM 允许两个寄存器都用中括号，但位移量要书写在中括号前，例如：

```
mov eax,[ebx][esi]               ;基址变址寻址,功能:EAX = DS:[EBX +ESI]
mov eax,80h[ebx +edx]            ;相对基址变址寻址,功能:EAX = DS:[EBX +EDX +80H]
mov eax,80h[ebx][edx]            ;相对基址变址寻址,功能:EAX = DS:[EBX +EDX +80H]
```

偏移量可以使用其他常量形式，也可以使用变量地址，但数字开头不能使用正号或负号。

7. 带比例的变址寻址

对应使用变址寄存器的存储器寻址，IA-32 处理器支持变址寄存器内容乘以比例 1（可以省略）、2、4 或 8 的带比例存储器寻址方式。例如：

```
mov eax,[ebx*4]                  ;带比例的变址寻址
mov eax,[esi*2 +80h]             ;带比例的相对变址寻址
mov eax,[ebx +esi*4]             ;带比例的基址变址寻址
mov eax,[ebx +esi*8 -80h]        ;带比例的相对基址变址寻址
```

主存以字节为可寻址单位，所以地址的加减是以字节单元为单位，比例 1、2、4 和 8 分别对应 8、16、32 和 64 位数据的字节个数，从而方便以数组元素为单位寻址相应数据。

2.4.4　各种数据寻址方式的组合

至此，大家了解了绝大多数指令采用的数据寻址方式，下面做一个简单总结，以方便读者在

以后的编程实践中掌握它们的具体应用。

1. 立即数寻址

立即数寻址只能用于源操作数。IA-32 处理器支持 32 位立即数（本书用符号 i32 表示），它同样也支持 16 位立即数 i16 和 8 位立即数 i8，本书将这些立即数统一用 imm 符号表示。

2. 寄存器寻址

寄存器寻址主要是指通用寄存器，可以单独或同时用于源操作数和目的操作数。IA-32 处理器的通用寄存器 reg 包括 8 个 32 位通用寄存器 r32：EAX、EBX、ECX、EDX、ESI、EDI、EBP 和 ESP；8 个 16 位通用寄存器 r16：AX、BX、CX、DX、SI、DI、BP 和 SP；8 个 8 位通用寄存器 r8：AH、AL、BH、BL、CH、CL、DH 和 DL。部分指令可以使用专用寄存器，如段寄存器 seg：CS、DS、SS、ES、FS、GS。

3. 存储器寻址

存储器寻址的数据在主存，利用逻辑地址指示。段基地址由默认或指定的段寄存器指出，指令代码只表达偏移地址（称为有效地址），有多种存储器寻址方式。存储器操作数可以是 32 位、16 位或 8 位数据，依次用符号 m32、m16、m8 表示，统一用 mem 表示。

典型的指令操作数有两个，一个书写在左边（称为目的操作数 DEST），另一个用逗号分隔书写在右边（称为源操作数 SRC）。数据寻址方式在指令中并不是任意组合的，而是有规律且符合逻辑。例如，绝大多数指令（数据传送、加减运算、逻辑运算等常用指令）都支持如下组合（如图 2-14 所示）：

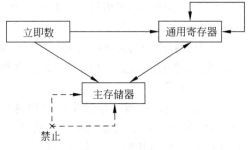

图 2-14　数据寻址的组合

```
指令助记符 reg,imm/reg/mem
指令助记符 mem,imm/reg
```

在这两个操作数中，源操作数可以由立即数、寄存器或存储器寻址，而目的操作数只能是寄存器或存储器寻址，并且两个操作数不能同时为存储器寻址方式。

从第 3 章开始将陆续引出 IA-32 处理器的常用指令，并使用约定符号，参见附录表 C-1。除特别说明的新符号外，凡不符合指定格式的指令都是不存在的非法指令。附录 C 罗列了 32 位主要的通用指令。

高级语言虽然不讨论数据寻址，但实际上其复杂数据类型和构造的数据结构都需要处理器数据寻址的支持，这也是处理器设计多种灵活的数据访问方式的重要原因。

第 2 章习题

2.1　简答题

（1）使用二进制 8 位表达无符号整数，257 有对应的编码吗？

（2）字符 "'F'" 和数值 46H 作为 MOV 指令的源操作数有区别吗？

（3）为什么可以把指令 "MOV EAX，(34 + 67H) * 3" 中的数值表达式看成是常量？

（4）汇编语言为什么规定十六进制数若以 A ~ F 开头，需要在前面加个 0？

（5）数值 500 能够作为字节变量的初值吗？

（6）多字节数据对齐地址边界有什么作用？

（7）为什么将查找操作数的方法称为数据寻"址"方式？

（8）为什么变量 VAR 在指令 "MOV EAX，VAR" 中表达直接寻址？

（9）指令 "MOV EAX，[ESI]" 从哪个段获得存储器操作数？

（10）为什么带比例的变址寻址中的比例只设计支持 1、2、4 和 8？

2.2 判断题

（1）对一个正整数，它的原码、反码和补码都一样，也都与无符号数的编码一样。

（2）常用的 BCD 码为 8421 BCD 码，其中的 8 表示 D_3 位的权重。

（3）排序一般按照 ASCII 码值大小，从小到大升序排列时，小写字母排在大写字母之前。

（4）用 BYTE 和 DWORD 定义变量，如果初值相同，则占用的存储空间也一样多。

（5）TYPE DX 的结果是一个常量，等于 2。

（6）IA-32 处理器采用小端方式存储多字节数据。

（7）某个双字变量存放于存储器地址 0403H ~ 0406H 中，对齐了地址边界。

（8）立即数寻址只会出现在源操作数中。

（9）存储器寻址方式的操作数当然在主存了。

（10）指令 "MOV EAX，VAR + 2" 与 "MOV EAX，VAR [2]" 功能相同。

2.3 填空题

（1）计算机中有一个 "01100001" 编码。如果认为它是无符号数，它是十进制数_____；如果认为它是 BCD 码，则表示真值_____；又如果它是某个 ASCII 码，则代表字符_____。

（2）C 语言用 "\n" 表示让光标回到下一行首位，在汇编语言中需要输出两个控制字符：一个是回车，其 ASCII 码是_____，它将光标移动到当前所在行的首位；另一个是换行，其 ASCII 码是_____，它将光标移到下一行。

（3）定义字节变量的伪指令助记符是_____，获取变量名所具有的偏移地址的操作符是_____。

（4）数据段有语句 "H8843 DWORD 99008843H"，代码段指令 "MOV CX，WORD PTR H8843" 执行后，CX = _____。

（5）用 DWORD 定义的一个变量 XYZ，它的类型是_____，用 "TYPE XYZ" 会得到数值为_____。如果将其以字量使用，应该用_____说明。

（6）数据段有语句 "ABC BYTE 1，2，3"，代码段指令 "MOV CL，ABC + 2" 执行后，CL = _____。

（7）除外设数据外的数据寻址方式有 3 类，分别称为_____、_____和_____。

（8）指令 "MOV EAX，OFFSET MSG" 的目的操作数和源操作数分别采用_____和_____寻址方式。

（9）已知 ESI = 04000H，EBX = 20H，指令 "MOV EAX，[ESI + EBX * 2 + 8]" 中访问的有效地址是_____。

（10）用 EBX 作为基地址指针，默认采用_____段寄存器指向的数据段；如果采用 BP、EBP 或 SP、ESP 作为基地址指针，默认使用_____段寄存器指向堆栈段。

2.4 下列十六进制数表示无符号整数，请转换为十进制形式的真值：

（1）FFH   （2）0H   （3）5EH   （4）EFH

2.5 将下列十进制数真值转换为压缩 BCD 码：

（1）12   （2）24   （3）68   （4）99

2.6 将下列压缩 BCD 码转换为十进制数：

（1）10010001   （2）10001001   （3）00110110   （4）10010000

2.7 将下列十进制数用 8 位二进制补码表示：

(1) 0　　　　　　(2) 127　　　　　　(3) −127　　　　　　(4) −57

2.8 进行十六进制数据的加减运算，并说明是否有进位或借位：

(1) 1234H + 7802H　　　　　　　　(2) F034H + 5AB0H

(3) C051H − 1234H　　　　　　　　(4) 9876H − ABCDH

2.9 数码 0~9、大写字母 A~Z、小写字母 a~z 对应的 ASCII 码分别是多少？ASCII 码 0DH 和 0AH 分别对应什么字符？

2.10 设置一个数据段，按照如下要求定义变量或符号常量：

(1) my1b 为字符串变量：Personal Computer

(2) my2b 为用十进制数表示的字节变量：20

(3) my3b 为用十六进制数表示的字节变量：20

(4) my4b 为用二进制数表示的字节变量：20

(5) my5w 为 20 个未赋值的字变量

(6) my6c 为 100 的常量

(7) my7c 表示字符串：Personal Computer

2.11 定义常量 NUM，其值为 5；数据段中定义字数组变量 DATALIST，它的头 5 个字单元中依次存放 −10、2、5 和 4，最后 1 个单元初值不定。

2.12 从低地址开始以字节为单位，用十六进制形式给出下列语句依次分配的数值：

```
byte 'ABC',10,10h,'EF',3 dup(-1,?,3 dup(4))
word 10h, -5,3 dup(?)
```

2.13 设在某个程序中有如下片段，请写出每条传送指令执行后寄存器 EAX 的内容：

```
            ;数据段
            org 100h
varw        word 1234h,5678h
varb        byte 3,4
vard        dword 12345678h
buff        byte 10 dup(?)
mess        byte 'hello'
            ;代码段
            mov eax,offset mess
            mov eax,type buff + type mess + type vard
            mov eax,sizeof varw + sizeof buff + sizeof mess
            mov eax,lengthof varw + lengthof vard
```

2.14 按照如下输出格式，在屏幕上显示 ASCII 表：

```
      |0 1 2 3 4 5 6 7 8 9 A B C D E F
--- + -------------------------------
20 |   ! '' # $ % & ' ( ) * + , - . /
30 |0 1 2 3 4 5 6 7 8 9 : ; < = > ?
40 |@ A B C D E F G H I J K L M N O
50 |P Q R S T U V W X Y Z [ \ ] ^ -
60 |' a b c d e f g h i j k l m n o
70 |p q r s t u v w x y z { | } ~
```

表格最上一行的数字是对应列 ASCII 代码值的低 4 位（用十六进制形式），而表格左边的数字对应行 ASCII 代码值的高 4 位（用十六进制形式）。编程在数据段直接构造这样的表格，填写相应 ASCII 代码值（不是字符本身），然后使用字符串显示子程序 DISPMSG 实现显示。

2.15　数据段有如下定义，IA-32 处理器将以小端方式保存在主存：

```
var      dword 12345678h
```

以字节为单位按地址从低到高的顺序，写出这个变量内容，并说明如下指令的执行结果：

```
mov eax,var              ;EAX = _____
mov bx,word ptr var      ;BX = _____
mov cx,word ptr var +2   ;CX = _____
mov dl,byte ptr var      ;DL = _____
mov dh,byte ptr var +3   ;DH = _____
```

可以编程使用十六进制字节显示子程序 DSIPHB 顺序显示各个字节进行验证，还可以使用十六进制双字显示子程序 DSIPHD 显示该数据进行对比。

2.16　给出 IA-32 处理器 32 位寻址方式的组成公式，并说明各部分的作用。

2.17　说明下列指令中源操作数的寻址方式。假设 VARD 是一个双字变量。

（1）mov edx,1234h

（2）mov edx,vard

（3）mov edx,ebx

（4）mov edx,[ebx]

（5）mov edx,[ebx +1234h]

（6）mov edx,vard[ebx]

（7）mov edx,[ebx +edi]

（8）mov edx,[ebx +edi +1234h]

（9）mov edx,vard[esi +edi]

（10）mov edx,[ebp*4]

第 3 章

通用数据处理指令

尽管各种处理器支持的指令各不相同，但都有着类似的通用指令。通用指令是处理器基本的指令，主要进行整数处理、实现程序控制等，本书将在各章逐步引出。本章介绍 IA-32 处理器最常用的整数处理指令，也就是学习数据传送、算术运算、逻辑运算等基本指令。与此同时，让读者通过阅读简单的程序理解指令功能和工作原理，体会汇编语言的编程方法，并开始编写一些功能简单的程序。

为了更好地理解指令和程序，建议读者一方面像前一章那样生成列表文件，静态观察变量分配、指令代码等程序结构（书中不再罗列）；另一方面学习调试程序（参见附录 A），动态跟踪指令执行和程序运行，获得更加直观的感受。

3.1 数据传送类指令

数据传送是把数据从一个位置传送到另一个位置，它是计算机中最基本的操作。数据传送类指令也是程序设计中最常使用的指令。

3.1.1 通用数据传送指令

最主要的通用数据传送指令是传送指令 MOV（类似于高级语言的赋值语句），有时还要使用交换指令 XCHG（类似于高级语言的交换函数）。

1. 传送指令 MOV

传送指令 MOV（Move）把一个字节、字或双字的操作数从源位置传送至目的位置，可以实现立即数到通用寄存器或主存的传送，通用寄存器与通用寄存器、主存或段寄存器之间的传送，主存与段寄存器之间的传送。

利用前一章最后引入的操作数符号（还可以参见附录 C），MOV 指令的各种组合可以使用下列各式表达（斜线"/"表示多种组合形式，注释是说明或功能解释，下同）：

```
MOV reg/mem,imm          ;立即数传送
MOV reg/mem/seg,reg      ;寄存器传送
MOV reg/seg,mem          ;存储器传送
MOV r16/m16,seg          ;段寄存器传送
```

需要首先明确的是，大多数 IA-32 处理器指令支持 8、16 和 32 位 3 种数据长度：

- 8 位（字节）数据，byte 类型，例如：

```
mov al,200          ;8 位立即数传送
```

- 16 位（字）数据，word 类型，例如：

```
mov ax,[ebx]        ;16 位存储器传送(间接寻址)
```

- 32 位（双字）数据，dword 类型，例如：

```
mov eax,dvar         ;32 位存储器传送(直接寻址),DVAR 是 dword 类型的变量
```

使用中需要认识到，寄存器具有明确的类型，变量定义后也具有了明确的类型，但立即数、寄存器间接寻址、位移量是数字的寄存器相对寻址却没有类型。

MOV 指令可以实现灵活的数据传输，分类举例说明如下。

1) 立即数传送：MOV reg/mem, imm

- 寄存器 reg 为目的操作数。

```
mov al,200                    ;8 位立即数 i8
mov ax,200                    ;16 位立即数 i16
mov eax,200                   ;32 位立即数 i32
```

- 存储器 mem 为目的操作数。

```
mov bvar,byte ptr 200         ;8 位立即数 i8,BVAR 是 BYTE 类型的变量
mov [ebx],word ptr 200        ;16 位立即数 i16
mov [esi +8],dword ptr 200    ;32 位立即数 i32
```

2) 寄存器传送：MOV reg/mem/seg, reg

- 寄存器 reg 为目的操作数。

```
mov al,ah                     ;8 位通用寄存器 r8
mov ax,bx                     ;16 位通用寄存器 r16
mov eax,edx                   ;32 位通用寄存器 r32
```

- 存储器 mem 为目的操作数。

```
mov bvar,cl                   ;8 位通用寄存器 r8,BVAR 是 BYTE 类型的变量
mov [ebx],cx                  ;16 位通用寄存器 r16
mov [esi +8],edi              ;32 位通用寄存器 r32
```

- 段寄存器 seg 为目的操作数。

```
mov ds,bx                     ;段寄存器是 16 位的,只能与 16 位通用寄存器 r16 进行数据传输
```

3) 存储器传送：MOV reg/seg, mem

- 寄存器 reg 为目的操作数。

```
mov dl,bvar                   ;8 位储存器 m8,BVAR 是 BYTE 类型的变量
mov dx,[ebx]                  ;16 位存储器 m16
mov edx,dvar[edi]             ;32 位存储器 m32,DVAR 是 DWORD 类型的变量
```

- 段寄存器 seg 为目的操作数。

```
mov ds,wvar                   ;16 位存储器 m16,WVAR 是 WORD 类型的变量
mov es,[ebx]                  ;段寄存器是 16 位的,只能与 16 位存储器进行数据传输
mov ss,[ebp +8]               ;虽然寻址方式使用了 32 位寄存器,但访问的是 16 位存储单元
```

4) 16 位段寄存器传送：MOV r16/m16, seg

- 寄存器 r16 为目的操作数。

```
mov ax,ds
```

```
mov dx,es
mov si,fs
mov di,gs
```

● **存储器 m16 为目的操作数。**

```
mov wvar,ds                    ;WVAR 是 WORD 类型的变量
mov [ebx],ss
mov [esi-8],cs
mov [ebp+8],cs
```

每一个正确的处理器指令，都对应有指令代码，如果汇编程序无法将你书写的语句翻译成对应的指令代码，就是一条错误指令、非法指令。所以，进行程序设计，首先需要正确书写每一条语句；对常见错误情况，要做到心中有数。例如，如下几点应该注意：

1）IA-32 指令系统可以对 8 位、16 位和 32 位整数类型进行处理，但是双操作数指令（除特别说明）的目的操作数与源操作数必须类型一致。例如：

```
MOV ESI,DL                     ;错误：类型不一致。ESI 为 32 位寄存器,DL 为 8 位寄存器
mov esi,edx                    ;正确：两个 32 位寄存器传送
MOV AL,050AH                   ;错误：类型不一致。050AH 超出了寄存器 AL 的范围
mov eax,050ah                  ;正确：双字量数据传送
```

2）寄存器名表达了其类型，变量一经定义也具有类型属性，但立即数和寄存器间接寻址的存储单元等却无明确的类型。IA-32 指令系统要求类型一致的两个操作数之一必须有明确的类型，否则要用 PTR 指明。例如：

```
MOV [EBX],255                  ;错误：无明确类型
mov byte ptr[ebx],255          ;正确：BYTE PTR 说明是字节操作
mov word ptr[ebx],255          ;正确：WORD PTR 说明是字操作
mov dword ptr[ebx],255         ;正确：DWORD PTR 说明是双字操作
```

另外，无变量名的寄存器相对和变址寻址也无明确类型，例如：

```
MOV [EBX+4],200                ;错误：无明确类型
mov byte ptr [ebx+4],200       ;正确：BYTE PTR 说明是字节操作
mov wvar[esi],200              ;正确：字变量 WVAR 说明是字操作
mov dvar[edi*4],200            ;正确：双字变量 DVAR 说明是双字操作
```

3）为了减小指令编码长度，IA-32 指令系统没有设计两个存储器操作数的指令（除串操作指令，见 8.2 节），也就是不允许两个操作数都是存储单元。例如：

```
;假设 DBUF1 和 DBUF2 是两个双字变量
MOV DBUF2,DBUF1                ;错误：两个操作数都是存储单元
mov eax,dbuf1                  ;正确：EAX = DBUF1(将 DBUF1 内容送 EAX)
mov dbuf2,eax                  ;正确：DBUF2 = EAX(将 EAX 内容送 DBUF2)
```

4）能对专用寄存器进行操作的指令有限、功能不强，使用时要注意。例如：

```
MOV DS,@DATA                   ;错误：立即数不能直接传送段寄存器(@DATA 是数据段地址)
mov ax,@data                   ;正确：通过 AX 间接传送给 DS
mov ds,ax
```

2. 交换指令 XCHG

交换指令 XCHG（Exchange）用来交换源操作数的和目的操作数的内容，可以在通用寄存器与通用寄存器或存储器之间对换数据。使用操作数符号的合法格式如下：

```
XCHG reg,reg/mem
XCHG reg/mem,reg
```

　　交换指令的两个操作数实现位置互换，实际上既是源操作数也是目的操作数，所以它们哪个在前哪个在后就无所谓了，但不能是立即数，也不支持存储器与存储器之间的数据对换。

　　与大多数指令一样，交互指令 XCHG 支持 8、16 和 32 位数据交换，例如：

- 32 位数据交换。

```
xchg esi,edi        ;ESI 与 EDI 互换内容
xchg esi,[edi]      ;ESI 与 EDI 指向的主存单元互换内容
```

- 16 位数据交换。

```
xchg si,di          ;SI 与 DI 互换内容
xchg si,[edi]       ;SI 与 EDI 指向的主存单元互换内容
```

- 8 位数据交换。

```
xchg bl,bh          ;BL 与 BH 互换内容
xchg al,bvar        ;AL 与字节类型变量 BVAR 互换内容
```

　　IA-32 处理器采用小端方式存储多字节数据，但有些处理器却采用大端方式。当数据在不同处理器之间交换时，有时需要进行小端、大端的互换。

　　例如，双字变量 DVAR 进行小端、大端的互换可以使用交换指令：

```
mov al,byte ptr dvar        ;取第 1 个字节
xchg al,byte ptr dvar + 3   ;与第 4 个字节交换
mov byte ptr dvar,al        ;实现低 1、4 个字节交换(也可以用 XCHG 指令)
mov al,byte ptr dvar + 1    ;同上,AL = 第 2 个字节
xchg al,byte ptr dvar + 2   ;与第 3 个字节交换,AL = 第 3 个字节
mov byte ptr dvar + 1,al    ;实现第 2、3 个字节互换
```

　　指令系统中有一条空操作（No Operation）指令：NOP。在 IA-32 处理器中，NOP 指令与指令 "XCHG EAX，EAX" 具有同样的指令代码（90H），实际上就是同一条指令。空操作指令看似毫无作用，但处理器执行该指令需要花费时间，且放置在主存中也要占用一个字节空间。编程中，有时利用 NOP 指令实现短时间延时，还可以临时占用代码空间以便以后填入需要的指令代码。

3.1.2　堆栈操作指令

　　处理器通常用硬件支持堆栈（Stack）数据结构，它是一个按照 "先进后出"（First In Last Out，FILO）存取原则组织的存储区域，也可以说是 "后进先出"（Last In First Out，LIFO）存取原则。堆栈具有两种基本操作，对应两条基本指令：数据压进堆栈操作对应进栈指令 PUSH；数据弹出堆栈操作对应出栈指令 POP。

　　IA-32 处理器的堆栈建立在主存区域中，使用 SS 段寄存器指向段基地址。堆栈段的范围由堆栈指针寄存器 ESP 的初值确定，这个位置就是堆栈底部（不再变化）。堆栈只有一个数据出入口，即当前栈顶（不断变化），由堆栈指针寄存器 ESP 的当前值指定栈顶的偏移地址，如图 3-1 所示。随着数据进入堆栈，ESP 逐渐减小；而随着数据依次弹出堆栈，ESP 逐渐增大。随着 ESP 增大，弹出的数据不再属于当前堆栈区域，随后进入堆栈的数据也会占用这个存储空间。当然，如果进入堆栈的数据超出了设置的堆栈范围，或者已无数据可以弹出（即 ESP 增大到栈底），就会产生堆栈溢出错误。堆栈溢出，轻者使程序出错，重者会导致系统崩溃。

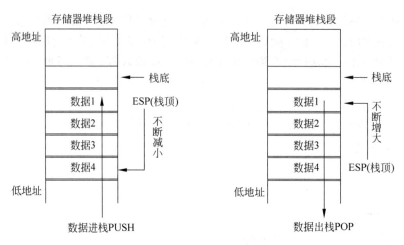

图 3-1　IA-32 处理器的堆栈操作

堆栈操作常被比喻为"摞盘子"。盘子一个压着一个叠起来放进箱子里，就像数据进栈操作一样；叠起来的盘子应该从上面一个接一个拿走，就像数据出栈操作一样；最后放上去的盘子被最先拿走，就是堆栈的"后进先出"操作原则。不过，IA-32 处理器的堆栈段是"向下生长"的，即随着数据进栈，堆栈顶部（指针 ESP）逐渐减小，所以可以将其看成是一个倒扣的箱子，盘子（数据）从下面放进去。

1. 进栈指令 PUSH

进栈指令 PUSH 先将 ESP 减小作为当前栈顶，然后可以将立即数、通用寄存器和段寄存器内容或存储器操作数传送到当前栈顶。由于目的位置就是栈顶，且由 ESP 确定，所以 PUSH 指令只表达源操作数。格式是：

```
PUSH r16/m16/i16/seg      ;① ESP＝ESP－2,② SS:[ESP]＝r16/m16/i16/seg
PUSH r32/m32/i32          ;① ESP＝ESP－4,② SS:[ESP]＝r32/m32/i32
```

IA-32 处理器的堆栈只能以字或双字为单位操作。字量数据进栈时，ESP 向低地址移动 2 个字节单元（即减 2）指向当前栈顶。双字量数据进栈时，ESP 减 4，即准备 4 个字节单元。然后，数据以"低对低、高对高"的小端方式存放到堆栈顶部，参看图 3-2。

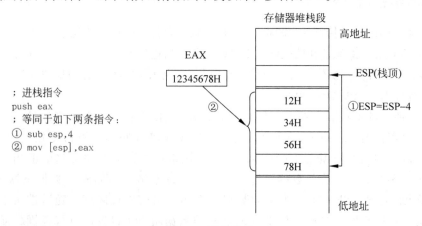

图 3-2　进栈操作

PUSH 指令等同于一条对 ESP 的减法指令（SUB）和一条传送指令（MOV）。

2. 出栈指令 POP

出栈指令 POP 执行与进栈指令相反的功能，它先将栈顶数据传送到通用寄存器、存储单元或段寄存器中，然后 ESP 增加作为当前栈顶。由于源操作数在栈顶，且由 ESP 确定，所以 POP 指令只表达目的操作数。格式是：

```
POP r16/m16/seg          ;① r16/m16/seg = SS:[ESP],② ESP = ESP + 2
POP r32/m32              ;① r32/m32 = SS:[ESP],② ESP = ESP + 4
```

字量数据出栈时，ESP 向高地址移动 2 个字节单元（即加 2）。双字量数据出栈时，ESP 加 4。然后，数据以"低对低、高对高"原则从栈顶传送到目的位置，参看图 3-3。

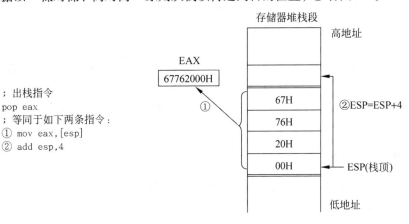

图 3-3　出栈操作

POP 指令等同于一条传送指令（MOV）和一条对 ESP 的加法指令（ADD）。

[例 3-1]　堆栈操作程序

```
            ;数据段
ten         = 10
dvar        dword 67762000h,12345678h
            ;代码段
            mov eax,dvar + 4            ;EAX = 12345678H
            push eax                    ;将 EAX 内容压入堆栈
            push dword ptr ten          ;将立即数以双字量压入堆栈
            push dvar                   ;将变量 DVAR 的第一个数据压入堆栈
            pop eax                     ;栈顶数据弹出到 EAX
            pop dvar + 4                ;栈顶数据弹出到 DVAR + 4 位置
            mov ebx,dvar + 4            ;EBX = 000000AH
            pop ecx                     ;栈顶数据弹出到 ECX
            call disprd
```

3 条 PUSH 指令依次压入堆栈的数据是 12345678H、0000000AH 和 67762000H，每次 ESP 减 4。按照"后进先出"原则，接着的 3 条 POP 指令的执行结果是：EAX = 67762000H，DVAR 变量的后一个双字数据位置更改为 0000000AH 且被赋予 EBX，而 ECX = 12345678H。

3. 堆栈的应用

堆栈是程序中不可或缺的一个存储区域。除堆栈操作指令外，还有子程序调用 CALL 和子程序返回 RET、中断调用 INT 和中断返回 IRET 等指令，以及内部异常、外部中断等情况都会使用堆栈、修改 ESP 值（将在后续章节中逐渐展开）。

堆栈可用来临时存放数据，以便随时恢复它们。使用 POP 指令时，应该明确当前栈顶的数据是什么，可以按程序执行顺序向前观察由哪个操作压入了该数据。

　　既然堆栈是利用主存实现的，我们当然就能以随机存取方式读写其中的数据。通用寄存器之一的堆栈基址指针 EBP 就是出于这个目的而设计的。例如：

```
mov ebp,esp                    ;EBP = ESP
mov eax,[ebp +8]               ;EAX = SS:[EBP +8],EBP 默认与堆栈段配合
mov [ebp],eax                  ;SS:[EBP] = EAX
```

　　上述方法利用堆栈实现了主程序与子程序间的传递参数，这也是堆栈的主要作用之一。

　　堆栈还常用于子程序的寄存器保护和恢复。为此，IA-32 处理器特别设计了将全部 32 位通用寄存器进栈 PUSHAD 和出栈 POPAD 指令、将全部 16 位通用寄存器进栈 PUSHA 和出栈 POPA 指令。利用这些指令可以快速地进行现场保护和恢复。

　　由于堆栈的栈顶和内容随着程序的执行不断变化，所以编程时应注意进栈和出栈的数据要成对，要保持堆栈平衡。

　　需要注意的是，尽管堆栈操作指令有 16 位和 32 位两种数据传送单位，但建议程序中尽量不要混用两种操作单位。通常，在 32 位平台（如 32 位 Windows）以 32 位为操作单位，而在 16 位平台（如 16 位 DOS）则采用 16 位传送单位。否则，有时会因压入和弹出的单位不同造成混乱或错误。

3.1.3 其他传送指令

　　指令系统中还有一些针对特定需要设计的专用传送指令。

1. 地址传送指令

　　存储器操作数具有地址属性，利用地址传送指令可以获取其地址。其中，最常用的是获取有效地址指令 LEA（Load Effective Address），格式如下：

```
LEA r16/r32,mem                ;r16/r32 = mem 的有效地址 EA(不需要类型一致)
```

　　LEA 指令将存储器操作数的有效地址（段内偏移地址）传送至 16 位或 32 位通用寄存器中。它的作用等同于汇编程序 MASM 的地址操作符 OFFSET。但是，LEA 指令是在指令执行时计算出偏移地址，而 OFFSET 操作符是在汇编阶段取得变量的偏移地址，后者执行速度更快。不过，对于在汇编阶段无法确定的偏移地址，就只能利用 LEA 指令获取了。

　　[例3-2] 地址传送程序

```
        ;数据段
dvar    dword 41424344h
        ;代码段
        mov eax,dvar             ;直接寻址获得变量值:EAX = 41424344H
        lea esi,dvar             ;执行时获得变量地址:ESI 指向 DVAR
        mov ebx,[esi]            ;通过地址获得变量值:EBX = 41424344H
        mov edi,offset dvar      ;汇编时获得变量地址:EDI 指向 DVAR
        mov ecx,[edi]            ;通过地址获得变量值:ECX = 41424344H
        lea edx,[esi +edi* 4 +100h]  ;实现运算功能:EDX = ESI + EDI×4 +100H
        call disprd
```

　　前一条 LEA 指令使 ESI 等于 DVAR 变量的有效地址（并没有读取变量内容），与利用 OFFSET 设置的 EDI 相同，所以 EAX = EBX = ECX = 41424344H。然而，利用 OFFSET 操作符在源程序汇编时已经计算出地址，实际上是一个立即数。

　　后一条 LEA 指令实际上先进行包含乘比例 4 的加法运算得到偏移地址（带比例的相对基址变址寻址方式），然后传送给 EDX 寄存器。有时就利用 LEA 指令的这个特点实现加法运算。然而，这条指令不能使用"MOV EDX，OFFSET［ESI + EDI*4 +100H］"语句替代，因为汇编时不

知道执行时 ESI 和 EDI 等于什么，它根本就是非法指令。

IA-32 处理器指令系统还有指针传送指令 LDS、LES、LFS、LGS 和 LSS，它们能将主存连续 4 个或 6 个字节内容的前两个依次传送给 DS、ES、FS、GS 和 SS，后续字节作为偏移地址传送给指令的 16 位或 32 位通用寄存器。另外，MOV 指令还可以支持对控制寄存器等系统专用寄存器的数据传送，不过它们通常不能在应用程序中使用。

2. 换码指令

数据表是常见的数据结构，编程中经常需要获得数据表中的某个特定数据项，处理器为此专门设计了换码指令。换码指令 XLAT（Translate）是一条比较复杂的指令，但格式却非常简单，如下所示：

```
XLAT                        ;AL←[EBX + AL]
```

使用 XLAT 指令前，需要将 EBX 指向主存缓冲区（即数据表首地址）并给 AL 赋值距离缓冲区开始的位移量（即表中数据项的位置），执行的功能是将缓冲区该位移量位置的数据取出赋给 AL，可以表达为 "AL←[EBX + AL]"。由于 XLAT 指令隐含使用 EBX 和 AL，所以其助记符后无须写出操作数，默认该缓冲区在 DS 数据段；如果设置的缓冲区在其他段，则需要写明缓冲区的变量名，汇编程序就会加上必要的段超越前缀，用户也可以在变量名前加上段超越前缀。

[例3-3] 换码显示程序

本书配套的输入输出子程序库提供了一个字符显示 DISPC 子程序，其功能是将 AL 中的 ASCII 字符显示在当前光标处。现在利用这个子程序实现主存中 "0~9" 之间数字的显示。为此，按顺序设置一个字符 "0"~"9" 的 ASCII 表，取名 TAB，利用换码指令将某个数字转换成对应的 ASCII 就可以显示了，程序如下：

```
            ;数据段
num         byte 6,7,7,8,3,0,0,0        ;要被转换的数字
tab         byte '0123456789'           ;代码表
            ;代码段
            mov ecx,lengthof num
            mov esi,offset num
            mov ebx,offset tab          ;EBX 指向代码表
again:      mov al,[esi]                ;AL = 要转换的数字
            xlat                        ;换码
            call dispc                  ;显示
            add esi,1                   ;指向下一个数字
            loop again                  ;循环
```

设置好代码表后，要将表格的首地址存放于 EBX 寄存器，需要转换的代码存放于 AL 寄存器，并应等于被转换的代码在相对表格首地址的位移量。设置好后，执行换码指令，即将 AL 寄存器的内容转换为目的代码。为了实现多个数字转换，程序中使用了下章将学习的循环指令 LOOP。LOOP 指令的功能是：先将本指令默认使用的计数器寄存器 ECX 减 1，然后判断 ECX 是否为 0，如果 ECX 不等于 0，说明循环没有结束，则程序跳转到 LOOP 指令所指定的标号位置执行那里的指令；如果 ECX 等于 0，说明循环结束，程序按顺序向下执行。这里实现了 AGAIN 标号与 LOOP 指令之间的指令重复执行 ECX 设定的次数，即要转换数字的个数。本示例程序执行结束后，将显示数字：67783000。

XLAT 是一种具有特定功能的指令，常用于将一种代码转换为另一种代码，但只能进行字节量表格换码，用 AL 作为位移量就限制其最大为 255。如果不存在该指令，可以用下面的程序段完成同样的功能：

```
                    ;代码段(未使用 XLAT,但按照其功能编程)
                    mov ecx,lengthof num
                    mov esi,offset num
                    mov ebx,offset tab              ;EBX 指向代码表
again:              mov eax,0                       ;EAX = 0
                    mov al,[esi]                    ;AL = 要转换的数字
                    add eax,ebx                     ;EAX = EAX + EBX,指向对应的字符
                    mov al,[eax]                    ;换码
                    call dispc                      ;显示
                    add esi,1                       ;指向下一个数字
                    loop again                      ;循环
```

利用寄存器相对寻址具有的计算能力,可以删除对 EBX 传送表格首地址和 ADD 加法指令,用"MOV AL,TAB[EAX]"就可以实现换码了:

```
                    ;代码段(未使用 XLAT,利用寄存器相对寻址编程)
                    mov ecx,lengthof num
                    mov esi,offset num
again:              mov eax,0                       ;EAX = 0
                    mov al,[esi]                    ;AL = 要转换的数字
                    mov al,tab[eax]                 ;换码
                    call dispc                      ;显示
                    add esi,1                       ;指向下一个数字
                    loop again                      ;循环
```

这种用法比 XLAT 指令还简单,所以在 IA-32 处理器中已不常使用 XLAT 了。

3. 标志传送指令

IA-32 处理器有可以直接改变 CF、DF、IF 标志状态的标志位操作指令,还有针对标志寄存器低 8 位、低 16 位和全部 32 位传送的指令,如表 3-1 所示。

表 3-1　标志位操作指令

指　令	功　　能	指　令	功　　能
CLC	复位进位标志:CF = 0	LAHF	标志寄存器低字节内容传送到 AH 寄存器
STC	置位进位标志:CF = 1	SAHF	AH 寄存器内容传送到标志寄存器低字节
CMC	求反进位标志:原为 0 变为 1,原为 1 变为 0	PUSHF	标志寄存器低 16 位压入堆栈
CLD	复位方向标志:DF = 0,串操作后地址增大	POPF	堆栈顶部一个字量数据弹出到标志寄存器低 16 位
STD	置位方向标志:DF = 1,串操作后地址减小	PUSHFD	32 位标志寄存器全部内容压入堆栈
CLI	复位中断标志:IF = 0,禁止可屏蔽中断	POPFD	当前堆栈顶部一个双字数据弹出到标志寄存器
STI	置位中断标志:IF = 1,允许可屏蔽中断		

尽管许多指令的执行都会影响标志,但这组指令能够直接操作标志寄存器。当有必要了解当前标志状态或设置标志状态时可以使用这组指令。

3.2　算术运算类指令

算术运算是对数据进行加减乘除,它是基本的数据处理方法。加减运算有"和"或"差"的结果外,还有进借位、溢出等状态标志,所以状态标志也是结果的一部分。因此,本节首先讨论处理器的各种状态标志,然后再学习算术运算指令。

3.2.1　状态标志

上节介绍的数据传送类指令中,除了标志为目的操作数的标志传送指令外,其他传送指令并不影响标志。也就是说,标志并不因为传送指令的执行而改变,所以我们并没有涉及标志问

题。但现在我们需要了解它们了。

状态标志一方面作为加减运算和逻辑运算等指令的辅助结果，另一方面又用于构成各种条件、实现程序分支，是汇编语言编程中一个非常重要的方面。

1. 进位标志 CF(Carry Flag)

处理器设计的进（借）位标志类似于十进制数据加减运算中的进位和借位，只不过是体现二进制数据最高位的进位或借位。具体来说，当加减运算结果的最高有效位有进位（加法）或借位（减法）时，将设置进位标志为 1，即 CF = 1；如果没有进位或借位，则设置进位标志为 0，即 CF = 0。换句话说，加减运算后，如果 CF = 1，说明数据运算过程中出现了进位或借位；如果 CF = 0，说明没有进位或借位。

例如，有两个 8 位二进制数：00111010 和 01111100。如果将它们相加，运算结果是 10110110。运算过程中，最高位没有向上再进位，所以这个运算结果将使得 CF = 0。但如果是 10101010 和 01111100 相加，结果是 [1]00100110，出现了向高位进位（用中括号表示），所以这个运算结果将使得 CF = 1。

进位标志是针对无符号整数运算设计的，用于反映无符号数据加减运算结果是否超出范围、是否需要利用进（借）位反映正确结果。N 位二进制数表达无符号整数的范围是 $0 \sim 2^N - 1$。如果相应位数的加减运算结果超出了其能够表达的范围，就是产生了进位或借位。

将上面例子中的二进制数据 00111010 + 01111100 = 10110110 转换成十进制表达是：58 + 124 = 182。运算结果 182 仍在 0 ~ 255 范围之内，没有产生进位，所以 CF = 0。

将二进制数据 10101010 + 01111100 = [1]00100110 转换成十进制表达是：170 + 124 = 294 = 256 + 38。运算结果 294 超出了 0 ~ 255 范围，所以将使得 CF = 1。这里，进位 CF = 1 表达了十进制数据 256。

2. 溢出标志 OF(Overflow Flag)

把水倒入茶杯时，如果倒了超出茶杯容量的水，水会漫出来，这就是溢出的本意：一个容器不能存放超过其容积的物体。同样，处理器设计的溢出标志用于表达有符号整数进行加减运算的结果是否超出范围。如果超出范围，就是有溢出，将设置溢出标志 OF = 1；如果没有溢出，则 OF = 0。

溢出标志是针对有符号整数运算设计的，用于反映有符号数据加减运算结果是否超出范围。处理器默认采用补码形式表示有符号整数，N 位补码表达的范围是 $-2^{N-1} \sim +2^{N-1} - 1$。如果相应位数的有符号整数运算结果超出了这个范围，就是产生了溢出。

对上面例子的两个 8 位二进制数：00111010 和 01111100，按照有符号数的补码规则它们都是正整数，用十进制表达分别是：58 和 124。它们求和的结果是二进制 10110110，用十进制表达为 58 + 124 = 182。运算结果 182 超出了 - 128 ~ + 127 范围，产生溢出，所以 OF = 1。另一方面，按照补码规则，8 位二进制结果 10110110 的最高位为 1 说明它表达的是负数，所以溢出情况下的运算结果是错误的。

对于二进制数 10101010，其最高位是 1，按照补码规则它表达的是负数，求反加 1 得到绝对值，即表达十进制数 - 86。它与二进制数 01111100（用十进制表达为 124）相加，结果是 [1]00100110。因为进行的是有符号数据运算，所以不考虑无符号运算出现的进位，00100110 才是需要的结果，用十进制表示为 38(= - 86 + 124)。运算结果 38 没有超出 - 128 ~ + 127 范围，没有溢出，所以 OF = 0。因此，有符号数据进行加减运算，只有在没有溢出情况下才是正确的。

所以，溢出标志 OF 和进位标志 CF 是两个意义不同的标志。进位标志表示无符号整数运算结果是否超出范围，超出范围后加上进位或借位运算结果仍然正确；而溢出标志表示有符号整数运算结果是否超出范围，超出范围运算结果不正确。处理器对两个操作数进行运算时，按照无符号整数求得结果，并相应设置进位标志 CF；同时，根据是否超出有符号整数的范围设置溢出标志 OF。应该利用哪个标志，则由程序员来决定。也就是说，如果将参加运算的操作数认为是无符号数，就应该关心进位；而如果将参加运算的操作数认为是有符号数，则要注意是否溢出。参见第 2 章图 2-5 示例。

处理器利用异或门等电路判断运算结果是否溢出。按照处理器硬件的方法或者前面论述的原则进行判断会比较麻烦，这里给出一个简单规则：只有当两个相同符号数相加（含两个不同符号数相减），而运算结果的符号与原数据符号相反时，才产生溢出。这是因为，此时的运算结果显然不正确。在其他情况下，则不会产生溢出。

3. 其他状态标志

零标志 ZF（Zero Flag）反映运算结果是否为 0。运算结果为 0，则设置 ZF = 1，否则 ZF = 0。例如，8 位二进制数 00111010 + 01111100 = 10110110 的结果不是 0，所以设置 ZF = 0。如果是 8 位二进制数 10000100 + 01111100 = [1]00000000，最高位的进位由进位标志 CF 反映，除此之外的结果是 0，则这个运算结果将使得 ZF = 1。注意，零标志 ZF = 1 说明运算结果是 0。

符号标志 SF（Sign Flag）反映运算结果是正数还是负数。处理器通过符号位来判断数据的正负，因为符号位是二进制数的最高位，所以以运算结果的最高位（符号位）就是符号标志的状态。也就是说，运算结果的最高位为 1，则 SF = 1；否则 SF = 0。例如，8 位二进制数 00111010 + 01111100 = 10110110 结果的最高位是 1，所以设置 SF = 1。如果是 8 位二进制数 10000100 + 01111100 = [1]00000000，最高位是 0（进位 1 不是最高位），则这个运算结果将使得 SF = 0。

奇偶标志 PF（Parity Flag）反映运算结果最低字节中"1"的个数是偶数还是奇数，以便于用软件编程实现奇偶校验。最低字节中"1"的个数为零或偶数时，PF = 1；最低字节中"1"的个数为奇数时，PF = 0。例如，8 位二进制数 00111010 + 01111100 = 10110110 的结果中"1"的个数为 5，是奇数，故设置 PF = 0。如果是 8 位二进制数 10000100 + 01111100 = [1]00000000，除进位外的结果是 0 个"1"，则这个运算结果将使得 PF = 1。注意，即使是进行 16 位或 32 位操作，PF 标志也仅反映最低 8 位中"1"的个数是偶数还是奇数。

加减运算结果将同时影响上述 5 个标志，表 3-2 总结了前面示例，以便于对比理解。

表 3-2   加法运算结果对标志的影响

8 位加法运算及其结果	CF	OF	ZF	SF	PF
00111010 + 01111100 = [0] 10110110	0	1	0	1	0
10101010 + 01111100 = [1] 00100110	1	0	0	0	0
10000100 + 01111100 = [1] 00000000	1	0	1	0	1

调整标志 AF（Adjust Flag）反映加减运算时最低半字节有无进位或借位。最低半字节有进位或借位时，AF = 1；否则 AF = 0。这个标志主要由处理器内部使用，用于十进制算术运算的调整指令，用户一般不必关心。例如，8 位二进制数 00111010 + 01111100 = 10110110，低 4 位（即 D_3 位向 D_4 位）有进位，所以 AF = 1。

3.2.2   加法指令

加法运算主要包含 ADD、ADC 和 INC 三条指令，除 INC 不影响进位标志 CF 外，其他指令按照定义影响全部状态标志位，即按照运算结果相应设置各个状态标志为 0 或 1。

1. 加法指令 ADD

加法指令 ADD 使目的操作数加上源操作数，和的结果送到目的操作数。格式如下：

```
ADD reg,imm/reg/mem        ;加法:reg = reg + imm/reg/mem
```

```
ADD mem,imm/reg                    ;加法:mem = mem + imm/reg
```

它支持寄存器与立即数、寄存器、存储单元,以及存储单元与立即数、寄存器间的加法运算,按照定义影响 6 个状态标志位。例如:

```
mov eax,0aaff7348h    ;EAX = AAFF7348H,不影响标志
add al,27h            ;AL = AL + 27H = 48H + 27H = 6FH,所以 EAX = AAFF736FH
                      ;状态标志:OF = 0,SF = 0,ZF = 0,PF = 1,CF = 0
add ax,3fffh          ;AX = AX + 3FFFH = 736FH + 3FFFH = B36EH,所以 EAX = AAFFB36EH
                      ;状态标志:OF = 1,SF = 1,ZF = 0,PF = 0,CF = 0
add eax,88000000h     ;EAX = EAX + 88000000H = AAFFB36EH + 88000000H = [1]32FFB36EH
                      ;状态标志:OF = 1,SF = 0,ZF = 0,PF = 0,CF = 1
```

算术运算类指令既可以进行 8 位运算也可以进行 16 位和 32 位运算。对于 8 位运算指令,状态标志反映 8 位运算结果的状态;同样,进行 16 位或 32 位运算,状态标志(除 PF)也是反映 16 位或 32 位运算结果的状态。例如,进位 CF 标志在进行 8 位加法时反映最高位 D_7 的向上进位,而进行 32 位加法时则反映最高位 D_{31} 的进位。

为了查看指令对状态标志的影响情况,可以接着该指令执行 "CALL DISPRF" 指令。DISPRF 是输入输出子程序库中显示状态标志的子程序。作为练习,大家可以将这个调用语句加入上述每条指令后形成一个源程序,生成可执行文件并运行,然后对比显示结果。

2. 带进位加法指令 ADC

带进位加法指令 ADC(Add with Carry)除完成 ADD 加法运算外,还要加上进位 CF,结果送到目的操作数,按照定义影响 6 个状态标志位。格式如下:

```
ADC reg,imm/reg/mem    ;带进位加法:reg = reg + imm/reg/mem + CF
ADC mem,imm/reg        ;带进位加法:mem = mem + imm/reg + CF
```

ADC 指令用于与 ADD 指令相结合实现高精度数的加法。IA-32 处理器可以实现 32 位加法。但是,多于 32 位的数据相加就需要先将两个操作数的低 32 位相加(用 ADD 指令),然后再加高位部分,并将进位加到高位(需要用 ADC 指令)。

[例 3-4] 64 位数据相加程序

```
           ;数据段
qvar1      qword 6778300082347856h        ;64 位数据 1
qvar2      qword 6776200082348998h        ;64 位数据 2
           ;代码段
           mov eax,dword ptr qvar1        ;取低 32 位
           add eax,dword ptr qvar2        ;加低 32 位,设置 CF
           mov edx,dword ptr qvar1 + 4    ;取高 32 位
           adc edx,dword ptr qvar2 + 4    ;加高 32 位,同时也加上 CF
           call disprd
```

本示例程序实现两个 64 位整数相加,和值保存在 EDX(高 32 位)和 EAX(低 32 位)寄存器对中。64 位数据用 4 字变量定义 QWORD,先加低 32 位(ADD 指令),再加高 32 位(ADC 指令)。进行高 32 位加法时,需要加上低 32 位相加形成的进位标志 CF,所以使用了带进位的加法指令。MOV 指令不影响任何状态标志,所以执行 ADC 指令时使用的 CF 就是前面 ADD 指令设置的状态。与 32 位寄存器配合,具有 64 位属性的变量需要进行强制类型转换,用 "DWORD PTR QVAR1" 指向低 32 位,用 "DWORD PTR QVAR1 + 4" 指向高 32 位。

3. 增量指令 INC

增量指令 INC(Increment)只有一个操作数,对操作数加 1(增量)再将结果返回原处。操作数是寄存器或存储单元。格式如下:

```
        INC reg/mem                      ;加 1:reg/mem = reg/mem + 1
```

设计增量指令的目的,主要是对计数器和地址指针进行调整,所以它不影响进位 CF 标志,但影响其他状态标志位。例如:

```
        inc ecx                          ;双字量数据加 1:ECX = ECX + 1
        inc dword ptr[ebx]               ;双字量数据加 1:[EBX] = [EBX] + 1
```

3.2.3　减法指令

减法运算主要包括 SUB、SBB、DEC、NEG 和 CMP 指令,除 DEC 不影响 CF 标志外,其他按照定义影响全部状态标志位。

1. 减法指令 SUB

减法指令 SUB(Subtract)使目的操作数减去源操作数,差的结果送到目的操作数。格式如下:

```
        SUB reg,imm/reg/mem              ;减法:reg = reg - imm/reg/mem
        SUB mem,imm/reg                  ;减法:mem = mem - imm/reg
```

像 ADD 指令一样,SUB 指令支持寄存器与立即数、寄存器、存储单元,以及存储单元与立即数、寄存器间的减法运算,按照定义影响 6 个状态标志位。例如:

```
        mov eax,0aaff7348h               ;EAX = AAFF7348H
        sub al,27h                       ;EAX = AAFF7321H,OF = 0,SF = 0,ZF = 0,PF = 1,CF = 0
        sub ax,3fffh                     ;EAX = AAFF3322H,OF = 0,SF = 0,ZF = 0,PF = 1,CF = 0
        sub eax,0bb000000h               ;EAX = EFFF3322H,OF = 0,SF = 1,ZF = 0,PF = 1,CF = 1
```

2. 带借位减法指令 SBB

带借位减法指令 SBB(Subtract with Borrow)除完成 SUB 减法运算外,还要减去借位 CF,结果送到目的操作数,按照定义影响 6 个状态标志位。格式如下:

```
        SBB reg,imm/reg/mem              ;减法:reg = reg - imm/reg/mem - CF
        SBB mem,imm/reg                  ;减法:mem = mem - imm/reg - CF
```

SBB 指令主要用于与 SUB 指令相结合实现高精度数的减法。多于 32 位数据的减法需要先将两个操作数的低 32 位相减(用 SUB 指令),然后再减高位部分,并从高位减去借位(需要用 SBB 指令)。

3. 减量指令 DEC

减量指令 DEC(Decrement)对操作数减 1(减量)再将结果返回原处。格式如下:

```
        DEC reg/mem                      ;减 1:reg/mem = reg/mem - 1
```

DEC 指令与 INC 指令相对应,也主要用于对计数器和地址指针进行调整,不影响进位 CF 标志,但影响其他状态标志位。例如:

```
        dec cx                           ;字量数据减 1:CX = CX - 1
        dec byte ptr[ebx]                ;字节量数据减 1:[EBX] = [EBX] - 1
```

4. 求补指令 NEG

求补指令 NEG(Negative)也是一个单操作数指令,它对操作数执行求补运算,即用零减去操作数,然后结果返回操作数。

```
        NEG reg/mem                      ;用 0 作减法:reg/mem = 0 - reg/mem
```

NEG 指令对标志的影响与用零作减法的 SUB 指令一样,例如:

```
mov ax,0ff64h
neg al                          ;AX = FF9CH,OF = 0,SF = 1,ZF = 0,PF = 1,CF = 1
sub al,9dh                      ;AX = FFFFH,OF = 0,SF = 1,ZF = 0,PF = 1,CF = 1
neg ax                          ;AX = 0001H,OF = 0,SF = 0,ZF = 0,PF = 0,CF = 1
dec al                          ;AX = 0000H,OF = 0,SF = 0,ZF = 1,PF = 1,CF = 1
neg ax                          ;AX = 0000H,OF = 0,SF = 0,ZF = 1,PF = 1,CF = 0
```

求补指令 NEG 可用于对负数求补码或由负数的补码求其绝对值，例如：

```
;已知 100 的 8 位编码,求 -100 的 8 位补码
mov al,64h                      ;AL = 64H = 100
neg al                          ;AL = 0 - 64H = 9CH = -100
;OF = 0,SF = 1,ZF = 0,PF = 1,CF = 1
;已知 -100 的 32 位补码,求其绝对值(即 100)
mov eax,0ffffff9ch              ;EAX = FFFFFF9CH = -100
neg eax                         ;EAX = 0 - FFFFFF9CH = 64H = 100
;OF = 0,SF = 0,ZF = 0,PF = 0,CF = 1
```

由于 NEG 指令隐含使用 0 作为被减数，所以只有操作数（减数）是 0 才不借位，即 CF = 0，其他情况 CF = 1。同样，只有操作数是 80H（8 位求补）、8000H（16 位求补）或 80000000H（32 位求补）时溢出，即标志 OF = 1，否则 OF = 0。

5. 比较指令 CMP

比较指令 CMP（Compare）使目的操作数减去源操作数，差值不回送到目的操作数，但按照减法结果影响状态标志。格式如下：

```
CMP reg,imm/reg/mem             ;减法:reg - imm/reg/mem
CMP mem,imm/reg                 ;减法:mem - imm/reg
```

CMP 指令通过减法运算影响状态标志，根据标志状态可以获知两个操作数的大小关系。它主要是为了给条件转移等指令使用其形成的状态标志（下一章学习）。

[例 3-5]　大小写字母转换程序

```
        ;数据段
msg     byte 'welcome',0        ;小写字母组成的字符串,最后一个 0 是结尾字符
        ;代码段
        mov ecx,(lengthof msg) -1  ;ECX 等于字符串长度(减 1 是剔除最后一个结尾字符)
        mov ebx,0               ;EBX = 0 指向头一个字母
again:  sub msg[ebx],'a' - 'A'  ;小写字母减 20H 转换为大写
        inc ebx                 ;指向下一个字母
        cmp ebx,ecx             ;比较 EBX 是否仍指向字符串中的字母
        jbe again               ;是,循环,继续处理
        mov eax,offset msg      ;不是,结束处理
        call dispmsg            ;显示
```

编程中经常需要对英文字母大小写进行转换。本示例程序将小写字母组成的字符串改为大写字母，然后显示。小写字母和对应的大写字母相差 20H(= 'a' - 'A' = 61H - 41H)，所以小写字母减 20H 成为大写字母，反过来大写字母加 20H 就成为小写字母。给定的字符串全部由小写字母组成，所以程序没有判断是否是小写字母（判断方法将在下章介绍）。

本示例程序的减法指令用 MSG [EBX] 指向字符串中的字母，是寄存器相对寻址的目的操作数，MSG 表示字符串首位置，EBX 指向字符串中的字母。执行过程中先取出小写字母减 20H 后成为大写字母，又保存到原来的位置。

通过 CMP 指令比较 EBX 与 ECX（保存字符串长度），在 EBX 小于等于 ECX 时（JBE 指令的条件），说明还没有完成所有字母的处理，需要跳转到标号 AGAIN 处继续处理；否则结束处理，

显示处理完成的字符串。

3.2.4 乘法和除法指令

IA-32 处理器的乘法和除法指令需要区别无符号数和有符号数，并隐含使用了 EAX（和 EDX）寄存器，学习时需要予以注意。

1. 乘法指令 MUL/IMUL

基本的乘法指令指出源操作数 reg/mem（寄存器或存储单元），隐含使用目的操作数，如表 3-3 所示（上面两行）。若源操作数是 8 位数 r8/m8，AL 与其相乘得到 16 位积，存入 AX 中；若源操作数是 16 位数 r16/m16，AX 与其相乘得到 32 位积，高 16 位存入 DX、低 16 位存入 AX 中；若源操作数是 32 位数 r32/m32，EAX 与其相乘得到 64 位积，高 32 位存入 EDX、低 32 位存入 EAX 中。

表 3-3 乘法指令

指令类型	指　　令	操作数组合及功能	举　　例
无符号数乘法	MUL reg/mem	AX = AL × r8/m8	mul bl
有符号数乘法	IMUL reg/mem	DX．AX = AX × r16/m16 EDX．EAX = EAX × r32/m32	imul bx mul dvar
双操作数乘法	IMUL reg，reg/mem/imm	r16 = r16 × r16/m16/i8/i16 r32 = r32 × r32/m32/i8/i32	imul eax，10 imul ebx，ecx
三操作数乘法	IMUL reg，reg/mem，imm	r16 = r16/m16 × i8/i16 r32 = r32/m32 × i8/i32	imul ax，bx，−2 imul eax，dword ptr［esi + 8］,5

乘法（multiplication）指令分成无符号数乘法指令 MUL 和有符号数乘法指令 IMUL。同一个二进制编码表示无符号数和有符号数时，真值可能不同。

例如，用 MUL 进行 8 位无符号乘法运算：

```
mov al,0a5h          ;AL = A5H,作为无符号整数编码,表示真值:165
mov bl,64h           ;BL = 64H,作为无符号整数编码,表示真值:100
mul bl               ;无符号乘法:AX = 4074H,表示真值:16500
```

再如，用 IMUL 进行 8 位有符号乘法运算：

```
mov al,0a5h          ;AL = A5H,作为有符号整数补码,表示真值:−91
mov bl,64h           ;BL = 64H,作为有符号整数补码,表示真值:100
imul bl              ;有符号乘法:AX = DC74H,表示真值:−9100
```

所以，对二进制数乘法：A5H × 64H，如果把它们当作无符号数，用 MUL 指令的结果为 4074H，表示真值：16500。如果采用 IMUL 指令，则结果为 DC74H，表示真值：−9100。

注意 加减指令只进行无符号数运算，程序员利用 CF 和 OF 区别结果。

基本的乘法指令按如下规则影响标志 OF 和 CF：若乘积的高一半是低一半的符号位扩展，说明高一半不含有效数值，则 OF = CF = 0；若乘积的高一半有效，则用 OF = CF = 1 表示。设置 OF 和 CF 标志的原因，是有时我们需要知道高一半是否可以被忽略，即不影响结果。

但是，乘法指令对其他状态标志没有定义，即任意、不可预测。注意，这一点与数据传送类指令对标志没有影响是不同的，没有影响是指不改变原来的状态。

从 80186 开始，有符号数乘法又提供了两种新形式，如表 3-3 后两行所示。这些新增的乘法形式的目的操作数和源操作数的长度相同（用于支持高级语言中类型一致的乘法运算），因此乘积有可能溢出。如果积溢出，那么高位部分被丢掉，并设置 CF = OF = 1；如果没有溢出，则

CF = OF = 0。后一种形式采用了 3 个操作数，其中一个乘数用立即数表达。

由于存放积的目的操作数长度与乘数的长度相同，而有符号数和无符号数的乘积的低位部分是相同的，所以，这种新形式的乘法指令对有符号数和无符号数的处理是相同的。

2. 除法指令 DIV/IDIV

除法指令给出源操作数 reg/mem（寄存器或存储单元），隐含使用目的操作数，如表 3-4 所示。

表 3-4 除法指令

指令类型	指 令	操作数组合及功能	举 例
无符号数除法	DIV reg/mem	AL = AX ÷ r8/m8 的商，AH = AX ÷ r8/m8 的余数	div cl
		AX = DX. AX ÷ r16/m16 的商，DX = DX. AX ÷ r16/m16 的余数	div cx
有符号数除法	IDIV reg/mem	EAX = EDX. EAX ÷ r32/m32 的商，EDX = EDX. EAX ÷ r32/m32 的余数	idiv ecx

与乘法指令类似，除法（division）指令也隐含使用 EAX（和 EDX），并且被除数的位数要倍长于除数的位数。除法指令也分成无符号除法指令 DIV 和有符号除法指令 IDIV。有符号除法时，余数的符号与被除数的符号相同。对同一个二进制编码，分别采用 DIV 和 IDIV 指令后，商和余数也会不同。

例如，用 DIV 进行 8 位无符号除法运算：

```
mov ax,400h          ;AX = 400H,作为无符号整数编码,表示真值:1024
mov bl,0b4h          ;BL = B4H,作为无符号整数编码,表示真值:180
div bl               ;无符号除法:商 AL = 05H,余数:AH = 7CH(真值:124)
                     ;表示计算结果:5 × 180 + 124 = 1024
```

再如，用 IDIV 进行 8 位有符号除法运算：

```
mov ax,400h          ;AX = 400H,作为有符号整数补码,表示真值:1024
mov bl,0b4h          ;BL = B4H,作为有符号整数补码,表示真值: - 76
idiv bl              ;有符号除法:商 AL = F3H(真值: -13),余数:AH = 24H(真值:36)
                     ;表示计算结果:( -13) × ( -76) + 36 = 1024
```

除法指令使状态标志没有定义，但是却可能产生除法溢出。除数为 0 或者商超出了所能表达的范围，则发生除法溢出。用 DIV 指令进行无符号数除法，商所能表达的范围是：字节量除时为 0 ~ 255，字量除时为 0 ~ 65 535，双字量除时为 0 ~ $2^{32} - 1$。用 IDIV 指令进行有符号数除法，商所能表达的范围是：字节量除时为 - 128 ~ 127，字量除时为 - 32 768 ~ 32 767，双字量除时为 $-2^{31} \sim 2^{31} - 1$。如果发生除法溢出，IA-32 处理器将产生编号为 0 的内部中断（详见 8.4 节）。实际应用中应该考虑这个问题，操作系统通常只会提示错误。

3.2.5 其他运算指令

除基本的二进制加减乘除指令外，算术运算指令还包括十进制 BCD 码运算以及与运算相关的符号扩展等指令。

1. 零位扩展和符号扩展指令

IA-32 处理器支持 8、16 和 32 位数据操作，大多数指令要求两个操作数类型一致。但是，实际的数据类型不一定满足要求。例如，32 位与 16 位数据的加减运算，需要先将 16 位扩展为 32 位。再如，32 位除法需要将被除数扩展成 64 位。不过，位数扩展后数据大小不能因此改变。

对无符号数据，只要在前面加 0 就实现了位数扩展、大小不变，这就是零位扩展（zero

extension)，对应指令 MOVZX，参见表 3-5。例如，8 位无符号数据 80H（＝128）零位扩展为 16 位 0080H（＝128）。

表 3-5　零位扩展和符号扩展指令

指令类型	指　　　　令	操作数组合及功能	举　　例
零位扩展	MOVZX r16，r8/m8	把 r8/m8 零位扩展并传送至 r16	movzx di，bvar
	MOVZX r32，r8/m8/r16/m16	把 r8/m8/r16/m16 零位扩展并传送至 r32	movzx eax，ax
符号扩展	MOVSX r16，r8/m8	把 r8/m8 符号扩展并传送至 r16	movsx ax，al
	MOVSX r32，r8/m8/r16/m16	把 r8/m8/r16/m16 符号扩展并传送至 r32	movsx edx，bx

MOVZX 指令举例如下：

```
mov al,82h              ;AL=82H
movzx bx,al             ;AL=82H,零位扩展:BX=0082H
movzx ebx,al            ;AL=82H,零位扩展:EBX=00000082H
```

对有符号数据，需要进行符号扩展（sign extension），即用一个操作数的符号位（最高位）形成另一个操作数，对应指令 MOVSX。例如，8 位有符号数据 64H(＝100) 为正数，符号位为 0，符号扩展成 16 位是 0064H(＝100)。再如，16 位有符号数据 FF00H(＝－256) 为负数，符号位为 1，符号扩展成 32 位是 FFFFFF00H(＝－256)。特别典型的例子是真值 –1，字节量补码表达是 FFH，字量补码表达是 FFFFH，双字量补码表达是 FFFFFFFFH。

MOVSX 指令举例如下：

```
mov al,82h              ;AL=82H
movsx bx,al             ;AL=82H,符号扩展:BX=FF82H
movsx ebx,al            ;AL=82H,符号扩展:EBX=FFFFFF82H
```

零位扩展对应无符号数，符号扩展对应有符号数，它们使数据位数加长，但数据大小并没有改变。另外，还可以使用符号扩展指令 CBW、CWD、CWDE 和 CDQ，它们的功能分别是将 AL 符号扩展为 AX、AX 符号扩展为 DX 和 AX、AX 符号扩展为 EAX、EAX 符号扩展为 EDX 和 EAX。Intel 8086 只支持 CBW 和 CWD 指令，不支持包括 MOVZX 和 MOVSX 在内的其他扩展指令。

[例 3-6]　温度转换程序

摄氏温度 C 转换为华氏温度 F 的公式是：$F = (9/5) \times C + 32$，温度值用 16 位整数表示。

```
            ;数据段
tempc       word 26                 ;假设一个摄氏温度C
tempf       word ?                  ;保存华氏温度F
            ;代码段
            movsx eax,tempc         ;16位有符号数符号扩展成32位:EAX=C
            imul eax,9              ;EAX=C×9
            cdq                     ;EAX符号扩展为EDX和EAX,作为被除数
            mov ebx,5
            idiv ebx                ;EAX=C×9/5(没有考虑余数)
            add eax,32              ;EAX=F=C×9/5+32
            mov tempf,ax            ;取16位结果(高16位是符号位,没有数值意义)
```

本示例程序没有显示结果，读者可以利用子程序库实现。还建议读者利用调试程序动态跟踪指令执行，观察指令的执行情况（参见附录 A）。

2. 十进制调整指令

十进制数在计算机中也要用二进制编码表示，这就是二进制编码的十进制数：BCD 码。前

面的算术运算指令实现了二进制数的加减乘除，要实现十进制 BCD 码的运算，还需要对二进制运算结果进行调整。这是因为 4 位二进制码有 16 种编码代表 0 ~ F，而 BCD 码只使用其中 10 种编码代表 0 ~ 9，当 BCD 码按二进制运算后，不可避免地会出现 6 种不用的编码。十进制调整指令就是在需要时让二进制结果跳过这 6 种不用的编码，而仍以 BCD 码反映正确的 BCD 码运算结果。

IA-32 处理器支持压缩 BCD 码调整指令和非压缩 BCD 码调整指令。压缩 BCD 码就是通常的 8421 码，它用 4 个二进制位表示一个十进制位，一个字节可以表示两个十进制位，即 00 ~ 99。DAA 和 DAS 指令分别实现加法和减法的压缩 BCD 码调整。

非压缩 BCD 码用 8 个二进制位表示一个十进制位，实际上只是用低 4 个二进制位表示一个十进制位 0 ~ 9，高 4 位任意（建议总设置为 0，以免出错）。ASCII 码中 0 ~ 9 的编码是 30H ~ 39H，所以 0 ~ 9 的 ASCII 码（高 4 位变为 0）就可以认为是非压缩 BCD 码。AAA、AAS、AAM 和 AAD 指令依次实现非压缩 BCD 码的加减乘除调整。

3.3　位操作类指令

计算机中最基本的数据单位是二进制位，指令系统设计有针对二进制位进行操作以及实现位控制的指令。当需要进行一位或若干位的处理时，可以考虑采用位操作类指令。

3.3.1　逻辑运算指令

正像数学中的算术运算一样，逻辑运算是逻辑代数的基本运算。逻辑与门电路、逻辑或门以及逻辑非门电路也是数字电路最基本的物理器件。

1. 逻辑与指令 AND

逻辑与的运算规则是：进行逻辑与运算的两位都是逻辑 1，则结果是 1；否则，结果是 0。也就是说，逻辑 0 和逻辑 0 相与的结果为 0，逻辑 0 和逻辑 1 相与的结果为 0，逻辑 1 和逻辑 0 相与的结果为 0，只有逻辑 1 和逻辑 1 相与的结果才为 1。这个规则类似于二进制的乘法，所以也称其为逻辑乘。在逻辑代数中常采用乘法的运算符号"·"表示逻辑与，一般情况下则使用"∧"表示逻辑与。图 3-4 给出了逻辑与的真值表、门电路符号、逻辑表达式及运算示例。真值表是数字逻辑中经常采用的表达输入与输出关系的功能表。本教材采用国际上流行的电路符号。

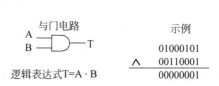

图 3-4　逻辑与的真值表和门电路符号

逻辑与指令 AND 将两个操作数按位进行逻辑与运算，结果返回目的操作数。格式如下：

```
AND reg,imm/reg/mem          ;逻辑与:reg = reg ∧ imm/reg/mem
AND mem,imm/reg              ;逻辑与:mem = mem ∧ imm/reg
```

AND 指令支持的目的操作数是寄存器和存储单元，源操作数是立即数、寄存器和存储单元，但不能都是存储器操作数。它设置标志 CF = OF = 0，根据结果按定义影响 SF、ZF 和 PF。

2. 逻辑或指令 OR

逻辑或的运算规则是：进行逻辑或运算的两位都是逻辑 0，则结果是 0；否则，结果是 1。也就是说，只有逻辑 0 和逻辑 0 相或的结果才为 0，逻辑 0 和逻辑 1 相或的结果为 1，逻辑 1 和逻辑 0 相或的结果为 1，逻辑 1 和逻辑 1 相或的结果为 1。这个规则有点像无进位的二进制加法，所以也称其为逻辑加。在逻辑代数中常采用加法的运算符号 " + " 表示逻辑或，一般情况下则使用 "∨" 表示逻辑或。图 3-5 给出了逻辑或的真值表、门电路符号、逻辑表达式及运算示例。

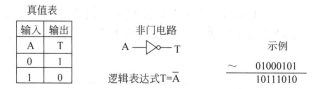

真值表

输入		输出
A	B	T
0	0	0
0	1	1
1	0	1
1	1	1

或门电路

逻辑表达式T=A+B

示例

```
  01000101
∨ 00110001
  01110101
```

图 3-5　逻辑或的真值表和门电路符号

逻辑或指令 OR 将两个操作数按位进行逻辑或运算，结果返回目的操作数。格式如下：

```
OR reg,imm/reg/mem              ;逻辑或:reg = reg ∨ imm/reg/mem
OR mem,imm/reg                  ;逻辑或:mem = mem ∨ imm/reg
```

OR 指令支持的目的操作数是寄存器和存储单元，源操作数是立即数、寄存器和存储单元，但不能都是存储器操作数。它设置标志 CF = OF = 0，根据结果按定义影响 SF、ZF 和 PF。

3. 逻辑非指令 NOT

逻辑非运算是针对一个位进行求反，规则是：原来为 0 的位变成 1，原来为 1 的位变成 0，所以也称其为逻辑反。在逻辑代数中常采用加上画线 "—" 表示对其进行求反，一般情况下则使用 "~" 表示逻辑非。图 3-6 给出了逻辑非的真值表、门电路符号、逻辑表达式及运算示例。数字电路中常用一个小圆表示求反或者低电平有效。

真值表

输入	输出
A	T
0	1
1	0

非门电路

逻辑表达式T=Ā

示例

```
~ 01000101
  10111010
```

图 3-6　逻辑非的真值表和门电路符号

逻辑非指令 NOT 是单操作数指令，按位进行逻辑非运算后返回结果。格式如下：

```
NOT reg/mem                     ;逻辑非:reg/mem = ~ reg/mem
```

NOT 指令支持的操作数是寄存器和存储单元，不影响标志位。

4. 逻辑异或指令 XOR

逻辑异或的运算规则是：进行逻辑异或运算的两位相同，则结果是 0；否则，结果是 1。也就是说，逻辑 0 和逻辑 0 相异或的结果为 0，逻辑 0 和逻辑 1 相异或的结果为 1，逻辑 1 和逻辑 0 相异或的结果为 1，逻辑 1 和逻辑 1 相异或的结果为 0。这个规则更像不考虑进位的二进制加法，所以也称其为逻辑半加。在逻辑代数中常采用 "⊕" 表示逻辑异或。图 3-7 给出了逻辑异或的真值表、门电路符号、逻辑表达式及运算示例。

真值表

输入		输出
A	B	T
0	0	0
0	1	1
1	0	1
1	1	0

异或门电路

逻辑表达式T=A⊕B

示例

```
  01000101
⊕ 00110001
  01110100
```

图 3-7　逻辑异或的真值表和门电路符号

逻辑异或指令 XOR 将两个操作数按位进行逻辑异或运算，结果返回目的操作数。XOR 指令支持的操作数组合、对标志的影响与 AND、OR 指令一样。格式如下：

```
XOR reg,imm/reg/mem        ;逻辑异或:reg = reg ⊕ imm/reg/mem
XOR mem,imm/reg            ;逻辑异或:mem = mem ⊕ imm/reg
```

[例 3-7]　逻辑运算程序

```
        ;数据段
varA    dword 11001010000111100101010101001101b
varB    dword 00110111010110100011010111100001b
varT1   dword ?
varT2   dword ?
        ;代码段
        mov eax,varA        ;EAX=11001010000111100101010101001101B
        not eax             ;EAX=00110101111000011010101010110010B
        and eax,varB        ;EAX=00110101010000000100000010100000B
        mov ebx,varB        ;EBX=00110111010110100011010111100001B
        not ebx             ;EBX=11001000101001011100101000011110B
        and ebx,varA        ;EBX=11001000000010001000000000001100B
        or eax,ebx          ;EAX=11111101010001000110000010101100B
        mov varT1,eax
        ;
        mov eax,varA
        xor eax,varB        ;EAX=11111101010001000110000010101100B
        mov varT2,eax
        ;
        mov eax,varT1       ;二进制形式显示 VART1
        call dispbd
        call dispcrlf       ;换行显示
        mov eax,varT2       ;二进制形式显示 VART2
        call dispbd
```

基本的逻辑运算是与、或、非，逻辑异或可以书写成如下逻辑表达式：

$$A \oplus B = \overline{A} \cdot B + A \cdot \overline{B}$$

本示例程序的前一段（8 条指令）将 VARA 和 VARB 表达的逻辑变量按照上述公式的右侧进行运算，结果保存在 VART1 中。接着用异或指令实现 VARA 和 VARB 的异或运算，将结果保存在 VART2 中。所以，本示例程序运行后 VART1 和 VART2 内容相同。程序最后用输入输出子程序库中显示 32 位二进制数的子程序 DISPBD 显示了两个结果，还用到了 DISPCRLF 子程序实现显示换行操作。

逻辑运算指令除可进行逻辑运算外，还经常用于设置某些位为 0、为 1 或求反。AND 指令可用于复位某些位（同"0"与），但不影响其他位（同"1"与）。OR 指令可用于置位某些位（同"1"或），而不影响其他位（同"0"或）。XOR 可用于求反某些位（同"1"异或），而不影响其他位（同"0"异或）。例如：

```
and bl,11110110b                    ;BL 中 D₃ 和 D₀ 位被清 0,其余位不变
or bl,00001001b                     ;BL 中 D₃ 和 D₀ 位被置 1,其余位不变
xor bl,00001001b                    ;BL 中 D₃ 和 D₀ 位被求反,其余位不变
```

编程中，经常要给某个寄存器赋值 0。直接的方法是传送一个 0，但实际上有多种方法都可以实现清零。比较一下下面多条指令，哪条指令清零最好？

```
mov edx,0                           ;EDX = 0,状态标志不变(没有设置标志状态)
and edx,0                           ;EDX = 0,CF = OF = 0,SF = 0,ZF = 1,PF = 1
sub edx,edx                         ;EDX = 0,CF = OF = 0,SF = 0,ZF = 1,PF = 1
xor edx,edx                         ;EDX = 0,CF = OF = 0,SF = 0,ZF = 1,PF = 1
```

前两条指令由于需要编码立即数 0，导致指令代码较长；减法指令 SUB 需要使用加法器电路；而异或指令 XOR 只需要简单的异或电路。相对来说，异或指令 XOR 代码短、硬件电路简单，所以性能最好。

大小写字母的 ASCII 值相差 20H，利用"SUB BL, 20H"指令可以实现小写字母转换为大写字母；利用"ADD BL, 20H"指令可以实现大写字母转换为小写字母。通过 ASCII 码表，还可以观察到大写字母与小写字母仅 D_5 位不同，例如，大写字母"A"的 ASCII 码值为 41H（01000001B），$D_5 = 0$；而小写字母"a" = 61H（01100001B），$D_5 = 1$。所以，利用逻辑运算指令也非常容易实现大小写字母转换。

例如（假设 DL 寄存器内是小写或大写字母）：

```
and dl, 11011111b                   ;小写字母转换为大写字母:D₅ 位清 0,其余位不变
or  dl, 00100000b                   ;大写字母转换为小写字母:D₅ 位置 1,其余位不变
xor dl, 00100000b                   ;大小写字母互相转换:D₅ 位求反,其余位不变
```

5. 测试指令 TEST

测试指令 TEST 将两个操作数按位进行逻辑与运算。格式如下：

```
TEST reg,imm/reg/mem                ;逻辑与:reg ∧ imm/reg/mem
TEST mem,imm/reg                    ;逻辑与:mem ∧ imm/reg
```

TEST 指令不返回逻辑与结果，只根据结果像 AND 指令一样来设置状态标志。TEST 指令通常用于检测一些条件是否满足，但又不希望改变原操作数的情况。TEST 指令和 CMP 指令类似，一般后跟条件转移指令，目的是利用测试条件转向不同的分支（详见下一章）。

3.3.2 移位指令

移位指令将数据以二进制位为单位向左或向右移动，有多种处理移入和移出位的方式。

1. 移位指令

移位（Shift）指令分逻辑（Logical）移位和算术（Arithmetic）移位，分别具有左移（Left）或右移（Right）操作，如图 3-8 所示。指令格式如下：

```
SHL reg/mem,i8/CL                   ;逻辑左移:reg/mem 左移 i8/CL 位,最低位补 0,最高位进入 CF
SHR reg/mem,i8/CL                   ;逻辑右移:reg/mem 右移 i8/CL 位,最高位补 0,最低位进入 CF
SAL reg/mem,i8/CL                   ;算术左移,与 SHL 是同一条指令
SAR reg/mem,i8/CL                   ;算术右移:reg/mem 右移 i8/CL 位,最高位不变,最低位进入 CF
```

4 条（实际为 3 条）移位指令的目的操作数可以是寄存器或存储单元。后一个操作数表示移位位数，可以用一个 8 位立即数 i8 表示，也可以用 CL 寄存器值表示。对于 8086 和 8088 处理器，后一个操作数用立即数表达只能为 1。

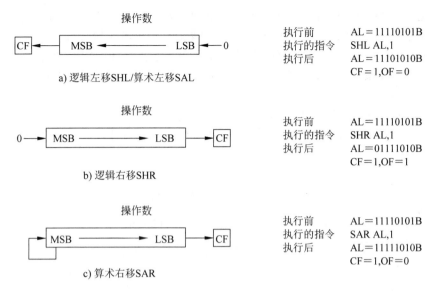

图 3-8　移位指令的功能和示例

移位指令根据最高或最低移出的位设置进位标志 CF，根据移位后的结果影响 SF、ZF 和 PF 标志。如果进行一位移动，则按照操作数的最高符号位是否改变相应设置溢出标志 OF：如果移位前的操作数最高位与移位后的操作数最高位不同（有变化），则 OF = 1；否则 OF = 0。当移位次数大于 1 时，OF 不确定。

逻辑移位指令可以实现无符号数乘以或除以 2、4、8、…。SHL 指令执行一次逻辑左移位，原操作数每位的权增加了一倍，相当于乘 2；SHR 指令执行一次逻辑右移位，相当于除以 2，商在操作数中，余数由 CF 标志反映。

[例 3-8]　移位指令实现乘法程序

```
        ;数据段
wvar    word 34000
        ;代码段
        xor eax,eax             ;EAX = 0
        mov ax,wvar             ;AX = 要乘以 10 的无符号数
        shl eax,1               ;左移一位等于乘 2
        mov ebx,eax             ;EBX = EAX×2
        shl eax,2               ;再左移 2 位,EAX = EAX×8
        add eax,ebx             ;EAX = EAX×10
        call dispuid            ;显示乘积
        call dispcrlf           ;换行
        imul eax,10             ;EAX = EAX×10
        call dispuid            ;显示乘积
```

本示例程序中，代码段前两条指令的作用是将 16 位无符号数（变量 WVAR）零位扩展为 32 位保存于 EAX，以便进行 32 位数据操作。也可以使用一条"MOVZX EAX, WVAR"指令实现相同的功能。

本示例程序先将 WVAR 变量保存的无符号整数值扩大 10 倍显示，然后再乘以 10 显示。第 1 段程序没有使用乘法指令，而是用逻辑左移一位等于乘 2，再左移 2 位实现乘 8，然后 2 倍数据与 8 倍数据相加获得 10 倍数据。虽然这种算法比第 2 段直接使用乘法指令烦琐，但是在简单的没有乘除法指令的处理器中非常有实用价值。即使在有乘除法指令的处理器中，这种算法的程序执行速度仍然比使用乘法指令快。这是因为移位指令、加减指令都使用非常简单的硬件逻辑

实现，执行速度很快；相对来说，实现乘除法的硬件电路比较复杂，执行速度较慢。例如，在 16 位 8086 处理器中执行乘法需要 100 个以上的时钟周期，而加减法指令和移位指令只有几个时钟周期。高性能 IA-32 处理器使用了许多新的实现技术，使得这两种方法的执行速度相差不大。

DISPUID 子程序来自输入输出子程序库，实现以无符号十进制形式显示 EAX 内容。

2. 循环移位指令

循环（Rotate）移位指令类似于移位指令，但要将从一端移出的位返回到另一端形成循环。它分成不带进位循环移位和带进位循环移位，分别具有左移或右移操作，如图 3-9 所示。指令格式如下：

```
ROL reg/mem,i8/CL
;不带进位循环左移:reg/mem 左移 i8/CL 位,最高位进入 CF 和最低位
ROR reg/mem,i8/CL
;不带进位循环右移:reg/mem 右移 i8/CL 位,最低位进入 CF 和最高位
RCL reg/mem,i8/CL
;带进位循环左移:reg/mem 左移 i8/CL 位,最高位进入 CF,CF 进入最低位
RCR reg/mem,i8/CL
;带进位循环右移:reg/mem 右移 i8/CL 位,最低位进入 CF,CF 进入最高位
```

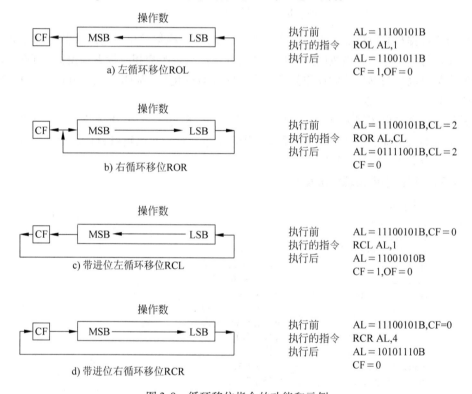

图 3-9　循环移位指令的功能和示例

循环移位指令的操作数形式与移位指令相同，按指令功能设置进位标志 CF，但不影响 SF、ZF、PF 标志。对 OF 标志的影响，循环移位指令与前面介绍的移位指令一样。

[例 3-9]　循环移位程序

```
            ;数据段
qvar        qword 1234567887654321h
ascii       byte '38'
bcd         byte ?
            ;代码段
```

```
        shr dword ptr qvar+4,1                  ;先移动高 32 位
        rcr dword ptr qvar,1                    ;后移动低 32 位
        ;
        mov al,ascii
        and al,0fh                              ;处理低 4 位对应的字符
        mov ah,ascii+1
        shl ah,4                                ;处理高 4 位对应的字符
        or al,ah                                ;组合形成压缩 BCD 码
        mov bcd,al
```

    IA-32 处理器可以直接对 8、16 和 32 位数据进行各种移位操作，但是对多于 32 位的数据就需要组合移位指令来实现。本示例程序将 QVAR 指定的 64 位数据逻辑右移 1 位。首先可以将高 32 位逻辑右移一位（用 SHR 指令），最高位被移入 0，移出的位进入了标志 CF；接着带进位右移一位（用 RCR 指令），这样 CF 的内容（即高 32 位移出的位）进入低 32 位，同时最低位进入 CF。这样就实现了 64 位数据右移一位，如图 3-10 所示。如果需要移动若干位，循环执行这两条指令若干次就可以了。

    64 位数据的逻辑右移组合 32 位 SHR 和 RCR 移位指令实现，同样，64 位数据的算术右移组合 32 位 SAR 和 RCR 移位指令实现，64 位数据的逻辑（算术）左移组合 32 位 SHL 和 RCL 移位指令实现。

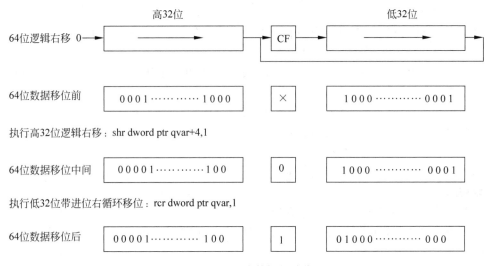

图 3-10 64 位数据的移位

    底层程序设计中，经常要将数据在不同编码间进行相互转换，这时利用位操作类指令很方便。本示例的后部分程序将两个 ASCII 码转换为压缩 BCD 码。首先将低字节 ASCII 码取出，只保留表示数值的低 4 位，高 4 位清 0；然后取出高字节 ASCII 码左移 4 位，使表示数值的 4 位移到高 4 位，同时低 4 位被移入 0；最后，用逻辑或指令合并高 4 位和低 4 位数值，转换成为 BCD 码。这样，从低地址到高地址依次存放的两个字符"3"和"8"（类似于从键盘依次输入），按照低地址对应低字节、高地址对应高字节原则，转换为 BCD 码：83H。

第 3 章习题

3.1 简答题

（1）如何修改"MOV ESI，WORD PTR 250"语句使其正确？

（2）为什么说"XCHG EDX，CX"是一条错误的指令？

（3）说 IA-32 处理器的堆栈段"向下生长"是什么意思？

（4）都是获取偏移地址，为什么指令"LEA EBX，［ESI］"正确，而指令"MOV EBX，OFFSET［ESI］"就错误？

（5）执行了一条加法指令后，发现 ZF＝1，说明结果是什么？

（6）INC、DEC、NEG 和 NOT 都是单操作数指令，这个操作数应该是源操作数还是目的操作数？

（7）大小写字母转换使用了什么规律？

（8）乘除法运算针对无符号数和有符号数，有两种不同的指令。只有一种指令的加减法如何区别无符号数和有符号数运算？

（9）除法指令"DIV ESI"的被除数是什么？

（10）逻辑与运算为什么也称为逻辑乘？

3.2 判断题

（1）指令"MOV EAX，0"使 EAX 结果为 0，所以标志 ZF＝1。

（2）空操作 NOP 指令其实根本没有指令。

（3）堆栈的操作原则是"先进后出"，所以堆栈段的数据除 PUSH 和 POP 指令外，不允许其他方法读写。

（4）虽然 ADD 指令和 SUB 指令执行后会影响标志状态，但执行前的标志并不影响它们的执行结果。

（5）80 减 90（80－90）需要借位，所以执行结束后，进位标志 CF＝1。

（6）指令"INC ECX"和"ADD ECX,1"实现的功能完全一样，可以互相替换。

（7）无符号数在前面加零扩展，数值不变；有符号数前面进行符号扩展，位数加长一位、数值增加一倍。

（8）CMP 指令是目的操作数减去源操作数，与 SUB 指令功能相同。

（9）逻辑运算没有进位或溢出问题，此时 CF 和 OF 没有作用，所以逻辑运算指令（如 AND、OR 等）将 CF 和 OF 设置为 0。

（10）SHL 指令左移一位，就是乘 10。

3.3 填空题

（1）指令"PUSH DS"执行后，ESP 会_____。

（2）指令"POP EDX"的功能也可以用 MOV 和 ADD 指令实现，依次应该是_____和_____指令。

（3）例 3-3 的 TAB 定义如果是"1234567890"，则显示结果是_____。

（4）进行 8 位二进制数加法：BAH＋6CH，8 位结果是_____，标志 PF＝_____。如果进行 16 位二进制数加法：45BAH＋786CH，16 位结果是_____，标志 PF＝_____。

（5）已知 AX＝98H，执行"NEG AX"指令后，AX＝_____，标志 SF＝_____。

（6）假设 CL＝98H，执行"MOVZX DX,CL"后，DX＝_____，这称为_____扩展。

（7）假设 CL＝98H，执行"MOVSX DX,CL"后，DX＝_____，这称为_____扩展。

（8）指令"XOR EAX,EAX"和"SUB EAX,EAX"执行后，EAX＝_____，CF＝OF＝_____。而指令"MOV EAX,0"执行后，EAX＝_____，CF 和 OF 没有变化。

（9）例 3-9 的程序执行结束后，变量 QVAR 的内容是_____。

（10）欲将 EDX 内的无符号数除以 16，使用指令"SHR EDX，_____"，其中后一个操作数是一个立即数。

3.4 MOV 指令支持多种操作数组合，请给每种组合举一个实例。

  （1）mov reg,imm

  （2）mov mem,imm

  （3）mov reg,reg

  （4）mov mem,reg

  （5）mov seg,reg

  （6）mov reg,mem

  （7）mov seg,mem

  （8）mov reg,seg

  （9）mov mem,seg

3.5 操作数的组合通常符合逻辑，但不是任意的，指出如下指令的错误原因。

  （1）mov ecx,dl

  （2）mov eip,ax

  （3）mov es,1234h

  （4）mov es,ds

  （5）mov al,300

  （6）mov [esi],45h

  （7）mov eax,ebx + edi

  （8）mov 20h,ah

3.6 使用 MOV 指令实现交换指令 "XCHG EBX，[EDI]" 的功能。

3.7 什么是堆栈，它的工作原则是什么，它的基本操作有哪两个，对应哪两种指令？

3.8 假设当前 ESP＝0012FFB0H，说明下面每条指令后 ESP 等于多少。

```
push eax
push dx
push dword ptr 0f79h
pop eax
pop word ptr [bx]
pop ebx
```

3.9 已知数字 0～9 对应的格雷码依次为：18H、34H、05H、06H、09H、0AH、0CH、11H、12H、14H，请为如下程序的每条指令加上注释，说明每条指令的功能和执行结果。

```
         ;数据段
table    byte 18h,34h,05h,06h,09h,0ah,0ch,11h,12h,14h
         ;代码段
         mov ebx,offset table
         mov al,8
         xlat
```

  为了验证你的判断，不妨使用本书的 I/O 子程序库提供的子程序 DISPHB 显示换码后 AL 的值。如果不使用 XLAT 指令，应如何修改？

3.10 举例说明 CF 和 OF 标志的差异。

3.11 分别执行如下程序片段，说明每条指令的执行结果：

  （1）mov eax,80h   ;EAX = _____

     add eax,3   ;EAX = _____,CF = _____,SF = _____

     add eax,80h   ;EAX = _____,CF = _____,OF = _____

     adc eax,3   ;EAX = _____,CF = _____,ZF = _____

  （2）mov eax,100   ; EAX = _____

    add ax,200   ; EAX = _____ , CF = _____

  （3）mov eax,100   ; EAX = _____

    add al,200   ; EAX = _____ , CF = _____

  （4）mov al,7fh   ; AL = _____

    sub al,8   ; AL = _____ , CF = _____ , SF = _____

    sub al,80h   ; AL = _____ , CF = _____ , OF = _____

    sbb al,3   ; AL = _____ , CF = _____ , ZF = _____

3.12 给出下列各条指令执行后 AL 的值，以及 CF、ZF、SF、OF 和 PF 的状态。

```
mov al,89h
add al,al
add al,9dh
cmp al,0bch
sub al,al
dec al
inc al
```

3.13 如下两段程序执行后，EDX.EAX 寄存器对的值各是多少？

  （1）加法程序

```
mov edx,11h
mov eax,0b0000000h
add eax,040000000h
adc edx,0
```

  （2）减法程序

```
mov edx,100h
mov eax,64000000h
sub eax,84000000h
sbb edx,0
```

3.14 请分别用一条汇编语言指令完成如下功能：

  （1）把 EBX 寄存器和 EDX 寄存器的内容相加，结果存入 EDX 寄存器。

  （2）用寄存器 EBX 和 ESI 的基址变址寻址方式把存储器的一个字节与 AL 寄存器的内容相加，并把结果送到 AL 中。

  （3）用 EBX 和位移量 0B2H 的寄存器相对寻址方式把存储器中的一个双字和 ECX 寄存器的内容相加，并把结果送回存储器中。

  （4）将 32 位变量 VARD 与数 3412H 相加，并把结果送回该存储单元中。

  （5）把数 0A0H 与 EAX 寄存器的内容相加，并把结果送回 EAX 中。

3.15 有两个 64 位无符号整数分别存放在变量 buffer1 和 buffer2 中，定义数据并编写代码完成 EDX.EAX←buffer1 – buffer2 功能。

3.16 分别执行如下程序片段，说明每条指令的执行结果：

  （1）mov esi,10011100b   ; ESI = _____ H

    and esi,80h   ; ESI = _____ H

    or esi,7fh   ; ESI = _____ H

    xor esi,0feh   ; ESI = _____ H

  （2）mov eax,1010b   ; EAX = _____ B

```
        shr eax,2                    ;EAX = _____ B,CF = _____
        shl eax,1                    ;EAX = _____ B,CF = _____
        and eax,3                    ;EAX = _____ B,CF = _____
（3） mov eax,1011b                  ;EAX = _____ B
        rol eax,2                    ;EAX = _____ B,CF = _____
        rcr eax,1                    ;EAX = _____ B,CF = _____
        or eax,3                     ;EAX = _____ B,CF = _____
（4） xor eax,eax                    ;EAX = _____ ,CF = _____ ,OF = _____
                                     ;ZF = _____ ,SF = _____ ,PF = _____
```

3.17　给出下列各条指令执行后 AX 的结果，以及状态标志 CF、OF、SF、ZF、PF 的状态。

```
mov ax,1470h
and ax,ax
or ax,ax
xor ax,ax
not ax
test ax,0f0f0h
```

3.18　举例说明逻辑运算指令怎样实现复位、置位和求反功能。

3.19　编程将一个压缩 BCD 码变量（如 92H）转换为对应的 ASCII 码，然后调用 DISPC 子程序（在输入输出子程序库中）显示。

3.20　有 4 个 32 位有符号整数，分别保存在 VAR1、VAR2、VAR3 和 VAR4 变量中，阅读如下程序片段，得出运算公式，并说明运算结果存于何处。

```
mov eax,var1
imul var2
mov ebx,var3
mov ecx,ebx            ;实现 EBX 符号扩展到 ECX
sar ecx,31
add eax,ebx
adc edx,ecx
sub eax,540
sbb edx,0
idiv var4
```

3.21　如下程序片段实现 EAX 乘以某个数 X 的功能，请判断 X 等于多少。
请使用一条乘法指令实现上述功能。

```
mov ecx,eax
shl eax,3
lea eax,[eax + eax* 8]
sub eax,ecx
```

3.22　请使用移位和加减法指令编写一个程序片段计算 EAX × 21，假设乘积不超过 32 位。提示：$21 = 2^4 + 2^2 + 2^0$。

3.23　阅读如下程序，为每条指令添加注释，指出其功能或作用，并说明这个程序运行后显示的结果。如果将程序中的寄存器间接寻址替换为寄存器相对寻址，如何修改程序？

```
        ;数据段
num     byte 6,7,7,8,3,0,0,0
tab     byte '67783000'
        ;代码段
        mov ecx,lengthof num
```

```
              mov esi,offset num
              mov edi,offset tab
again:        mov al,[esi]
              xchg al,[edi]
              mov [esi],al
              call dispc          ;显示 AL 中的字符
              add esi,1
              add edi,1
              loop again          ;循环处理
```

3.24 说明如下程序执行后的显示结果：

```
              ;数据段
msg           byte 'WELLDONE',0
              ;代码段
              mov ecx,(lengthof msg) -1
              mov ebx,offset msg
again:        mov al,[ebx]
              add al,20h
              mov [ebx],al
              add ebx,1
              loop again
              mov eax,offset msg
              call dispmsg
```

如果将其中的语句"mov ebx, offset msg"改为"xor ebx, ebx"，则利用 EBX 间接寻址的两个语句如何修改成 EBX 寄存器相对寻址，就可以实现同样功能？

3.25 下面程序的功能是将数组 ARRAY1 的每个元素加固定值（8000H），将和保存在数组 AR-RAY2 中。在空白处填入适当的语句或语句的一部分。

```
              ;数据段
array1        dword 1,2,3,4,5,6,7,8,9,10
array2        dword 10 dup(?)
              ;代码段
              mov ecx,lengthof array1
              mov ebx,0
again:        mov eax,array1[ebx* 4]
              add eax,8000h
              mov _____
              add ebx,_____
              loop again
```

第 4 章

程 序 结 构

程序可以按照书写顺序执行，也常需要根据情况选择不同的分支，或者循环进行相同的处理，所以程序具有顺序、分支和循环 3 种基本结构。本章以此为逻辑主线，介绍处理器实现分支和循环的指令，学习使用汇编语言编写顺序、分支、循环程序的方法。

4.1　顺序程序结构

顺序程序结构按照指令书写的前后顺序执行每条指令，是最基本的程序片段，也是构成复杂程序的基础，如分支程序的分支体、循环结构的循环体等。

下面几个例题都是顺序结构。虽然程序结构比较简单，但每个例题都反映了一个方面的问题，请予以注意。

[例4-1]　自然数求和程序

知道"$1 + 2 + 3 + \cdots + N$"等于多少吗？自然数求和可以采用循环累加的方法，但利用等差数列的求和公式：

$$1 + 2 + 3 + \cdots + N = (1 + N) \times N \div 2$$

能得到改进的算法。

```
        ;数据段
num     dword 3456              ;假设一个 N 值(小于 2³²-1)
sum     qword ?
        ;代码段
        mov eax,num             ;EAX = N
        add eax,1               ;EAX = N + 1
        mul num                 ;EDX.EAX = (1 + N) × N
        shr edx,1               ;64 位逻辑右移一位,相当于除以 2
        rcr eax,1               ;EDX.EAX = EDX.EAX ÷ 2
        mov dword ptr sum,eax
        mov dword ptr sum + 4,edx   ;按小端方式保存
```

这是一个典型的高级语言求解算术表达式结果的过程。本示例程序按照指令前后顺序执行每条指令，形成顺序程序结构，如图 4-1 所示。

尽管假设 N 值（NUM 变量）不超过 32 位无符号整数所能表达的最大值，但求和结果却可能达到 64 位，所以结果变量 SUM 使用 QWORD 伪指令预留一个 64 位（4 个字、8 个字节）存储空间。无符号乘法指令 MUL 进行两个 32 位整数相乘，获得 64 位乘积，保存在 EDX 和 EAX 寄存器

中。64 位数据除以 2 可以用逻辑右移 1 位实现（参见例 3-9）。

程序最后，按照 80x86 处理器的小端存储方式保存 64 位结果：EAX 是数据的低 32 位部分，存于存储器低地址（SUM）；EDX 是数据的高 32 位部分，存于存储器高地址（SUM + 4）。SUM 是 64 位数据类型（QWORD），与 32 位寄存器进行数据传输时，需要将类型转换为双字类型（DWORD）。

[例 4-2]　处理器识别程序

知道 Intel 或 AMD 公司为其处理器内置的识别字符串是什么吗？从 Pentium 开始，Intel 处理器提供了处理器识别指令 CPUID，后期生产的某些 80486 芯片也支持该指令。

当 EAX = 0 时执行 CPUID 指令，将通过 EBX、EDX 和 ECX 返回生产厂商的标识串。Intel 公司的处理器标识串是 GenuineIntel，这 3 个寄存器依次存放 Genu、ineI、ntel 的 ASCII 代码，如图 4-2 所示。利用这个厂商标识串，就能确认是 Intel 公司的 IA-32 处理器。当 EAX = 1 或 2 等值时执行 CPUID 指令，将进一步返回处理器更详细的识别信息。

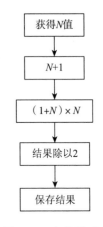

图 4-1　自然数求和流程图

```
            ;数据段
buffer      byte 'The processor vendor ID is',12 dup(0),0
bufsize     =sizeof buffer
            ;代码段
            mov eax,0
            cpuid                           ;执行处理器识别指令
            mov dword ptr buffer+bufsize-13,ebx
            mov dword ptr buffer+bufsize-9,edx
            mov dword ptr buffer+bufsize-5,ecx
            mov eax,offset buffer            ;显示信息
            call dispmsg
```

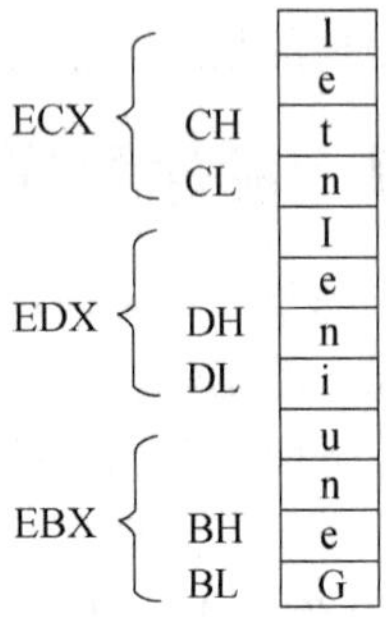

图 4-2　处理器标识串的存放格式

缓冲区 BUFFER 预留了 12 个字节空间来存放标识串，最后一个数值 "0" 是字符串结尾标志，用于 DISPMSG 子程序。之所以减 13、9 或 5 是从缓冲区尾部计算位置。

AMD 公司的处理器也支持 CPUID 指令，但返回不同的标识串。在 AMD 公司的处理器上执行本示例程序，看其内置字符串是什么。

[例 4-3]　不同格式显示程序

知道计算机内部的二进制代码 "01100100" 代表什么吗？对它按不同的编码进行解释，其代表的含义大不相同。

```
            ;数据段
var         byte 01100100b
            ;代码段
            mov al,var
            call dispbb             ;二进制形式显示:01100100
            call dispcrlf           ;回车换行(用于分隔)
            mov al,var
            call disphb             ;十六进制形式显示:64
            call dispcrlf           ;回车换行(用于分隔)
            mov al,var
            call dispuib            ;十进制形式显示:100
            call dispcrlf           ;回车换行(用于分隔)
            mov al,var
```

```
        call dispc              ;字符显示:d
```

本示例程序将存储单元的某个代码，用不同的显示子程序（参见附录 B）以不同形式显示出来。

4.2 分支程序结构

基本程序块是只有一个入口和一个出口、不含分支的顺序执行程序片段。实际上，在机器语言或汇编语言中，这样的基本程序块通常只有 3 ~ 5 条指令。改变程序执行顺序，形成分支、循环、调用等程序结构是很常见的程序设计问题。

高级语言采用 IF 等语句表达条件，并根据条件是否成立转向不同的程序分支。汇编语言需要首先利用比较 CMP、测试 TEST、加减运算、逻辑运算等影响状态标志的指令形成条件，然后利用条件转移指令判断由标志表达的条件，并根据标志状态控制程序转移到不同的程序段。

4.2.1 无条件转移指令

程序代码由机器指令组成，被安排在代码段中。代码段寄存器 CS 指出代码段的段基地址，指令指针寄存器 EIP 给出将要执行指令的偏移地址。随着程序代码的执行，指令指针 EIP 的内容会相应改变。当程序顺序执行时，处理器根据被执行指令的字节长度自动增加 EIP。但是，当程序从一个位置换到另一个位置执行指令时，EIP 会随之改变，如果换到了另外一个代码段中 CS 也将相应改变。换句话说，改变 EIP 或者再加上 CS 就改变了程序的执行顺序，即实现了程序的控制转移。

1. 转移范围

程序转移的范围（远近）在 IA-32 处理器中有段内和段间两种。

（1）段内转移

段内转移是指在当前代码段范围内的程序转移，因此不需要更改代码段寄存器 CS 的内容，只要改变指令指针寄存器 EIP 的偏移地址就可以了。段内转移相对较近，故也被称为近转移（Near）。平展存储模型和段式存储模型支持 4GB 容量的段，其偏移地址为 32 位，被称为 32 位近转移（NEAR32）。实地址存储模型的偏移地址只有 16 位，被称为 16 位近转移（NEAR16）。

多数程序转移都是在同一个代码段中，大多数的转移范围实际上很短，往往在当前位置前后不足百十个字节。如果转移范围可以用一个字节编码表达，即向地址增大方向转移 127 字节、向地址减小方向转移 128 字节之间的距离，则形成所谓的短转移（Short）。引入短转移是为了减少转移指令的代码长度，进而减少程序代码量。

（2）段间转移

段间转移是指程序从当前代码段跳转到另一个代码段，此时需要更改代码段寄存器 CS 的内容和指令指针寄存器 EIP 的偏移地址。段间转移可以在整个存储空间内跳转、相对较远，故也被称为远转移（Far）。32 位线性地址空间使用 16 位段选择器和 32 位偏移地址，被称为 48 位远转移（FAR32）。实地址存储模型使用 16 位段基地址和 16 位偏移地址，被称为 32 位远转移（FAR16）。

2. 指令寻址方式

一条指令执行后，确定下一条执行指令的方法是指令寻址。程序顺序执行，下一条指令在存储器中紧邻着前一条指令，指令指针寄存器 EIP 自动增量，这就是指令的顺序寻址。程序转移是控制程序流程从当前指令跳转到目的地指令，实现程序分支、循环或调用等结构，这就是指令的跳转寻址。目的地指令所在的存储器地址称为目的地址、目标地址或转移地址，指令寻址实际上主要是指跳转寻址，也称为目标地址寻址。IA-32 处理器设计有相对、直接和间接 3 种指明目标地址的方式，其基本含义类似于对应的存储器数据寻址方式。图 4-3 汇总了各种寻址方式（包括 2.4 节介绍的数据寻址）。

图 4-3　寻址方式

（1）相对寻址方式

相对寻址是指令代码提供目标地址相对于当前指令指针寄存器 EIP 的位移量，转移到的目标地址（转移后的 EIP 值）就是当前 EIP 值加上位移量（如图 4-4a 所示）。由于要基于同一个基地址计算位置，所以相对寻址都是段内转移。

当同一个程序被操作系统安排到不同的存储区域执行时，指令间的位移并没有改变，采用相对寻址也就无须改变转移地址，给操作系统的灵活调度提供了很大方便，所以这是最常用的目标地址寻址方式。

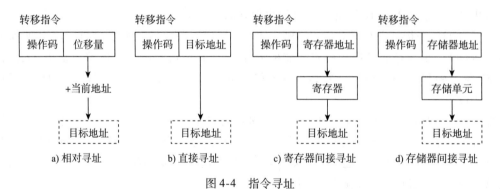

a) 相对寻址　　　b) 直接寻址　　　c) 寄存器间接寻址　　　d) 存储器间接寻址

图 4-4　指令寻址

（2）直接寻址方式

直接寻址是指令代码直接提供目标地址（如图 4-4b 所示）。IA-32 处理器只支持段间直接寻址。

（3）间接寻址方式

间接寻址是指令代码指示寄存器或存储单元，目标地址来自寄存器或存储单元，是通过间接手段获得的。如果用寄存器保存目标地址，称为目标地址的寄存器间接寻址（如图 4-4c 所示）；如果用存储单元保存目标地址，则称为目标地址的存储器间接寻址（如图 4-4d 所示）。

3. JMP 指令

JMP 指令称为无条件转移（Jump）指令，就是无任何先决条件就能使程序改变执行顺序。

处理器只要执行无条件转移指令 JMP, 就可以使程序转到指定的目标地址处, 从目标地址处开始执行那里的指令。JMP 指令相当于高级语言的 GOTO 语句。结构化程序设计要求尽量避免使用 GOTO 语句, 但指令系统决不能缺少 JMP 指令, 汇编语言编程也不可避免地要使用 JMP 指令。

JMP 指令根据目标地址的转移范围和寻址方式, 可以分成以下 4 种类型:

(1) 段内转移、相对寻址

```
JMP label                ;EIP = EIP + 位移量
```

段内相对转移 JMP 指令利用标号 (LABEL) 指明目标地址, 最常被采用。相对寻址的位移量, 是指紧接着 JMP 指令后的那条指令的偏移地址到目标指令的偏移地址的地址位移。当向地址增大方向转移时, 位移量为正; 向地址减小方向转移时, 位移量为负 (补码表示)。由于是段内转移, 所以只有 EIP 指向的偏移地址改变, 段寄存器 CS 的内容不变。

(2) 段内转移、间接寻址

```
JMP r32/r16              ;EIP = r32/r16,寄存器间接寻址
JMP m32/m16              ;EIP = m32/m16,存储器间接寻址
```

段内间接转移 JMP 指令将一个 32 位通用寄存器或主存单元内容 (线性地址空间) 或者 16 位通用寄存器或主存单元内容 (实地址存储模型) 送入 EIP 寄存器, 作为新的指令指针 (即偏移地址), 但不修改 CS 寄存器的内容。

(3) 段间转移、直接寻址

```
JMP label                ;EIP = label 的偏移地址,CS = label 的段选择器
```

段间直接转移 JMP 指令是将标号所在的段选择器作为新的 CS 值, 标号在该段内的偏移地址作为新的 EIP 值, 这样, 程序跳转到新的代码段执行。

(4) 段间转移、间接寻址

```
JMP m48/m32              ;EIP = m48/m32,CS = m48 + 4/m32 + 2
```

段间间接转移 JMP 指令在 32 位线性地址空间用一个 3 字存储单元 (48 位, 使用了符号 m48) 表示要跳转的目标地址, 将低双字送 EIP 寄存器、高字送 CS 寄存器 (小端方式); 在 16 位实地址存储模型中, 用一个双字存储单元表示要跳转的目标地址, 将低字送 IP 寄存器、高字送 CS 寄存器 (小端方式)。

像变量名一样, 标号、段名、子程序名等标识符也具有地址和类型属性。所以, 利用地址操作符 OFFSET 和 SEG, 可以获得标号等的偏移地址和段地址。短转移、近转移和远转移对应的类型名分别是 SHORT、NEAR 和 FAR, 不同的类型汇编时将产生不同的指令代码。利用类型操作符 TYPE, 可以获得标号等的类型值, 例如, NEAR 类型的标号返回 FF02H, FAR 类型的标号返回 FF05H。

MASM 汇编程序会根据存储模型和目标地址等信息自动识别是段内转移还是段间转移, 也能够根据位移量大小自动形成短转移或近转移指令。同时, 汇编程序提供了短转移 SHORT、近转移 NEAR PTR 和远转移 FAR PTR 操作符, 强制转换一个标号、段名或子程序名的类型, 形成相应的控制转移。32 位保护方式使用平展存储模型, 不允许应用程序进行段间转移。

[例 4-4]　无条件转移程序

```
                                  ;数据段
00000000 00000000                 nvar dword ?
                                  ;代码段
```

```
00000000 EB 01                              jmp labl1              ;相对寻址
00000002 90                                 nop
00000003 E9 00000001          labl1:        jmp near ptr labl2     ;相对近转移
00000008 90                                 nop
00000009 B8 00000011 R        labl2:        mov eax,offset labl3
0000000E FF E0                              jmp eax                ;寄存器间接寻址
00000010 90                                 nop
00000011 B8 00000022 R        labl3:        mov eax,offset labl4
00000016 A3 00000000 R                      mov nvar,eax
0000001B FF 25 00000000 R                   jmp nvar               ;存储器间接寻址
00000021 90                                 nop
00000022                      labl4:
```

为了说明指令寻址，左边罗列了列表文件内容。本程序的第一条指令"JMP LABL1"使处理器跳过一个空操作指令 NOP，执行标号 LABL1 处的指令。由于 NOP 指令只有一个字节，所以汇编程序将其作为一个相对寻址的短转移，其位移量用一个字节表达为 01H。第二条 JMP 指令"JMP NEAR PTR LABL2"被强制生成相对寻址的近转移，因而其位移量用一个 32 位双字表达为 00000001H。

指令"JMP EAX"采用段内寄存器间接寻址转移到 EAX 指向的位置。因为 EAX 被赋值标号 LABL3 的偏移地址，所以程序又跳过一个 NOP 指令，开始执行 LABL3 处的指令。变量 NVAR 保存了 LABL4 的偏移地址，所以段内存储器间接寻址指令"JMP NVAR"实现跳转到标号 LABL4 处。

JMP 指令既存在目标地址的寻址问题，同时也存在数据的寻址问题，不要将两者混为一谈。例如，指令"JMP NVAR"的指令寻址采用存储器间接寻址方式，而操作数 NVAR 的数据寻址则采用存储器直接寻址方式。存储器寻址方式有多种，所以该 JMP 指令的操作数还可以采用其他存储器寻址方式，如寄存器间接寻址：

```
mov ebx,offset nvar
jmp near ptr[ebx]
```

4.2.2　条件转移指令

条件转移指令 Jcc 根据指定的条件确定程序是否发生转移，如图 4-5 所示。如果满足条件，则程序转移到目标地址去执行；如果不满足条件，则程序将顺序执行下一条指令。其通用格式为：

```
Jcc label              ;条件满足,发生转移、跳转到 LABEL 位置,即 EIP = EIP + 位移量
                       ;否则,顺序执行
```

其中，LABEL 表示目标地址，采用段内相对寻址方式。在 16 位 8086 等处理器上，位移量只能用一个字节表达，只能实现 – 128 ~ + 127 之间的短转移。但在 32 位 IA-32 处理器中，允许采用多字节来表示转移目的地址与当前地址之间的差，所以转移范围可以超出原来的 – 128 ~ + 127，达到 32 位的全偏移量。这一点增强了原来那些指令的功能，使得程序员不必再担心条件转移是否超出了范围。

条件转移指令不影响标志，但要利用标志。条件转移指令 Jcc 中的 cc 表示利用标志判断的条件，共有 16 种，如表 4-1 所示。表中斜线分隔了同一条指令的多个助记符形式，目的是方便记忆。建议读者通过英文含义记忆助记符，掌握每个条件转移指令的成立条件。

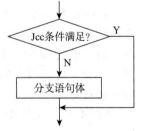

图 4-5　条件转移指令 Jcc 的执行流程

表 4-1　条件转移指令中的条件 cc

助记符	标志位	英文含义	中文说明
JZ/JE	ZF = 1	Jump if Zero/Equal	等于零/相等
JNZ/JNE	ZF = 0	Jump if Not Zero/Not Equal	不等于零/不相等
JS	SF = 1	Jump if Sign	符号为负
JNS	SF = 0	Jump if Not Sign	符号为正
JP/JPE	PF = 1	Jump if Parity/Parity Even	"1" 的个数为偶
JNP/JPO	PF = 0	Jump if Not Parity/Parity Odd	"1" 的个数为奇
JO	OF = 1	Jump if Overflow	溢出
JNO	OF = 0	Jump if Not Overflow	无溢出
JC/JB/JNAE	CF = 1	Jump if Carry / Below / Not Above or Equal	进位/低于/不高于等于
JNC/JNB/JAE	CF = 0	Jump if Not Carry / Not Below / Above or Equal	无进位/不低于/高于等于
JBE/JNA	CF = 1 或 ZF = 1	Jump if Below or Equal / Not Above	低于等于/不高于
JNBE/JA	CF = 0 且 ZF = 0	Jump if Not Below or Equal / Above	不低于等于/高于
JL/JNGE	SF≠OF	Jump if Less / Not Greater or Equal	小于/不大于等于
JNL/JGE	SF = OF	Jump if Not Less / Greater or Equal	不小于/大于等于
JLE/JNG	SF≠OF 或 ZF = 1	Jump if Less or Equal / Not Greater	小于等于/不大于
JNLE/JG	SF = OF 且 ZF = 0	Jump if Not Less or Equal / Greater	不小于等于/大于

　　条件转移指令中的条件实际上是由状态标志决定的，而影响状态标志的主要指令是比较 CMP、测试 TEST 以及加减运算、逻辑运算、移位等。因此，条件转移指令之前通常都有一个影响标志的指令。

　　可以根据判断的条件将条件转移指令分成两类。前 10 个为一类，它们以 5 个常用状态标志是 0 或 1 作为条件。后 8 个为另一类（其中有两个与前一类重叠），分别以两个无符号数据和有符号数据的 4 种大小关系作为条件。

　　1. 单个标志状态作为条件的条件转移指令

　　这组指令单独判断 5 个状态标志之一，根据某一个状态标志是 0 或 1 决定是否跳转：

- JZ/JE 和 JNZ/JNE 利用零标志 ZF，分别判断结果是 0（相等）还是非 0（不等）。
- JS 和 JNS 利用符号标志 SF，分别判断结果是负还是正。
- JO 和 JNO 利用溢出标志 OF，分别判断结果是溢出还是没有溢出。
- JP/JPE 和 JNP/JPO 利用奇偶标志 PF，分别判断结果的低字节中 "1" 的个数是偶数还是奇数。
- JC 和 JNC 利用进位标志 CF，分别判断结果是有进位（为 1）还是无进位（为 0）。

　　[例 4-5]　个数折半程序

　　某数组需要分成元素个数相当的两部分，所以需要对个数进行折半，个数折半就是无符号整数除以 2。如果个数是偶数，除以 2 没有余数，则商就是需要的半数；如果个数是奇数，除以 2 之后还有余数 1，则商加 1 后作为半数。

　　无符号数除法运算可以使用除法指令 DIV，但使用逻辑右移指令 SHR 更加方便快捷，被除数的最低位就是余数，右移后进入了 CF 标志。程序判断 CF 标志，CF = 1 进行加 1 操作，CF = 0 不需要再进行操作、直接获得结果。判断 CF 标志的指令是 JC 或 JNC，如图 4-6 所示。

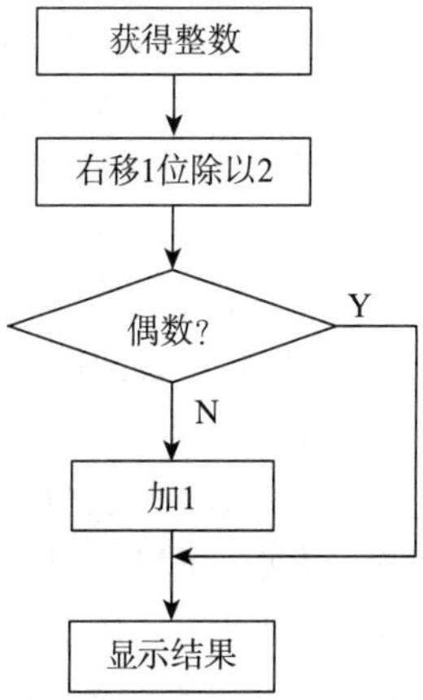

图 4-6　个数折半程序流程图

```
            ;代码段
            mov eax,885          ;假设一个数据
            shr eax,1            ;数据右移进行折半
            jnc goeven           ;余数为0,即CF=0条件成立,不需要处理,转移
            add eax,1            ;否则余数为1,即CF=1,进行加1操作
goeven:     call dispuid         ;显示结果
```

上面的程序使用了无进位（即余数为 0）转移指令 JNC，指令"ADD EAX, 1"是分支体。习惯了高级语言的 IF 语句的读者也可能选择 JC 作为条件转移指令。程序片段如下：

```
            mov eax,886          ;假设一个数据
            shr eax,1            ;数据右移进行折半
            jc goodd             ;余数为1,即CF=1条件成立,转移到分支体,进行加1操作
            jmp goeven           ;余数为0,即CF=0,不需要处理,转移到显示!
goodd:      add eax,1            ;进行加1操作
goeven:     call dispuid         ;显示结果
```

对比以上两个程序片段，显然后者多了一个 JMP 指令。读者可能认为这个 JMP 指令多余，但如果没有这个 JMP 指令，当个数是偶数时，JC 指令的条件不成立，处理器将顺序执行下一条"ADD EAX, 1"指令，则结果被错误地多加了 1。所以后一个程序片段，看似符合逻辑，但容易出错，且多了一条跳转指令。

现代处理器当中，程序分支或者说条件转移指令是影响程序性能的一个重要原因，频繁的、复杂的分支将导致性能降低。IA-32 处理器的分支预测机制使用硬件电路减少分支影响，程序员进行软件编程时也可以运用一些编程技巧尽量避免分支。例如，本示例程序中可以用 ADC 指令具有自动加 CF 的特点替代 ADD 指令，从而不使用条件转移指令。程序段如下：

```
            mov eax,887          ;假设一个数据
            shr eax,1            ;数据右移进行折半
            adc eax,0            ;余数=CF=1,进行加1操作;余数=CF=0,没有加1
            call dispuid         ;显示结果
```

改进算法更是提高性能的关键。例如，不论个数是奇数还是偶数，本例题都可以先将个数增 1，然后除以 2 就是半数。采用这种方法就没有分支问题。程序段如下：

```
            mov eax,888          ;假设一个数据
            add eax,1            ;个数加1
            rcr eax,1            ;数据右移进行折半
            call dispuid         ;显示结果
```

本程序片段采用 RCR 指令代替了 SHR 指令，它能正确处理 EAX = FFFFFFFFH 时的特殊情况。这是因为，EAX = FFFFFFFFH 加 1 后进位，但 EAX = 0。SHR 指令右移 EAX 一位，EAX = 0；而 RCR 指令带进位右移 EAX 一位，EAX = 80 000 000 H。显然，后者结果正确。这就要求采用 ADD 指令实现加 1 影响进位标志，而不能采用 INC 指令实现加 1 不影响进位标志。

为了观察分支情况，还可以在调试程序中进行单步调试（参见附录 A）。

[例 4-6] 位测试程序

进行底层程序设计，经常需要测试数据的某个位是 0 还是 1。例如，进行打印前，要测试打印机状态。假设测试数据已经进入 EAX，其 D_1 位为 0 表示打印机没有处于联机打印的正常状态，D_1 位为 1 表示可以进行打印。编程测试 EAX，若 $D_1 = 0$，显示"Not Ready!"；若 $D_1 = 1$，显示"Ready to Go!"（如图 4-7 所示）。

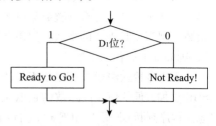

图 4-7　位测试程序流程图

　　程序的主要问题是：如何判断 EAX 的 D_1 位呢？这个问题涉及数值中的一个位，可以考虑采用位操作类指令。例如，用逻辑与将除 D_1 位外的其他位变成 0，D_1 位不变。测试指令 TEST 进行逻辑与 AND 操作，但不改变操作数，正是用于位测试的。判断逻辑与运算后的这个数据是 0，说明 $D_1 = 0$；否则，$D_1 = 1$。判断运算结果是否为 0，应该用零标志 ZF，于是要使用 JZ 或 JNZ 指令。

```
                 ;数据段
no_msg           byte 'Not Ready!',0
yes_msg          byte 'Ready to Go!',0
                 ;代码段
                 mov eax,56h              ;假设一个数据
                 test eax,02h             ;测试 D1 位(使用 D1 =1、其他位为 0 的数据)
                 jz nom                   ;D1 =0 条件成立,转移
                 mov eax,offset yes_msg   ;D1 =1,显示准备好
                 jmp done                 ;跳转过另一个分支体!
nom:             mov eax,offset no_msg    ;显示没有准备好
done:            call dispmsg
```

　　请留意程序中的无条件转移指令 JMP。该指令必不可少，这是因为没有转移指令则程序将顺序执行，会在执行完一个分支后又进入另一个分支执行，产生错误。上述功能也可以使用不等于零转移指令 JNZ，源程序如下：

```
                 mov eax,58h              ;假设一个数据
                 test eax,02h             ;测试 D1 位(使用 D1 =1、其他位为 0 的数据)
                 jnz yesm                 ;D1 =1 条件成立,转移
                 mov eax,offset no_msg    ;D1 =0,显示没有准备好
                 jmp done                 ;跳转过另一个分支体!
yesm:            mov eax,offset yes_msg   ;显示准备好
done:            call dispmsg
```

　　位测试还可以用移位指令将要测试的位移进 CF 标志，然后用 JC 或 JNC 指令判断。

[例 4-7] 奇校验程序

　　数据通信时，为了可靠常要进行校验。最常用的校验方法是奇偶校验。如果使包括校验位在内的数据中"1"的个数恒为奇数，就是奇校验；恒为偶数（包括 0），就是偶校验。例如，标准 ASCII 码只有 7 位，传输时可以再增加一个奇偶校验位（作为最高位）。假设采用奇校验，若在字符 ASCII 码中"1"的个数已为奇数，则令其校验位为"0"；否则令其校验位为"1"。奇偶校验标志 PF 正是为此目的而设计的，所以我们可以使用 JNP 或 JP 指令。

　　利用输入输出子程序库的 READC 子程序，可以从键盘输入一个字符，编程为其最高位加上奇校验，然后用 DISPBB 子程序以二进制显示。调用 READC 不需要入口参数，待用户按键后完成调用，在 AL 寄存器中返回该键的 ASCII 码，同时在屏幕上显示用户按下的字符。

```
                 ;代码段
                 call readc               ;键盘输入,返回值在 AL 寄存器中
                 call dispcrlf            ;回车换行(用于分隔)
                 call dispbb              ;以二进制形式显示数据
                 call dispcrlf            ;回车换行(用于分隔)
                 and al,7fh               ;最高位置"0"、其他位不变,同时标志 PF 反映"1"的个数
                 jnp next                 ;个数为奇数,不需处理,转移
                 or al,80h                ;个数为偶数,最高位置"1"、其他位不变
next:            call dispbb              ;显示含校验位的数据
```

　　本示例程序在判断出数据已经是奇数个"1"的情况下，无须执行任何指令；只有不是奇数个"1"，才需要执行最高位置"1"操作（如图 4-8 所示）。

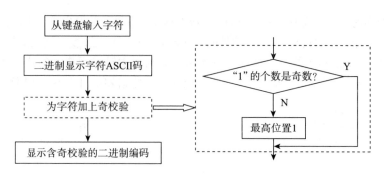

图 4-8　奇校验程序流程图

2. 两数大小关系作为条件的条件转移指令

判断两个无符号数的大小关系和判断两个有符号数的大小关系要利用不同的标志位组合，所以有对应的两组指令。

为区别于有符号数的大小关系，无符号数的大小关系用高（Above）、低（Below）表示，它需要利用 CF 确定高低、利用 ZF 标志确定相等（Equal）。两个无符号数据的高低分成 4 种关系：低于（不高于等于）、不低于（高于等于）、低于等于（不高于）、不低于等于（高于），依次对应 4 条指令：JB(JNAE)、JNB(JAE)、JBE(JNA)、JNBE(JA)。

判断有符号数的大（Greater）、小（Less）需要组合 OF 和 SF 标志，并利用 ZF 标志确定相等与否。两个有符号数据的大小也分成 4 种关系：小于（不大于等于）、不小于（大于等于）、小于等于（不大于）、不小于等于（大于），也依次对应 4 条指令：JL(JNGE)、JNL(JGE)、JLE(JNG)、JNLE(JG)。

两个数据还有是否相等的关系，这时不论是无符号数还是有符号数，都用 JE 和 JNE 指令。相等的两个数据相减，结果当然是 0，所以 JE 就是 JZ 指令；不相等的两个数据相减，结果一定不是 0，同样 JNE 就是 JNZ 指令。

[例 4-8]　数据比较程序

从键盘输入两个有符号数据，比较两者之间的大小关系。如果两数相等，显示该数据；如果不相等，则先小后大显示这两个数据。十进制有符号整数的输入利用 I/O 库的 READSID 子程序，从 EAX 返回二进制结果。设置 EAX 等于要显示的数据，I/O 库的 DISPSID 子程序将以十进制有符号整数形式显示该数据。

```
                ;数据段
in_msg1         byte 'Enter a number:',0
in_msg2         byte 'Enter another number:',0
out_msg1        byte 'Two numbers are equal:',0
out_msg2        byte 'The less number is:',0
out_msg3        byte 13,10,'The greater number is:',0
                ;代码段
                mov eax,offset in_msg1     ;提示输入第一个数据
                call dispmsg
                call readsid               ;输入第一个数据
                mov ebx,eax                ;保存到EBX
                mov eax,offset in_msg2     ;提示输入第二个数据
                call dispmsg
                call readsid               ;输入第二个数据
                mov ecx,eax                ;保存到ECX
                cmp ebx,ecx                ;两个数据进行比较
                jne nequal                 ;两数不相等,转移
```

```
                mov eax,offset out_msg1    ;两数相等
                call dispmsg
                mov eax,ebx
                call dispsid              ;显示相等的数据
                jmp done                  ;转移到结束
nequal:         jl first                  ;EBX 较小,不需要交换,转移
                xchg ebx,ecx              ;EBX 保存较小数,ECX 保存较大数
first:          mov eax,offset out_msg2    ;显示较小数
                call dispmsg
                mov eax,ebx               ;较小数在 EBX 中
                call dispsid
                mov eax,offset out_msg3    ;显示较大数
                call dispmsg
                mov eax,ecx               ;较大数在 ECX 中
                call dispsid
done:
```

由于加入了键盘输入和显示输出的交互，程序代码似乎有些烦琐，图 4-9 左侧简化代码、突出分支，可对照图 4-9 右侧流程图理解。

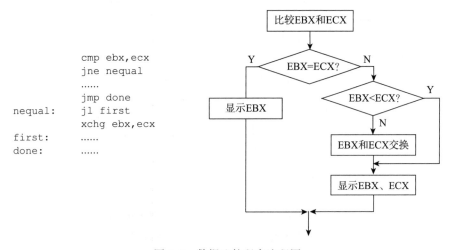

图 4-9　数据比较程序流程图

本示例程序输入的两个有符号整数分别保存在 EBX 和 ECX 中，使用比较指令 CMP 比较大小关系。因为是有符号数，所以使用 JL 条件转移指令判断大小，并将较小数保存在 EBX，较大数保存在 ECX，然后依次显示。如果使用判断无符号整数大小的 JB 指令替换 JL 指令，则在有负数输入的情况下显示结果将发生错误（结合补码表达，想想为什么）。

4.2.3　单分支程序结构

单分支程序结构是只有一个分支的程序，类似于高级语言的 IF-THEN 语句结构（没有 ELSE 语句）。例 4-5 和例 4-7 的分支程序就属于单分支结构。再如，计算有符号数据的绝对值就是一个典型的单分支结构，即正数无须处理，负数进行求补。

［例 4-9］　求绝对值程序

从键盘输入一个有符号数，输出其绝对值。

```
                ;代码段
                call readsid              ;输入一个有符号数,从 EAX 返回值
                cmp eax,0                 ;比较 EAX 与 0
```

```
              jge nonneg              ;条件满足:EAX≥0,转移
              neg eax                 ;条件不满足:EAX<0,为负数,需求补得正值
nonneg:       call dispuid            ;分支结束,显示结果
```

条件转移指令 Jcc 在条件满足（成立）时转移。本示例程序中，求补是分支体，大于等于 0 不需要求补，应该选择 JGE 指令，跳过求补分支体，如图 4-10a 所示。反之，如果按照高级语言 IF 语句的特点（条件成立执行分支体，误用小于 0 做条件，选择 JL 条件转移指令，跳转到求补分支体），那么，顺序执行时会误入求补分支体，故需要在条件转移指令后加一个无条件转移指令 JMP（如图 4-10b 所示），程序代码如下：

```
              call readsid            ;输入一个有符号数,从 EAX 返回值
              cmp eax,0               ;比较 EAX 与 0
              jl yesneg               ;条件满足:EAX<0,转移到求补语句
              jmp nonneg              ;条件不满足:EAX≥0,跳过求补
yesneg:       neg eax                 ;负数求补
nonneg:       call dispuid            ;分支结束,显示结果
```

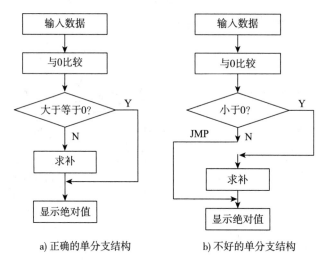

a) 正确的单分支结构　　　　b) 不好的单分支结构

图 4-10　求绝对值程序流程图

实际上，JL 和 JMP 两条指令的功能与一条 JGE 指令的功能相同，所以，何不"合二为一"呢？总之，编写汇编语言的单分支结构程序，要注意采用正确的条件转移指令；要避免误用高级语言思维，错选条件转移指令，导致分支混乱。而且，若忘记了 JMP 指令，还会导致程序出错。

[例 4-10]　字母判断程序

从键盘输入一个字符，判断是否为大写字母，是大写字母则转换为小写显示，不是大写字母则退出。

```
              ;代码段
              call readc              ;输入一个字符,从 AL 返回值
              cmp al,'A'              ;与大写字母 A 比较
              jb done                 ;比大写字母 A 小,不是大写字母,转移
              cmp al,'Z'              ;与大写字母 Z 比较
              ja done                 ;比大写字母 Z 大,不是大写字母,转移
              or al,20h               ;转换为小写
              call dispcrlf           ;回车换行(用于分隔)
              call dispc              ;显示小写字母
done:
```

从键盘输入的字符先与大写字母"A"比较，如果小于"A"则不是大写字母，跳过分支不

处理。接着字符与大写字母"Z"比较，如果大于"Z"也不是大写字母，跳过分支不处理。两个条件判断对应两个单分支结构，只有大于或等于"A"又小于或等于"Z"的字符才是大写字母，进入分支体转换为小写字母，并显示。

实际上，这是判断数据是否在给定范围的一般方法：与最小值和最大值分别比较，小于最小值或者大于最大值的数据不属于范围内的数据，不予处理。

4.2.4 双分支程序结构

双分支程序结构有两个分支，条件为真执行一个分支，条件为假则执行另一个分支。它相当于高级语言的 IF-THEN-ELSE 语句。例 4-6 的程序属于双分支结构，例 4-8 的第一个分支是双分支结构、第二个分支是单分支结构。再如，将数据最高位显示出来就可以采用双分支结构，即最高位为 0 显示字符 0，最高位为 1 显示字符 1。

[例 4-11]　显示数据最高位程序

```
                ;数据段
dvar            dword 0bd630422h        ;假设一个数据
                ;代码段
                mov ebx,dvar
                shl ebx,1               ;EBX 最高位移入 CF 标志
                jc one                  ;CF=1,即最高位为1,转移
                mov al,'0'              ;CF=0,即最高位为0:AL='0'
                jmp two                 ;一定要跳过另一个分支体
one:            mov al,'1'              ;AL='1'
two:            call dispc              ;显示
```

双分支程序结构是条件满足发生转移执行分支体 2，而条件不满足则顺序执行分支体 1，顺序执行的分支体 1 最后一定要有一条 JMP 指令跳过分支体 2，否则将进入分支体 2 而出现错误。如图 4-11 所示。JMP 指令必不可少，实现结束前一个分支回到共同的出口的作用。单分支结构中要选择跳过分支的转移条件，而双分支结构可以比较随意地选择条件转移指令，只要对应好分支体就可以了。

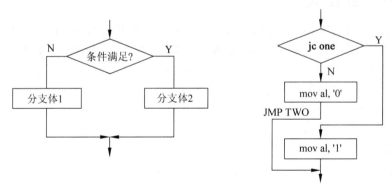

图 4-11　双分支结构的流程图

双分支结构有时可以改变为单分支结构。这只需事先执行其中一个分支（选择出现概率较高的分支），当条件满足时就可以不再需要处理这个分支了。例如，将例 4-11 修改为单分支结构：

```
                ;代码段
                mov ebx,dvar
                mov al,'0'             ;假设最高位为0:AL='0'
                shl ebx,1             ;EBX 最高位移入 CF 标志
```

```
            jnc two                      ;CF = 0,即最高位为 0,与假设相同,转移
            mov al,'1'                   ;CF = 1,即最高位为 1,AL = '1'
two:        call dispc                   ;显示
```

本例题也可以利用 ADC 指令消除分支。

[例 4-12]　有符号数运算溢出程序

虽然是同一个二进制编码,但作为有符号数和作为无符号数所表达的真值并不相同。在指令系统中,乘法、除法和条件转移指令都针对有符号数和无符号数设计了两组不同的指令,但加法指令和减法指令对有符号数和无符号数却没有区别。加减法指令要求程序员利用溢出标志和进位标志区别对待有符号数和无符号数。具体地说,如果是两个有符号数进行加减,则应该防止其溢出(将数据位数扩大,使其能够表达结果,就不会出现溢出)。因为一旦溢出,运算结果就是错误的。如果是两个无符号数进行加减,则要利用进位或借位。因为虽然运算结果正确,但若有进位或借位,则运算结果必须包括进位或借位才是完整的。本例实现两个有符号数据相减,如果没有溢出,保存结果并显示正确信息;如果有溢出,则显示错误信息。

```
            ;数据段
dvar1       dword 1234567890             ;假设两个数据
dvar2       dword - 999999999
dvar3       dword ?
okmsg       byte 'Correct!',0            ;正确信息
errmsg      byte 'ERROR! Overflow!',0    ;错误信息
            ;代码段
            mov eax,dvar1
            sub eax,dvar2                ;求差
            jo error                     ;有溢出,转移
            mov dvar3,eax                ;无溢出,保存差值
            mov eax,offset okmsg         ;显示正确
            jmp disp
error:      mov eax,offset errmsg        ;显示错误
disp:       call dispmsg
```

4.2.5　多分支程序结构

实际问题有时并不是单纯的单分支或双分支结构就可以解决的,往往在分支处理中又嵌套有分支,或者说具有多个分支走向,这可以认为是逻辑上的多分支结构。一般利用单分支和双分支这两个基本结构,就可以解决程序中多个分支结构的问题。熟悉了汇编语言编程思想,读者还可以采用其他技巧性的方法解决实际问题。

[例 4-13]　地址表程序

假设有 10 个信息(字符串),编程显示指定的信息。具体功能是:

1)提示输入数字,并输入数字。

2)判断数字是否在规定的范围内,不在范围内、重新输入。

3)显示数字对应的信息,退出。

上述功能对应 C 语言多分支选择 switch 语句,程序流程如图 4-12 所示。本示例程序所采用的地址表方法也就是 C 语言编译程序通常对 switch 语句采用的编译方法。

```
            ;数据段
msg1        byte 'Chapter 1:Fundamentals',0dh,0ah,0
msg2        byte 'Chapter 2:Data Representation',0dh,0ah,0
msg3        byte 'Chapter 3:Basic Instructions',0dh,0ah,0
msg4        byte 'Chapter 4:Program Structure',0dh,0ah,0
msg5        byte 'Chapter 5:Procedure Progamming',0dh,0ah,0
```

```
msg6        byte 'Chapter 6:Windows Programming',0dh,0ah,0
msg7        byte 'Chapter 7:Mixed Programming',0dh,0ah,0
msg8        byte 'Chapter 8:I/O Programming',0dh,0ah,0
msg9        byte 'Chapter 9:FP/SIMD/64 - bit Instructions',0dh,0ah,0
msg10       byte 'Chapter 10:Other Topics',0dh,0ah,0              ;10 个信息
msg         byte 'Input number(1 ~10):',0dh,0ah,0                 ;提示输入字符串
table       dword disp1,disp2,disp3,disp4,disp5,disp6,disp7,disp8,disp9,disp10
                                                                  ;地址表
            ;代码段
again:      mov eax,offset msg
            call dispmsg                            ;提示输入
            call readuid                            ;接收输入:EAX = 数字
            cmp eax,1                               ;判断范围
            jb again
            cmp eax,10
            ja again                                ;不在范围内,重新输入
            dec eax                                 ;EAX = EAX - 1
            shl eax,2                               ;EAX = EAX × 4
            jmp table[eax]                          ;多分支跳转
disp1:      mov eax,offset msg1
            jmp disp
disp2:      mov eax,offset msg2
            jmp disp
disp3:      mov eax,offset msg3
            jmp disp
disp4:      mov eax,offset msg4
            jmp disp
disp5:      mov eax,offset msg5
            jmp disp
disp6:      mov eax,offset msg6
            jmp disp
disp7:      mov eax,offset msg7
            jmp disp
disp8:      mov eax,offset msg8
            jmp disp
disp9:      mov eax,offset msg9
            jmp disp
disp10:     mov eax,offset msg10
disp:       call dispmsg                            ;显示
```

```
// C语言
switch(n){
  case 1:printf("1"); break;
  case 2:printf("2"); break;
  ......
}
```

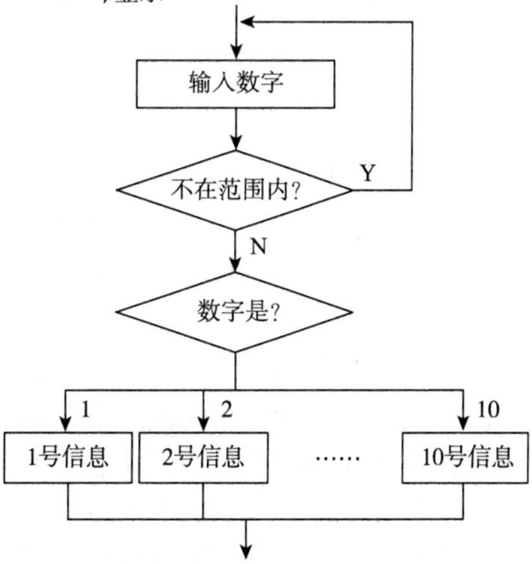

图 4-12 地址表程序流程（多分支结构）

根据输入的数字，程序有 10 个分支，标号是 DISP1 ~ DISP10。各个分支程序都很简单，获得对应信息的存放地址，然后显示。为实现分支，在数据段构造了一个地址表 TABLE，依次存放分支目标地址（使用标号就表示其地址，也可以用 OFFSET 获得）。

输入正确的数字后，减 1 的目的是对应地址表，因为 1 号分支对应的 DISP1 标号地址存放在地址表位移量为 0 的位置。接着左移 2 位实现乘 4，因为分支地址是 32 位，在地址表中占 4 个字节。例如，输入 3，减 1 为 2，乘 4 为 8，对应的 DISP3 的地址表位移量也是 8。

利用地址表构造的多分支程序结构，需要使用间接寻址的转移指令实现跳转。程序中 "JMP TABLE［EAX］" 指令的目标地址 EIP 取自 "TABLE + EAX" 指向的主存地址位置，对应的正是分支目标地址。

间接寻址的 JMP 转移指令还有其他形式，例如，示例程序的 JMP 指令还可以使用如下指令实现：

```
add eax,offset table        ;计算偏移地址
jmp near ptr [eax]          ;多分支跳转
```

针对本程序比较简单的功能，地址表中还可以直接存放信息字符串的地址，如下更简洁地完成要求：

```
                ;数据段
                ……                ;10 个信息(同上,略)
msg     byte 'Input number(1~10):',0dh,0ah,0                    ;提示输入字符串
table   dword msg1,msg2,msg3,msg4,msg5,msg6,msg7,msg8,msg9,msg10  ;地址表
                ;代码段
                ……                ;同上,略
        dec eax            ;EAX = EAX - 1
        shl eax,2          ;EAX = EAX × 4
        mov eax,table[eax] ;获得信息字符串地址
        call dispmsg       ;显示
```

编写分支程序要使用条件转移指令 Jcc 和无条件转移指令 JMP，这是汇编语言的一个难点。条件转移指令并不支持一般的条件表达式，而是根据当前的某些标志位的设置情况实现转移或不转移。所以，必须根据实际问题将条件转换为标志或其组合，还要选择合适的指令产生这些标志。同时，必须留心分支的开始点和结束点，当出现多分支时更是如此。

MASM 6.x 版本为了简化汇编语言的编程难度，引入了 .IF、.WHILE 等流程控制伪指令，使得汇编语言可以像高级语言那样编写分支程序结构和循环程序结构。读者在实际的程序开发中，完全可以利用这些高级语言的特性，本书将在第 6 章进行介绍。

4.3　循环程序结构

机器最适合完成重复性工作。程序设计中的许多问题需要重复操作，例如，对字符串、数组等的操作。为了进行重复操作，需要首先做好准备，还要安排好退出的方法，所以完整的循环程序结构通常由以下 3 个部分组成（如图 4-13a 所示）：

- 循环初始——为开始循环准备必要的条件，如循环次数、循环体需要的初始值等。
- 循环体——重复执行的程序代码，其中包括对循环条件的修改等。
- 循环控制——判断循环条件是否成立，决定是否继续循环。

其中，循环控制部分是编程的关键和难点。循环控制可以在进入循环之前进行，形成 "先判断后循环" 的循环程序结构，对应高级语言的 WHILE 语句（如图 4-13b 所示）。如果循环之后进行循环条件判断，则形成 "先循环后判断" 的循环程序结构，对应高级语言的 DO 语句

（如图 4-13c 所示）。如果没有特殊原因，千万不要形成循环条件永远成立或无任何约束条件的死循环（永真循环、无条件循环）。

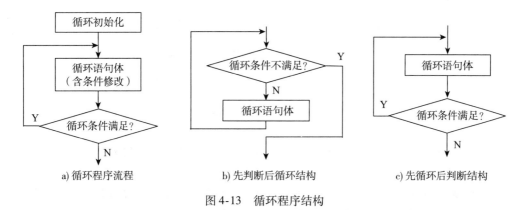

图 4-13　循环程序结构

IA-32 处理器有一组循环控制指令，用于实现简单的计数循环，即用于循环次数已知或者最大循环次数已知的循环控制。对于复杂的循环程序，则需要配合无条件和有条件转移指令才能实现。

4.3.1　循环指令

循环条件判断可以使用条件转移指令，同时 IA-32 处理器针对个数控制的循环设计有若干条指令，主要是 LOOP 指令和 JECX 指令。

1. LOOP 指令

IA-32 处理器最主要的循环指令是 LOOP，在前面许多程序中都用到了它。它使用 ECX 寄存器作为计数器（在实地址存储模型下使用 CX），每执行一次 LOOP 指令，ECX 减 1（相当于指令"DEC ECX"），然后判断 ECX 是否为 0：如果不为 0，表示循环没有结束，则转移到指定的标号处；如果为 0，表示循环结束，则顺序执行下一条指令。后部分功能相当于不为 0 条件转移指令 JNZ。循环指令 LOOP 的格式如下：

```
LOOP label          ;ECX = ECX - 1
                    ;若 ECX≠0,循环、跳转到 LABEL 位置,即 EIP = EIP + 位移量
                    ;否则,顺序执行
```

另外，还有 LOOPE/LOOPZ 和 LOOPNE/LOOPNZ 指令，它们在计数循环的基础上增加对 ZF 标志的测试，即计数不归 0 并且结果是 0(LOOPE/LOOPZ 指令）或者计数不归 0 并且结果不是 0（LOOPE/LOOPZ 指令）才继续循环，否则顺序执行。

LOOP 指令的目标地址采用相对短转移，只能在 -128 ~ +127 字节之间循环。指令代码平均 3 个字节，一个循环平均包含大约 42 条指令。所以，有时常用 DEC 和 JNZ 指令组合实现，一方面克服转移距离太短问题，另一方面可以灵活利用其他寄存器做计数器，而不一定非用 ECX 不可。

［例 4-14］　数组求和程序

将一个数组中的所有元素求和，结果保存在变量中。假设数组元素是 32 位有符号整数，个数已知，运算过程中不考虑溢出问题。

对已知元素个数的数组进行操作，显然可以将个数作为计数值赋给 ECX，控制循环次数；同时，需要用一个通用寄存器作为元素的指针，并将求和的初值设置为 0。这就是循环初始部分。循环体部分实现求和。计数循环的循环控制部分比较简单，就是将计数值减 1，不为 0 继续，这对应 LOOP 指令。

```
              ;数据段
array        dword 136, -138,133,130, -161        ;数组
sum          dword ?                               ;结果变量
              ;代码段
              mov ecx,lengthof array               ;ECX = 数组元素个数
              xor eax,eax                          ;求和初值为 0
              ……                                   ;指向首个数组元素
again:        add eax, ……                          ;求和
              ……                                   ;指向下一个数组元素
              loop again
              mov sum,eax                          ;保存结果
              call dispsid                         ;显示结果
```

结合应用问题，根据 LOOP 指令的特点，可以编写如上示例程序。但程序并不完整，留有 3 处省略号表示需要填写语句或语句的一部分，用于解决访问数组元素的问题。

数组元素顺序地存放于连续的存储空间中。访问存储器操作数，需要使用存储器寻址方式。单个变量通常使用变量名，表示使用直接寻址访问变量值，但不便使用直接寻址访问每次循环时不同的数组元素。而寄存器间接、相对和变址寻址都支持访问数组，因为可以通过改变寄存器值指向不同的数组元素（参见 2.4 节）。

（1）寄存器间接寻址访问数组元素

使用寄存器间接寻址，需要设置寄存器为数组首个元素的地址。本例中每个数组元素为 4 个字节的双字类型，故寄存器需要加 4 才指向下一个元素，补充原省略的指令如下：

```
              mov ebx,offset array                 ;指向首个元素
again:        add eax,[ebx]                         ;求和
              add ebx,4                             ;指向下一个数组元素
```

（2）寄存器相对寻址访问数组元素

使用寄存器相对寻址，需要设置寄存器为距离数组首个元素的位移量。同样，对 4 个字节的数组元素，寄存器需要加 4 才是下一个元素位置，补充原省略的指令如下：

```
              mov ebx,0                            ;指向首个元素
again:        add eax,array[ebx]                   ;求和
              add ebx,4                            ;指向下一个数组元素
```

（3）寄存器变址寻址访问数组元素

寄存器变址寻址又有多种形式，这里使用带比例的相对变址寻址方式访问数组元素，用 EBX 作为变址寄存器，如下所示：

```
              mov ebx, 0                           ;指向首个元素
again:        add eax,array[ebx* (type array)]     ;求和
              add ebx, 1                           ;指向下一个数组元素
```

由于数组 ARRAY 是双字量类型，所以"TYPE ARRAY"等于 4，也就是每个数组元素占 4 个字节。这样 EBX 作为数组的元素指针，乘以 4 作为地址指针，只要对 EBX 加 1 就指向下一个元素。如果使用不带比例的寻址，即"ARRAY [EBX]"，则 EBX 直接作为地址指针，每次循环需要对 EBX 加 4 才能指向下一个数组元素。这就是带比例寻址方式的主要作用。

2. JECXZ 指令

LOOP 指令先进行 ECX 减 1 操作，然后判断。如果 ECX 等于 0 时执行 LOOP 指令，则将循环 2^{32} 次。所以，如果数组元素的个数为 0，本程序将出错。为此，我们可以使用另一条循环指令 JECXZ（实地址存储模型是 JCXZ 指令）排除 ECX 等于 0 的情况，该指令的格式为：

```
JECXZ label              ;ECX = 0,转移、跳转到 LABEL 位置,即 EIP = EIP + 位移量
                         ;否则,顺序执行
```

在本程序中，JECXZ 指令可以跟在设置 ECX 和 EAX 的指令之后，如图 4-14 所示。

4.3.2　计数控制循环

循环程序结构的关键是如何控制循环。比较简单的循环程序是通过次数控制循环，即计数控制循环。前面利用 LOOP 指令实现的程序都属于计数控制的循环程序。

[例 4-15]　求最大值程序

假设数组 ARRAY 由 32 位有符号整数组成，元素个数已知，没有排序。现要求编程获得其中的最大值。

求最大值（最小值）的基本方法就是逐个元素比较。由于数组元素个数已知，所以可以采用计数控制循环，每次循环完成一个元素的比较。循环体中包含有分支程序结构。

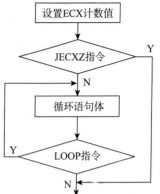

图 4-14　循环指令的典型应用

```
              ;数据段
array         dword -3,0,20,900,587,-632,777,234,-34,-56  ;假设一个数组
count         = lengthof array                            ;数组的元素个数
max           dword ?                                      ;存放最大值
              ;代码段
              mov ecx,count - 1                            ;元素个数减 1 是循环次数
              mov esi,offset array
              mov eax,[esi]                                ;取出第一个元素给 EAX,用于暂存最大值
again:        add esi,4
              cmp eax,[esi]                                ;与下一个数据比较
              jge next                                     ;已经是较大值,继续下一个循环比较
              mov eax,[esi]                                ;EAX 取得更大的数据
next:         loop again                                   ;计数循环
              mov max,eax                                  ;保存最大值
```

本示例程序采用 ECX 计数器、LOOP 指令实现减量计数控制，形成先循环后判断的循环结构。数组元素的访问采用寄存器 ESI 间接寻址。

如果采用寄存器 ESI 相对寻址访问数组元素，初始化时需要设置 ESI 为 0（替换赋值 ESI 为数组首地址的指令），并将间接寻址“［ESI］”修改为相对寻址“ARRAY［ESI］”。

如果采用带比例的寄存器 ESI 变址寻址访问数组元素，初始化也需要设置 ESI 为 0，并将间接寻址“［ESI］”修改为带比例变址寻址“ARRAY［ESI * 4］”。由于是 32 位类型的数组，所以比例因子为 4；也可以用“TYPE ARRAY”替代 4，更具通用性。此时，每次循环 ESI 增加 1 就可以了，如下所示：

```
              xor esi,esi
              mov eax,array[esi* 4]                        ;取出第一个元素给 EAX,用于暂存最大值
again:        add esi,1                                     ;指向下一个元素
              cmp eax,array[esi* 4]                        ;与下一个数据比较
              jge next                                     ;已经是较大值,继续下一个循环比较
              mov eax,array[esi* 4]                        ;EAX 取得更大值
```

计数控制循环也可以采用增量计数，例如在带比例寄存器 ESI 变址寻址访问数组元素的基础上，ESI 不仅作为元素指针，同时也可以作为计数器，最后与循环次数进行比较决定是否继续循环，代码段如下：

```
              ;代码段
              xor esi,esi
              mov eax,array[esi* 4]        ;取出第一个元素给 EAX,用于暂存最大值
again:        add esi,1                    ;指向下一个元素,同时增量计数
              cmp eax,array[esi* 4]        ;与下一个数据比较
              jge next                     ;已经是较大值,继续下一个循环比较
              mov eax,array[esi* 4]        ;EAX 取得更大值
next:         cmp esi,count -1             ;元素个数减 1 是循环次数
              jb again                     ;计数循环
              mov max,eax                  ;保存最大值
```

读者可以通过调试直观感受循环过程（参见附录 A）。

[例 4-16]　简单加密解密程序

逻辑异或 XOR 有一个特性：$X \oplus Y \oplus Y = X$，即将一个数据 X 与一个数据 Y 异或，结果再与 Y 异或，最后得到原来的 X（因为 $Y \oplus Y = 0$，而 $X \oplus 0 = X$）。利用异或的这个特性，可以实现简单的加密和解密。用户的明文逐个数据与密钥 Y 进行异或，实现加密。加密后的密文再次与 Y 进行异或就可实现解密。

从键盘输入一个字符串，使用一个字节量密钥将字符串加密保存，可以显示加密后的密文。然后，使用同一个密码进行解密，并显示解密后的明文。

输入字符串可以利用输入输出子程序库中的 READMSG 子程序。它需要事先设置一个保存字符串的缓冲区，并将该缓冲区的首地址通过 EAX 传递给 READMSG 子程序。这样，调用后缓冲区将保存用户输入的字符串，最后以 0 结尾，并在 EAX 中返回实际输入的字符个数（不包括最后的结尾符 0）。

```
              ;数据段
key           byte 234                     ;假设的一个密钥
bufnum        = 255
buffer        byte bufnum +1 dup(0)        ;定义键盘输入需要的缓冲区
msg1          byte 'Enter messge:',0
msg2          byte 'Encrypted message:',0
msg3          byte 13,10,'Original messge:',0
              ;代码段
              mov eax,offset msg1          ;提示输入字符串
              call dispmsg
              mov eax,offset buffer        ;设置入口参数 EAX
              call readmsg                 ;调用输入字符串子程序
              push eax                     ;字符个数保存进入堆栈
              mov ecx,eax                  ;ECX =实际输入的字符个数,作为循环的次数
              xor ebx,ebx                  ;EBX 指向输入字符
              mov al,key                   ;AL =密钥
encrypt:      xor buffer[ebx],al           ;异或加密
              inc ebx
              dec ecx                      ;等同于指令:loop encrypt
              jnz encrypt                  ;处理下一个字符
              mov eax,offset msg2
              call dispmsg
              mov eax,offset buffer        ;显示加密后的密文
              call dispmsg
              ;
              pop ecx                      ;从堆栈弹出字符个数,作为循环的次数
              xor ebx,ebx                  ;EBX 指向输入字符
              mov al,key                   ;AL =密钥
```

```
decrypt: xor buffer[ebx],al                ;异或解密
         inc ebx
         dec ecx
         jnz decrypt                       ;处理下一个字符
         mov eax,offset msg3
         call dispmsg
         mov eax,offset buffer             ;显示解密后的明文
         call dispmsg
```

本示例程序有两个雷同的循环程序部分，分别用于加密和解密。两次循环都利用字符个数作为控制循环条件，是计数控制循环结构。为了保存字符个数，示例程序中使用了堆栈。本程序的加解密算法都很简单，并且使用了事先设置的密钥，很容易被攻破。

4.3.3 条件控制循环

复杂的循环程序结构需要利用条件转移指令，根据条件决定是否进行循环，这就是所谓的条件控制循环。计数控制循环往往至少执行一次循环体之后，才判断次数是否为0，这是所谓的"先循环后判断"循环结构。条件控制循环更多见的是"先判断后循环"结构。

[例4-17] **字符个数统计程序**

已知某个字符串以0结尾，统计其包含的字符个数，即计算字符串长度。这是一个循环次数不定的循环程序结构，宜用转移指令决定是否循环结束，并应该先判断、后循环。循环体仅进行简单的个数加1操作。

```
         ;数据段
string   byte 'Do you have fun with Assembly?',0    ;以0结尾的字符串
         ;代码段
         xor ebx,ebx                       ;EBX用于记录字符个数,同时也用于指向字符的指针
again:   mov al,string[ebx]
         cmp al,0                          ;用指令"test al,al"更好
         jz done
         inc ebx                           ;个数加1
         jmp again                         ;继续循环
done:    mov eax,ebx                       ;显示个数
         call dispuid
```

先行判断的条件控制循环程序很像双分支结构，只不过一个主要分支需要重复执行多次（所以跳转指令JMP的目标位置是循环开始，不是跳过另一个分支、到达双分支的汇合地），而另一个分支则用于跳出这个循环（对比图4-11和图4-13b）。先行循环的条件控制循环程序则类似于单分支结构，循环体就是分支体，顺序执行就跳出循环（对比图4-10a和图4-13c）。

计算机中表达字符串时常用3种方法标识结束。一种最简单的方法是固定长度，但不够灵活。一种是保存字符串长度，例如，在Pascal等语言中，字符串最开始的单元存放该字符串的长度。而比较常用的方法是使用结尾字符，也就是字符串最后使用一个特殊的标识符号。结尾字符曾使用过字符"＄"（如DOS的9号功能调用）、回车字符CR（ASCII值是13）、换行字符LF（ASCII值是10）等，现在多使用0（即ASCII表的第一个字符，常表达为NULL或NUL常量）。使用0作为字符串结尾，是C/C++和Java语言的规定，也可以避免在字符串中出现结尾字符的情况，应该说是比较理想的方法。

[例4-18] **斐波那契数列程序**

斐波那契（Fibonacci）数列（1，1，2，3，5，8，13，…）是用递推方法生成的一系列自然数：

$$F(1) = 1$$
$$F(2) = 1$$
$$F(N) = F(N - 1) + F(N - 2) \quad N \geqslant 3$$

也就是按"从第 3 个数开始，每一个数是前两个数的和"规律生成的数列。编程输出斐波那契数，一行一个，直到超出 32 位数据范围、不能表达为止。

```
        ;代码段
        mov eax,1                ;EAX = F(1) = 1
        call dispuid             ;显示第 1 个数
        call dispcrlf            ;回车换行
        call dispuid             ;显示第 2 个数
        call dispcrlf            ;回车换行
        mov ebx,eax              ;EBX = F(2) = 1
again:  add eax,ebx              ;EAX = F(N) = F(N-2) + F(N-1)
        jc done
        call dispuid             ;显示一个数
        call dispcrlf            ;回车换行
        xchg eax,ebx             ;EAX = F(N-2),EBX = F(N-1)
        jmp again
done:
```

寄存器保存的是 32 位无符号整数，所以这里的超出范围是出现进位（不是有符号整数的溢出），需要利用条件转移指令 JC 退出循环。

4.3.4　多重循环

实际的应用问题不会只有单纯的分支或循环，两者可能同时存在，即循环体中具有分支结构，分支体中采用循环结构。有时，循环体中还嵌套有循环，即形成多重循环结构。在多重循环中，如果内外循环之间没有关系，问题比较容易处理；但如果内外循环之间需要传递参数或利用相同的数据，问题就比较复杂了。

[例 4-19]　冒泡法排序程序

实际的排序算法很多，"冒泡法"是一种易于理解和实现的方法，但并不是最优的算法。冒泡法从第一个元素开始，依次对相邻的两个元素进行比较，使前一个元素不大于后一个元素，将所有元素比较完之后，最大的元素排到了最后。然后，除最后一个元素之外的元素依上述方法再进行比较，得到次大的元素排在后面。如此重复，就可实现元素从小到大的排序，如图 4-15 所示。可见，这是一个双重循环程序结构。外循环由于循环次数已知，可用 LOOP 指令实现；而内循环次数每次外循环后减少一次，用 EDX 表示。循环体比较两个元素大小，又是一个分支结构。

比较遍数

数据	1	2	3	4
587	−632	−632	−632	−632
−632	587	234	−34	−34
777	234	−34	234	234
234	−34	587	587	587
−34	777	777	777	777

从小到大排序

图 4-15　冒泡法的排序过程

```
        ;数据段
array   dword 587, - 632,777,234, -34    ;假设一个数组
count   = lengthof array                 ;数组的元素个数
```

```
                ;代码段
                mov ecx,count                         ;ECX←数组元素个数
                dec ecx                               ;元素个数减 1 为外循环次数
    outlp:      mov edx,ecx                           ;EDX←内循环次数
                mov ebx,offset array
    inlp:       mov eax,[ebx]                         ;取前一个元素
                cmp eax,[ebx+4]                       ;与后一个元素比较
                jng next
                ;前一个元素不大于后一个元素,则不进行交换
                xchg eax,[ebx+4]                      ;否则,进行交换
                mov [ebx],eax
    next:       add ebx,4                             ;下一对元素
                dec edx
                jnz inlp                              ;内循环尾
                loop outlp                            ;外循环尾
```

[例 4-20]　字符剔除程序

现有一个以 0 结尾的字符串,要求剔除其中的空格字符。

可以用结尾标志 0 作为循环控制条件。循环体判断每个字符,如果不是空格,不予处理继续循环;如果是空格,则进行剔除,也就是将后续所有字符逐个前移一个字符位置,将空格覆盖。这是一个"先判断后循环"结构。

因为有多个字符需要前移,所以又需要一个循环,循环结束条件仍然使用结尾标志 0。这个循环则是"先循环后判断"结构。最终形成一个双重循环程序结构。

```
                ;数据段
    string      byte 'Let us have a try ! ',0dh,0ah,0   ;以 0 结尾的字符串
                ;代码段
                mov eax,offset string                 ;显示处理前的字符串
                call dispmsg
                mov esi,offset string
    outlp:      cmp byte ptr [esi],0                  ;外循环,先判断后循环
                jz done                               ;为 0 结束
    again:      cmp byte ptr [esi],' '                ;检测是否是空格
                jnz next                              ;不是空格继续循环
                mov edi,esi                           ;是空格,进入剔除空格分支
    inlp:       inc edi                               ;该分支是循环程序
                mov al,[edi]                          ;前移一个位置
                mov [edi-1],al
                cmp byte ptr [edi],0                  ;内循环,先循环后判断
                jnz inlp                              ;内循环结束处
                jmp again                             ;再次判断是否为空格(处理连续空格情况)
    next:       inc esi                               ;继续对后续字符进行判断处理
                jmp outlp                             ;外循环结束处
    done:       mov eax,offset string                 ;显示处理后的字符串
                call dispmsg
```

本程序采用的剔除算法并不优秀。如果已知字符串的长度,更好的算法应该从字符串最后一个字符开始判断处理,这样可以减少一些移动次数。因为从前面开始移动,后续的空格也要随之移动;而如果从后面开始移动,就不会有空格进行无谓的移动了。这留给读者作为练习。

第 4 章习题

4.1　简答题

（1）CPUID 指令返回识别字符串的首个字符"G"在哪个寄存器中？

（2）数据的直接寻址和指令的直接寻址有什么区别？

(3) 是什么特点决定了目标地址的相对寻址方式应用最多？

(4) Jcc 指令能跳转到代码段之外吗？

(5) 什么是奇偶校验？

(6) 助记符 JZ 和 JE 为什么表达同一条指令？

(7) 为什么判断无符号数大小和有符号大小的条件转移指令不同？

(8) 双分支结构中两个分支体之间的 JMP 指令有什么作用？

(9) 如果循环体的代码量远超过 128 个字节，还能用 LOOP 指令实现计数控制循环吗？

(10) 什么是"先循环、后判断"循环结构？

4.2 判断题

(1) 指令指针或者还包括代码段寄存器值的改变将引起程序流程的改变。

(2) 指令的相对寻址都是近转移。

(3) 采用指令的寄存器间接寻址，目标地址来自存储单元。

(4) JMP 指令对应高级语言的 GOTO 语句，所以不能使用。

(5) 因为条件转移指令 Jcc 要利用标志作为条件，所以也影响标志。

(6) JA 和 JG 指令的条件都是"大于"，所以是同一个指令的两个助记符。

(7) JC 和 JB 的条件都是 CF = 1，所以是同一条指令。

(8) 控制循环是否结束只能在一次循环结束之后进行。

(9) 介绍 LOOP 指令时，常说它相当于 DEC ECX 和 JNZ 两条指令。但考虑对状态标志的影响，它们有差别。LOOP 指令不影响标志，而 DEC 指令却会影响除 CF 之外的其他状态标志。

(10) 若 ECX = 0，则 LOOP 指令和 JECX 指令都发生转移。

4.3 填空题

(1) JMP 指令根据目标地址的转移范围和寻址方式，可以分成 4 种类型：段内转移、_____，段内转移、_____ 以及段间转移、_____，段间转移、_____。

(2) MASM 给短转移、近转移和远转移定义的类型名依次是 _____、_____ 和 _____。

(3) 假设在平展存储模型下，EBX = 1256H，双字变量 TABLE 的偏移地址是 20A1H，线性地址 32F7H 处存放 3280H，执行指令"JMP EBX"后 EIP = _____，执行指令"JMP TABLE [EBX]"后 EIP = _____。

(4) "CMP EAX, 3721H"指令之后是 JZ 指令，发生转移的条件是 EAX = _____，此时 ZF = _____。

(5) 执行"SHR EBX, 4"指令后，JNC 发生转移，说明 EBX 的 D_3 = _____。

(6) 在 EDX 等于 0 时转移，可以使用指令"CMP EDX, ____"，也可以使用"TEST EDX, ____"构成条件，然后使用 JE 指令实现转移。

(7) 循环结构程序一般由三个部分组成，它们是_____、循环体和_____部分。

(8) JECXZ 指令发生转移的条件是_____，LOOP 指令不发生转移的条件是_____。

(9) LOOP 指令进行减 1 计数，实际应用中也常进行加 1 计数。针对例 4-14 程序，如果删除其中的 LOOP 指令，则可以使用指令"CMP _____, ECX"和"JB _____"替代。

(10) 小写字母"e"是英文当中出现频率最高的字母。如果某个英文文档利用例 4-16 的异或方法进行简单加密，统计发现密文中字节数据"8FH"最多，则该程序采用的字节密码可能是_____。

4.4 已知 var1、var2、var3 和 var4 是 32 位无符号整数（假设 var2 大于 7），用汇编语言程序片段实现如下 C++ 语句：

```
var4 = (var1 * 6)/(var2 - 7) + var3
```

4.5 已知 var1、var2、var3 和 var4 是 32 位有符号整数，用汇编语言程序片段实现如下 C++ 语句：

```
var1 = (var2 * var3)/(var4 + 8) - 47
```

4.6 参看例 4-1，假设 N 小于 90 000，这时求和结果只需要 EAX 保存，EDX 为 0。修改例 4-1 使其可以从键盘输入一个数值 N（用 READUID 子程序），最后显示累加和（用 DISPUID 子程序）。

4.7 定义 COUNT（假设为 10）个元素的 32 位数组，输入元素编号（0 ~ COUNT − 1），利用 DISPHD 子程序输出其地址，利用 DISPSID 子程序输出其值。

4.8 为了验证例 4-4 程序的执行路径，可以在每个标号前后增加显示一个数字的功能（利用 DISPC 子程序），使得程序运行后显示数码 1234。

4.9 执行如下程序片段后，CMP 指令分别使得 5 个状态标志 CF、ZF、SF、OF 和 PF 为 0 还是为 1？它会使得哪些条件转移指令 Jcc 的条件成立、发生转移？

```
mov eax,20h
cmp eax,80h
```

4.10 判断下列程序段跳转的条件。

    (1) xor ax,1e1eh

        je equal

    (2) test al,10000001b

        jnz here

    (3) cmp cx,64h

        jb there

4.11 假设 EBX 和 ESI 存放的是有符号数，EDX 和 EDI 存放的是无符号数，请用比较指令和条件转移指令实现以下判断：

    (1) 若 EDX > EDI，转到 above 执行。

    (2) 若 EBX > ESI，转到 greater 执行。

    (3) 若 EBX = 0，转到 zero 执行。

    (4) 若 EBX − ESI 产生溢出，转到 overflow 执行。

    (5) 若 ESI ≤ EBX，转到 less_eq 执行。

    (6) 若 EDI ≤ EDX，转到 below_eq 执行。

4.12 使用 "SHR EAX, 2" 将 EAX 中的 D_1 位移入 CF 标志，然后用 JC/JNC 指令替代 JZ/JNZ 指令完成例 4-6 程序的功能。

4.13 将例 4-7 程序修改为实现偶校验，并进一步增加显示有关提示信息的功能，使得程序具有更加良好的交互性。

4.14 在采用奇偶校验传输数据的接收端应该验证数据传输的正确性。例如，如果采用偶校验，那么在接收到的数据中，其包含 "1" 的个数应该为 0 或偶数个，否则说明出现传输错误。现在，在接收端编写一个这样的程序，如果偶校验不正确显示错误信息，传输正确则继续。假设传送字节数据、最高位作为校验位，接收到的数据已经保存在 Rdata 变量中。

4.15   IA – 32 处理器的指令 CDQ 将 EAX 符号扩展到 EDX。假设没有该指令，编程实现该指令功能。

(1) 按照符号扩展的含义编程，即 EAX 最高位为 0，则 EDX = 0；EAX 最高位为 1，则 EDX = FFFFFFFFH。

(2) 使用移位等指令进行优化编程。

4.16   编写一个程序，首先测试双字变量 DVAR 的最高位，如果为 1，则显示字母 "L"；如果最高位不为 1，则继续测试最低位，如果最低位为 1，则显示字母 "R"，如果最低位也不为 1，则显示字母 "M"。

4.17   编写一个程序，先提示输入数字 "Input Number：0 ~ 9"，然后在下一行显示输入的数字，结束；如果不是键入了 0 ~ 9 数字，就提示错误 "Error!"，继续等待输入数字。

4.18   有一个首地址为 ARRAY 的 20 个双字的数组，说明下列程序段的功能。

```
        mov ecx,20
        mov eax,0
        mov esi,eax
sumlp:  add eax,array[esi]
        add esi,4
        loop sumlp
        mov total,eax
```

4.19   说明如下程序段的功能：

```
        mov ecx,16
        mov bx,ax
next:   shr ax,1
        rcr edx,1
        shr bx,1
        rcr edx,1
        loop next
        mov eax,edx
```

4.20   编程将一个 64 位数据逻辑左移 3 位，假设这个数据已经保存在 EDX. EAX 寄存器对中。

4.21   编程中经常要记录某个字符出现的次数。现编程记录某个字符串中空格出现的次数，结果保存在 SPACE 单元。

4.22   将一个已经按升序排列的数组（第 1 个元素最小，后面逐渐增大）改为按降序排列（即第 1 个元素最大，后面逐渐减小）。实际上只要第一个元素与最后一个元素交换，第 2 个元素与倒数第 2 个元素交换，以此类推就可以，编程实现该功能。

4.23   编写计算 100 个 16 位正整数之和的程序。如果和不超过 16 位字的范围（65 535），则保存其和到 WORDSUM，如超过则显示 'Overflow！'。

4.24   在一个已知长度的字符串中查找是否包含 "BUG" 子字符串。如果存在，显示 "Y"，否则显示 "N"。

4.25   主存中有一个 8 位压缩 BCD 码数据，保存在一个双字变量中。现在需要进行显示，但要求不显示前导 0。由于位数较多，需要利用循环实现，但如何处理前导 0 和数据中间的 0 呢？不妨设置一个标记。编程实现。

4.26   已知一个字符串的长度，剔除其中所有的空格字符。请从字符串最后一个字符开始逐个向前判断并进行处理。

4.27   第 2 章习题 2.14 在屏幕上显示 ASCII 表，现仅在数据段设置表格缓冲区，编程将 ASCII 代码值填入留出位置的表格，然后调用显示功能实现（需要利用双重循环）。

4.28　快速乘法程序。只使用移位和加减法指令将两个任意的 32 位无符号整数相乘，求出乘积（假设不超过 32 位）。使用这个程序显示 3567 × 7653 的结果。算法的基本思想是将较小数进行右移决定是否累加，对较大数左移位并进行累加。

4.29　素数判断程序。编写一个程序，提示用户输入一个数字，然后显示信息说明该数字是否是素数。素数（Prime）只能被自身和 1 整除的自然数。

（1）采用直接简单的算法：假设输入 N，将其逐个除以 $2 \sim N-1$，只要能整除（余数为 0）说明不是素数，只有都不能整除才是素数。

（2）采用只对奇数整除的算法：1、2 和 3 是素数，所有大于 3 的偶数不是素数，从 5 开始的数字只需除以从 3 开始的奇数，只有都不能整除才是素数。

4.30　计算素数个数程序。使用 Eratosthenes 筛法，求 1 ~ 100 000 之间共有多少个素数。

Eratosthenes 筛法是希腊数学家 Eratosthenes 发明的算法，给出了一种找出给定范围内所有素数的快速方法。该算法要求创建一个字节数组，以如下方式将不是素数的位置标记出来：2 是一个素数，从位置 2 开始，把所有 2 的倍数的位置标记 1；2 之后的素数 3，将 3 的倍数的位置标记 1；3 之后下一个素数是 5，将 5 的倍数的位置标记 1；如此重复，直到标记所有非素数的位置。处理结束，数组中没有被标记的位置都对应一个素数。

（1）如果将该数组事先定义在数据段，则生成的可执行文件中将包括这个数组，形成很大的一个文件。MASM 提供了一个定义无初始化数据段的伪指令（.DATA?），在其下定义的变量不能有初值，因为它们在程序执行时才被分配存储空间。但可以利用一段循环程序将初值 0 全部填入其中。伪指令 ".DATA?" 对定义大量的无初值的变量（如数组）特别有效。建议本程序采用这个方法。

（2）即使是在程序执行才分配存储空间，但对于求更大范围内的素数，存储空间仍然是一个编程关键。可以考虑进一步用一个二进制位表示一个数字的方法，这样一个字节就可以表达 8 个数字，存储空间可以减少为原来的八分之一。

第 5 章

模块化程序设计

当程序功能相对复杂、所有的语句序列均写到一起时，程序结构将显得零乱，特别是汇编语言的语句功能简单，源程序更显得冗长，这将降低程序的可读性和可维护性。所以，编写较大型程序时，常会单独编写和调试功能相对独立的程序段，将其作为一个相对独立的模块供程序使用，这就是模块化程序设计。本章介绍汇编语言如何简化程序设计，主要是子程序、文件包含和宏汇编等方法。

5.1 子程序结构

子程序（Subroutine）在高级语言中常被称为函数（Function）或过程（Procedure）。子程序可以实现源程序的模块化，简化源程序结构。而当这个子程序被多次使用时，还可以使模块得到复用，进而提高编程效率。本书就提供了具有基本输入输出功能的多个子程序，供示例程序调用。

5.1.1 子程序指令

程序中有些部分可能要实现相同的功能，而只是参数不一样，并且这些功能需要经常用到。这时，用子程序实现这个功能是很合适的。使用子程序可以使程序的结构更为清楚，程序的维护也更为方便，同时有利于大程序开发时多个程序员分工合作。

子程序通常是与主程序分开的、完成特定功能的一段程序。当主程序（调用程序 Caller）需要执行这个功能时，就可以调用该子程序（被调用程序 Callee），于是，程序转移到这个子程序的起始处执行。当运行完子程序后，再返回调用它的主程序。子程序由主程序执行子程序调用指令 CALL 来调用，而子程序执行完后用子程序返回指令 RET 返回主程序继续执行。MASM 使用过程定义伪指令 PROC/ENDP 编写子程序。

1. 子程序调用指令 CALL

CALL 指令用在主程序中，实现子程序的调用。子程序和主程序可以在同一个代码段内，也可以在不同段内。因而，与无条件转移指令 JMP 类似，子程序调用指令 CALL 也可以分成段内调用（近调用）和段间调用（远调用），同时，CALL 指令的目标地址也可以采用相对寻址、直接寻址或间接寻址。所以，CALL 指令共 4 种类型，如表 5-1 所示。

表 5-1 子程序调用指令 CALL

类　　型	32 位线性地址空间	16 位实地址存储模型
段内调用、相对寻址 CALL label	入栈返回地址：ESP = ESP − 4，SS：[ESP] = EIP 转移目标地址：EIP = EIP + 位移量	入栈返回地址：SP = SP − 2，SS：[SP] = IP 转移目标地址：IP = IP + 位移量
段内转移、间接寻址 CALL r32/r16/m32/m16	入栈返回地址：ESP = ESP − 4，SS：[ESP] = EIP 转移目标地址：EIP = r32/m32	入栈返回地址：SP = SP − 2，SS：[SP] = IP 转移目标地址：IP = r16/m16
段间转移、直接寻址 CALL label	入栈返回地址：ESP = ESP − 4，SS：[ESP] = CS ESP = ESP − 4，SS：[ESP] = EIP 转移目标地址：EIP = label 的偏移地址 CS = label 的段选择器	入栈返回地址：SP = SP − 2，SS：[SP] = CS SP = SP − 2，SS：[SP] = IP 转移目标地址：IP = label 的偏移地址 CS = label 的段选择器
段间转移、间接寻址 CALL m48/m32	入栈返回地址：ESP = ESP − 4，SS：[ESP] = CS ESP = ESP − 4，SS：[ESP] = EIP 转移目标地址：EIP = m48，CS = m48 + 4	入栈返回地址：SP = SP − 2，SS：[SP] = CS SP = SP − 2，SS：[SP] = IP 转移目标地址：IP = m32，CS = m32 + 2

　　但是，子程序执行结束是要返回的，所以，CALL 指令不仅要同 JMP 指令一样改变 EIP 和 CS 以实现转移，而且还要保留下一条要执行指令的地址，以便返回时重新获取它。保留 EIP 和 CS 的方法是压入堆栈，获取 EIP 和 CS 的方法是弹出堆栈。在 32 位线性地址空间中，CS 段选择器 为 16 位、EIP 偏移地址为 32 位，段内调用只需入栈 32 位偏移地址，共计 4 个字节；段间调用则 需要入栈 32 位偏移地址并把 16 位段选择器零位扩展为 32 位保存到堆栈，共计 8 个字节。在 16 位实地址存储模型中，CS 段基地址和 IP 偏移地址都是 16 位的，段内调用只需入栈 16 位偏移地 址，段间调用则需要入栈 16 位偏移地址和 16 位段基地址。

　　CALL 指令实际上就是入栈指令 PUSH 和转移指令 JMP 的组合。

　　MASM 汇编程序根据存储模型等用户编程信息，可以自动确定是段内调用还是段间调用，程 序员也可以采用 PTR 操作符强制改变，其方法同段内转移或段间转移一样。

　　2. 子程序返回指令 RET

　　子程序执行完后，应返回主程序中继续执行，这一功能由 RET 指令完成。要回到主程序， 只需获得离开主程序时由 CALL 指令保存于堆栈的指令地址即可。

　　在编程应用中，RET 指令有两种书写格式：

```
RET                 ;无参数返回:出栈返回地址
RET i16             ;有参数返回:出栈返回地址,ESP = ESP + i16
```

　　尽管段内返回和段间返回具有相同的汇编助记符，但汇编程序会根据子程序与主程序是否 同处于一个段内，自动产生不同的指令代码，也可以分别采用 RETN 和 RETF 表示段内返回和段 间返回。返回指令还可以带有一个立即数 i16，此时堆栈指针 ESP 将增加，即 ESP = ESP + i16。 这个特点使得程序可以方便地废除若干执行 CALL 指令以前入栈的参数。

　　在 32 位线性地址空间中，段内返回需出栈 4 个字节、32 位偏移地址；段间返回需出栈 8 个字 节，包含 32 位偏移地址和 16 位段选择器。在 16 位实地址存储模型中，段内返回只需出栈 16 位偏 移地址，段间返回则需出栈 16 位偏移地址和 16 位段基地址，如表 5-2 所示。

表 5-2 子程序返回指令 RET

类　　型	32 位线性地址空间	16 位实地址存储模型
段内返回：RET	弹出返回地址：EIP = SS：[ESP]，ESP = ESP + 4	弹出返回地址：IP = SS：[SP]，SP = SP + 2
段内返回：RET i16	弹出返回地址：EIP = SS：[ESP]，ESP = ESP + 4 增量堆栈指针：ESP = ESP + i16	弹出返回地址：IP = SS：[SP]，SP = SP + 2 增量堆栈指针：SP = SP + i16

（续）

类　　型	32 位线性地址空间	16 位实地址存储模型
段间返回：RET	弹出返回地址：EIP = SS：[ESP], ESP = ESP + 4 CS = SS：[ESP], ESP = ESP + 4	弹出返回地址：IP = SS：[SP], SP = SP + 2 CS = SS：[SP], SP = SP + 2
段间返回：RET i16	弹出返回地址：EIP = SS：[ESP], ESP = ESP + 4 CS = SS：[ESP], ESP = ESP + 4 增量堆栈指针：ESP = ESP + i16	弹出返回地址：IP = SS：[SP], SP = SP + 2 CS = SS：[SP], SP = SP + 2 增量堆栈指针：SP = SP + i16

例如，在 32 位平台中，段内调用"CALL LABEL"指令相当于如下两条指令功能：

```
push next     ;(1)入栈返回地址:ESP = ESP - 4,SS:[ESP] = EIP
jmp label     ;(2)转移至目标地址:EIP = EIP + 偏移量
```

这里压入堆栈的 EIP 是指 CALL 指令后的下一条指令地址，即返回地址，假设是 NEXT 标号，如图 5 - 1 所示。子程序最后的 RET 指令实现相反功能：

```
ret           ;(1)出栈返回地址:EIP = SS:[ESP],ESP = ESP + 4
              ;(2)转移至返回地址:数据进入 EIP,就作为下一条要执行指令的地址
```

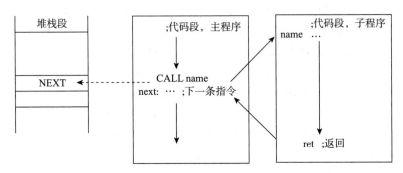

图 5-1　调用和返回指令的功能

不妨思考如下代码片段，执行后 EAX 内容是什么？

```
            call next
next:       pop eax          ;EAX = ?
```

CALL 指令压入堆栈的返回地址是 POP 指令的地址，即 NEXT 标号的地址，然后转移到 NEXT 执行，即执行 POP 指令，此时栈顶内容是其本身的地址，被弹出到 EAX。所以，两条指令执行后，寄存器 EAX 获得 POP 指令的存储器地址。其实，这就是程序运行过程中获得当前指令地址的一个简单有效的方法。

3. 过程定义伪指令

MASM 汇编程序为配合编写子程序、中断服务程序等程序模块，设置了过程定义伪指令，由 PROC 和 ENDP 组成，基本格式如下：

```
过程名        PROC
              ……        ;过程体
过程名        ENDP
```

其中，过程名为符合语法的标识符，每个过程应该具有一个唯一的过程名。伪指令 PROC 后面还可以加上参数 NEAR 或 FAR 指定过程的调用属性，即段内调用还是段间调用。在简化段定义源程序格式中，通常不需要指定过程属性，采用默认属性即可。

[例 5-1]　子程序调用程序

```
                                    ;代码段,主程序
00000000  B8 00000001              mov eax,1
00000005  BD 00000005              mov ebp,5
0000000A  E8 00000016              call subp
0000000F  B9 00000003       retp1: mov ecx,3
00000014  BA 00000004       retp2: mov edx,4
00000019  E8 00000000 E            call disprd
                                    ;代码段,子程序
00000025  00000025          subp   proc              ;过程定义,过程名为 subp
00000025  55                       push ebp
00000026  8B EC                    mov ebp,esp
00000028  8B 75 04                 mov esi,[ebp+4]
                                    ;ESI=CALL 下一条指令(标号 RETP1)的偏移地址
0000002B  BF 00000014 R            mov edi,offset retp2    ;EDI=标号 RETP2 的偏移地址
00000030  BB 00000002              mov ebx,2
00000035  5D                       pop ebp           ;弹出堆栈,保持堆栈平衡
00000036  C3                       ret               ;子程序返回
00000037                    subp   endp              ;过程结束
```

为了理解返回地址,示例程序的左边给出了列表文件的内容。

注意　用过程伪指令定义的子程序是由主程序调用才执行的,在源程序中应该安排在执行结束返回操作系统后(即 EXIT 语句),但应该在 END 语句之前(否则不被汇编),示例中没有写出返回操作系统的语句(后续示例中同样处理)。过程定义也可以安排在主程序开始执行的第 1 条语句之前。

子程序的调用和返回都要利用堆栈,如图 5-2 所示。调用时,CALL 先把下一条指令的偏移地址作为返回地址 EIP 保存到堆栈,然后跳转到子程序。在本例题中,返回地址就是"MOV ECX,3"指令的地址,即标号 RETP1 地址。所以,本示例程序的 CALL 指令相当于如下两条指令:

```
push offset retp1
jmp subp
```

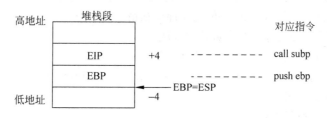

图 5-2　子程序调用的堆栈

子程序中,指令"PUSH EBP"将 EBP 内容保存到堆栈顶部,并使 ESP 减 4。传送指令设置 EBP 等于当前堆栈指针 ESP。这样,EBP+4 指向堆栈保存返回地址的位置,ESI 也就获得了返回地址。指令"POP EBP"将当前栈顶数据传送给 EBP,也就使得 EBP 恢复为原来的数值(本示例程序中设置为 5),同时 ESP 加 4。现在 ESP 又指向了返回地址,执行子程序返回指令 RET,则从当前栈顶弹出这个返回地址到 EIP,程序回到 CALL 的下一条指令。本程序执行结束后,将显示 EAX、EBX、ECX、EDX 和 EBP 依次等于 1~5,ESI 等于 RETP1 标号的地址,EDI 等于 RETP2 标号的地址。

如果在传送 RETP2 标号地址给 EDI 的指令之后,增加一条"MOV [EBP+4],EDI"指令,那么,由于堆栈保存返回地址的位置被设置成为 RETP2 标号地址,子程序将返回到 RETP2 标号,

主程序不会执行"MOV ECX, 3"指令。

5.1.2 子程序设计

子程序也是一段程序，其编写方法与主程序一样，可以采用顺序、分支、循环结构。但是，作为相对独立和通用的一段程序，它具有一定的特殊性，需要留意以下几个问题：

1）子程序要利用过程定义伪指令声明，获得子程序名和调用属性。

2）子程序最后利用 RET 指令返回主程序，主程序执行 CALL 指令调用子程序。

3）子程序中对堆栈的压入和弹出操作要成对使用，保持堆栈的平衡。

所谓保持堆栈平衡，是指一个程序模块压入堆栈多少字节数据，最终应该弹出多少字节数据，使得堆栈指针 ESP 不变。

主程序 CALL 指令将返回地址压入堆栈，子程序 RET 指令将返回地址弹出堆栈。只有堆栈平衡，才能保证执行 RET 指令时当前栈顶的内容刚好是返回地址，即相应 CALL 指令压栈的内容，才能返回正确的位置。

实际上，主程序也要保持堆栈平衡。

4）子程序开始应该保护用到的寄存器内容，子程序返回前相应进行恢复。

因为通用寄存器数量有限，对同一个寄存器主程序和子程序可能都会使用。为了不影响主程序调用子程序后的指令执行，子程序应该把用到的寄存器内容保护好。常用的方法是：在子程序开始，将要修改内容的寄存器顺序入栈（注意不要包括将要带回结果的寄存器）；而在子程序返回前，再将这些寄存器内容逆序弹出恢复到原来的寄存器中。

5）子程序应安排在代码段的主程序之外，最好放在主程序执行终止后的位置（返回操作系统后、汇编结束 END 伪指令前），也可以放在主程序开始执行之前的位置。

6）子程序允许嵌套和递归。

子程序内包含有子程序的调用，这就是子程序嵌套。嵌套深度（层次）逻辑上没有限制，但受限于开设的堆栈空间。相对于没有嵌套的子程序，设计嵌套子程序并没有什么特殊要求，只是有些问题更要小心，例如，正确的调用和返回、寄存器的保护与恢复等。

当子程序直接或间接地嵌套调用自身时称为递归调用，含有递归调用的子程序称为递归子程序。递归子程序的设计有一定难度，但能设计出很精巧的程序。

7）处理好子程序与主程序间的参数传递问题。

如果子程序与主程序之间无须传递参数（和返回值），问题就简单了，就像是两个独立的程序片段。如下回车换行子程序 DPCRLF 没有参数和返回值，同时该子程序调用字符输出子程序 DISPC 又是子程序嵌套示例。

[例 5-2]　回车换行子程序

DOS 和 Windows 平台中，实现显示器光标回到下一行首位置需要输出回车 CR（ASCII 码：0DH，光标回到当前行首位置）和换行 LF（ASCII 码：0AH，光标移到下一行，列位置不变）两个控制字符，与 C 语言输出"\n"字符的作用相对应。UNIX（Linux）平台只使用换行字符就可以实现光标回到下一行首位置。

本示例子程序调用字符输出子程序 DISPC 实现回车换行。

```
dpcrlf      proc            ;回车换行子程序
            push eax        ;保护寄存器
            mov al,0dh      ;输出回车字符
            call dispc      ;子程序中调用子程序,实现子程序嵌套
            mov al,0ah      ;输出换行字符
            call dispc      ;子程序中调用子程序,实现子程序嵌套
```

```
          pop eax          ;恢复寄存器
          ret              ;子程序返回
dpcrlf    endp
```

参数传递是子程序设计的关键和难点，下一节将详细讨论。

另外，为了使子程序调用更加方便，编写子程序时有必要提供适当的注释。完整的注释应该包括子程序名、子程序功能、入口参数以及出口参数、调用注意事项以及其他说明等。这样，程序员只要阅读了子程序的说明就可以调用该子程序，而不必关心子程序是如何编程实现该功能的。

5.2　参数传递

主程序在调用子程序时，通常需要向其提供一些数据，对于子程序来说就是入口参数（输入参数）；同样，子程序执行结束也要返回必要的数据给主程序，这就是子程序的出口参数（输出参数、返回参数）。主程序与子程序间通过参数传递建立联系，相互配合完成任务。

传递参数的多少反映程序模块间的耦合程度。根据实际情况，子程序可以没有参数，可以只有入口参数或只有出口参数，也可以入口参数和出口参数都有。汇编语言中，参数传递可通过寄存器、变量或堆栈来实现，参数的具体内容可以是数据本身（传递数值，By Value），也可以是数据的存储地址（传递地址，By Location）。传递数值是传递参数的一个拷贝，被调用程序改变这个参数不影响调用程序。传递地址时，被调用程序可能修改通过地址引用的变量内容，故也称为传递引用（By Reference）。

5.2.1　寄存器传递参数

汇编语言频繁使用寄存器，所以利用寄存器传递参数是最常用、最自然、最简单的方法，只要把参数存于约定的寄存器就可以了。例如，所有输入输出子程序库中的子程序都采用寄存器传递参数。

由于通用寄存器个数有限，这种方法对少量数据可以直接传递数值，而对大量数据只能传递地址。采用寄存器传递参数，要注意带有出口参数的寄存器不能保护和恢复，带有入口参数的寄存器可以保护也可以不保护，但最好保持一致。另外，有时虽然只使用 32 位通用寄存器的低 8 位或低 16 位，但保护和恢复都应该针对整个 32 位。还要注意，使用低 8 位或低 16 位寄存器后往往不再保证不影响高位部分。

［例 5-3］　十六进制显示程序

对于标准输入和标准输出设备，操作系统往往只提供单个字符和字符串的输入输出功能（类似于本书配套的字符输出 DISPC、字符串输出 DISPMSG 以及字符输入 READC、字符串输入子程序 READMSG）。实际编程常使用十进制数据，有时也使用十六进制或者二进制数据进行输入输出，以方便用户操作。所以，低层程序设计需要实现不同数制编码间的相互转换。本章例题和习题主要围绕二进制、十进制和十六进制与 ASCII 码相互转换展开。

例如，要将数据以二进制形式输出，就需要从高位到低位依次处理，析出每个数位（数值"0"或"1"），加 30H 成为 ASCII 码（字符"0"或"1"），然后逐个字符输出（可以用 DISPC 子程序）或者顺序保存到主存后以字符串形式一并输出（可以用 DISPMSG 子程序），这个转换留作习题请读者编程实现。

本示例程序利用字符串显示子程序 DISPMSG 实现十六进制显示，它需要以 4 个二进制位为单位将每个十六进制数位转换为 ASCII 码。这是因为，4 位二进制数对应一位十六进制数，具有16 个数码：0 ~ 9、A ~ F。这 16 个数码对应的 ASCII 码依次是 30H ~ 39H、41H ~ 46H，所以十六进制数 0～9 只要加 30H 就转换为了 ASCII 码,而对 A～F(大写字母)需要再加 7。例如,数码 "B" 加 30H 再加 7 等于 42H,正是大写字母 B 的 ASCII 码(0BH + 30H + 7 = 42H)。之所以再加 7,是因为大写字母 A 的 ASCII 码与数字 9 的 ASCII 码相隔 7。

程序中需要多次将十六进制数码转换为 ASCII 码,所以将转换过程编写成一个子程序,取名 HTOASC。用 AL 传递入口参数(传值),也用 AL 传递出口参数。主程序通过 AL 低 4 位将要转换的十六进制数位传递给子程序,子程序转换后的 ASCII 码通过 AL 反馈给主程序。本程序的编程思想就是本书配套输入输出子程序库中显示寄存器内容子程序 DISPRD、十六进制显示子程序 DISPHD 等所采用的方法。

```
                ;数据段
regd            byte 'EAX = ',8 dup (0),'H',0   ;显示 EAX 内容,预留 8 个字符(字节)空间
                ;代码段,主程序
                mov eax, 1234abcdh              ;假设一个要显示的数据
                xor ebx,ebx                    ;使用 EBX 相对寻址访问 REGD 字符串
                mov ecx,8                      ;8 位十六进制数
again:          rol eax,4                      ;高 4 位循环移位进入低 4 位,作为子程序的入口参数
                push eax                       ;子程序利用 AL 返回结果,所以需要保存 EAX 中的数据
                call htoasc                    ;调用子程序
                mov regd + 4[ebx],al           ;保存转换后的 ASCII 码
                pop eax                        ;恢复保存的数据
                inc ebx
                loop again
                mov eax,offset regd
                call dispmsg                   ;显示
                ;代码段,子程序
htoasc          proc                           ;将 AL 低 4 位表达的一位十六进制数转换为 ASCII 码
                and al,0fh                     ;只取 AL 的低 4 位
                or al,30h                      ;AL 高 4 位变成 3,实现加 30H
                cmp al,39h                     ;是 0～9 还是 A～F
                jbe htoend
                add al,7                        ;是 A～F,其 ASCII 码再加上 7
htoend:         ret                            ;子程序返回
htoasc          endp
```

利用第 3 章学习的换码方法也可以实现 HTOASC 子程序。与十六进制数码 0～9 和 A～F 对应的 ASCII 码表作为子程序只读的数据,安排在子程序代码之后。

```
                ;代码段,子程序
htoasc          proc
                and eax,0fh                    ;取 AL 低 4 位
                mov al,ASCII[eax]              ;换码
                ret
                ;子程序的局部数据
ASCII           byte '0123456789ABCDEF'
htoasc          endp
```

[例 5-4] 有符号十进制显示程序

有符号整数在计算机内部以补码形式保存,要以十进制形式显示其真值,需要进行转换。转换的算法如下:

1)首先判断数据是零、正数或负数,是零显示 "0" 退出。

2)是负数,显示负号 "-",求数据的绝对值。

3)接着数据除以 10,余数为十进制数码,加 30H 转换为 ASCII 码保存。

4)重复第(3)步,直到商为 0 结束。

5）依次从高位开始显示各位数字。

例如，对于数据 123，除以 10 后，余数 3 就是个位数，加 30H 转换为其 ASCII 码。

本示例程序将转换和显示编写成一个子程序，采用 EAX 传递入口参数，即需要以有符号十进制形式显示的补码。子程序没有出口参数，主程序调用子程序显示若干个数据。本程序的编程思想是 I/O 子程序库中有符号十进制显示子程序 DISPSID 和无符号十进制显示子程序 DISPUID 等所采用的方法。

采用 32 位寄存器表达数据，能够显示 $-2^{31} \sim +2^{31}-1$ 之间的数值，对应最多 10 位十进制数，故需设置 12 个字节的显示缓冲区（含一个符号位和结尾字符），利用字符串显示子程序 DISPMSG 实现显示。虽然显示缓冲区 WRITEBUF 只为该子程序使用，但却不能安排在子程序所在的代码段中。因为 Windows 操作系统的存储保护原则是不允许对代码段进行写入操作的，所以，定义的显示缓冲区在数据段。

```
                ;数据段
array           dword 1234567890, -1234,0,1, -987654321,32767, -32768,5678, -5678,9000
writebuf        byte 12 dup(0)              ;显示缓冲区
                ;代码段,主程序
                mov ecx,lengthof array
                mov ebx,0
again:          mov eax,array[ebx* 4]       ;EAX = 入口参数
                call write                  ;调用子程序,显示一个数据
                call dispcrlf               ;光标回车换行以便显示下一个数据
                inc ebx
                loop again
                ;代码段,子程序
write           proc                        ;显示有符号十进制数的子程序,EAX = 入口参数
                push ebx                    ;保护寄存器
                push ecx
                push edx
                mov ebx,offset writebuf     ;EBX 指向显示缓冲区
                test eax,eax                ;判断数据是零、正数或负数
                jnz write1                  ;不是零,跳转
                mov byte ptr [ebx],'0'      ;是零,设置"0"
                inc ebx
                jmp write5                  ;转向显示
write1:         jns write2                  ;是正数,跳转
                mov byte ptr [ebx],'-'      ;是负数,设置负号"-"
                inc ebx
                neg eax                     ;数据求补(绝对值)
write2:         mov ecx,10
                push ecx                    ;10 压入堆栈,作为退出标志
write3:         cmp eax,0                   ;数据(商)为零,转向保存
                jz write4
                xor edx,edx                 ;零位扩展被除数为 EDX.EAX
                div ecx                     ;数据除以 10:EDX.EAX ÷10
                add edx,30h                 ;余数(0~9)转换为 ASCII 码
                push edx                    ;数据各位先低位后高位压入堆栈
                jmp write3
write4:         pop edx                     ;数据各位先高位后低位弹出堆栈
                cmp edx,ecx                 ;是结束标志 10,转向显示
                je write5
                mov [ebx],dl                ;数据保存到缓冲区
                inc ebx
                jmp write4
write5:         mov byte ptr [ebx],0        ;给显示内容加上结尾标志
                mov eax,offset writebuf
```

```
              call dispmsg
              pop edx                    ;恢复寄存器
              pop ecx
              pop ebx
              ret                        ;子程序返回
      write   endp
```

5.2.2 共享变量传递参数

子程序和主程序使用同一个变量名存取数据就是利用共享变量（全局变量）进行参数传递。如果变量定义和使用不在同一个程序模块中，需要利用 PUBLIC、EXTERN 声明（下节介绍）。如果主程序还要利用原来的变量值，则需要保护和恢复。

利用共享变量传递参数，子程序的通用性较差，但对于一个程序中主程序与子程序之间或者多个子程序之间也是一种方便的传递数据的方法。

[例 5-5] 二进制输入程序

二进制输入的转换原理比较简单，但需要处理输入错误的情况。利用字符输入子程序 READC 输入一个字符，判断是否合法。是字符"0"或"1"合法，减去 30H 转换成数值"0"或"1"。重复转换每个字符的同时，需要将前一次的数值左移 1 位，并与新数值进行组合。如果输入了非"0"或"1"的字符，或者超过了数据位数，则提示错误重新输入。

本示例程序将二进制输入编写成一个子程序，输入的二进制数据用共享变量返回（即出口参数）。子程序没有入口参数，主程序调用子程序输入若干个数据。本程序的编程思想是本书子程序库中二进制输入子程序 READBD 等所采用的方法。

```
              ;数据段
      count   = 5
      array   dword count dup(0)
      temp    dword ?                    ;共享变量
              ;代码段,主程序
              mov ecx,count
              mov ebx,offset array
      again:  call rdbd                  ;调用子程序,输入一个数据
              mov eax,temp               ;获得出口参数
              mov [ebx],eax              ;存放到数据缓冲区
              add ebx,4
              loop again
              ;代码段,子程序
      rdbd    proc                       ;二进制输入子程序
              push eax                   ;出口参数:共享变量 TEMP
              push ebx
              push ecx
      rdbd1:  xor ebx,ebx                ;EBX 用于存放二进制结果
              mov ecx,32                 ;限制输入字符的个数
      rdbd2:  call readc                 ;输入一个字符
              cmp al,'0'                 ;检测键入字符是否合法
              jb rderr                   ;不合法则返回重新输入
              cmp al,'1'
              ja rderr
              sub al,'0'                 ;对输入的字符进行转化
              shl ebx,1                  ;EBX 的值乘以 2
              or bl,al                   ;BL 和 AL 相加
              loop rdbd2                 ;循环键入字符
              mov temp,ebx               ;把 EBX 的二进制结果存放于 TEMP 返回
```

```
        call dispcrlf          ;分行
        pop ecx
        pop ebx
        pop eax
        ret
rderr:  mov eax,offset errmsg  ;显示错误信息
        call dispmsg
        jmp rdbd1
errmsg byte 0dh,0ah,'Input error, enter again: ',0
rdbd    endp
```

［例 5-6］　有符号十进制输入程序

我们习惯使用十进制输入数据，但计算机内部采用二进制编码表达和处理，所以需要转换。利用字符串输入子程序 READMSG 输入十进制有符号整数后，转换为补码的算法如下（对应的汇编语言程序流程图见图 5-3）：

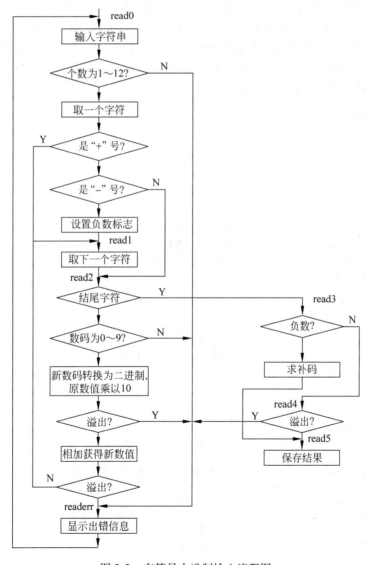

图 5-3　有符号十进制输入流程图

1）首先判断输入了正数（正号引导）还是负数（负号引导），无符号引导也是正数，可以用一个寄存器记录下来。

2）接着判断下一个字符是否为有效数码：0~9（ASCII 码）。若字符无效，则提示错误重新输入，并转向（1）。若字符有效，则继续。

3）字符有效，减 30H 转换为二进制数，然后将前面输入的数值乘以 10，并与刚输入的数字相加得到新的数值。因为刚输入的数码作为十进制个位，则前面输入的数值依次向十位、百位等移动一位，即乘以 10。

4）判断输入的数据是否超出了有效范围。若超出范围，则提示错误重新输入，并转向（1）。若没有超出范围，则继续。

5）重复第（2）~（4）步，如果输入的字符都有效，则一直处理完。

6）如果是负数，则进行求补转换成补码；否则直接保存数值。

本示例程序将输入和转换编写成一个子程序，转换成功的补码用共享变量返回（即出口参数）。子程序没有入口参数，主程序调用子程序输入若干个数据。本程序的编程思想是 I/O 子程序库中有符号十进制输入子程序 READSID 和无符号十进制输入子程序 READUID 等所采用的方法。

采用 32 位表达补码，能够输入的数据范围是 $-2^{31} \sim +2^{31}-1$，对应最多 10 位十进制数，考虑到有一定余量，故设置 30 个字节的输入缓冲区。因为 Windows 操作系统不允许对代码段进行写入操作，所以输入缓冲区被安排在数据段。

```
            ;数据段
count    = 5
array    dword count dup(0)
temp     dword ?
readbuf  byte 30 dup(0)
            ;代码段,主程序
         mov ecx,count
         mov ebx,offset array
again:   call read              ;调用子程序,输入一个数据
         mov eax,temp           ;获得出口参数
         mov [ebx],eax          ;存放到数据缓冲区
         add ebx,4
         dec ecx
         jnz again
            ;代码段,子程序
read     proc                   ;输入有符号十进制数的子程序
         push eax               ;出口参数:变量 TEMP = 补码表示的二进制数值
         push ebx               ;说明:负用"-"引导
         push ecx
         push edx
read0:   mov eax,offset readbuf
         call readmsg           ;输入一个字符串
         test eax,eax
         jz readerr             ;没有输入数据,转向错误处理
         cmp eax,12
         ja readerr             ;输入超过 12 个字符,转向错误处理
         mov edx,offset readbuf ;EDX 指向输入缓冲区
         xor ebx,ebx            ;EBX 保存结果
         xor ecx,ecx            ;ECX 为正负标志,0 为正,-1 为负
         mov al,[edx]           ;取一个字符
         cmp al,'+'             ;是"+",继续
         jz read1
         cmp al,'-'             ;是"-",设置-1 标志
         jnz read2
```

```
                mov ecx, -1
    read1:      inc edx                  ;取下一个字符
                mov al,[edx]
                test al,al               ;是结尾 0,转向求补码
                jz read3
    read2:      cmp al,'0'               ;不是 0~9 之间的数码,则输入错误
                jb readerr
                cmp al,'9'
                ja readerr
                sub al,30h               ;是 0~9 之间的数码,则转换为二进制数
                imul ebx,10              ;原数值乘 10:EBX = EBX×10
                jc readerr               ;CF = 1,说明乘积溢出,输入数据超出 32 位范围,出错
                movzx eax,al             ;零位扩展,便于相加
                add ebx,eax              ;原数值乘 10 后,与新数码相加
                cmp ebx,80000000h        ;数据超过 2^31,出错
                jbe read1                ;继续转换下一个数位
    readerr: mov eax,offset errmsg       ;显示出错信息
                call dispmsg
                jmp read0
                ;
    read3:      test ecx,ecx             ;判断是正数还是负数
                jz read4
                neg ebx                  ;是负数,进行求补
                jmp read5
    read4:      cmp ebx,7fffffffh        ;正数超过 2^31 -1,出错
                ja readerr
    read5:      mov temp,ebx             ;设置出口参数
                pop edx
                pop ecx
                pop ebx
                pop eax
                ret                      ;子程序返回
    errmsg      byte 'Input error, enter again: ',0
    read        endp
```

5.2.3　堆栈传递参数

传递参数还可以通过堆栈这个临时存储区。主程序将入口参数压入堆栈,子程序从堆栈中取出参数;出口参数通常不使用堆栈传递。高级语言进行函数调用时提供的参数实质上也是利用堆栈传递的,高级语言还利用堆栈创建局部变量。保存参数和局部变量的堆栈区域称为堆栈帧(Stack Frame),它在函数调用时建立、返回后消失。

[例 5-7]　**计算有符号数平均值程序**

假设有一个 32 位有符号整型数组,主程序调用子程序求平均值,最后显示结果。子程序需要两个参数:数组指针和元素个数,通过堆栈传递。

```
                ;数据段
    array       dword 675, 354, -34, 198, 267, 0, 9, 2371, -67, 4257
                ;代码段,主程序
                push lengthof array      ;压入数据个数
                push offset array        ;压入数组的偏移地址
                call mean                ;调用求平均值子程序,出口参数:EAX = 平均值(整数部分)
                add esp,8                ;平衡堆栈(压入了 8 个字节数据)
                call dispsid             ;显示
                ;代码段,子程序
    mean        proc                     ;计算 32 位有符号数平均值子程序
                push ebp                 ;入口参数:顺序压入数据个数和数组偏移地址
```

```
                mov ebp,esp                     ;出口参数:EAX = 平均值
                push ebx                        ;保护寄存器
                push ecx
                push edx
                mov ebx,[ebp+8]                 ;EBX = 堆栈中取出的偏移地址
                mov ecx,[ebp+12]                ;ECX = 堆栈中取出的数据个数
                xor eax,eax                     ;EAX 保存和值
                xor edx,edx                     ;EDX = 指向数组元素
     mean1:     add eax,[ebx+edx* 4]            ;求和
                add edx,1                       ;指向下一个数据
                cmp edx,ecx                     ;比较个数
                jb mean1                        ;循环
                cdq                             ;将累加和 EAX 符号扩展到 EDX
                idiv ecx                        ;有符号数除法,EAX = 平均值(余数在 EDX 中)
                pop edx                         ;恢复寄存器
                pop ecx
                pop ebx
                pop ebp
                ret
     mean       endp
```

上述程序执行过程中利用堆栈传递参数的情况如图 5-4 所示。主程序依次压入数据个数（LENGTHOF ARRAY）和数组偏移地址（OFFSET ARRAY），子程序调用时压入返回地址（EIP）。进入子程序后，压入 EBP 寄存器保护，然后设置基址指针 EBP 等于当前堆栈指针 ESP，这样利用 EBP 相对寻址（默认指向堆栈段）可以存取堆栈段中的数据。主程序压入了 2 个参数，使用了堆栈区的 8 个字节，为了保持堆栈的平衡，主程序在调用 CALL 指令后用一条"ADD ESP，8"指令平衡堆栈，这就是调用程序平衡堆栈。平衡堆栈也可以规定被调用程序实现，则返回指令采用"RET 8"，使 ESP 加 8。

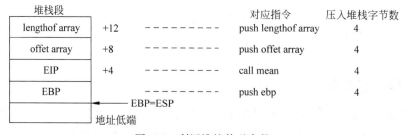

图 5-4　利用堆栈传递参数

由此可见，由于堆栈采用"先进后出"原则存取，而且返回地址和保护的寄存器等也要存于堆栈，因此，用堆栈传递参数时，要时刻注意堆栈的分配情况，保证参数的正确存取以及子程序的正确返回。为了降低利用堆栈传递参数的编程难度，从 MASM 6.0 开始对过程定义伪指令 PROC 进行了扩展，并引入过程声明 PROTO 和过程调用 INVOKE 伪指令。利用这些高级语言的特性，程序员就可以不必关心具体的堆栈位移，而直接使用变量名（详见 6.3 节）。

为简化问题，上述子程序没有处理求和过程中可能的溢出，这是一个潜在的错误。为了避免有符号数据运算的溢出，将被加数进行符号扩展，得到倍长数据（大小没有变化），然后求和。我们使用 32 位二进制数表示数据个数，最大是 2^{32}，这样扩展到 64 位二进制数表达累加和，不会出现溢出（考虑极端情况：数据全是 -2^{31}，共有 2^{32} 个，求和结果是 -2^{63}，用 64 位数据仍然可以表达）。改进的子程序如下：

```
                ;代码段,子程序
     mean       proc                            ;计算 32 位有符号数平均值子程序
                push ebp                        ;入口参数:顺序压入数据个数和数据缓冲区偏移地址
```

```
                mov ebp,esp                   ;出口参数:EAX = 平均值
                push ebx                      ;保护寄存器
                push ecx
                push edx
                push esi
                push edi
                mov ebx,[ebp +8]              ;EBX = 堆栈中取出的偏移地址
                mov ecx,[ebp +12]             ;ECX = 堆栈中取出的数据个数
                xor esi,esi                   ;ESI = 求和的低 32 位值
                mov edi,esi                   ;EDI = 求和的高 32 位值
mean1:          mov eax,[ebx]                 ;EAX = 取出一个数据
                cdq                           ;EAX 符号扩展到 EDX
                add esi,eax                   ;求和低 32 位
                adc edi,edx                   ;求和高 32 位
                add ebx,4                     ;指向下一个数据
                dec ecx                       ;数据个数减少一个
                jnz mean1                     ;循环(这两条指令等同于 LOOP 指令)
                mov eax,esi                   ;累加和在 EDX.EAX
                mov edx,edi
                idiv dword ptr [ebp +12]      ;有符号数除法,EAX = 平均值(余数在 EDX 中)
                pop edi                       ;恢复寄存器
                pop esi
                pop edx
                pop ecx
                pop ebx
                pop ebp
                ret
mean            endp
```

上述程序还隐含一个问题,如果将 0 作为元素个数压入堆栈,除法指令将产生除法错异常。改进的方法是:可以在个数为 0 时,直接赋值 0 作为返回结果。

5.3　多模块程序结构

对经常用到的应用问题,可以编写一个通用的子程序在需要时调用;看似无法入手的大型处理过程可以逐步分解,划分成一个个能够解决的模块。子程序实现了程序的模块化,使得程序结构简洁清晰。进一步地,还可以单独编辑、汇编子程序,生成目的代码文件或子程序库,然后使用多个模块组成完整的程序。

5.3.1　源文件包含

为了方便编辑大型源程序,可以将整个源程序合理地分放在若干个文本文件中。例如,可以将各种常量定义、声明语句等组织在包含文件中(一般用扩展名 INC,类似于 C/C ++ 语言的头文件),可以把一些常用的或有价值的宏定义存放在宏定义文件中(一般用扩展名 MAC,详见下节),还可以将常用的子程序编辑成汇编语言源文件。

这样,主体源程序文件只要使用源文件包含伪指令 INCLUDE,就能将它们结合成一体,然后按照一个源程序文件进行汇编连接,形成可执行文件。其格式为:

INCLUDE 文件名

文件名要符合操作系统规范,必要时含有路径,用于指明文件的存储位置。如果没有路径名,汇编程序将在默认目录、当前目录和指定目录下寻找。

源文件包含的一定是文本文件,汇编程序在对 INCLUDE 伪指令进行汇编时将它指定的文本文件内容插入该伪指令所在位置,与其他部分同时汇编。但是需要明确的是,利用 INCLUDE 伪

指令包含其他文件，其实质仍然是一个源程序，只不过是分成了几个文件书写。被包含的文件不能独立汇编，是依附主程序而存在的。所以，合并的源程序之间的各种标识符（如标号和名字等）应该统一规定，不能发生冲突。

[例 5-8] **存储器数据显示程序**

为了方便查看主存内容，实现一个存储器数据显示程序。用户输入一个 32 位存储器地址（用 8 位十六进制表示），程序分别用十六进制和十进制显示该双字单元的数据。

为了说明源文件包含方法，将数据段内容书写在一个文件中，涉及的十六进制输入和输出、十进制输出编写成 3 个子程序编辑在一个文件中，主程序文件包含它们实现指定存储单元内容的显示。如下给出了各个文件内容，程序完整，无须套用框架模板文件。

```
;文件名:eg0508.inc,例 5-8 程序的数据段内容
            .data                   ;数据段
dvar        dword 1234abcdh
inmsg       byte 'Enter Memory Address: ',0
outmsg1     byte 'Memory Data In HexDecimal: ',0
outmsg2     byte 'Memory Data In Signed Decimal: ',0
temp        dword ?                 ;共享变量
writebuf    byte 12 dup(0)          ;十进制输出的显示缓冲区
```

```
;文件名:eg0508.asm,例 5-8 程序的主程序
            include io32.inc        ;源文件包含:32 位输入输出说明文件
            include eg0508.inc      ;源文件包含:数据段文件
            .code                   ;代码段,主程序
start:
            mov temp,offset dvar
            call dphd               ;十六进制输出,显示变量 DVAR 地址以便输入
            call dispcrlf
            mov eax,offset inmsg
            call dispmsg
            call rdhd               ;输入存储器地址,结果返回 EAX
            call dispcrlf
            mov ebx,[eax]           ;EBX =存储器数据
            mov eax,offset outmsg1
            call dispmsg
            mov temp,ebx            ;共享变量传递参数
            call dphd               ;十六进制输出
            call dispcrlf
            mov eax,offset outmsg2
            call dispmsg
            mov eax,ebx             ;寄存器传递参数
            call write              ;十进制输出
            exit 0                  ;主程序结束,退出
            include eg0508s.asm     ;源文件包含:子程序文件
            end start
```

```
;文件名:eg0508s.asm,例 5-8 程序的子程序
rdhd        proc                    ;十六进制输入子程序
            push ebx                ;出口参数:EAX =输入的数据
            push ecx
rdhd1:      xor ebx,ebx             ;EBX 用于存放十六进制结果
            mov ecx,8               ;限制输入字符的个数
rdhd2:      call readc              ;输入一个字符
            cmp al,'0'              ;检测键入字符是否合法
            jb rderr                ;不合法则返回重新输入
            cmp al,'9'
```

```
                jbe rdhd4                 ;输入数码:0~9,减 30H
                cmp al,'A'
                jb rderr
                cmp al,'F'
                jbe rdhd3                 ;输入大写字母:A~F,减 7 后再减 30H
                cmp al,'a'
                jb rderr
                cmp al,'f'                ;输入小写字母:a~f,减 20H、减 7 后再减 30H
                ja rderr
                sub al,20h                ;减 20H
rdhd3:          sub al,7                  ;减 7
rdhd4:          sub al,30h                ;减 30H
                shl ebx,4                 ;EBX 左移 4 位对应十六进制一位
                or bl,al                  ;BL 和 AL 相加
                loop rdhd2                ;循环键入字符
                mov eax,ebx               ;通过 EAX 返回结果
                pop ecx
                pop ebx
                ret
rderr:          mov eax,offset errmsg
                call dispmsg
                jmp rdhd1
errmsg          byte 0dh,0ah,'Input error,enter again:',0
rdhd            endp
dphd            proc                      ;十六进制输出子程序(参考例 5-3)
                push eax                  ;入口参数:temp = 输出的数据
                push ecx
                mov eax,temp              ;使用共享变量传递的参数
                mov ecx,8                 ;8 位十六进制数
dphd1:          rol eax,4                 ;高 4 位循环移位进入低 4 位
                push eax                  ;保存 EAX 中的数据
                and al,0fh                ;只取 AL 的低 4 位
                or al,30h
                cmp al,39h
                jbe dphd2
                add al,7
dphd2:          call dispc                ;显示一个数位
                pop eax                   ;恢复保存的数据
                loop dphd1
                pop ecx
                pop eax
                ret
dphd            endp
write           proc                      ;十进制输出子程序
                ...                       ;略(同例 5-4)
write           endp
```

十六进制输入的原理类似于二进制输入,只是合法的字符有数码 0~9(减 30H 转为数值)、大写字母 A~F(需要再减 7,例如,大写字母 A 的 ASCII 码为 41H,41H – 7 – 30H = 0AH = 10,表达数值 10)和小写字母 a~f(先减 20H 转换为大写字母,然后转换为数值 10~15)。另外,十六进制一位对应二进制 4 位,所以输入一位十六进制数后需要左移 4 位二进制数存放新的数据。

完成这 3 个文件的编辑后,把它们保存在同一个目录下,然后只针对主程序进行汇编连接就可以了。在生成的列表文件中被包含的源程序行增加了一个字母"C"标示。

在 Windows 的虚拟地址空间,用户进程被安排起始于 00400000H(参见 1.2.3 节),不能输入非本程序所在区域的地址,否则将提示错误。所以,主程序开始安排了显示变量 DVAR 所在

地址的片段。这样，执行本程序时，可以按照这个地址进行输入，随后显示"1234ABCD"，即本程序安排的变量值。如图 5-5 所示。

5.3.2   模块连接

为了使子程序更加通用并利于复用，可以将子程序单独编写成一个源程序文件，经过汇编之后形成目标模块 OBJ 文件，这就是子程序模块。这样，某个程序使用该子程序时，只要在连接时输入子程序模块文件名就可以了。

图 5-5   例 5-8 程序运行情况

将子程序汇编成独立的模块，编写源程序文件时，需要注意以下几个问题：

1）子程序文件中的子程序名、定义的共享变量名要用共用伪指令 PUBLIC 声明为其他程序可以使用。子程序使用了其他模块或者主程序中定义的子程序或共享变量，也要用外部伪指令 EXTERN 声明为在其他模块当中。主程序文件同样也要进行声明，即本程序定义的共享变量、过程等需要用 PUBLIC 声明为共用，使用其他程序定义的共享变量、过程等需要用 EXTERN 声明为来自外部。

```
PUBLIC 标识符[,标识符…]                    ;定义标识符的模块使用
EXTERN 标识符:类型[,标识符:类型…]          ;调用标识符的模块使用
```

其中，标识符是变量名、过程名等，类型是 NEAR、FAR（过程）或 BYTE、WORD、DWORD（变量）等。在一个源程序中，可以有多条 PUBLIC 和 EXTERN 语句。

MASM 默认将过程名作为共用，但将变量和符号作为本程序私有。

2）子程序必须在代码段中，与主程序文件采用相同的存储模型，但没有主程序那样的开始执行和结束执行点。此外，还需要特别处理好子程序与主程序之间的参数传递问题，可以采用寄存器、共享变量或堆栈等传递方法。利用共享变量传递参数，要利用 PUBLIC 和 EXTERN 声明。

对例 5-8 的存储器数据显示程序，现在使用子程序模块连接方法进行开发。

将十六进制输入和输出、十进制输出 3 个子程序单独编辑成一个文件（如果每个子程序都很大，也可以分成 3 个文件），只需把前面的子程序文件（EG0508S.ASM）简单修改如下：

```
;文件名:eg0508es.asm,例5-8程序的子程序
            include io32.inc
            public rdhd,dphd,write    ;子程序共用
            extern temp:dword         ;外部变量
            .data                     ;数据段
writebuf    byte 12 dup(0)            ;显示缓冲区
            .code                     ;代码段,子程序
rdhd        proc c                    ;十六进制输入子程序
            …                         ;略,同EG0508S.ASM文件
dphd        proc c                    ;十六进制输出子程序
            …                         ;略,同EG0508S.ASM文件
write       proc c                    ;显示有符号十进制数的子程序
            …                         ;略,同EG0508S.ASM文件
            end                       ;汇编结束
```

利用 PUBLIC 语句声明 3 个子程序可以为其他程序共用。利用 EXTERN 语句说明变量 TEMP 来自外部其他文件，本程序可以使用，其类型是双字 DWORD。另外，可以将配合 WRITE 子程序的显示缓冲区 WRITEBUF 书写在子程序文件中。

使用 CALL 指令调用外部子程序时，MASM 默认采用 C 语言规范，所以定义外部过程时需要明确采用 C 语言规范（即 PROC C，关于扩展过程定义伪指令详见下一章），因为本书的程序框架采用了 STDCALL 规范。

主程序文件需要删除包含子程序文件的语句，增加如下语句（还要相应删掉定义显示缓冲区变量的语句）：

```
extern rdhd:near,dphd:near,write:near    ;外部子程序
public temp                              ;变量共用
```

现在需要将主程序文件（EG0508E. ASM）和子程序文件（EG0508ES. ASM）分别汇编形成模块文件：

```
BIN\ML /c /coff eg0508e.asm
BIN\ML /c /coff eg0508es.asm
```

然后用连接程序 LINK 将两个 OBJ 文件连接在一起（用空格分隔多个模块文件）：

```
BIN\LINK32 /subsystem:console eg0508e.obj eg0508es.obj
```

如果希望进行源程序文件调试，可以再加上生成调试信息的参数（详见第 1 章）。

5.3.3 子程序库

当子程序模块很多时，可以把它们统一管理起来，存入一个或多个子程序库中。子程序库文件（.LIB）就是子程序模块的集合，其中存放着各子程序的名称、目标代码以及有关定位信息等。

编写存入库的子程序与子程序模块中的要求一样，只是为方便调用更加严格，最好遵循一致的规则。例如，参数传递方法、子程序调用类型、存储模型、寄存器保护措施和堆栈平衡措施等都最好相同。子程序文件编写完成后汇编形成目标模块，然后利用库管理工具程序 LIB. EXE 把子程序模块逐个加入到库中，连接时就可以使用了。

例如，将例 5-8 的子程序文件汇编成模块文件，使用如下命令创建子程序库文件：

```
BIN\LIB32 /OUT:eg0508.lib eg0508es.obj
```

参数"/OUT:"指明库文件名，默认是第一个模块文件名。还可以将多个模块保存在一个子程序库中，用空格分隔模块文件名。使用子程序库，在连接主程序模块时需要提供子程序库文件名（本例是 EG0508. LIB）。

```
BIN\LINK32 /subsystem:console eg0508e.obj eg0508.lib
```

有了子程序库，可以直接在主程序源文件中用库文件包含伪指令 INCLUDELIB 说明，这样就不用在连接时输入库文件名，操作起来更方便。其格式为：

```
INCLUDELIB 文件名
```

这里的文件必须是库文件，文件名要符合操作系统规范，与源文件包含伪指令类似。

组合两种文件包含以及宏汇编等方法，可以精简程序框架，简化程序设计。例如，本书构造的源程序框架开始就使用"INCLUDE IO32. INC"语句，将必要的存储模型、处理器指令选择、库文件包含、宏定义、外部子程序声明等都纳入其中。文本文件 IO32. INC 中，涉及子程序库的语句如下：

```
;declare procedures for inputting and outputting charactor or string
        extern readc:near,readmsg:near
        extern dispc:near,dispmsg:near,dispcrlf:near
        ......
;declare I/O libraries
        includelib io32.lib
```

文件包含封装了复杂的、深入的内容，利于大家从易到难展开汇编语言的教与学。

5.4 宏结构

宏汇编、重复汇编和条件汇编用于简化源程序结构，本书将其统称为宏结构。

5.4.1 宏汇编

宏（Macro）是具有宏名的一段汇编语句序列。宏需要先定义，然后在程序中进行宏调用。由于调用形式类似于其他指令，所以常称其为宏指令。宏指令实际上是一段语句序列的缩写，汇编程序将用对应的语句序列替代宏指令，即展开宏指令。因为宏指令是在汇编过程中实现的宏展开，所以常称为宏汇编。

1. 宏定义和宏调用

宏定义由一对宏汇编伪指令 MACRO 和 ENDM 来完成，其格式如下：

```
宏名      MACRO［形参表］
          ……              ;;宏定义体
          ENDM
```

其中，宏名是符合语法的标识符，同一源程序中该名字应唯一。宏定义体中不仅可以是硬指令组成的执行性语句序列，还可以是伪指令组成的指示性语句序列。可选的形参表给出了宏定义中用到的形式参数，各个形式参数之间用逗号分隔。

例如，将调用字符串显示子程序 DISPMSG 编写成一个宏 WRITESTRING，其中宏的参数是定义字符串的名称 MSG，程序段如下：

```
WriteString  macro msg
             push eax
             lea eax,msg
             call dispmsg
             pop eax
             endm
```

宏定义之后就可以使用它，即宏调用。方法是：在使用宏指令的位置写下宏名，后跟实体参数，如果有多个参数，应按形参顺序填入实参，也用逗号分隔。格式如下：

```
宏名［实参表］
```

例如，使用上面宏定义的宏调用指令是：

```
WriteString msg   ;MSG是程序中定义的字符串名称
```

在汇编时，宏指令被汇编程序用宏定义的代码序列替代。例如，上面的宏指令被展开为：

```
push eax
lea eax,msg
call dispmsg
pop eax
```

宏展开的具体过程是：当汇编程序扫描源程序遇到已有定义的宏调用时，即用相应的宏定义体取代源程序的宏指令，同时用位置匹配的实参对形参进行取代。实参与形参的个数可以不等，多余的实参不予考虑，缺少的实参对相应的形参做"空"处理。另外，汇编程序不对实参和形参进行类型检查，取代时完全是字符串的替代，至于宏展开后是否有效则由汇编程序翻译时进行语法检查。由此可见，宏调用不需要控制的转移与返回，而是将相应的程序段复制到宏指令的位置、嵌入源程序。

宏定义允许嵌套，即宏定义体内可以有宏定义，对这样的宏进行调用时需要多次分层展开。宏定义内也允许递归调用，这种情况需要用到后面将介绍的条件汇编指令给出递归出口条件。

宏需先定义后使用，且不必在任何段中，所以宏定义通常书写在源程序的开头。为了使宏定义为多个源程序使用，可以将常用的宏定义单独写成一个宏定义文件。要使用这些宏时，只需用源文件包含伪指令 INCLUDE 将它们结合成一体。如果程序中并没有使用定义的宏，则汇编后的程序中也不会包含宏定义的语句。

另外，如果宏定义中使用了寄存器，最好也像子程序一样进行保护和恢复，以便更加通用。

[例 5-9]　状态标志显示程序

利用处理器指令 PUSHFD 可以将当前 32 位标志寄存器内容压入堆栈，然后从堆栈弹出就能够逐个数位进行显示。本程序仅显示我们经常关注的 6 个状态标志，如图 5-6 所示，注意从高位开始 OF、SF、ZF、AF、PF 和 CF 标志依次是数据的 D_{11}、D_7、D_6、D_4、D_2 和 D_0 位（详见 1.2 节图 1-3）。我们只要将欲显示的标志位移入 CF，再加 30H 转换为 ASCII 码就可以显示。

31		12	11	10	9	8	7	6	5	4	3	2	1	0
			OF				SF	ZF		AF		PF		CF

图 5-6　状态标志在标志寄存器中的位置

由于每个位的处理过程类似，我们考虑编写成宏，不同的位数作为参数代入。

```
            ;宏定义
rfbit       macro bit1,bit2
            xor ebx,ebx         ;EBX 清 0,用于保存字符
            rol  eax,bit1       ;将某个标志左移 BIT1 位,进入当前 CF
            adc ebx,30h         ;转换为 ASCII 字符
            mov rfmsg+bit2,bl   ;保存于字符串 BIT2 位置
            endm

            ;数据段
rfmsg       byte 'OF=0, SF=0, ZF=0, AF=0, PF=0, CF=0',13,10,0
            ;代码段
            mov eax,50
            sub eax,80          ;假设一个运算
            pushfd              ;将标志位寄存器的内容(保护上条指令影响的状态标志)压入堆栈
            pop eax             ;将标志位寄存器的内容存入 EAX

            rfbit 21,3          ;显示 OF(原来的 OF 需左移 21 位,进入当前 CF)
            rfbit 4,9           ;显示 SF(原来的 SF 再左移 4 位,进入当前 CF)
            rfbit 1,15          ;显示 ZF(原来的 ZF 再左移 1 位,进入当前 CF)
            rfbit 2,21          ;显示 AF(原来的 AF 再左移 2 位,进入当前 CF)
            rfbit 2,27          ;显示 PF(原来的 PF 再左移 2 位,进入当前 CF)
            rfbit 2,33          ;显示 CF(原来的 CF 再左移 2 位,进入当前 CF)
            mov eax,offset rfmsg
            call dispmsg
```

打开汇编时生成的列表文件，可以看到前两个宏调用展开为：

```
            rfbit 21,3          ;显示 OF(原来的 OF 需左移 21 位,进入当前 CF)
1           xor ebx,ebx         ;EBX 清 0,用于保存字符
1           rol  eax,21         ;将某个标志左移 BIT1 位,进入当前 CF
1           adc ebx,30h         ;转换为 ASCII 字符
1           mov rfmsg+3,bl      ;保存于字符串 BIT2 位置
            rfbit 4,9           ;显示 SF(原来的 SF 再左移 4 位,进入当前 CF)
1           xor ebx,ebx         ;EBX 清 0,用于保存字符
1           rol  eax,4          ;将某个标志左移 BIT1 位,进入当前 CF
```

```
        1       adc ebx,30h              ;转换为 ASCII 字符
        1       mov rfmsg+9,bl           ;保存于字符串 BIT2 位置
```

其中，带"1"等数字的语句为相应的宏定义体（数字代表宏展开的层数）。

2. 宏的参数和宏的操作符

宏的参数功能强大，既可以无参数，又可以带有一个或多个参数。而且，参数的形式非常灵活，可以是常数、变量、存储单元、指令（操作码）或它们的一部分，也可以是表达式。宏的参数可以设置为不可缺少（使用"：REG"说明），还可以预设默认值。

运用宏时还经常需要一些宏操作符的配合，如表5-3所示。

表5-3　宏操作符

宏操作符	作用或含义
&	替换操作符，用于将参数与其他字符分开。如果参数紧接在其他字符之前或之后，或者参数出现在带引号的字符串中，就必须使用该伪操作符
<>	字符串传递操作符，用于括起字符串。在宏调用中，如果传递的字符串实参含有逗号、空格等间隔符号，则必须用这对操作符，以保证字符串的完整
!	转义操作符，用于指示其后的一个字符作为一般字符，而不含特殊意义
%	表达式操作符，用在宏调用中，表示将后跟的一个表达式的值作为实参，而不是将表达式本身作为参数
;;	宏注释符，用于表示在宏定义中的注释。采用这个符号的注释，在宏展开时不出现
: reg	说明宏定义设定的参数在调用时不可缺少
: =默认值	设定参数默认值

例如，用宏定义一个自动带有结尾0的字符串。程序段如下：

```
asciiz  macro string
        byte '&string&',0
        endm
```

宏定义中的一对"&"伪操作符括起 string，表示它是一个参数。

1）定义字符串 'This is an example.'，可以采用如下宏调用：

```
asciiz <This is an example. >
```

它产生的宏展开为：

```
1       byte 'This is an example.',0
```

因为字符串中有空格，所以必须采用一对"<>"伪操作符将字符串括起来。

2）定义字符串 '0 < Number < 10'，宏调用是：

```
asciiz <0! <Number! <10 >
```

宏展开为：

```
1       byte '0 <Number <10',0
```

字符串中包含"<>"或其他特殊意义的符号，则应该使用转义伪操作符"!"。

3）使用表达式值作为参数，宏调用为：

```
asciiz % (1024 -1)
```

宏展开为：

```
1          byte '1023',0
```

3. 宏的伪指令

MASM 设置有若干与宏配合使用的伪指令，旨在增强宏的功能，其中最主要的是局部标号伪指令 LOCAL。

宏定义可被多次调用，每次调用实际上是把替代参数后的宏定义体复制到宏调用的位置。但是，当宏定义中使用了标号（包括变量定义的名字）时，同一源程序对它的多次调用就会造成标号的重复定义，汇编将出现语法错误。子程序之所以没有这类问题是因为程序中只有一份子程序代码，子程序的多次调用只是控制的多次转向与返回，某一特定的标号地址是唯一确定的。所以，如果宏定义体采用了标号，就需要使用局部伪指令 LOCAL 加以说明。格式为：

LOCAL 标号列表

其中，标号列表由宏定义体内使用的标号组成，用逗号分隔。这样，每次宏展开时汇编程序将对其中的标号自动产生一个唯一的标识符（其形式为 "??0000" 到 "??FFFF"），以避免宏展开后的标号重复。

LOCAL 伪指令只能在宏定义体内使用，而且是宏定义 MACRO 语句之后的第一条语句，两者间也不允许有注释和分号。

例如，编写一个求绝对值的宏，由于具有分支需要采用标号：

```
absol  macro oprd
       local next
       cmp  oprd,0
       jge next
       neg  oprd
next:
       endm            ;;这个伪指令要独占一行
```

第 1 次宏调用和宏展开：

```
       absol word ptr[ebx]
1      cmp word ptr[ebx],0
1      jge??0000
1      neg word ptr[ebx]
1      ??0000:
```

第 2 次宏调用和宏展开：

```
       absol ebx
1      cmp ebx,0
1      jge??0001
1      neg ebx
1      ??0001:
```

[例 5-10]　通用寄存器显示程序

IA-32 处理器有 8 个 32 位通用寄存器，编写一个显示其内容（以十六进制形式）的子程序，以便随时观察（类似于本书提供的子程序 DISPRD）。每个通用寄存器都需要显示 8 位十六进制数，书写成宏，转换算法参见例 5-3。

```
       ;宏定义
dreg32  macro reg32
       local dreg1,dreg2
       mov eax,reg32            ;;显示 reg32 寄存器
       mov ecx,8
```

```
                xor ebx,ebx
        dreg1:  rol eax,4
                mov edx,eax
                and dl,0fh
                add dl,30h              ;;转化为相应的 ASCII 码值
                cmp dl,39h              ;;区别 0~9 和 A~F 数码
                jbe dreg2
                add dl,7
        dreg2:  mov rd&reg32&[ebx+4],dl ;;存于对应的字符串
                inc ebx
                cmp ebx,ecx
                jb dreg1
                endm
                ;数据段
        rdeax   byte 'EAX=00000000,'
        rdebx   byte 'EBX=00000000,'
        rdecx   byte 'ECX=00000000,'
        rdedx   byte 'EDX=00000000',13,10
        rdesi   byte 'ESI=00000000,'
        rdedi   byte 'EDI=00000000,'
        rdebp   byte 'EBP=00000000,'
        rdesp   byte 'ESP=00000000',13,10,0
                ;代码段,主程序
                mov eax,12345678h       ;假设一些数据
                mov ebx,0abcdef00h
                mov ecx,eax
                mov edx,ebx
                mov esi,11111111h
                mov edi,22222222h
                mov ebp,esp             ;ESP 由系统设置,不要修改
                call dprd               ;调用通用寄存器显示子程序
                ;代码段,子程序
        dprd    proc                    ;8 个 32 位通用寄存器内容显示子程序
                pushad                  ;入栈保存 8 个 32 位通用寄存器
                push edx
                push ecx
                push ebx
                dreg32 eax              ;显示 EAX
                pop ebx
                dreg32 ebx              ;显示 EBX
                pop ecx
                dreg32 ecx              ;显示 ECX
                pop edx
                dreg32 edx              ;显示 EDX
                dreg32 esi              ;显示 ESI
                dreg32 edi              ;显示 EDI
                dreg32 ebp              ;显示 EBP
                add esp,36              ;获得进入该子程序前的 ESP
                dreg32 esp              ;显示 ESP
                sub esp,36              ;恢复 ESP
                mov eax,offset rdeax
                call dispmsg
                popad                   ;出栈恢复 8 个 32 位通用寄存器
                ret
        dprd    endp
```

宏使用了 EAX、EBX、ECX 和 EDX,但没有保护,所以在子程序中还要压入堆栈以便恢复并用于显示。子程序首先用 PUSHAD 指令将所有通用寄存器保护进入堆栈,使得 ESP 减少了 32

（ =8×4），调用子程序压入 4 个字节返回地址，ESP 又减少 4，所以 ESP 要加 36 才是主程序要显示指令当时的 ESP 值。

请大家观察列表文件，例如，最后的宏调用和宏展开是：

```
              dreg32 esp              ;显示 ESP
1             mov eax,esp
1             mov ecx,8
1             xor ebx,ebx
1    ??000E:  rol eax,4
1             mov edx,eax
1             and dl,0fh
1             add dl,30h
1             cmp dl,39h
1             jbe??000F
1             add dl,7
1    ??000F:  mov rdesp[ebx+4],dl
1             inc ebx
1             cmp ebx,ecx
1             jb??000E
```

当程序不再需要某个宏定义时，可以把它删除。删除宏定义伪指令 PURGE 的格式为：

PURGE 宏名表

其中，宏名表是由逗号分隔的需要删除的宏名。宏名一经删除，该标识符就成为未说明的符号串，源程序的后续语句便不能对该名字进行合法的宏调用，但是却可以采用这个标识符重新定义其他宏等。

另外，在宏定义体、重复汇编的重复块以及条件汇编的分支代码序列中有时需要配合使用宏定义退出伪指令 EXITM，它的格式为：

EXITM

汇编程序执行 EXITM 指令后立即停止它后面部分的宏展开。

4. 宏与子程序

宏与子程序都可以把一段程序用一个名字定义，以简化源程序的结构和设计。一般来说，子程序能实现的功能用宏也可以实现，但是，宏与子程序却有着本质的不同，主要反映在调用方式上，另外，在传递参数和使用细节上也有很多不同。下面我们简单比较一下宏与子程序。

- 宏调用在汇编时进行程序语句的展开，不需要返回，它仅是源程序级的简化，并不减小目标程序，因此执行速度没有改变。子程序调用在执行时由 CALL 指令转向子程序体，需要执行 RET 指令返回，它还是目标程序级的简化，形成的目标代码较短。但是，子程序需要利用堆栈保存和恢复转移地址、寄存器等，要有一定的时间和空间开销，特别是当子程序较短时，这种额外开销所占比例较大。
- 宏调用的参数通过形参、实参结合实现传递，简洁直观、灵活多变。子程序需要利用寄存器、存储单元或堆栈等传递参数。对宏调用来说，参数传递错误通常是语法错误，会由汇编程序发现；而对子程序来说，参数传递错误通常反映为逻辑或运行错误，不易排除。

除此之外，宏与子程序还具有各自的特点，程序员应该根据具体问题选择。通常，当程序段较短或要求较快执行时，应选用宏；当程序段较长或想减小目标代码时，应选用子程序。

5.4.2　重复汇编

程序中有时需要连续地重复一段相同或者基本相同的语句，这时可以用重复汇编伪指令来完成。重复汇编定义的程序段也是在汇编时展开，并且经常与宏定义配合使用。重复汇编伪指令有 3 个：REPEAT/FOR/FORC（在 MASM 5.x 中依次是 REPT/IRP/IRPC，它们在后续版本中仍然可以使用），都要用 ENDM 结束。重复汇编结构既可以在宏定义体外也可以在宏定义体内使用。重复汇编的程序段没有名字，不能被调用，但可以用参数。3 个重复汇编伪指令的不同之处在于如何规定重复次数。

1. 按参数值重复伪指令 REPEAT

REPEAT 伪指令的功能是按设定的重复次数连续重复汇编重复体的语句。其格式为：

```
REPEAT 重复次数    ;;重复开始
        ……        ;;重复体
ENDM              ;;重复结束
```

[例 5-11] ASCII 表显示程序

用重复汇编定义可显示字符的 ASCII 表。

```
            ;数据段
char=20h                              ;定义第一个可显示字符:空格,其 ASCII 值是 20H
space       byte char
            repeat 95 -1              ;;标准 ASCII 表,有 95 个可显示字符
                char = char +1
                byte char
            endm
            byte 0
            ;代码段
            mov eax,offset space
            call dispmsg
```

重复汇编的展开有 94 个语句，每个 CHAR 常量增加 1：

```
1       byte char
```

2. 按参数个数重复伪指令 FOR

FOR 伪指令的功能是按实参表的参数个数连续重复汇编重复体的语句。实参表用尖括号括起来，参数以逗号分隔，按照参数从左到右的顺序，每一次重复把重复体中的形参用一个实参代替。它的使用格式为：

```
FOR 形参,〈实参表〉
    ……              ;;重复体
ENDM
```

IA-32 处理器有保护所有通用寄存器的指令 PUSHAD，对应的恢复所有寄存器的指令是 POPAD。但有时，子程序只需要保护常用寄存器，可以如下编写：

```
for regad, <eax,ebx,ecx,edx >
    push   regad
endm
```

汇编后产生如下代码：

```
1       push   eax
1       push   ebx
1       push   ecx
1       push   edx
```

3. 按参数字符个数重复伪指令 FORC

FORC 伪指令的功能是按字符串的字符个数连续重复汇编重复体的语句。字符串可以用也可

以不用尖括号括起来，按照字符从左到右的顺序，每一次重复把重复体中的形参用一个字符代替。它的使用格式为：

```
FORC 形参,字符串          ;;或 FORC 形参,〈字符串〉
     ……                  ;;重复体
ENDM
```

例如，子程序最后恢复常用寄存器的系列语句可以如下编写：

```
forc regad,dcba
     pop  e&regad&x
endm
```

汇编后产生如下代码：

```
1       pop  edx
1       pop  ecx
1       pop  ebx
1       pop  eax
```

5.4.3　条件汇编

条件汇编伪指令根据某种条件确定是否汇编某段语句序列，它与高级语言的条件编译命令类似。条件汇编伪指令的一般格式是：

```
IFxx 表达式                ;;条件满足,汇编分支语句体 1
     分支语句体 1
[ELSE                     ;;条件不满足,汇编分支语句体 2
     分支语句体 2]
ENDIF                     ;;条件汇编结束
```

其中，IF 后跟的 xx 表示组成条件汇编伪指令的其他字符，如表 5-4 所示。如果表达式表示的条件满足，汇编程序将汇编分支语句体 1 中的语句；条件不满足，分支语句体 1 不被汇编。若存在可选的 ELSE 伪指令，分支语句体 2 中的语句将在不满足条件时被汇编。

表 5-4　条件汇编伪指令

格　　　式	功 能 说 明
IF 表达式	汇编程序求出表达式的值，此值不为 0 则条件满足
IFE 表达式	汇编程序求出表达式的值，此值为 0 则条件满足
IFDEF 符号	符号已定义（内部定义或声明外部定义），则条件满足
IFNDEF 符号	符号未定义，则条件满足
IFB＜形参＞	用在宏定义体内。如果宏调用没有用实参替代该形参，则条件满足
IFNB＜形参＞	用在宏定义体内。如果宏调用用实参替代该形参，则条件满足
IFIDN＜字符串 1＞,＜字符串 2＞	字符串 1 与字符串 2 相同则条件满足；区分大小写
IFDIF＜字符串 1＞,＜字符串 2＞	字符串 1 与字符串 2 不相同则条件满足；区分大小写
IFIDNI＜字符串 1＞,＜字符串 2＞	字符串 1 与字符串 2 相同则条件满足；不区分大小写
IFDIFI＜字符串 1＞,＜字符串 2＞	字符串 1 与字符串 2 不相同则条件满足；不区分大小写

1. IF/IFE 伪指令

IF/IFE 伪指令根据表达式是否成立决定是否汇编。表达式采用汇编语言的关系运算符，它们是：EQ（相等）、NE（不相等）、GT（大于）、LT（小于）、GE（大于等于）、LE（小于等于）。关系表达式用 −1（非 0）表示成立（真），用 0 表示不成立（假）。

例如，定义一个元素个数不超过 100 的数组，代码如下：

```
pdata      macro num
           if num lt 100              ;;如果 num <100,则汇编如下语句
               byte num dup(?)
           else                       ;;否则,汇编如下语句
               byte 100 dup(?)
           endif
           endm
```

如果宏调用的实参小于等于 100，例如：

```
pdata 12
```

则汇编 byte num dup（?）语句：

```
byte 12 dup(?)
```

如果宏调用的实参大于或等于 100，例如：

```
pdata 102
```

则汇编 byte 100 dup（?）语句：

```
byte 100 dup(?)
```

2. IFDEF/IFNDEF 伪指令

IFDEF/IFNDEF 伪指令根据指定的标识符是否被定义决定是否汇编。

例如，编写实模式汇编语言程序时需要设置数据段地址（详见 8.1 节），如果用符号 RealMode 表示，则发现定义了该符号就汇编设置数据段地址的语句，如下所示：

```
ifdef RealMode                ;;当定义有 RealMode 符号时,汇编如下语句
    mov ax,@ data
    mov ds,ax
endif
```

这样，在源程序开始书写一个语句，就可以按照实模式进行汇编：

```
RealMode =1        ;定义 RealMode 符号
```

3. IFB/IFNB 伪指令

IFB/IFNB 伪指令用在宏定义中，根据宏调用时是否用实参替代形参进行条件汇编。

例如，编写宏 MAXNUM，计算 3 个以内的数（形参）中的最大值，并将结果送入 EAX 寄存器。实际参加比较的数应该有一个，所以第一个参数设定为不可省略（：req）。如果只有两个参数，则只需比较一次，后一个比较的代码不用展开。宏定义体中判断后两个实参是否为空而汇编相应的比较代码。

```
maxnum      macro dvar1:req,dvar2,dvar3
            local maxnum1,maxnum2
            mov eax,dvar1
            ifnb < dvar2 >                    ;;当有 DVAR2 实参时,汇编如下语句
                cmp eax,dvar2
                jge maxnum1
                mov eax,dvar2
            endif
maxnum1:
            ifnb < dvar3 >                    ;;当有 DVAR3 实参时,汇编如下语句
                cmp eax,dvar3
```

```
            jge maxnum2
            mov eax,dvar3
        endif
maxnum2:
        endm
```

如果第 1 次宏调用是：

```
maxnum ebx
```

则第 1 次宏汇编的结果是：

```
mov eax,ebx
```

如果第 2 次宏调用是：

```
maxnum 3,5
```

则第 2 次宏汇编的结果是：

```
        mov eax,3
        cmp eax,5
        jge??0002
        mov eax,5
??0002:
```

如果第 3 次宏调用是：

```
maxnum 3,6,9
```

则第 3 次宏汇编的结果是：

```
        mov eax,3
        cmp eax,6
        jge??0004
        mov eax,6
??0004:
        cmp eax,9
        jge??0005
        mov eax,9
??0005:
```

4. IFIDN/IFDIF 和 IFIDNI/IFDIFI 伪指令

IFIDN/IFDIF 和 IFIDNI/IFDIFI 伪指令根据两个字符串是否相等进行条件汇编，前一对区分字母大小写，后一对不区分母大小写。

[例 5-12] 格式化显示程序

用不同的编码显示一个计算机内部代码，输出不同，参见例 4-1。这就像 C 语言的 printf 函数一样，它支持多种格式符输出。利用条件汇编编写一个类似的宏，根据不同的格式符号，汇编不同的语句，实现对应格式显示。

```
        ;宏定义
printf  macro format,var
        mov al,var
        ifidni <format>,<b>
          call dispbb                   ;;二进制显示用格式符"b"
        exitm                           ;;不再进行宏展开
        endif
        ifidni <format>,<x>
          call disphb                   ;;十六进制显示用格式符"x"
```

```
            exitm
            endif
            ifidni < format > , < d >
               call dispsib              ;;十进制显示用格式符"d"
            exitm
            endif
            ifidni < format > , < c >
               call dispc                ;;字符显示用格式符"c"
            endif
            endm
            ;数据段
    var     byte 01100100b
            ;代码段
            printf b,var                 ;二进制形式显示:01100100
            call dispcrlf                ;回车换行(用于分隔)
            printf x,var                 ;十六进制形式显示:64
            call dispcrlf                ;回车换行(用于分隔)
            printf d,var                 ;十进制形式显示:100
            call dispcrlf                ;回车换行(用于分隔)
            printf c,var                 ;字符显示:d
```

请大家创建该示例程序，并将列表文件与例 4-3 源程序进行对比。

第 5 章习题

5.1 简答题

(1) 指令"CALL EBX"采用了什么寻址方式？

(2) 为什么 MASM 要求使用 PROC 定义子程序？

(3) 为什么特别强调为子程序加上必要的注释？

(4) 参数传递的"传值"和"传址"有什么区别？

(5) 子程序采用堆栈传递参数，为什么要特别注意堆栈平衡问题？

(6) INCLUDE 语句和 INCLUDELIB 语句有什么区别？

(7) 什么是子程序库？

(8) 调用宏时没有为形参提供实参会怎样？

(9) 宏定义体中的标号为什么要用 LOCAL 伪指令声明？

(10) 条件汇编不成立的语句会出现在可执行文件中吗？

5.2 判断题

(1) 过程定义 PROC 是一条处理器指令。

(2) CALL 指令的执行并不影响堆栈指针 ESP。

(3) CALL 指令本身不能包含子程序的参数。

(4) CALL 指令用在调用程序中，如果被调用程序中也有 CALL 指令，说明出现了嵌套。

(5) 子程序需要保护寄存器，包括保护传递入口参数和出口参数的通用寄存器。

(6) 利用 INCLUDE 包含的源文件实际上只是源程序的一部分。

(7) 宏调用与子程序调用一样都要使用 CALL 指令实现。

(8) 宏定义与子程序一样，一般书写在主程序之后。

(9) 重复汇编类似于宏汇编，需要先定义后调用。

(10) 条件汇编并不像条件转移指令那样使用标志作为条件。

5.3 填空题

(1) 指令"RET i16"的功能相当于"RET"指令和"ADD ESP, _____"的组合。

(2) 例 5-1 程序中的 RET 指令，如果用 POP EBP 指令和 JMP EBP 指令替换，则 EBP 内容是_____。

(3) 子程序的参数传递主要有 3 种，它们是_____、_____和_____。

(4) 数值 10 在计算机内部用二进制 "1010" 编码表示，用十六进制表达是：_____。如果将该编码加 37H，则为_____，它是字符_____的 ASCII 码值。

(5) 利用堆栈传递子程序参数的方法是固定的，例如，寻址堆栈段数据的寄存器是_____。

(6) MASM 汇编语言中，声明一个共用的变量应使用_____伪指令；而使用外部变量要使用_____伪指令声明。

(7) 过程定义开始是 "TEST PROC" 语句，则过程定义结束的语句是_____。宏定义开始是 "DISP MACRO" 语句，则宏定义结束的语句是_____。

(8) 一个宏定义开始语句 "WriteChar MACRO CHAR：REQ"，则宏名是_____，参数有_____个，并且使用 ":REQ" 说明该参数_____。

(9) 实现 "BYTE 20 DUP（20H）" 语句的功能也可以使用重复汇编，第 1 个语句是_____，第 2 个语句是 "BYTE 20H"，第 3 个语句是_____。

(10) 条件汇编语句 "IF NUM LT 100" 中的 LT 表示_____，该语句需要配合_____语句结束条件汇编。

5.4　如下子程序完成对 ECX 个元素的数组（由 EBX 指向其首地址）的求和，通过 EDX 和 EAX 返回结果，但程序有错误，请改正。

```
crazy   PROC
        push eax
        xor eax,eax
        xor edx,edx
again:  add eax,[ebx]
        adc edx,0
        add ebx,4
        loop again
        ret
        ENDP crazy
```

5.5　请按如下说明编写子程序：

子程序功能：把用 ASCII 码表示的两位十进制数转换为压缩 BCD 码

入口参数：DH = 十位数的 ASCII 码，DL = 个位数的 ASCII 码

出口参数：AL = 对应 BCD 码

5.6　乘法的非压缩 BCD 码调整指令 AAM 执行的操作是：AH←AL÷10 的商，AL←AL÷10 的余数。利用 AAM 可以实现将 AL 中的 100 内数据转换为 ASCII 码，程序如下：

```
xor ah,ah
aam
add ax,3030h
```

利用这段程序，编写一个显示 AL 中数值（0～99）的子程序。

5.7　编写一个源程序，在键盘上按一个键，将其返回的 ASCII 码值显示出来，如果按下退格键（对应的 ASCII 码是 08H）则程序退出。请调用书中的 HTOASC 子程序。

5.8　编写一个子程序，它以二进制形式显示 EAX 中 32 位数据，并设计一个主程序验证。

5.9　将例 5-4 的 32 位寄存器改用 16 位寄存器，仅实现输出 -2^{15} ～ $+2^{15}-1$ 之间的数据。

5.10　参考例 5-6，编写实现 32 位无符号整数输入的子程序，并设计一个主程序验证。

5.11　编写一个计算字节校验和的子程序。所谓"校验和"是指不计进位的累加，常用于检查信息的正确性。主程序提供入口参数，包括数据个数和数据缓冲区的首地址。子程序回送求和结果这个出口参数。

5.12　编制 3 个子程序把一个 32 位二进制数用 8 位十六进制形式在屏幕上显示出来，分别运用如下 3 种参数传递方法，并配合 3 个主程序验证它。

(1) 采用 EAX 寄存器传递这个 32 位二进制数。

(2) 采用 temp 变量传递这个 32 位二进制数。

(3) 采用堆栈方法传递这个 32 位二进制数。

5.13　利用十六进制字节显示子程序 DISPHB 设计一个从低地址到高地址逐个字节显示某个主存区域内容的子程序 DISPMEM。其入口参数：EAX = 主存偏移地址，ECX = 字节个数（主存区域的长度）。同时编写一个主程序进行验证。

5.14　数据输入输出程序。使用有符号十进制数据输入（例 5-6）、求平均值（例 5-7）以及输出子程序（例 5-4），编程实现从键盘输入 10 个数据，并输出它们的平均值。

(1) 编写主程序文件：定义必要的变量和交互信息，调用子程序输入 10 个数据，求平均值，然后输出。

(2) 编写子程序文件：包括 3 个子程序的过程定义。

(3) 说明进行模块连接的开发过程并上机实现。

(4) 将子程序文件形成一个子程序库，说明开发过程并上机实现。

5.15　区别如下概念：宏定义、宏调用、宏指令、宏展开、宏汇编。

5.16　宏如何定义和调用？

5.17　宏结构和子程序在应用中有什么不同，如何选择采用何种结构？

5.18　编写一个宏 SWAP，参数是两个 32 位寄存器或存储器操作数，宏定义体实现两个操作数位置交换，包括两个都是存储器操作数的情况。

5.19　定义一个使用逻辑指令的宏 LOGICAL。

(1) 用它代表 4 条逻辑运算指令：AND/OR/XOR/TEST，可以使用 3 个形式参数，并给出一个宏调用以及对应宏展开的例子。

(2) 必要时做一点修改，使该宏能够把 NOT 指令包括进去，给出一个使用 NOT 指令的宏调用以及对应宏展开的例子。

5.20　有一个宏定义：

```
defstr    macro name,num,string
name&num  byte '&string&',0
          endm
```

给出如下宏调用的宏展开：

(1) defstr msg,4,<Chapter 4:Program Structure >

(2) defstr msg,5,<Chapter 5:Procedure Programming >

5.21　定义一个宏"movestr strN, dstr, sstr"，它将 strN 个字符从一个字符区 sstr 传送到另一个字符区 dstr。

假设数据段定义如下缓冲区，请使用上述宏的调用实现 STRING1 到 STRING2 的传送。

```
string1  byte 'In a major matter,no details are small.',0
string2  byte sizeof string1 dup(0)
```

5.22　利用重复汇编方法定义一个数据区，数据区有 100 个双字，每个双字的高字部分依次是

2，4，6，…，200，低字部分都是 0。

5. 23　利用宏结构完成以下功能：如果名为 COUNT 的数据大于 5，指令"ADD EAX，EAX"将汇编 10 次，否则什么也不汇编。

5. 24　用宏结构实现宏指令 FINSUM，它比较两个数 varx 和 vary，若 varx≥vary，则执行 sum = varx + 8 × vary，否则执行 sum = 4 × varx + vary。

第 6 章

Windows编程

所谓 Windows 编程是指直接利用 Windows 系统函数编写应用程序，也就是直接调用应用程序接口（Application Program Interface，API）函数进行编程。为此，本章介绍 Windows 的基本控制台函数和图形窗口函数，引出 MASM 为支持高级语言提供的特性，详解使用汇编语言的高级语言特性调用 API 函数的方法。

6.1　操作系统函数调用

高级语言支持许多标准函数，其集成开发环境还提供增强功能。所以，开发基于 Windows 平台的应用程序尤其是图形窗口程序，程序员自然选择简单实用、功能强大的多种可视化环境，例如，Visaul Basic、Visual C ++ 等。利用汇编语言也可以编写 32 位 Windows 应用程序，前面的示例程序都是运行于 Windows 控制台的应用程序。不过，汇编程序并没有标准函数可以利用，必须通过操作系统提供的功能实现。

操作系统以其提供的系统函数（System Function，也常被译为系统功能）支持程序员进行程序设计。当程序员无法利用标准函数等现有功能实现编程要求时，就可以调用操作系统函数，尤其是在编写与操作系统相关的应用程序时，往往必须调用系统函数来实现。

Windows 的系统函数（功能）以动态连接库（Dynamic-Link Library，DLL）形式提供，利用其 API 调用动态连接库中的函数。API 是一些类型、常量和函数的集合，提供了编程中使用库函数的途径。Windows 的 API 也曾被称为软件开发包（Software Development Kit，SDK）。16 位 Windows 的 API 称为 Win16，32 位 Windows 的 API 称为 Win32，它兼容 Win16。

6.1.1　动态连接库

为了避免重复编写代码，程序员常把需要重复使用的子程序（或称过程、函数、模块、代码）放到一个或多个库文件（文件扩展名是 LIB）中。在需要使用这些子程序时，只要把这些库文件和目标文件相连即可。连接程序会自动从这些库文件中抽取需要的子程序插入到最终的可执行代码中，这个过程称为静态连接。应用程序运行时不再需要这些库文件。例如，前面我们利用库管理软件生成的子程序库文件以及 C 语言中的运行库。这种方法的主要缺点是同一个子程序可能被许多应用程序所包含，浪费磁盘空间。

DOS 操作系统只是一个单任务操作系统，主存中只有一个程序在运行，采用静态连接时主存浪费不太突出。但在多任务操作系统 Windows 中，同一个子程序可能被多个程序或同一个程序多次使用，如果每次调用都占用主存空间，显然浪费就相对严重。为此，提出了动态连接库（文件扩展名是 DLL）的解决方法。

动态连接库也是保存需要重复使用的代码的文件。但只有运行程序使用它们时，Windows 才会将其加载到主存，并且被多个程序使用或者同一个程序多次使用时，主存也只有一份拷贝。不过，因为应用程序并不包含动态连接库中的代码，所以运行时系统中必须包含该动态连接库，而且该动态连接库文件必须在当前目录或可以搜索到的目录中，否则程序将提示没有找到动态连接库文件而无法运行。如果是程序员自己开发的动态连接库，应用程序安装时必须将该动态连接库文件复制到用户机器中。

动态连接库是 Windows 操作系统的基础，Windows 所有的 API 函数都包含在 DLL 文件中。其中有 3 个最重要的系统动态连接库文件，大多数常用函数都存在其中。这 3 个系统动态连接库文件是：

- KERNEL32. DLL——系统服务函数，主要处理内存管理和进程调度。
- USER32. DLL——用户接口函数，主要控制用户界面。
- GDI32. DLL——图形设备函数，主要负责图形方面的操作。

如果系统函数不在这 3 个主要库文件中，可以参考微软文档资料，它将会说明函数在哪个库文件中。早期的 API 文档可以参看《Microsoft Win32 Programmer's Reference》（Win32 程序员参考手册）。最常用的电子文档是一个帮助文件：WIN32. HLP。现在 Windows API 不再以印刷形式出现，可以通过 CD-ROM 光盘或互联网获得电子文档，例如，利用微软 Windows 程序开发的资料库 MSDN（Microsoft Developer Network，网址为 http：//msdn. microsoft. com/）。

当需要使用某个 API 函数时，就可以从上述有关资料中查找。如果查到它在某个动态连接库中，那么一方面要对这些函数进行过程声明，另一方面需要连接同名的导入库文件（运行时不需要），否则在编译时会出现 API 函数未定义的错误。

一个动态连接库 DLL 文件对应一个导入库（Import Library）文件，例如，上述 3 个系统动态连接库文件的导入库文件依次是 KERNEL32. LIB、USER32. LIB、GDI32. LIB。之所以还需要导入库文件，是因为动态连接库中的 API 代码本身并不包含在 Windows 可执行文件中，而是在使用时才被加载。为了让应用程序在运行时能找到这些函数，就必须事先把有关的重定位信息嵌入到应用程序的可执行文件中。这些信息存在于对应的导入库文件中，由连接程序把相关信息从导入库文件中找出并插入可执行文件中。当应用程序被加载时 Windows 会检查这些信息，这些信息包括动态连接库的名字和其中被调用的函数的名字。若检查到这样的信息，Windows 就会加载相应的动态连接库。

6.1.2　MASM 的过程声明和调用

Windows API 采用 C、C ++ 语言的语法定义，不便于汇编语言调用。因此，微软宏汇编程序从 MASM 6.0 版本开始引入高级语言具有的程序设计特性（详见 6.3.3 节），其中，为配合调用高级语言函数，引入了过程声明 PROTO 和过程调用 INVOKE 伪指令。

1. 过程声明伪指令 PROTO

PROTO 用于事先声明过程的结构，包括外部的操作系统 API 函数、高级语言的函数。它的格式如下：

过程名　PROTO　［调用距离］［语言类型］［,［参数］: 类型］...

其中，过程名是用 PROC 定义的过程名或者 API 函数名、高级语言的函数名。

调用距离是指近 NEAR 或远 FAR 类型，省略则表示由存储模型确定。

语言类型有 STDCALL（对应系统 API 调用规范）、C（对应 C 语言使用的调用规范）等。如果该过程使用的语言类型与存储模型 MODEL 伪指令定义的相同，这里可以省略，否则必须说明（调用规范的详解见 7.2 节）。

PROTO 语句最后是该过程带有的参数以及类型，冒号前的参数名可以省略，但冒号和类型不能省略。类型可以使用任何 MASM 有效的类型：对于变量可以是 DWORD、WORD、BYTE 等；对于地址可以用 DWORD（32 位地址）或 WORD（16 位地址）说明，但也常用 PTR 说明是指针（为了简化，本书转换过程中一律使用 DWORD）；对于参数个数、类型不定的，需要使用 VARARG 说明（Variable Argument）。

2. 过程调用伪指令 INVOKE

处理器使用 CALL 指令实现子程序调用，但由于涉及堆栈传递参数的传递规范，直接使用 CALL 调用高级语言函数比较烦琐；另一方面，经过 PROTO 过程声明的过程或函数，汇编系统将进行类型检测，也需要配合使用过程调用伪指令 INVOKE 实现调用。它的格式如下：

```
INVOKE   过程名[,参数,...]
```

过程调用伪指令自动创建调用过程所需的代码序列，调用前将参数压入堆栈、调用后平衡堆栈。其中，参数表示通过堆栈将传递给过程的实在参数，可以是各种常量组成的数值表达式、通用寄存器、寄存器对（格式是：reg::reg）、标号或变量地址等。

对于地址参数常使用 ADDR 操作符，后跟标号或者变量名字，表示它们的地址。ADDR 操作符类似于 OFFSET 操作符，但 ADDR 只用在 INVOKE 语句中，常用于获取局部变量的地址；而 OFFSET 只能获取全局变量的偏移地址。MASM 中在数据段定义的变量都是全局变量。局部变量使用 LOCAL 伪指令定义，占用堆栈区域（详见 7.2 节），需要使用 ADDR 而不能使用 OFFSET 获取地址。

使用 INVOKE 调用之前，需要已经用 PROTO 进行了声明，或者已经用扩展的 PROC 进行了过程定义（详见 6.3 节）。

6.1.3　程序退出函数

程序执行结束后需要退出，Windows 使用 ExitProcess 函数来实现，该函数存在于 32 位核心动态连接库（KERNEL32.DLL）中。它是一个标准的 Windows API，用于结束一个进程及其所有线程，也就是程序退出。在《Win32 程序员参考手册》中，它的定义如下：

```
VOID ExitProcess(
        UINT uExitCode          //exit code for all threads
    );
```

其中，参数 uExitCode 表示该进程的退出代码，类型 UINT 表示 32 位无符号整数。

在文档中，API 函数的声明采用 C/C++ 语法，所有函数的参数类型都是基于标准 C 语言的数据类型或者 Windows 的预定义类型。我们需要正确地区别这些类型，才能转换成汇编语言的数据类型。例如，类型 UNIT 对应汇编语言的双字类型 DWORD。

这样，ExitProcess 函数在汇编语言中，需要进行如下声明：

```
ExitProcess PROTO,:DWORD
```

在应用程序中使用该功能，这个应用程序就会立即退出，返回 Windows。汇编语言的调用方法如下：

```
INVOKE ExitProcess,0
```

其中，返回代码是 0，表示没有错误。返回代码也可以是其他数值。

利用 MASM 的 PROTO 和 INVOKE 语句，不仅可以在调用函数时与函数声明的原型进行类型检测，以便发现是否有参数不匹配的情况，而且汇编语言中调用 Windows 的 API 函数就像 C/C++ 等高级语言一样。

我们还可以利用 MASM 的宏汇编能力将函数调用定义成宏。例如：

```
exit    macro dwexitcode
        invoke ExitProcess,dwexitcode
        endm
```

这样，使用起来就更加简单方便了。本书采用的源程序框架利用这个宏实现程序退出：

```
exit 0
```

上述过程声明、宏定义已经被编辑在本书配套的文件 IO32. INC 中。

6.2　控制台应用程序

当一个 Windows 应用程序开始运行时，它可以创建一个控制台（Console）窗口，也可以创建一个图形界面窗口。32 位 Windows 控制台程序看起来像一个增强版的 MS-DOS 程序，例如，它们都使用标准的输入设备（键盘）和输出设备（显示器）。但实质上，32 位控制台程序完全不同于 MS-DOS 程序，因为它运行在保护方式，通过 API 使用 Windows 的动态连接库函数。

6.2.1　控制台输出

编写控制台程序需要调用控制台函数，实现基本的控制台（显示器）输出、控制台（键盘）输入。而几乎所有的控制台函数都要求将控制台句柄作为第一个参数传递给它们。

本小节介绍的控制台函数都存于 KERNEL32. DLL 动态连接库中，程序开发过程中需要使用 KERNEL32. LIB 导入库文件。

1. 控制台句柄

句柄是一个 32 位无符号整数，用来唯一确定一个对象，如某个输入设备、输出设备或者一个文件、图形等。

Windows 为每种标准设备定义了一个常量句柄，它们是：标准输入句柄（常量符号：STD_INPUT_HANDLE，数值：- 10）、标准输出句柄（常量符号：STD_OUTPUT_HANDLE，数值：- 11）和标准错误句柄（常量符号：STD_ERROR_HANDLE，数值：- 12）。标准错误设备的默认输出位置也是显示器。在汇编语言中可以如下定义：

```
STD_INPUT_HANDLE = -10
STD_OUTPUT_HANDLE = -11
STD_ERROR_HANDLE = -12
```

在控制台程序中进行任何的输入输出操作都需要首先使用获取句柄函数 GetStdHandle 获得一个句柄实例。该函数原型定义如下：

```
HANDLE GetStdHandle(
      DWORD nStdHandle              //input,output,or error device
    );
```

所以，GetStdHandle 函数在汇编语言中可以如下声明：

```
GetStdHandle  PROTO,nStdHandle:DWORD
```

其中，nStdHandle 参数（在声明中可以省略这个参数名，也可以是其他名，但后面的类型不能省略）可以是标准输入、标准输出或标准错误，例如，获得标准输出的句柄实例，代码如下：

```
INVOKE GetStdHandle,STD_OUTPUT_HANDLE
```

API 函数的返回值保存在 EAX 中。所以 GetStdHandle 函数执行结束后，在 EAX 寄存器返回一个句柄实例（即 HANDLE 定义的双字类型）。为了方便以后使用，应该把它保存起来。

对标准输入和标准输出设备，一个程序中只需要获得一个句柄就可以了。

2. 控制台输出函数

在控制台环境实现显示器输出的 API 函数是 WriteConsole，它使用控制台输出句柄实例将一个字符串输出到屏幕上，并支持标准的 ASCII 控制字符，如回车、换行等。

Win32 API 中可以使用两种字符集：美国标准化组织 ANSI 定义的 8 位 ASCII 字符集和 16 位 Unicode 字符集，用于文本操作的 Win32 API 函数往往有两种不同版本，在用于 8 位 ANSI 字符集的版本中，函数名以字母 A 结尾（如 WriteConsoleA）；在用于 16 位宽字符集（包括 Unicode 字符集）的版本中，函数名以字母 W 结尾（如 WriteConsoleW）。

Windows 95/98 操作系统不支持以 W 结尾的函数。Windows NT/2000/XP 操作系统的内置字符集是 Unicode，在这些操作系统中如果调用以 A 结尾的函数，操作系统会首先将 ANSI 字符转换成 Unicode 字符，然后再调用以 W 结尾的对应函数。

在微软 MSDN 文档中，函数名尾部的字母 A 或 W 被省略（如 WriteConsole）。汇编语言可以利用等价伪指令重新定义函数名，程序段如下：

```
WriteConsole  equ <WriteConsoleA >
```

这样，就可以通过正常的函数名来调用 WriteConsole 函数了。

WriteConsole 函数原型定义如下：

```
BOOL WriteConsole(
        HANDLE hConsoleOutput,          //handle to a console screen buffer
        CONST VOID *lpBuffer,           //pointer to buffer to write from
        DWORD nNumberOfCharsToWrite,    //number of characters to write
        LPDWORD lpNumberOfCharsWritten, //pointer to number of characters written
        LPVOID lpReserved               //reserved
);
```

原型中的大写字符串表示参数类型，有逻辑类型（BOOL）、句柄（HANDLE）、指针、整型等，根据其含义大多数都对应汇编语言的 DWORD 类型。

WriteConsole 函数在汇编语言中可以如下声明：

```
WriteConsoleA  proto,
            handle:DWORD,        ;输出句柄
            pbuffer:DWORD,       ;输出缓冲区指针
            bufsize:DWORD,       ;输出缓冲区大小
            pcount:DWORD,        ;实际输出字符数量的指针
            lpreserved:DWORD     ;保留(必须为 0)
```

第 1 个参数是控制台输出句柄实例；第 2 个参数是指向字符串的指针，即缓冲区地址；第 3 个参数指明字符串长度，是一个 32 位整数；第 4 个参数指向一个整数变量，函数运行结束将在这里返回实际输出的字符数量；最后一个参数保留，使用时必须设置为 0。

WriteConsole 函数执行成功，返回一个非 0 值；如果没有正确执行，则返回值为 0。

[例 6-1]　控制台输出程序

本示例程序直接调用 Windows 控制台 API 函数显示欢迎信息，请对比例 1-1 程序。

```
                    .686
                    .model flat,stdcall
                    option casemap:none
                    includelib bin\kernel32.lib          ;包含 API 函数的导入库文件
ExitProcess         proto,:dword                         ;Windows 函数声明
GetStdHandle        proto,:dword
WriteConsoleA       proto,:dword,:dword,:dword,:dword,:dword
WriteConsole        equ <WriteConsoleA >
STD_OUTPUT_HANDLE = -11                                  ;Windows 常量定义
                    .data
msg                 byte 'Hello,Assembly! ',13,10        ;字符串
outsize             dword ?
                    .code
start:
                    ;获得输出句柄
                    invoke GetStdHandle,STD_OUTPUT_HANDLE
                    ;显示信息
                    invoke WriteConsole,eax,addr msg,sizeof msg,addr outsize,0
                    ;退出
                    invoke ExitProcess,0
                    end start
```

本示例程序中的函数都存于系统服务动态连接库 KERNEL32. DLL 中, 所以需要包含其对应的导入库 KERNEL32. LIB, 本书配套软件将其存放于 BIN 子目录下。另外, outsize 变量用于保存实际输出的字符数量。

注意 本章的示例程序都不使用本书配套的输入输出子程序库, 而是直接调用 Windows 的 API 函数, 所以是完整的源程序代码。其目的是揭示 Windows 编程的实质, 而不是像最初那样封装烦琐细节、简化程序设计。

下面作一个简单总结, 汇编语言使用高级语言函数的一般步骤如下:

1) 使用 INCLUDELIB 伪指令包含对应函数的导入库文件。

2) 使用 PROTO 伪指令进行原型声明, 包括形参类型。

3) 使用 INVOKE 伪指令调用函数, 代入实参。

另外, 在汇编语言中使用 API 函数时, 应该特别注意一个问题: 通常 API 函数使用 EAX 返回参数, 但并不保护 EBX、ECX 和 EDX。所以, 如果 EAX、EBX、ECX 或 EDX 需要在 API 函数调用后保持不变, 应该在调用前进行保护。也可以简单地使用 PUSHAD 保护所有通用寄存器, 用 POPAD 恢复所有通用寄存器。

6.2.2 控制台输入

ReadConsole 函数是控制台环境常用的键盘输入 API 函数, 它将键盘输入的文本保存到一个缓冲区。它支持行内编辑, 例如, 退格键删除刚输入的字符、ESC 键取消刚输入的所有字符等, 最后用 Enter 键确认。

ReadConsole 函数原型定义如下:

```
BOOL ReadConsole(
        HANDLE hConsoleInput,           // handle of a console input buffer
        LPVOID lpBuffer,                // address of buffer to receive data
        DWORD nNumberOfCharsToRead,     // number of characters to read
        LPDWORD lpNumberOfCharsRead,    // address of number of characters read
        LPVOID lpReserved               // reserved
    );
```

汇编语言中的声明如下：

```
ReadConsoleA    proto,
                handle:DWORD,                    ;控制台输入句柄
                pBuffer:DWORD,                   ;输入缓冲区指针
                maxsize:DWORD,                   ;要读取字符的最大数量
                pBytesRead:DWORD,                ;实际输入字符数量的指针
                notUsed:DWORD                    ;未使用(保留,必须是0)
ReadConsole     equ <ReadConsoleA>
```

当调用这个函数时，系统等待用户输入（例如，用户输入了 3 个字符，依次是 123）并回车确认。由于回车按键代表了回车字符 0DH 和换行字符 0AH，所以 pBytesRead 变量保存用户输入字符个数再加 2 的结果（例如，本例中是 5，用十六进制数表达依次是 31 32 33 0D 0A）。因此，读者不要忘记在定义输入缓冲区时留出额外的两个字节。

[例 6-2]　信息输入输出程序

本书提供的 32 位输入输出子程序均使用控制台输入 ReadConsole 函数实现键盘输入，使用控制台输出 WriteConsole 函数实现显示器输出，并封装成汇编语言的过程，以方便用汇编语言进行子程序调用。本示例程序给出 READMSG 和 DISPMSG 子程序，并使用它们实现信息输入和输出的交互。

```
                .686
                .model flat,stdcall
                option casemap:none
                includelib bin\kernel32.lib
ExitProcess     proto,:dword
exit            macro dwexitcode
                invoke ExitProcess,dwexitcode
                endm
GetStdHandle    proto,:dword
WriteConsoleA   proto,:dword,:dword,:dword,:dword,:dword
WriteConsole    equ <WriteConsoleA>
ReadConsoleA    proto,:dword,:dword,:dword,:dword,:dword
ReadConsole     equ <ReadConsoleA>
STD_INPUT_HANDLE =-10
STD_OUTPUT_HANDLE =-11

                .data
msg1            byte 'Please enter your name: ',0
msg2            byte 'Welcome',0
nbuf           byte 80 dup(0)
msg3           byte ' to Win32 Console! ',0

                .code
start:
                mov eax,offset msg1              ;提示输入
                call dispmsg
                mov eax,offset nbuf              ;输入信息
                call readmsg
                mov eax,offset msg2
                call dispmsg
                mov eax,offset nbuf              ;显示输入信息
                call dispmsg
                mov eax,offset msg3
                call dispmsg
                exit 0
```

```
                   .data                        ;子程序 DISPMSG 使用的变量
_outsize           dword ?
_outhandle         dword ?
                   .code
dispmsg            proc                         ;字符串显示子程序,入口参数:EAX = 字符串地址
                   push eax
                   push ebx
                   push ecx
                   push edx
                   push eax                     ;保存入口参数,即字符串地址
                   invoke GetStdHandle,STD_OUTPUT_HANDLE
                   mov _outhandle,eax           ;句柄实例保存,以便后面使用
                   pop ebx                      ;从堆栈弹出字符串地址送 EBX
                   xor ecx,ecx                  ;计算字符串长度
dispm1:            mov al,[ebx + ecx]
                   test al,al
                   jz dispm2
                   inc ecx
                   jmp dispm1
dispm2:            invoke WriteConsole,_outhandle,ebx,ecx,addr _outsize,0
                   pop edx
                   pop ecx
                   pop ebx
                   pop eax
                   ret
dispmsg            endp

                   .data                        ;子程序 READMSG 使用的变量
_insize            dword ?
_inbuffer          byte 255 dup(0)              ;设置输入缓冲区最大 255 个字符
                   .code
readmsg            proc                         ;字符串输入子程序,入口参数:EAX = 缓冲区地址
                   push ebx
                   push ecx
                   push edx
                   push eax                     ;保护输入的缓冲区地址参数
                   invoke GetStdHandle,STD_INPUT_HANDLE
                   invoke ReadConsole,eax,addr _inbuffer,255,addr _insize, 0
                   sub _insize,2                ;实际输入的字符不包括回车和换行字符
                   xor ecx,ecx
                   pop ebx                      ;获得缓冲区地址
readm1:            mov al, _inbuffer[ecx]
                   mov [ebx + ecx],al           ;将输入的字符串复制到用户缓冲区
                   inc ecx
                   cmp ecx,_insize
                   jb readm1
                   mov byte ptr [ebx + ecx],0   ;最后填入结尾字符 0
                   mov eax,ecx                  ;返回实际的字符个数,不含结尾标志 0
                   pop edx
                   pop ecx
                   pop ebx
                   ret
readmsg            endp
                   end start
```

字符串输入子程序 READMSG 中涉及两个缓冲区，一个是 ReadConsole 使用的内部缓冲区（_inbuffer），另一个是调用程序设置的用户缓冲区（本示例是 nbuf）。该子程序还将输入的字符串最后添加结尾标志 0，返回实际的字符个数（不包括回车、换行和结尾标志），以方便调用。

6.2.3 单字符输入

默认模式下，控制台输入 ReadConsole 函数实现一行字符输入，最后必须用回车键结束。如果希望只输入一个字符即自动结束调用，则需要修改输入模式。

获取控制台模式函数 GetConsoleMode 用于获得当前的控制台模式，函数声明是：

```
GetConsoleMode PROTO ,hConsoleHandle:dword,lpMode:dword
```

入口参数 hConsoleHandle 是控制台输入或输出句柄实例，lpMode 保存函数返回的模式值，是一个变量地址。

设置控制台模式函数 SetConsoleMode 用于设置当前的控制台模式，函数声明是：

```
SetConsoleMode PROTO,hConsoleHandle:dword,dwMode:dword
```

入口参数 hConsoleHandle 仍是控制台输入或输出句柄实例，而 dwMode 是模式值，其中 0 表示使用单字符输入模式，其他值的含义不再介绍。

设置为单字符输入模式后，就可以调用控制台输入 ReadConsole 函数实现一个字符输入，但注意此时不支持功能键等输入，包括 ESC、F1 ~ F12、Ctrl、Alt、Shift、Home 和 End 等，但可以输入退格、回车、Tab 等键。

[例 6-3]　单字符输入程序

```
                .686
                .model flat,stdcall
                option casemap:none
                includelib bin\kernel32.lib
ExitProcess     proto,:dword
GetStdHandle    proto,:dword
WriteConsoleA   proto,:dword,:dword,:dword,:dword,:dword
WriteConsole    equ <WriteConsoleA >
ReadConsoleA    proto,:dword,:dword,:dword,:dword,:dword
ReadConsole     equ <ReadConsoleA >
STD_INPUT_HANDLE =-10
STD_OUTPUT_HANDLE =-11
GetConsoleMode proto,:dword,:dword
SetConsoleMode proto,:dword,:dword
                .data
msg             byte 'Press any key to end'
outsize         dword ?
inhandle        dword ?
savemode        dword ?                           ;保存控制台模式
insize          dword ?
inbuffer        byte 255 dup(0)                   ;设置输入缓冲区最大255个字符
                .code
start:
                invoke GetStdHandle,STD_OUTPUT_HANDLE     ;提示按任意键
                invoke WriteConsole,eax,addr msg,sizeof msg,addr outsize,0
                invoke GetStdHandle,STD_INPUT_HANDLE
                mov inhandle,eax
                invoke GetConsoleMode,inhandle,addr savemode  ;获得控制台模式
                invoke SetConsoleMode,inhandle,0          ;设置为单字符输入模式
                invoke ReadConsole,inhandle,addr inbuffer,1,addr insize,0  ;输入字符
                invoke SetConsoleMode,inhandle,savemode   ;恢复原控制台模式
                invoke ExitProcess,0                      ;退出
                end start
```

Windows 控制台还有很多 API 函数，有兴趣的读者可以参考 MSDN 文档，本书不再深入讨论。

6.3　图形窗口应用程序

Windows 图形界面以窗口、对话框、菜单、按钮等实现用户交互。用汇编语言编写图形窗口应用程序就是调用这些 API 函数。

6.3.1　消息窗口

消息窗口是常见的图形显示形式。创建 Windows 的消息窗口非常简单，只需使用 MessageBox 函数，其代码在 USER32. DLL 动态连接库中。

MessageBox 是一个标准的 API 函数，功能是在屏幕上显示一个消息窗口。在《Win32 程序员参考手册》中，它的定义如下：

```
int MessageBox(
        HWND hWnd,                      // handle of owner window
        LPCTSTR lpText,                 // address of text in message box
        LPCTSTR lpCaption,              // address of title of message box
        UINT uType                      // style of message box
    );
```

其中，hWnd 是父窗口的句柄。如果该值为 NULL（=0），则说明该消息窗口没有父窗口。这里的句柄是窗口的一个地址指针，它代表一个窗口。对该窗口做任何操作时，必须引用该窗口的句柄。

lpText 是要显示字符串的地址指针，即字符串的首地址。lpCaption 是消息窗口标题的地址指针。这些字符串需要以 NULL 结尾。

uType 是一组位标志，指明该消息窗口的类型。例如，如果该值为 MB_OK（=0），则该消息窗口只具有一个按钮：OK，这也是默认值。再如，如果该值为 MB_OKCANCEL（=1），则该消息窗口具有两个按钮：OK 和 Cancel。在中文 Windows 环境，对应的是中文按钮"确定"和"取消"。

如果未能创建消息窗口，MessageBox 函数返回整数 0。如果函数调用成功，则返回用户操作的菜单项数值，例如，返回 IDOK 表示用户按下了"确认"按钮。

［例6-4］　消息窗口程序

```
            .686
            .model flat,stdcall
            option casemap:none
            includelib bin\kernel32.lib
            includelib bin\user32.lib
ExitProcess proto,:dword
MessageBoxA proto :dword,:dword,:dword,:dword
MessageBox  equ <MessageBoxA >
NULL        equ 0
MB_OK       equ 0
            .data
szCaption   byte '欢迎',0
outbuffer   byte '你好,汇编语言! ',0
            .code
start:
            invoke MessageBox,NULL,addr outbuffer,addr szCaption,MB_OK
            invoke ExitProcess,NULL
            end start
```

由于要生成 Windows 图形界面程序，所以这个示例程序在进行连接时应该使用参数"/subsystem：windows"替代创建控制台程序使用的"/subsystem：console"参数（可以使用配套软件包中的 MAKE32W. BAT 批处理文件）。这样，汇编连接后将生成一个消息窗口程序。只要在 Windows 下双击就可以启动该程序运行，弹出一个消息窗口，标题是"欢迎"、窗口信息是"你好，汇编语言！"，如图 6-1 所示。

当然，这只是一个最简单的图形界面程序，还不能说是一个标准的图形窗口程序。然而，如果利用 API 函数，从最基础开始编写一个标准 32 位 Windows 图形窗口程序，需要熟悉许多函数，还需要补充一些关于 MASM 高级特性的知识。所以，接下来的两小节介绍 MASM 高级特性，然后借助一个较完整的免费软件开发包 MASM32，了解开发图形窗口应用程序的方法。

图 6-1 例 6-4 消息窗口
　　　　程序的运行结果

6.3.2 结构变量

类似于高级语言中的用户自定义复合类型数据，MASM 中也允许将若干个相关的单个变量作为一个组来进行整体数据定义，然后通过相应的结构预置语句为变量分配空间。例如，结构（Structure）把各种不同类型的数据组织到一个数据结构中，以便于处理某些变量。

1. 结构类型的说明

结构类型的说明使用一对伪指令 STRUCT（MASM 5. x 中是 STRUC，功能相同）和 ENDS，其格式为：

```
结构名 STRUCT
    ......                    ;数据定义语句
结构名 ENDS
```

例如，下述语句说明了学生成绩结构：

```
student   struct
sid       dword ?
sname     byte 'unknown'
Math      byte 0
English   byte 0
student   ends
```

结构说明中的数据定义语句给定了结构类型中所含的变量，称为结构字段，相应的变量名称为字段名。一个结构中，可以有任意数目的字段，各字段长度可以不同，可以独立存取，可以有名或无名，可以有初值或无初值。

2. 结构变量的定义

结构说明只是定义了一个框架，并未分配主存空间，必须通过结构预置语句分配主存并初始化。结构预置语句的格式为：

```
变量名   结构名   <字段初值表>
```

其中，初值表要用尖括号括起来，它是采用逗号分隔的与各字段类型相同的数值（或空）。汇编程序将以初值表中的数值的顺序初始化对应的各字段，初值表中为空的字段将保持结构说明中指定的初值。另外，结构说明中使用 DUP 操作符说明的字段不能在结构预置语句中初始化。例如，对应上述结构说明，可以定义如下结构变量：

```
stu1   student   <1,'zhang', 85, 90>
stu2   student   <2,'wang',,>
       student   100 dup(<>)   ;预留 100 个结构变量空间
```

3. 结构变量及其字段的引用

引用结构变量时，只需直接书写结构变量名；要引用其中的某个字段，则采用圆点"．"操作符，其格式是"结构变量名．结构字段名"。例如：

```
mov stu1.math,95                 ;执行指令后,将 math 域的值更新为 95
```

在没有变量名或无法使用变量名时要采用结构名引用其字段。例如，通过 EBX 指向上述某个 STUDENT 结构变量，则访问其 SID 字段可以是：

```
mov [ebx].student.sid,eax     ;在没有变量名时要采用结构名引用其字段
```

[例 6-5]　系统时钟显示程序

Windows 具有获取系统时间的 API 函数 GetLocalTime，代码存于 KERNEL32.DLL 动态连接库中，它的 C 语言原型是：

```
VOID GetLocalTime(
        LPSYSTEMTIME lpSystemTime          // address of system time structure
    );
```

其中，lpSystemTime 是指向系统时间结构变量 SYSTEMTIME 的指针，SYSTEMTIME 的各个字段表明当前年、月、星期、日以及时、分、秒和毫秒。

利用这个函数，用消息窗口函数显示当前时间（为简化问题，仅显示时分秒）。

```
                .686
                .model flat,stdcall
                option casemap:none
                includelib bin\kernel32.lib
                includelib bin\user32.lib
ExitProcess     proto,:dword
MessageBoxA     proto :dword,:dword,:dword,:dword
MessageBox      equ <MessageBoxA >
                ;系统时间的结构类型说明
SYSTEMTIME      struct
wYear           word ?                        ;年(4 位数)
wMonth          word ?                        ;月(1~12)
wDayOfWeek      word ?                        ;星期(0~6,0 = 星期日,1 = 星期一,……)
wDay            word ?                        ;日(1~31)
wHour           word ?                        ;时(0~23)
wMinute         word ?                        ;分(0~59)
wSecond         word ?                        ;秒(0~59)
wMillisconds    word ?                        ;毫秒(0~999)
SYSTEMTIME      ends
                ;函数声明,参数是指向结构变量的指针,也可以用 PTR SYSTEMTIME
GetLocalTime    proto,:dword
writedec        macro time                    ;;将二进制数转换为 2 位十进制数,再转为 ASCII 字符保存
                mov ax,time
                mov cl,10
                div cl                        ;;商 AL 是十位,余数 AH 是个位
                add ax,3030h                  ;;转换为 ASCII
                mov [ebx],ax                  ;;对应显示顺序,百位先显示并保存在低地址位置
                endm

                .data
mytime          SYSTEMTIME <>                 ;系统时间的结构变量定义
timestring      byte '--:--:--',0
timecaption     byte '当前时间',0
```

```
                .code
start:
                invoke GetLocalTime,addr mytime    ;获得当前时间
                mov ebx,offset timestring          ;EBX 指向"时"的保存位置
                writedec mytime.wHour              ;转换为 ASCII 字符
                add ebx,3                          ;EBX 指向"分"的保存位置
                writedec mytime.wMinute
                add ebx,3                          ;EBX 指向"秒"的保存位置
                writedec mytime.wSecond
                invoke MessageBox,0,addr timestring,addr timecaption,1
                invoke ExitProcess,0
                end start
```

MASM 除了具有定义简单数据类型的伪指令（BYTE、WORD、DWORD 等）外，还有上面介绍的结构，以及联合与记录等定义复杂数据类型的伪指令。

MASM 中的联合（UNION）用于为不同的数据类型赋予相同的存储地址，以达到共享的目的；记录（RECORD）提供直接访问数据中若干位的方法，其基本单位是二进制位。另外，MASM 还提供了类型定义 TYPEDEF 伪指令，它用于创建一个新数据类型，即为已定义的数据类型取一个同义的类型名。这些都与高级语言的相应数据类型类似。

6.3.3 MASM 的高级语言特性

分支、循环和子程序是基本的程序结构，但是用汇编语言编写却很烦琐、易出错。为了克服这些缺点，MASM 6.0 开始引入高级语言具有的程序设计特性，即分支和循环的流程控制伪指令，扩展带参数能力的过程定义、声明和调用伪指令，使我们可以像高级语言一样来编写分支、循环和子程序结构，大大减轻了汇编语言编程的工作量。

1. 扩展的过程定义

汇编语言中子程序间和模块间，一个重要和主要的参数传递方式都是利用堆栈。但是，相对来说利用堆栈传递参数比较复杂且容易出错。为此，MASM 6.x 参照高级语言的函数形式扩展了 PROC 伪指令的功能，使其具有带参数的能力，极大地方便了过程或函数间参数的传递，也方便与高级语言接口实现混合编程（详见 7.2 节）。

在 MASM 6.x 中，带有参数的过程定义伪指令 PROC 格式如下：

```
过程名    PROC      ［调用距离］［语言类型］［作用范围］［＜起始参数＞］
                    ［USES 寄存器列表］［,参数：类型］...
          LOCAL 参数表
          ……      ;汇编语言语句
过程名    ENDP
```

其中，过程所具有的各个选项参数如下：

- 过程名——表示该过程名称，应该是遵循相应语言类型的标识符。
- 调用距离——可以是 NEAR、FAR，表示该过程是近调用或远调用。在简化段定义格式中，默认值由 .MODEL 语句选择的存储模型决定。
- 语言类型——确定该过程采用的命名约定和调用约定，可以省略（表示与 .MODEL 伪指令指定的相同，否则必须说明）。MASM 支持的语言类型有 STDCALL、C 等（详见 7.2 节）。
- 作用范围——可以是 PUBLIC、PRIVATE、EXPORT，表示该过程是否对其他模块可见。默认是 PUBLIC，表示其他模块可见；PRIVATE 表示对外不可见；EXPORT 隐含了 PUB-LIC 和 FAR，表示该过程应该放置在导出表（Export Entry Table）中。

- 起始参数——采用这个格式的 PROC 伪指令，汇编系统将自动创建过程的起始代码（Prologue Code）和收尾代码（Epilogue Code），用于传递堆栈参数以及清除堆栈等。起始参数表示传送给起始代码的参数，必须使用尖括号"＜＞"将其括起来，多个参数间用逗号分隔。
- 寄存器列表——指通用寄存器名，用空格分隔多个寄存器。只要利用"USES 寄存器列表"罗列出该过程中需要保存与恢复的寄存器，汇编系统将自动在起始代码处产生相应的入栈指令，并在收尾代码处产生相应的出栈指令。
- 参数: 类型——表示该过程使用的形式参数及其类型。参数的作用范围是当前的过程内，同样的名字可以在多个过程中使用，但不能与全局变量名或标号相同。类型可以指定为任何 MASM 有效的类型或 PTR（表示地址指针）、VARARG（长度可变的参数）。PROC 伪指令中要使用参数，必须定义语言类型（可使用 .MODEL 伪指令指定）。参数前的各个选项间用空格分隔，而参数与前面选项间必须用逗号分隔，多个参数间也用逗号分隔。

如果过程使用局部变量，紧接着过程定义伪指令 PROC，可以采用一条或多条 LOCAL 伪指令说明。它的格式如下:

```
LOCAL 变量名[个数][ : 类型][,...]
```

其中，可选的"[个数]"表示同样类型数据的个数，类似于数组元素的个数。在 16 位段中，默认的类型是字 WORD，在 32 位段中默认的类型是双字 DWORD。使用 LOCAL 伪指令说明局部变量后，汇编系统将自动利用堆栈存放该变量，与高级语言一样（详见7.2 节）。

对于具有参数的过程定义伪指令，采用 CALL 指令进行调用显得比较烦琐。通常需要事先用过程声明伪指令 PROTO 说明，然后使用过程调用伪指令 INVOKE 调用（参见前面的介绍）。

[例6-6]　使用扩展过程定义编写求符号数平均值程序

例 5-7 使用堆栈传递入口参数，是扩展带参数过程定义使用的方法，也是高级语言函数进行参数传递的方法。现进行改写，以便对比。求一个 32 位有符号整型数组平均值，子程序需要两个参数: 数组指针和元素个数。

```
            include io32.inc
mean        proto c,:dword,:dword                     ;过程声明,使用 C 语言规范
            .data
array       dword 675, 354, -34, 198, 267, 0, 9, 2371, -67, 4257
            .code
start:      ;主程序:调用求平均值子程序,然后显示
            invoke mean,addr array,lengthof array
            call dispsid                              ;显示
            exit 0
            ;子程序:计算 32 位有符号数平均值
            ;入口参数:D 表示数组地址、NUM 表示元素个数
            ;出口参数:EAX = 平均值
mean        proc c uses ebx ecx edx,d:dword,num:dword
            mov ebx,d                                 ;EBX = 数组指针
            mov ecx,num                               ;ECX = 元素个数
            xor eax,eax                               ;EAX 保存和值
            xor edx,edx                               ;EDX = 指向数组元素
mean1:      add eax,[ebx + edx*4]                     ;求和
            add edx,1                                 ;指向下一个数据
            cmp edx,ecx                               ;比较个数
            jb mean1                                  ;循环
            cdq                                       ;将累加和 EAX 符号扩展到 EDX
```

```
            idiv ecx                          ;有符号数除法,EAX = 平均值(余数在 EDX 中)
            ret
mean        endp
            end start
```

对比例 5-7 子程序 MEAN，其使用的参数直接书写在 PROC 的过程定义中，子程序直接使用它们的名称，不必考虑对 EBP 的操作；使用 USES 说明子程序使用的寄存器，子程序也不需要书写入栈和出栈指令，主程序中调用子程序，直接代入参数，也没有考虑堆栈平衡问题，这样编程是不是简单多了？

虽然封装了编程细节，但无法改变传递参数的实质，打开列表文件或者在调试程序中查看反汇编代码就能体会到这一点了。为了在列表文件中看到这些伪指令生成的处理器指令，需要在汇编时带上 "/Sa" 参数，表示将最大化源代码列表（可以使用配套软件包中的 MAKE32A. BAT 批处理文件）。

打开这样生成的列表文件，首先将看到通过 INCLUDE 包含的 IO32. INC 全部内容（前面有一个字母 C 的所有语句），有关技术内容至此都已经学习过了。

```
              include io32.inc
C .nolist
C
C ;filename: io32.inc
C ;A include file used with io32.lib for Windows Console
C
C         .686
C         .model flat,stdcall
C
C         option casemap:none
C         includelib bin\kernel32.lib
C
C ExitProcess proto,:DWORD
C exit    MACRO dwexitcode
C         invoke ExitProcess,dwexitcode
C         ENDM
C
C ;declare procedures for inputting and outputting charactor or string
C         extern readc:near,readmsg:near
C         extern dispc:near,dispmsg:near,dispcrlf:near
C         ……                    ;省略
C ;declare I/O libraries
C         includelib io32.lib
C
C .list
C
```

现在重点观察过程定义和调用，代码段的列表内容如下（删除了每个语句行前面的地址和机器代码部分）：

```
    start:      ;主程序:调用求平均值子程序,然后显示
                invoke mean,addr array,lengthof array
*       push   +00000000Ah
*       push   OFFSET array
*       call   mean
*       add    esp, 000000008h
                call dispsid                   ;显示
                exit 0
*       push   +000000000h
```

```
*          call   ExitProcess
 1              invoke ExitProcess,0
    mean       proc c uses ebx ecx edx,d:dword,num:dword
*          push   ebp
*          mov    ebp, esp
*          push   ebx
*          push   ecx
*          push   edx
           mov ebx,d                          ;EBX = 数组指针
           mov ecx,num                        ;ECX = 元素个数
           ......                             ;这部分同源程序,省略
           ret
*          pop    edx
*          pop    ecx
*          pop    ebx
*          leave
*          ret    00000h
    mean       endp
```

列表文件中带星号"＊"的语句是汇编程序生成的,此时再对比例5-7程序,是不是一模一样呢?

主程序 INVOKE 语句生成的代码,与使用堆栈传递参数进行 CALL 调用一样。子程序使用 USES 生成的保护和恢复寄存器的代码也一样,保护 EBP 并通过 EBP 指针访问入口参数也一样,但列表文件没有体现。如果查看反汇编代码,这两个使用参数的指令是:

```
mov ebx,dword ptr [ebp + 8]
mov ecx,dword ptr [ebp + 0ch]
```

反汇编代码可以调入调试程序查看,也可以利用反汇编工具。DUMPBIN.EXE 是 Visual C ++ 集成开发环境的一个工具软件(被复制于本书配套软件的 BIN 目录),可以对二进制代码文件(如.EXE 可执行文件、.OBJ 目标模块文件、.LIB 静态库文件)进行反汇编并查看其结构等信息。DUMPBIN.EXE 有很多参数,其中参数"/disasm"表示进行反汇编。保存反汇编结果,可以使用参数"/OUT:",例如:

```
BIN\DUMPBIN /disasm eg0606.exe /OUT:eg0606.das
```

将反汇编可执行文件 EG0606.EXE(也可以反汇编目标代码文件 EG606.OBJ),生成包含反汇编代码的文本文件 EG0606.DAS(扩展名可由用户自己定义),使用文本编辑器就可以打开查看。

最后有条 LEAVE 指令不认识(参见7.2节),它实际上组合了如下两条指令的功能:

```
mov esp,ebp
pop ebp
```

此时 ESP 已经等于 EBP,前条传送指令多余(所以例5-7程序没有该指令)。

再回头看看我们定义的宏 EXIT,它进行宏展开成为 INVOKE 调用语句(前面有一个数字"1"表示),而它的实质也是压入堆栈数据,然后用 CALL 指令调用。不过,主程序并没有平衡堆栈(如用"ADD ESP, 4"指令),这是因为 Windows 的 API 函数采用 STDCALL 语言类型,是在子程序最后用指令"RET 4"实现 ESP 指针调整。

如果在本示例程序的 PROTO 和 PROC 语句中,将指定采用 C 语言类型去掉,就是采用.MODEL 语句指定的 STDCALL 语言类型。同样汇编、生成列表文件观察,会发现主程序调整 ESP 指针的指令"ADD ESP, 08H"不见了,但子程序最后的返回指令变成了"RET 00008H"。

语言类型决定了调用规范,这将在7.2节详细介绍。

2. 条件控制

MASM 6.0 引入了 .IF、.ELSEIF、.ELSE 和 .ENDIF 伪指令，它们分别与高级语言中的 IF、THEN、ELSE 和 ENDIF 的功能相对应。这些伪指令在汇编时要展开，自动生成相应的比较和条件转移指令序列，实现程序分支。利用条件控制伪指令可以简化分支结构的编程。

条件控制伪指令的格式如下：

```
.IF 条件表达式                    ;条件为真(值为非 0),执行分支体
    分支体
[.ELSEIF 条件表达式               ;前面 IF[以及前面 ELSEIF]条件为假(值为 0),
                                 ;并且当前 ELSEIF 条件为真,执行分支体
    分支体]
[.ELSE                           ;前面 IF[以及前面 ELSEIF]条件为假,
                                 ;执行分支体
    分支体]
.ENDIF                           ;分支结束
```

其中，方括号内的部分可选，条件表达式允许的操作符参见表 6-1。

表 6-1　条件表达式中的操作符

操作符	功能	操作符	功能	操作符	功能
==	等于	&&	逻辑与	CARRY?	CF = 1?
!=	不等于	||	逻辑或	OVERFLOW?	OF = 1?
>	大于	!	逻辑非	PARITY?	PF = 1?
>=	大于等于			SIGN?	SF = 1?
<	小于	&	位测试	ZERO?	ZF = 1?
<=	小于等于	()	改变优先级		

汇编程序在翻译相应条件表达式时，将生成一组功能等价的比较、测试和转移指令。操作符的优先关系为逻辑非"!"最高，然后是表 6-1 中左列的比较类操作符，最低的是逻辑与"&&"和逻辑或"‖"，当然也可以加括号"()"来改变运算的优先顺序，即先括号内后括号外。位测试操作符的使用格式是"数值表达式 & 位数"。

条件表达式用非 0 表示成立（真），用 0 表示不成立（假）。

[例 6-7]　使用条件控制的程序

1）例 4-9 求 EAX 绝对值程序的单分支结构，可编写成：

```
call readsid
.IF eax < 0
    neg eax                      ;满足,求补
.ENDIF
call dispuid
```

2）例 4-11 显示数据最高位程序的双分支结构，可编写成：

```
mov ebx,0bd630422h
shl ebx,1                        ;EBX 最高位移入 CF 标志
.IF CARRY?
    mov al,'1'                   ;如果 CF = 1,设置 AL = '1'
.ELSE
    mov al,'0'                   ;否则 CF = 0,设置 AL = '0'
.ENDIF
call dispc                       ;显示
```

3) 例 4-10 字母判断程序略复杂，可编写成：

```
call readc                              ;输入一个字符,从 AL 返回值
.IF al >= 'A' && al <= 'Z'              ;是大写字母(A 与 Z 之间)
    or al,20h                           ;转换为小写
call dispcrlf                           ;回车换行(用于分隔)
call dispc                              ;显示小写字母
.ENDIF
```

将上述源程序分别进行编辑，需要带上"/Sa"参数汇编、生成列表文件，对比如下（带有星号"＊"的语句是由汇编程序产生的）：

1) 例 4-9 求 EAX 绝对值程序：

```
            .IF eax < 0
*    cmp     eax, 000h
*    jae     @C0001
                neg eax                 ;满足,求补
            .ENDIF
* @C0001:
```

汇编程序自动创建需要的标号（如"@C0001"），并保证程序中的唯一性。

2) 例 4-11 显示数据最高位程序：

```
            .IF CARRY?
*    jae     @C0001
                mov al,'1'              ;如果 CF=1,设置 AL='1'
            .ELSE
*    jmp     @C0003
*@C0001:
                mov al,'0'              ;否则 CF=0,设置 AL='0'
            .ENDIF
*@C0003:
```

3) 例 4-10 字母判断程序：

```
            .IF al >= 'A' && al <= 'Z'  ;是大写字母(A 与 Z 之间)
*    cmp  al, 'A'
*    jb   @C0001
*    cmp  al, 'Z'
*    ja   @C0001
                or al,20h               ;转换为小写
                call dispcrlf           ;回车换行(用于分隔)
                call dispc              ;显示小写字母
            .ENDIF
* @C0001:
```

通过运行程序并对比相应的原示例程序，发现例 4-9 的修改有问题，应该生成比较有符号数大小的条件转移指令 JGE，程序才正确。但为什么产生无符号数比较大小的条件转移指令 JAE？这是因为，采用寄存器或常数作为条件表达式的数值参加比较时，MASM 汇编程序默认为无符号数。如果作为有符号数，可以利用 SBYTE PTR、SWORD PTR 或 SDWORD PTR 等操作符强制转换。本例中改进为".IF sdword ptr eax<0"即可。

同样，对于条件表达式中的变量，若是用 BYTE（DB）、WORD（DW）、DWORD（DD）等变量定义伪指令来定义，也是作为无符号数对待。若需要进行带符号数的比较，这些变量在数据定义时需用相应的带符号数据定义语句来定义，依次为 SBYTE、SWORD、SDWORD 等，或者进行强制转换。

如果条件表达式中的一个数值为有符号数，则条件表达式强制另一个数据作为有符号数进行比较。所以，使用条件控制伪指令时，要注意条件表达式比较的两个数值是作为无符号数还是作为有符号数，因为它将影响产生的条件转移指令。

最后对比一下，这里的条件控制伪指令（前有一个圆点符号）与前一章最后的条件汇编伪指令虽然从形式上看很相似，但它们是不同的。条件汇编伪指令对于分支体的取舍是静态的，是在程序执行前的汇编阶段完成的，执行程序中只含有两分支中的一支，程序执行时不再需要条件判断；而条件控制伪指令组成的程序段对两分支均要汇编，产生相应的指令并被包含在程序中，由程序执行时再进行相应条件的判断，从而选择其中一支执行，它对分支体的取舍是动态的。

3. 循环控制

用处理器指令实现的循环控制结构非常灵活，但可读性不如高级语言、易出错，一不小心就会将循环与分支混淆。利用 MASM 6.x 提供的循环控制伪指令设计循环程序，可以简化编程并使结构清晰。用于循环结构的流程控制伪指令有 .WHILE 和 .ENDW、.REPEAT 和 .UNTIL 以及 .REPEAT 和 .UNTILCXZ，另外 .BREAK 和 .CONTINUE 分别表示无条件退出循环和转向循环体开始。利用这些伪指令可以形成两种基本循环结构形式，分别是先判断循环条件的 WHILE 结构和后判断循环条件的 UNTIL 结构，如图 6-2 所示（对应图 4-4）。

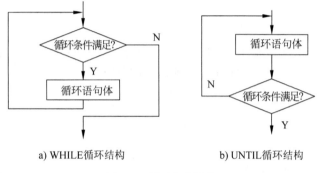

a) WHILE循环结构   b) UNTIL循环结构

图 6-2　循环程序结构

[例 6-8]　使用循环控制的程序

1）WHILE 结构的循环控制伪指令的格式为：

```
.WHILE 条件表达式                    ;条件为真,执行循环体
    ……                            ;循环体
.ENDW                               ;循环体结束
```

其中，条件表达式与条件控制伪指令 .IF 后跟的条件表达式一样，这里不再重复（下同）。例如，实现 $1+2+3+\cdots+100$ 累加和，可以编写为：

```
xor eax,eax                         ;被加数 EAX 清 0
mov ecx,100
.while ecx! =0
    add eax,ecx                     ;从 100,99,…,2,1 倒序累加
    dec ecx
.endw
call dispuid                        ;显示累加和
```

2）UNTIL 结构的循环控制伪指令的格式为：

```
.REPEAT                             ;重复执行循环体
    ……                            ;循环体
.UNTIL 条件表达式                    ;直到条件为真
```

这样，实现 1～100 求和，循环体部分也可以编写为：

```
.repeat
    add eax,ecx
    dec ecx
```

```
.until ecx ==0
```

3）UNTIL 结构还有一种格式：

```
.REPEAT                        ;重复执行循环体
   ……                         ;循环体
.UNTILCXZ [条件表达式]          ;ECX = ECX -1,直到 ECX = 0 或条件为真
```

不带表达式的 .REPEAT /.UNTILCXZ 伪指令将汇编成一条 LOOP 指令，即重复执行直到 ECX 减 1 后等于 0。带有表达式的 .REPEAT /.UNTILCXZ 伪指令的循环结束条件是 ECX 减 1 后等于 0 或指定的条件为真。.UNTILCXZ 伪指令的表达式只能是比较寄存器与寄存器、存储单元和常数，以及存储单元与常数相等（==）或不等（!=）。如果在 16 位平台，则使用 CX 作为计数器。

这样，实现 1~100 求和，循环体部分还可以编写为：

```
.repeat
    add eax,ecx
.untilcxz
```

[例 6-9]　斐波那契数程序

第 4 章例 4-18 输出斐波那契数，现在改用循环流程控制伪指令实现。

```
mov eax,1                      ;EAX = F(1) =1
call dispuid                   ;显示第 1 个数
call dispcrlf                  ;回车换行
call dispuid                   ;显示第 2 个数
call dispcrlf                  ;回车换行
mov ebx,eax                    ;EBX = F(2) =1
.while -1                      ;无条件循环
  add eax,ebx                  ;EAX = F(N) = F(N -2) + F(N -1)
  .break.if CARRY?             ;如果出现进位,则退出循环
  call dispuid                 ;显示一个数
  call dispcrlf                ;回车换行
  xchg eax,ebx                 ;EAX = F(N -2),EBX = F(N -1)
.endw
```

请带上"/Sa"参数汇编、生成列表文件，观察汇编程序生成的代码，对比不使用循环流程控制伪指令的代码，这也是一个学习的过程。虽然汇编程序生成的代码可读性略差些、有时生成的代码也不好，但很多时候的编程技术相当老道、值得体味。

特别需要提醒的是，虽然条件控制伪指令和循环控制伪指令看起来简单好用，但如果不能充分理解其实质，往往也会隐藏不易察觉的错误。所以，建议初学者一定要查看其列表文件，注意有符号数、无符号数比较等问题，确保生成的条件转移等指令是正确的。

6.3.4　简单窗口程序

利用 API 函数，从最基础开始开发一个 32 位 Windows 应用程序确实不太容易。我们不仅需要掌握各种 API 函数的调用方法，还必须将它们转换为汇编语言的形式进行声明，因为 API 函数都是采用 C/C ++ 语法进行声明的。手工翻译这些包含声明的头文件既烦琐又容易出错。微软的软件开发包 SDK 中有一个转换工具 H2INC，利用这个工具能够将 C 风格的头文件转换成 MASM 兼容的包含文件（.INC）。这个工具只能转换常量、结构和函数声明，无法转换 C 代码。

1. MASM32 开发包

当前，虽然没有商业化、专门的利用汇编语言开发 32 位 Windows 应用程序的集成软件包，但 Steve Hutchesson 为我们提供了一个免费软件开发包 MASM32，其中包括编辑器、MASM 6.14

汇编程序和链接程序，还有相当完整的 Win32 的包含文件、库文件以及教程和示例等。

本书配套软件只是提供了一个最基本的 Windows 编程环境，主要是控制台输入输出等基本函数，不支持更复杂的图形窗口界面程序开发，所以本小节内容将基于 MASM32 开发包。

读者可以从 Steve Hutchesson 的主页（http://www.movsd.com）上下载 MASM32 软件包文件（2008 年发布第 10 版）。下载下来的是一个压缩文件，解压后是一个 install.exe 文件，可以在 Windows 2000 及以后的版本运行，实现 MASM32 开发软件的安装。安装过程中，需要选择安装后 MASM32 所在的硬盘分区，安装程序就会将 MASM32 程序安装到所选择分区根目录下的 MASM32 目录中。

MASM32 已经将 Windows API 常量和函数声明转换为汇编语言的包含文件，全部存放在 MASM32\INCLUDE 目录，对应的导入库文件保存在 MASM32\LIB 目录。MASM32 的编辑器除用于编辑源程序外，还集成了汇编、链接以及创建（Build）、调试可执行文件等功能，是一个简单的图形界面的集成开发环境。

利用 MASM32 开发环境，例 6-4 消息窗口程序可以删除常量定义和函数声明，但需要使用包含伪指令包含 WINDOWS.INC 等文件，如下所示：

```
include include\windows.inc
include include\kernel32.inc
include include\user32.inc
includelib lib\kernel32.lib
includelib lib\user32.lib
```

WINDOWS.INC 包含文件声明了所有的 Windows 数据结构和常量，例如，标准输入输出句柄 STD_INPUT_HANDLE 和 STD_OUTPUT_HANDLE 常量。示例中使用的 API 函数在 KERNEL32.INC 和 USER32.INC 声明，需要使用对应的 KERNEL32.LIB 和 USER32.LIB 导入库文件。

源程序编辑完成后，取名保存，然后利用工程（Project）菜单下的创建（Build）命令生成可执行文件。

[例 6-10]　一个简单的窗口应用程序

用汇编语言创建 32 位 Windows 应用程序与用 C++ 采用 API 开发没有太大区别，除了语言不同外，其程序框架、用到的函数基本上都是一样的。下面程序运行后，创建一个标准的 Windows 窗口程序，包括标题栏及客户区，能够进行标准的窗口操作，如最小化、最大化、关闭等。

如下源程序代码基于 MASM32 开发环境。请不要被这个看似庞大的源程序吓倒，因为其中大部分代码可以在任何窗口应用程序中重复使用，后面我们会逐步展开介绍。

```
                .686
                .model flat,stdcall
                option casemap:none
                include include\windows.inc
                include include\kernel32.inc
                include include\user32.inc
                includelib lib\kernel32.lib
                includelib lib\user32.lib
WinMain         proto :dword,:dword,:dword,:dword
                .data
ClassName       byte "SimpleWinClass",0              ;窗口类名称
AppName         byte "Win32 示例",0                  ;程序名
hInstance       dword ?                              ;应用程序实例句柄
CommandLine     dword ?                              ;命令行参数地址指针
                .code
start:          ;调用主过程
                invoke GetModuleHandle, NULL
```

```
                mov       hInstance,eax                          ;获得实例句柄,保存
                invoke    GetCommandLine
                mov       CommandLine,eax                        ;获得命令行参数地址指针,保存
                invoke    WinMain, hInstance,NULL,CommandLine,SW_SHOWDEFAULT
                invoke    ExitProcess,eax
                ;WinMain 主过程
WinMain proc    hInst:dword,hPrevInst:dword,CmdLine:dword,CmdShow:dword
                local  wc:WNDCLASSEX                             ;定义窗口属性的结构变量
                local  msg:MSG                                   ;定义消息变量
                local  hwnd:dword                                ;定义窗口句柄变量
                ;初始化窗口类变量
                mov    wc.cbSize,sizeof WNDCLASSEX
                mov    wc.style,CS_HREDRAW or CS_VREDRAW
                mov    wc.lpfnWndProc, offset WndProc            ;WndProc 是窗口过程
                mov    wc.cbClsExtra,NULL
                mov    wc.cbWndExtra,NULL
                push   hInstance
                pop    wc.hInstance
                mov    wc.hbrBackground,COLOR_WINDOW +1
                mov    wc.lpszMenuName,NULL                      ;没有使用菜单栏
                mov    wc.lpszClassName,offset ClassName
                invoke  LoadIcon,NULL,IDI_APPLICATION            ;获得系统标准图标
                mov    wc.hIcon,eax
                mov    wc.hIconSm,eax
                invoke  LoadCursor,NULL,IDC_ARROW                ;获得系统标准光标
                mov    wc.hCursor,eax
                invoke  RegisterClassEx, addr wc                 ;注册窗口类
                invoke  CreateWindowEx,NULL,addr ClassName,addr AppName, \
                WS_OVERLAPPEDWINDOW,CW_USEDEFAULT, CW_USEDEFAULT, \
                CW_USEDEFAULT,CW_USEDEFAULT,NULL,NULL, hInst,NULL
                mov      hwnd,eax                                ;创建窗口,保存其句柄
                invoke ShowWindow, hwnd,SW_SHOWNORMAL            ;显示窗口
                invoke UpdateWindow, hwnd                        ;更新窗口
                .WHILE TRUE                                      ;消息循环
                    invoke GetMessage,addr msg,NULL,0,0          ;获得消息
                .BREAK .IF (! eax)
                ;.WHILE TRUE 形成无条件循环,此处当 EAX 等于 0 时跳出循环
                    invoke TranslateMessage, addr msg            ;翻译消息
                    invoke DispatchMessage, addr msg             ;分派消息
                .ENDW
                mov eax,msg.wParam
                ret
WinMain endp
;窗口过程
WndProc proc hWnd:dword, uMsg:dword, wParam:dword, lParam:dword
                .IF uMsg == WM_DESTROY
                    invoke PostQuitMessage,NULL                  ;处理关闭程序的消息
                .ELSE                                            ;不处理的消息由系统默认操作
                    invoke DefWindowProc,hWnd,uMsg,wParam,lParam
                    ret
                .ENDIF
                xor eax,eax
                ret
WndProc         endp
                end start
```

2. 主过程 WinMain

在用高级语言 C ++ 开发 Windows 应用程序时，WinMain() 函数是应用程序的入口点，该函数

结束也就是程序退出的出口点。汇编语言从代码段开始执行，没有 WinMain 函数。我们可以用汇编语言创建这样一个 WinMain 过程，使汇编语言更接近 C ++ 语言。在调用 WinMain 前，汇编语言首先需要为这个过程准备调用参数，调用后还需要利用 WinMain 过程的返回值调用 ExitProcess 函数结束程序。

WinMain 函数的 C ++ 原型是：

```
int APIENTRY WinMain(
        HINSTANCE hInstance,
        HINSTANCE hPrevInstance,
        LPSTR lpCmdLine,
        int nCmdShow
);
```

原型中的大写字符串表示参数类型，定义在 Windows 头文件中。这些参数类型都对应汇编语言的双字 DWORD 类型，在 WINDOWS. INC 中也对这些名称进行了自定义，定义为 DWORD 类型。为了不至于使读者混乱，本示例程序一律直接使用 DWORD 类型，后面介绍的 API 函数和 WndProc 过程也如此处理。所以，汇编语言可以如下声明：

```
WinMain proto :DWORD,:DWORD,:DWORD,:DWORD
```

hInstance 参数是当前应用程序的句柄实例。这个句柄可以通过使用 NULL 参数调用 GetModuleHandle 函数获得，本示例程序中被保存到 hInstance 变量（API 函数的返回值通过 EAX 返回）。hPrevInstance 参数表示前一个实例句柄，对于所有 Win32 应用程序这个参数总是 NULL。这是因为每个 Win32 应用程序都将创建一个独立的进程，只有一个唯一的实例，不存在前一个实例。保留该参数的目的是与 16 位应用程序在形式上兼容。

lpCmdLine 参数用于指向命令行参数的字符串指针，这个指针可以通过调用 GetCommandLine 函数获得，本示例程序中被保存到 CommandLine 变量（EAX 返回值）。字符串要求按照 C ++ 规范以 0 结尾。

nCmdShow 用于指定窗口的显示方式，包括 SW_SHOW（显示窗口）、SW_HIDE（隐藏窗口）、SW_SHOWDEFAULT（默认窗口）、SW_SHOWNORMAL（正常窗口）、SW_SHOWMAXIMIZED（最大化窗口）、SW_SHOWMINIMIZED（最小化窗口）等。

WinMain 函数返回一个整型数值，包含在 EAX 寄存器中，可以利用这个返回值调用 ExitProcess 函数退出进程。

Windows 的 API 函数中习惯使用大写字符串表示常量，如 SW_SHOWDEFAULT 等，其中用下划线分隔的前 2 或 3 个字母前缀表示常量所属类别，如 SW 表示显示窗口的形式、IDI 表示图标形式、IDC 表示光标形式、CW 表示创建窗口形式等。大多数 Windows 程序员使用匈牙利命名法为变量取名，即以小写字母开头，表示变量具有的数据类型。例如，hInstance 的字母 h 表示句柄（Handle），lp 表示长整数指针（Long Pointer），n 表示短整数（Short）。

3. 窗口类的注册和调用

WinMain 函数的主要任务是：

1）初始化窗口类结构，对窗口类进行注册。

2）创建窗口、显示窗口，并更新窗口。

3）进入消息循环，也就是不停地检测有无消息，并把它发送给窗口进程去处理。如果是退出消息，则返回。

在 WinMain 函数中，首先要定义一个窗口类，并对其进行注册，即为窗口指定处理消息的过程，定义光标、窗口风格、颜色等参数。"类"是面向对象程序设计的一个最基本概念，它是用户定义的数据类型，包括数据和操作数据的函数；"对象"则是类的"实例"。

　　窗口属性由一个 WNDCLASSEX 结构设置，它在 WINDOWS. INC 中的定义如下（注释是作者加入的）：

```
WNDCLASSEX STRUCT
        cbSize          DWORD ?       ;指定该结构的大小,可以为 sizeof WNDCLASSEX
        style           DWORD ?       ;窗口类风格,一般为 CS_HREDRAW or CS_VREDRAW,表示窗
                                       口高度或宽度发生变化时重新绘制窗口
        lpfnWndProc     DWORD ?       ;处理窗口消息的窗口过程的地址指针
        cbClsExtra      DWORD ?       ;分配给窗口类结构之后的额外字节数,可为 0
        cbWndExtra      DWORD ?       ;分配给窗口实例之后的额外字节数,可为 0
        hInstance       DWORD ?       ;当前应用程序的句柄实例,可以使用 WinMain 的句柄
        hIcon           DWORD ?       ;窗口类的图标,使用 LoadIcon 函数获得,取自系统定义的
                                       图标或应用程序的资源
        hCursor         DWORD ?       ;窗口类的光标,使用 LoadCursor 函数获得,取自系统定义
                                       的光标或应用程序的资源
        hbrBackground   DWORD ?       ;窗口类的背景颜色,可以使用系统定义的颜色
        lpszMenuName    DWORD ?       ;菜单的句柄,为 NULL 表示不显示菜单栏;或者为一个标识菜
                                       单资源的字符串,用于显示资源定义的菜单项
        lpszClassName   DWORD ?       ;窗口类名称
        hIconSm         DWORD ?       ;图标的句柄
WNDCLASSEX ENDS
```

　　WinMain 函数首先用 LOCAL 伪指令定义了 WNDCLASSEX 结构的局部变量 wc，然后给结构成员（用英文句号"."分隔变量名和成员名）进行赋值。

　　Windows 操作系统维护了 29 种颜色用于显示各种形状，其数值为 0～28，例如，COLOR_MENU 表示菜单颜色，数值是4；COLOR_WINDOW 表示窗口颜色，数值是5；COLOR_WINDOW-FRAME 表示窗口边框颜色，数值为6。在 Windows 中，用户可以通过"控制面板"中"显示"程序的"外观"对话框改变默认显示颜色。

　　LoadIcon 函数用于加载应用程序的图标，它有两个参数：第一个参数是应用程序实例句柄（可以用 GetModuleHandle 函数获得），如果设置为 NULL，则加载系统提供的标准图标；第二个参数是名称字符串或图标的标识符，例如，IDI_APPLICATION 表示默认的应用程序图标，IDI_ASTERISK 表示提示性消息图标，IDI_QUESTION 表示问号图标，IDI_WINLOGO 表示 Windows 徽标。LoadIcon 函数执行结束后从 EAX 返回一个图标句柄。

　　LoadCursor 函数用于加载应用程序的光标，它有两个参数：第一个参数是应用程序实例句柄（可以用 GetModuleHandle 函数获得），如果设置为 NULL，则加载标准光标；第二个参数是名称字符串或光标的标识符，例如，IDC_ARROW 表示标准光标（常用于对象选择），IDC_CROSS 表示十字光标（常用于精确定位），IDC_HAND 表示手形光标（常表示链接），IDC_HELP 表示帮助光标（常说明有帮助信息）。LoadCursor 函数执行结束后从 EAX 返回一个光标句柄。

　　有关系统颜色、图标和光标等的常量定义可以参考 WINDOWS. INC 文件。

　　完成窗口类属性的设置后，就可以调用 RegisterClassEx 函数进行窗口类注册了，它有一个参数需要指向 WNDCLASSEX 结构变量 wc。

　　4. 窗口的创建、显示和更新

　　一旦完成窗口注册，接着就是为应用程序创建一个实际的窗口。创建窗口需要调用 Create-WindowEx 函数实现。在《Win32 程序员参考手册》中，它的原型如下：

```
HWND CreateWindowEx(
        DWORD dwExStyle,              // extended window style
        LPCTSTR lpClassName,          // pointer to registered class name
        LPCTSTR lpWindowName,         // pointer to window name
```

```
        DWORD dwStyle,                  // window style
        int x,                          // horizontal position of window
        int y,                          // vertical position of window
        int nWidth,                     // window width
        int nHeight,                    // window height
        HWND hWndParent,                // handle to parent or owner window
        HMENU hMenu,                    // handle to menu, or child-window identifier
        HINSTANCE hInstance,            // handle to application instance
        LPVOID lpParam                  // pointer to window-creation data
    );
```

参数 dwExStyle 是窗口的扩展风格，NULL 表示不使用。参数 dwStyle 是窗口风格。WS_OVERLAPPEDWINDOW 表示创建一个标准 Windows 窗口，包括标题栏、系统菜单按钮、粗边框以及最小化、最大化和关闭按钮。它实际上包括了 WS_OVERLAPPED（标题栏和边框）、WS_CAPTION（标题栏）、WS_SYSMENU（系统菜单按钮）、WS_THICKFRAME（粗边框）、WS_MINIMIZEBOX（最小化按钮）和 WS_MAXIMIZEBOX（最大化按钮）风格，与 WS_TILEDWINDOW 风格一样。

lpClassName 参数是注册的窗口类名称指针。lpWindowName 是程序名指针。参数 x、y 和 nWidth、nHeight 依次是窗口的水平、垂直位置和宽度、高度，可以是具体的数值，使用 CW_USEDEFAULT 表示使用系统默认值。hWndParent 是父窗口句柄，hMenu 是菜单句柄或子窗口标识符，hInstance 是应用程序实例句柄。lpParam 参数是指向窗口数据的指针。

若 CreateWindowEx 函数创建窗口成功，则在 EAX 返回其句柄，否则返回 NULL。窗口创建后并不会马上显示，需要 ShowWindow 函数显示窗口，还需要调用 UpdateWindow 函数对窗口更新。显示窗口和更新窗口函数都需要使用窗口的实例句柄，显示窗口时还要指明显示方式，常量 SW_SHOWNORMAL 表示正常窗口。

5. 消息循环

屏幕上有了显示窗口，程序现在必须准备好接收用户的键盘和鼠标输入。Windows 操作系统为每个 Windows 程序维持一个消息队列（Message Queue）。当一个输入事件发生时，Windows 操作系统翻译该事件成为一个消息，并放置于消息队列中。本示例程序使用一个循环控制伪指令实现一个 WHILE 循环结构，从消息队列中检索消息、翻译消息和分派消息，即消息循环。

消息用 MSG 结构表达，在 MASM32 软件包的 WINDOWS.INC 文件中，类型声明如下：

```
MSG STRUCT
    hwnd        DWORD ?
    message     DWORD ?
    wParam      DWORD ?
    lParam      DWORD ?
    time        DWORD ?
    pt          POINT <>
MSG ENDS
```

参数 hwnd 指示窗口，其窗口过程接收消息。message 参数是一个消息编号，说明消息的类型。参数 wParam 和 lParam 指明消息的附加信息，它们的具体含义取决于消息类型。time 参数指明消息发送的时间。pt 参数是 POINT 数据类型，它又是一个结构类型，指示当消息发送时的光标位置。在 WinMain 过程开始，定义了一个 MSG 结构类型的 msg 变量。

在消息循环的开始，GetMessage 函数从消息队列检索一个消息。该函数的第 1 个参数是指向 msg 消息变量的指针。第 2 个参数是要接收消息的窗口句柄，如果为 NULL 有特别含义，表示程序需要其所有窗口的消息。第 3 个和第 4 个参数都是整数值，分别表示接收的最低和最高消息编号，如果它们都是 0，则表示 GetMessage 函数将返回所有消息。

消息变量的值由操作系统根据用户的输入设置。当收到除 WM_QUIT 之外的消息时，GetMessage 函数返回非零数值，即逻辑真 TRUE。而当收到 WM_QUIT 消息时，GetMessage 函数返回零，即逻辑假 FALSE，此时语句 ". BREAK. IF（!eax）"使程序跳出消息循环，WinMain 函数返回。API 函数用 EAX 返回值，所以 msg. wParam 赋值给 EAX，用 RET 指令返回主程序。当存在错误时，GetMessage 函数返回 −1。

如果进程需要从键盘接收字符输入，消息循环中必须包括 TranslateMessage 函数。每次用户按键，Windows 生成一个虚拟键消息，它是一个虚拟键代码而不是字符代码值。为了得到这个字符代码值，消息循环需要使用 TranslateMessage 函数将虚拟键消息翻译成字符消息，并放回到应用程序的消息队列。然后消息循环利用 DispatchMessage 函数将消息分派给窗口过程，也就是在注册窗口时的 WndProc 过程。

6. 窗口过程

前面介绍的 WinMain 过程应该说只是辅助操作，真正的动作处理是在窗口过程中，本示例程序取名为 WndProc 过程。窗口过程决定了在客户区的显示内容，以及程序如何响应用户输入。WndProc 过程通常如下定义：

```
WndProc proc hWnd:HWND, uMsg:UINT, wParam:WPARAM, lParam:LPARAM
```

其中，冒号后的大写字符串表示参数类型，其实在 WINDOWS. INC 文件中都被重新定义为 DWORD 类型，所以都可以直接写作 DWORD。它的 4 个参数含义与 MSG 结构的前 4 个结构字段一样，依次是窗口句柄、消息编号和两个消息附加信息。其中参数 uMsg 是一个数值，表示消息类型。包含文件中以 WM（Window Message）为前缀的标识符定义了 Windows 的各种消息，例如：

- WM_LBUTTONDOWN——按下鼠标左键产生的消息。
- WM_RBUTTONDOWN——按下鼠标右键产生的消息。
- WM_CLOSE——主窗口关闭时产生的消息。
- WM_DESTROY——用户结束程序运行时产生的消息。

窗口过程根据参数 uMsg 得到消息，并转到不同的分支去处理。窗口过程处理的消息，返回 Windows 时要在 EAX 中赋值 0；窗口过程不处理的消息，必须调用 DefWindowProc 函数由操作系统按照默认方式进行处理，并将其返回值返回给窗口过程，以确保发送给应用程序的每条消息都能够得到响应。调用 DefWindowProc 函数需要使用与窗口过程相同的参数。

本示例程序的窗口过程仅处理了 WM_DESTROY 消息，即使用调用 PostQuitMessage 函数的标准方式。PostQuitMessage 函数向消息队列发送 WM_QUIT 消息，并立即返回。该函数带有一个退出代码参数，作为 WM_QUIT 消息的 wParam 参数。

至此，我们从头到尾分析了 Windows 窗口应用程序。不过，这个程序生成的标准窗口并没有任何功能。现在，增加单击鼠标左键弹出消息窗口的功能。

[例 6-11]　弹出消息的窗口应用程序

我们只需要在例 6-10 源程序的基础上作简单增加。

数据段增加一个字符串：

```
szText  byte '欢迎进入 32 位 Windows 世界!',0
```

窗口过程中增加两条语句：

```
invoke PostQuitMessage,NULL                          ;处理关闭程序的消息
.ELSEIF uMsg == WM_LBUTTONDOWN                       ;处理单击鼠标左键的消息
    invoke MessageBox,NULL,addr szText,addr AppName,MB_OK
.ELSE                                                ;不处理的消息由系统默认操作
```

通过前面若干示例程序的分析和实践，相信读者对使用汇编语言编写 32 位 Windows 应用程序有了初步理解或掌握。我们看到，只要充分利用 MASM 的高级语言程序设计特性，尤其是 PROTO 和 INVOKE 伪指令，调用 Windows API 函数，同时借助 Steve Hutchesson 提供的免费 MASM32 软件，完全可以采用汇编语言开发 32 位 Windows 应用程序。但是，我们也看到，这是一个相对烦琐的过程。即使是采用 C++ 调用 API 函数编写 Windows 应用程序，也将涉及非常繁杂的技术细节，许多 C++ 程序员常常被设备句柄、消息机制、字体度量、位图和映射方式等搞得一头雾水。另外，限于本书的目的，许多内容不能展开，所以读者未必能够完全理解其中的技术细节，有兴趣的读者可以进一步阅读相关的文献。

第 6 章习题

6.1 简答题

(1) 什么是应用程序接口（API）？

(2) 什么是静态连接？

(3) 运行 Windows 应用程序，有时为什么会提示某个 DLL 文件不存在？

(4) ADDR 与 OFFSET 有何不同？

(5) ExitProcess 函数可以按汇编语言习惯全部使用小写字母表示吗？

(6) Win32 API 中可以使用哪两种字符集？

(7) 为什么调用 API 函数之后，ECX 等寄存器改变了？

(8) 条件控制 ".IF" 伪指令的条件是在汇编阶段进行判断吗？

(9) 为什么 32 位 API 函数的地址指针也可以转换为汇编语言的双字类型？

(10) 在 MASM32 软件包支持下的汇编语言程序中为什么没有看到对 Windows 常量、函数等的定义和声明呢？

6.2 判断题

(1) Windows 可执行文件中包含动态连接库中的代码。

(2) 导入库文件和静态子程序库文件的扩展名都是 .LIB，所以两者性质相同。

(3) INVOKE 语句只能传递主存操作数，不能传递寄存器值。

(4) Windows 控制台是命令行窗口，也就是 MS-DOS 窗口。

(5) 与高级语言类似，汇编语言中使用结构变量也需要先说明结构类型。

(6) PROC 伪指令可使用 USES 操作符，但 PROTO 伪指令不可以使用。

(7) 在宏定义中，LOCAL 伪指令声明标识符；而在过程定义中，LOCAL 伪指令用于分配局部变量。

(8) 条件汇编 IF 和条件控制 .IF 伪指令都包括条件表达式，它们的表达形式一样。

(9) 条件控制 .IF 伪指令和循环控制 .WHILE 伪指令中的条件表达式具有相同的表达形式。

(10) MASM32 软件包只支持 32 位图形界面应用程序的开发，不支持控制台应用程序开发。

6.3 填空题

(1) Windows 系统有 3 个最重要的系统动态连接库文件，它们是 _____、_____

和_____。

(2) 进行 Windows 应用程序开发时，需要_____库文件；执行该应用程序时，则需要对应的_____库文件。

(3) 获得句柄函数 GetStdHandle 执行结束，使用_____提供返回结果。

(4) 函数 GetStdHandle 需要一个参数，对标准输入设备应该填入_____数值，对标准输出设备应该填入_____数值，对标准错误设备应该填入_____数值。

(5) 调用 ReadConsole 函数时，用户在键盘上按下数字 8，然后回车，则键盘缓冲区的内容依次是_____。

(6) WriteConsole 和 ReadConsole 函数的参数类似，都有 5 个，第 1 个参数是_____，第 2 个参数是输出或输入缓冲区的_____，第 3 个参数是输出或输入的字符_____，第 4 个参数指向实际输出或输入字符个数的变量，最后 1 个参数一般要求代入_____。

(7) 消息窗口函数 MessageBox 有 4 个参数，第 1 个是 0，第 2 个是要显示字符串的_____，第 3 个是_____的地址指针，第 4 个参数指明窗口形式。注意字符串要使用_____作为结尾标志。

(8) 要使用获取系统时间函数 GetLocalTime，需要定义一个_____结构变量，其中返回系统时间数值，这些数值采用二进制编码，例如，日期返回的编码是 0019H，它表示日期是_____日。

(9) 使用扩展的 PROC 伪指令编写子程序比较方便，例如，子程序中需要保护和恢复 ESI 和 EDI，就只需使用_____就可以了。

(10) MASM 进行汇编时生成最大化源代码列表，其中语句前使用字母_____表示是通过包含文件插入的语句，使用"*"符号的语句常是_____的代码，而语句前的数字则说明是_____语句。

6.4　执行第 4 章介绍的 CPUID 指令，直接使用控制台输出函数将处理器识别字符串显示出来（不使用 IO32.INC 包含文件和 DISPMSG 子程序）。

6.5　直接使用控制台输入和输出函数实现例 6-2 的功能（不使用 READMSG 和 DISPMSG 子程序）。注意，输入或输出句柄只要各获得一个即可。

6.6　直接使用控制台输出函数实现某个主存区域内容的显示（习题 5.13 功能）。要求改进显示形式，例如，每行显示 16 个字节（128 位），每行开始先显示首个主存单元的偏移地址，然后用冒号分隔主存内容。

6.7　执行第 4 章介绍的 CPUID 指令，在消息窗口显示处理器识别字符串，要求该消息窗口有"OK"和"Cancel"两个按钮。

6.8　参考例 5-10，利用 MessageBox 函数创建的消息窗口显示 32 位通用寄存器内容。

6.9　利用获得系统时间函数，将年月日时分秒星期等时间完整地显示出来。可以创建一个控制台程序，也可以创建一个消息窗口程序。

6.10　结构数据类型如何说明，结构变量如何定义，结构字段如何引用？

6.11　条件控制伪指令的条件表达式中，逻辑与"&&"表示两者都为真，整个条件才为真；逻辑或"‖"表示两者之一为真，整个条件就为真。对如下两个程序段（VAR 是一个双字变量）：

(1) 逻辑与条件

```
.if (var == 5) && (eax != ebx)
    inc eax
```

```
        .endif
```

（2）逻辑或条件

```
        .if (var ==5) ‖ (eax!= ebx)
            dec ebx
        .endif
```

请直接使用处理器指令实现上述分支结构，并比较汇编程序生成的代码序列。

6.12 对于如下两个程序段：

（1）WHILE 循环结构

```
        .while eax!=10
            mov [ebx* 4],eax
            inc eax
        .endw
```

（2）UNTIL 循环结构

```
        .repeat
            mov [ebx* 4],eax
            inc eax
        .until eax ==10
```

请直接使用处理器指令实现上述循环结构，并比较汇编程序生成的代码序列。

6.13 使用条件控制 .IF 伪指令编写习题 4.16 程序，并生成完整的列表文件。

6.14 使用条件控制 .IF 和循环控制 .WHILE 伪指令编写习题 4.21 程序，并生成完整的列表文件。

6.15 调用 GetCommandLine 函数，可以从 EAX 返回指向命令行输入字符串（包含路径、文件名和参数）。现要求编程，利用 MessageBox 函数输出这个字符串。

6.16 在 Windows 窗口应用程序例 6-11 的基础上，增加单击鼠标右键弹出另一个消息窗口的功能，在 MASM32 开发环境生成可执行文件。

与Visual C++混合编程

　　用汇编语言开发的程序虽然具有占用存储空间小、运行速度快、能直接控制硬件等优点，但它与机器密切相关、移植性差，而且编程烦琐、对汇编语言程序员要求较高。所以，软件开发通常采用高级语言，以提高开发效率；但在某些部分，例如，程序的关键部分，或是运行次数很多的部分，或是运行速度要求很高的部分，或是直接访问硬件的部分等，则利用汇编语言编写，以提高程序的运行效率。汇编语言与高级语言间或不同的高级语言间，通过相互调用、参数传递、共享数据结构和数据信息而形成程序的过程就是混合编程。

　　汇编语言与 C 和 C ++ 语言有两种混合编程方法：嵌入汇编和模块连接。本书以 MASM 汇编语言和 Visual C ++ 6.0 为例进行介绍。

7.1　嵌入汇编

　　嵌入汇编是指直接在 C 和 C ++ 语言的源程序中插入汇编语言指令，也称为内嵌汇编、内联汇编或行内（in-line）汇编。

　　Visual C ++ 使用 "__asm" 关键字（注意，asm 前是两个下划线、没有空格，但 Visual C ++ 6.0 也支持一个下划线的格式_asm，目的是与以前版本保持兼容）指示嵌入汇编，不需要独立的汇编程序就可以正常编译和连接。

　　Visual C ++ 嵌入汇编最好采用花括号的汇编语言程序片段形式，例如：

```
//__asm 程序段
    __asm
    {
    mov eax,01h              //支持汇编语言的注释格式
    mov dx,0xD007            ;0xD007 = 0D007H,支持 C、C ++ 的数据表达形式
    out dx,eax              ;OUT 是输出指令,参见下章介绍
    }
```

Visual C ++ 也支持单条汇编语言指令形式，例如：

```
//单条__asm 汇编指令形式
    __asm mov eax,01h
    __asm mov dx,0D007h
    __asm out dx,eax
```

另外，还可以使用空格在一行分隔多个__asm 汇编语言指令，例如：

```
//多个__asm语句在同一行时,用空格将它们分开
    __asm mov eax,01h __asm mov dx,0xD007 __asm out dx,eax
```

上面 3 种形式产生相同的代码,但第 1 种形式具有更多的优点,因为它可以将 C++ 代码与汇编代码明确分开,避免混淆。如果将__asm 指令和 C++ 语句放在同一行且不使用括号,编译器会分不清汇编代码到什么地方结束和 C++ 语句从哪里开始。__asm 花括号中的程序段不影响变量的作用范围。__asm 块允许嵌套,嵌套也不影响变量的作用范围。

1. 嵌入汇编语句中使用汇编语言的注意事项

1) Visual C++ 6.0 支持通用整数和浮点指令集以及 MMX 指令集的嵌入汇编。对于还不能支持的指令,Visual C++ 提供了_emit 伪指令进行扩展。

_emit 伪指令类似于 MASM 中的 BYTE 变量定义伪指令,可以用来定义一个字节的内容,并且只能用于程序代码段。例如:

```
#define cpu-id __asm _emit 0x0F __asm _emit 0xA2        //定义汇编指令代码的宏
        __asm{cpu-id}                                     //使用 C++ 的宏
```

2) 嵌入汇编可以使用 MASM 的表达式,这个表达式是操作数和操作符的组合,产生一个数值或地址。嵌入汇编还可以使用 MASM 的注释风格。

3) 嵌入汇编虽然可以使用 C++ 的数据类型和数据对象,但不可以使用 MASM 的绝大多数伪指令和宏汇编方法。

例如,不能使用 BYTE、WORD、DWORD 等伪指令和 DUP 等操作符,也不能使用 MASM 的结构 STRUCT 和记录 RECORD 等,不支持 MASM 的宏伪指令(如 MACRO、ENDM、REPEAT、FOR、FORC 等)和宏操作符(如!、&、% 等)。

嵌入汇编不支持 MASM 6.0 引入的 LENGTHOF 和 SIZEOF 操作符,但可以使用 LENGTH、SIZE、TYPE 操作符来获取 C++ 变量和类型的大小。其中,LENGTH 用来返回数组元素的个数,对非数组变量返回值为 1;TYPE 用来返回 C++ 类型或变量的大小,如果变量是一个数组,则返回数组单个元素的大小;SIZE 用来返回 C++ 变量的大小,即 LENGTH 和 TYPE 的乘积。

例如,对于数据 int iarray [8] (int 类型是 32 位,4 个字节),则:

LENGTH iarray 返回 8 (等同于 C++ 的 sizeof (iarray)/sizeof (iarray [0]));

TYPE iarray 返回 4 (等同于 C++ 的 sizeof (iarray[0]));

SIZE iarray 返回 32 (等同于 C++ 的 sizeof (iarray))。

嵌入汇编中不能使用 OFFSET,但可以使用 LEA 指令获得偏移地址。

嵌入汇编语句中可以使用 PTR 指明操作数类型,例如:

```
__asm inc byte ptr[esi]
```

4) 在用嵌入汇编书写的函数中,不必保存 EAX、EBX、ECX、EDX、ESI 和 EDI 寄存器,但必须保存函数中使用的其他寄存器(如 DS、SS、ESP、EBP 和整数标志寄存器)。例如,用 STD 和 CLD 改变方向标志位,就必须保存标志寄存器的值。

嵌入汇编引用段时应该通过寄存器而不是段名,段超越时,必须清晰地用段寄存器说明,如 ES: [EBX]。

2. 嵌入汇编语句中使用 C++ 语言的注意事项

1) 嵌入汇编可使用 C++ 的下列元素:符号(包括标号、变量、函数名)、常量(包括符号常量、枚举成员)、宏和预处理指令、注释(/**/和 //,也可以使用汇编语言的注释风格)、类型名及结构、联合的成员。

嵌入汇编语句使用 C++ 符号也有一些限制:每一个汇编语言语句只包含一个 C++ 符号(要

包含多个符号只能通过 LENGTH、TYPE 和 SIZE 表达式）；引用函数前必须在程序中说明其原型（否则编译程序将分不出是函数名还是标号）；不能使用和 MASM 保留字相同的 C ++ 符号（如指令助记符和寄存器名），也不能识别结构 structure 和联合 union 关键字。

2）嵌入汇编语句中，可以使用汇编语言格式表示整数常量（如 378H），也可以采用 C ++ 的格式（如 0x378）。

3）嵌入汇编语句不能使用 C ++ 的专用操作符，如 <<。对两种语言都有的操作符，在汇编语句中作为汇编语言操作符，如 *、[]。例如：

```
int array[6];                      //C ++ 语句中,[]表示数组的某个元素
__asm mov array[6],ebx             //汇编语言中,[]表示距离标识符的字节偏移量
```

4）嵌入汇编中可以引用包含该 __asm 作用范围内的任何符号（包括变量名），它通过变量名引用 C ++ 的变量。例如，若 var 是 C ++ 中的整型 int 变量，则可以使用如下语句：

```
__asm mov eax,var
```

如果类、结构、联合的成员名字唯一，__asm 中可不说明变量或类型名就引用成员名，否则必须说明。例如：

```
struct first_type
{
    char *carray;
    int same_name;
};
struct second_type
{
    int ivar;
    long same_name;
};
struct first_type ftype;
struct second_type stype;
__asm
{
    mov ebx,offset ftype
    mov ecx,[ebx]ftype.same_name            //必须使用 ftype
    mov esi,[ebx].carray                    //可以不使用 ftype(也可以使用)
}
```

5）利用 C、C ++ 的宏可以方便地将汇编语言代码插入源程序中。C、C ++ 宏将扩展成为一个逻辑行，所以书写具有嵌入汇编的 C、C ++ 宏时，应遵循下列规则：将 __asm 程序段放在括号中，每一个汇编语言指令前必须有 __asm 标志，应该使用 C 的注释风格（/**/），而不要使用 C ++ 的单行注释（//）和汇编语言的分号注释（;）方式。例如：

```
#define PORTIO__asm               \
/*Port output */                  \
{                                 \
    __asm mov eax,01h             \
    __asm mov dx,0xD007           \
    __asm out dx,eax              \
}
```

该宏展开为一个逻辑行（其中"\"是续行符）：

```
__asm /*Port output */ {__asm mov eax,01h __asm mov dx,0xD007 __asm out dx,eax}
```

6）嵌入汇编中的标号和 C ++ 的标号相似，它的作用范围为定义它的函数中。汇编转移指令和 C ++ 的 goto 语句都可以跳转到 __asm 块内或块外的标号。

__asm 块中定义的标号对大小写不敏感，汇编语言指令跳转到 C ++ 中的标号也不分大小写，C ++ 中的标号只有使用 goto 语句时对大小写敏感。

[例 7-1]　嵌入汇编计算数组平均值函数

对于计算有符号数平均值的例 5-7（及例 6-6）使用 C ++ 语言编写主程序，求平均值 mean 函数使用嵌入汇编。

```
#include < iostream.h >
#define COUNT 10
long mean(long d[],long num);
int main()
{
  long array[COUNT] = {675,354, -34,198,267,0,9,2371, -67,4257};
  cout << "The mean is \t" << mean(array,COUNT) << endl;
  return 0;
  }
  long mean(long d[],long num)
  {
    long temp;                          //定义局部变量,用于返回值
  __asm {                               //嵌入式汇编代码部分(参考例 5-7)
        mov ebx,d                       ;EBX = 数组地址
        mov ecx,num                     ;ECX = 数据个数
        xor eax,eax                     ;EAX 保存和值
        xor edx,edx                     ;EDX = 指向数组元素
mean1: add eax,[ebx + edx* 4]           ;求和
        add edx,1                       ;指向下一个数据
        cmp edx,ecx                     ;比较个数
        jb mean1                        ;循环
        cdq                             ;将累加和 EAX 符号扩展到 EDX
        idiv ecx                        ;有符号数除法,EAX = 平均值(余数在 EDX 中)
        mov temp,eax
        }
    return(temp);
}
```

函数的局部变量要在嵌入汇编模块之外声明。

在 Visual C ++ 集成开发环境中，建立一个 Win32 控制台程序的项目，创建上述源程序后加入该项目。然后，进行编译连接就产生一个可执行文件（如果不熟悉 Visual C ++ 开发环境，可以参考 7.4 节）。

7.2　模块连接

模块连接方式是不同编程语言之间混合编程经常使用的方法。各种语言的程序分别编写，利用各自的开发环境编译形成目标代码（OBJ）模块文件，然后将它们连接在一起，最终生成可执行文件。

相对来说，Visual C ++ 直接支持嵌入汇编方式，不需要独立的汇编系统和另外的连接步骤。所以，嵌入汇编比模块连接方式更简单方便。但是嵌入汇编的主要缺点是缺乏可移植性。例如，运行于 IA-32 处理器的嵌入汇编代码不能移植到其他非兼容的处理器上，然而模块连接方式却可以比较方便地为不同处理器平台提供不同的外部目标代码模块。

7.2.1　约定规则

进行模块连接，必须对它们的接口、参数传递、返回值及寄存器的使用、变量的引用等做出约定，以保证连接程序能得到必要的信息，进行正确的连接。

1. 采用一致的调用规范

C 和 C ++ 语言与汇编语言混合编程的参数传递通常利用堆栈，调用规范（Calling Convention）决定利用堆栈的方法和命名约定，两者要一致。

Visual C ++ 语言具有 3 种调用规范：_cdecl、_stdcall 和_fastcall，默认采用_cdecl（_cdecl，即 c declare，也就是 C 语言调用规范）调用规范，Windows 的 API 函数等采用_stdcall 调用规范。

MASM 汇编语言利用"语言类型"（Language Type）确定调用规范和命名约定。例如，使用 Visual C ++ 的_cdecl 调用规范要对应 MASM 的 C 语言类型，使用 Visual C ++ 的_stdcall 调用规范要对应 MASM 的 STDCALL 语言类型。

2. 声明共用函数和变量

对于 C ++ 语言和汇编语言的共用过程名、变量名需要进行声明，并且标识符要一样。注意 C ++ 语言对标识符区分字母的大小写，而汇编语言不区分。

在 C ++ 语言程序中，采用 extern " C" {} 对所要调用的外部过程、函数、变量进行说明。说明形式如下：

```
extern"C"{返回值类型调用规范 函数名称(参数类型表);}
extern"C"{变量类型 变量名;}
```

汇编语言程序中供外部使用的标识符应具有 PUBLIC 属性，使用外部标识符要利用 EXTERN 声明。MASM 中过程名默认具有 PUBLIC 属性，也可以利用 PUBLIC 伪指令或者 PROTO 伪指令说明。

3. 入口参数和返回参数的约定

C 和 C ++ 语言中，除了数组（因为数组名表示的是第一个元素的地址）外，不论采用何种调用规范，传送的参数形式都是"传值"（by Value），参数"传址"（by Reference）应使用指针数据类型。

Visual C ++ 的 char、short 和 long（包括 int）数据类型依次是字节、字和双字，与 MASM 数据类型的对应关系如表 7-1 所示。但不论何种整数类型，进行参数传递时都扩展成 32 位。需要注意的是，32 位 Visual C ++ 版本中整型 int 是 4 个字节。另外，32 位 Visual C ++ 的函数调用使用 32 位偏移地址，所有的地址参数都是 32 位偏移地址，在堆栈中占 4 个字节。

表 7-1　Visual C ++ 数据类型与 MASM 数据类型的对应关系

Visual C ++ 的数据类型	MASM 的数据类型	字节数
unsigned char	BYTE	1
unsigned short	WORD	2
unsigned long［int］	DWORD	4
char	SBYIE	1
short	SWORD	2
long［int］	SDWORD	4

Visual C ++ 函数返回参数时，8 位值（如 char 或 bool 类型）在 AL 中返回，16 位值（如 short 类型）在 AX 中返回，32 位值（如 long、int 或地址指针）存放在 EAX 寄存器中返回，64 位返回值存放在 EDX∶EAX 寄存器对中，更大的数据则将它们的地址指针存放在 EAX 中返回。

高级语言使用堆栈传递参数，从方便混合编程的角度，汇编语言的模块可以使用扩展过程定义 PROC 伪指令。

[例 7-2]　模块连接计算数组平均值函数

将例 7-1 的求平均值 mean 函数使用汇编语言单独编写成一个模块。原例 7-1 需要删除函数定义，同时函数声明修改为：

```
extern"C" {long mean(long d[],long num);}
```

汇编语言过程的源程序文件是：

.686

```
                .model flat,c
mean            proto d:ptr dword,num:dword          ;过程声明
                .code
mean            proc uses ebx ecx edx,d:ptr dword,num:dword       ;过程定义
                mov ebx,d                            ;EBX = 数组地址
                mov ecx,num                          ;ECX = 数据个数
                ……                                 ;同例 7-1(例 5-7、例 6-6),省略
                idiv ecx                             ;有符号数除法,EAX = 平均值(余数在 EDX 中)
                ret
mean            endp
                end
```

首先对上述汇编语言程序汇编,生成目标模块文件。然后,将该模块文件加入 Visual C++ 的 Win32 控制台程序的项目。最后,同 C++ 源程序一起编译连接就创建了可执行文件。

本示例程序中,汇编语言使用 C 语言类型,C++ 程序默认采用_cdecl,两者保持一致。如果汇编语言使用 STDCALL 语言类型,则 C++ 程序必须在函数声明语句中明确指示采用_stdcall 规范。

7.2.2 堆栈帧

堆栈在混合编程中起着至关重要的作用。堆栈在过程调用中为传递参数、返回地址、局部变量和保护寄存器所保留的堆栈空间,称为堆栈帧(Stack Frame),其创建步骤如下:

1)主程序把传递的参数压入堆栈。

2)调用子程序时,返回地址压入堆栈。

3)子程序中,EBP 压入堆栈,设置 EBP 等于 ESP,通过 EBP 访问参数和局部变量。

4)子程序有局部变量,ESP 减去一个数值,在堆栈预留局部变量使用的空间。

5)子程序要保护的寄存器压入堆栈。

建议大家回顾求平均值例 5-7(例 6-6)程序所创建的堆栈帧,下面引出局部变量。

1. 局部变量

汇编语言习惯使用寄存器进行编程,常用寄存器作为临时变量,起到了替代局部变量的作用。但为了理解局部变量,我们利用扩展过程定义支持局部变量的特性,修改求平均值例 6-6(例 7-2),增加一个局部变量(Local Variable)。

[例 7-3] 使用局部变量求有符号数平均值程序

请把注意力集中在局部变量 SUM 的使用上(语句注释用"**"标示)。

```
                ……                                 ;同例 6-6 程序,省略
mean            proc c uses ebx ecx edx,d:dword,num:dword
                local sum:dword                      ;** 定义局部变量
                mov ebx,d                            ;EBX = 数组指针
                mov ecx,num                          ;ECX = 元素个数
                mov sum,0                            ;** SUM 保存和值
                xor edx,edx                          ;EDX = 指向数组元素
mean1:          mov eax,[ebx + edx* 4]               ;取一个数据
                add sum,eax                          ;** 求和
                add edx,1                            ;指向下一个数据
                cmp edx,ecx                          ;比较个数
                jb mean1                             ;循环
                mov eax,sum                          ;** 取和值
                cdq                                  ;将累加和 EAX 符号扩展到 EDX
                idiv ecx                             ;有符号数除法,EAX = 平均值(余数在 EDX 中)
                ret
mean            endp
```

通过反汇编可执行文件 EG0703. EXE（或者目标代码文件 EG0703. OBJ）生成汇编代码：

```
_mean:
0040102B:55                     push        ebp
0040102C:8B EC                  mov         ebp,esp
0040102E:83 C4 FC               add         esp,0FCh
00401031:53                     push        ebx
00401032:51                     push        ecx
00401033:52                     push        edx
00401034:8B 5D 08               mov         ebx,dword ptr [ebp + 8]
00401037:8B 4D 0C               mov         ecx,dword ptr [ebp + 0Ch]
0040103A:C7 45 FC 00 00 00      mov         dword ptr [ebp - 4],0
          00
00401041:33 D2                  xor         edx,edx
00401043:8B 04 93               mov         eax,dword ptr [ebx + edx* 4]
00401046:01 45 FC               add         dword ptr [ebp - 4],eax
00401049:83 C2 01               add         edx,1
0040104C:3B D1                  cmp         edx,ecx
0040104E:72 F3                  jb 00401043
00401050:8B 45 FC               mov         eax,dword ptr [ebp - 4]
00401053:99                     cdq
00401054:F7 F9                  idiv        eax,ecx
00401056:5A                     pop         edx
00401057:59                     pop         ecx
00401058:5B                     pop         ebx
00401059:C9                     leave
0040105A:C3                     ret
```

通过反汇编代码看到，指令"add esp, 0FCh"使得 ESP 减 4（8 位补码 FCH 的真值是 − 4，该指令自动进行符号扩展与 ESP 相加），为双字局部变量 SUM 预留了 4 个字节，子程序通过"EBP − 4"访问局部变量，通过"EBP + 8"等访问参数。

所以，也许大家这时才体会到：局部变量是在程序运行时通过堆栈创建的，只有该过程内的语句可以访问这个局部变量，过程执行结束局部变量随之消失。

2. 高级语言的堆栈帧

实际上，MASM 创建的局部变量与高级语言的局部变量一样，通过如下 C ++ 求平均值程序进行对比。

[例 7-4]　计算数组平均值的 C ++ 函数

```
……        //同例 7-1,省略
long mean(long d[],long num)
{
  long i,temp = 0;
  for(i = 0;i < num;i ++) temp = temp + d[i];
  temp = temp/num;
  return(temp);
}
```

在 Visual C ++ 集成开发环境创建可执行文件时，要注意在项目配置中 C/C ++ 标签的列表文件类型（Listing file type）下选择含有汇编代码的选项（建议选择"Assembly with Source Code"），这样可生成含汇编语言的列表文件（含有源代码和汇编语言代码，扩展名是 . ASM）。如果选择"Assembly, Machine Code, and Source"，列表文件还包括机器代码，但注意生成的列表文件的扩展名是 . COD。如果选择"Assembly-Only Listing"，仅生成汇编语言的列表文件（扩展名是 . ASM）。也可以使用 DUMPBIN 反汇编可执行文件，或者使用 OBJ 文件获得汇编语言代码。

要完全读懂 Visual C++ 生成的汇编语言列表文件内容，还需要补充 MASM 知识和有关编译技术。下面主要针对求平均值函数展开讨论，并关注其堆栈帧，如图 7-1 所示。

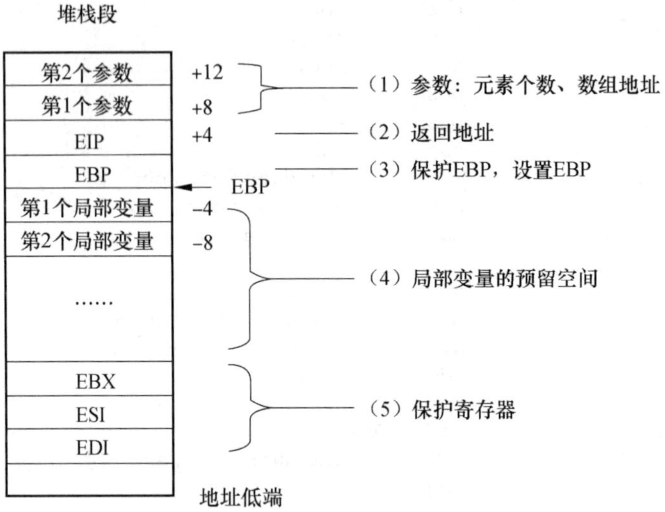

图 7-1　求平均值函数的堆栈帧

首先采用 Visual C++ 默认的调试（Debug）版本进行开发，生成含汇编语言的列表文件。

在主函数中调用 MEAN 函数的汇编代码（包括注释）是：

```
push    10                              ; 0000000aH
lea     eax,DWORD PTR_array $[ebp]
push    eax
call    ? mean@ @ YAJQAJJ@ Z            ;mean
add     esp,8
```

第 1 条 PUSH 指令将第 1 个参数（10，即数组元素个数）压入堆栈。

第 2 条 LEA 指令获得数组（array）的地址。主函数也使用堆栈区域安排数组，位置由"_array $[ebp]"指示，所以 LEA 获得其有效地址（不能使用 OFFSET 操作符）。

第 3 条 PUSH 指令将第 2 个参数（数组地址）压入堆栈。

第 4 条 CALL 指令调用函数 MEAN，不过函数名被编译程序进行了修饰（详见后面调用规范的说明）。

第 5 条 ADD 指令增量 ESP，调用程序平衡堆栈。

求平均值 MEAN 函数的汇编代码（包括注释）是：

```
_d $ =8
_num $ =12
_i $ = -4
_temp $ = -8
? mean@ @ YAJQAJJ@ Z PROC NEAR                  ;mean,COMDAT

;11  :  {

        push    ebp
        mov     ebp,esp
        sub     esp,72                          ;00000048H
        push    ebx
        push    esi
        push    edi
```

```
        lea    edi,DWORD PTR[ebp-72]
        mov    ecx,18                          ;00000012H
        mov    eax,-858993460                  ;ccccccccH
        rep stosd

;12  :    longi,temp=0;

        mov    DWORD PTR_temp $[ebp],0

;13  :    for(i=0;i<num;i++)temp=temp+d[i];

        mov    DWORD PTR_i $[ebp],0
        jmp    SHORT $L1298
$L1299:
        mov    eax,DWORD PTR_i $[ebp]
        add    eax,1
        mov    DWORD PTR_i $[ebp],eax
$L1298:
        mov    ecx,DWORD PTR_i $[ebp]
        cmp    ecx,DWORD PTR_num $[ebp]
        jge    SHORT $L1300
        mov    edx,DWORD PTR_i $[ebp]
        mov    eax,DWORD TR_d $[ebp]
        mov    ecx,DWORD PTR_temp $[ebp]
        add    ecx,DWORD PTR[eax+edx* 4]
        mov    DWORD PTR_temp $[ebp],ecx
        jmp    SHORT $L1299
$L1300:

;14  :    temp=temp/num;

        mov    eax,DWORD PTR_temp $[ebp]
        cdq
        idiv   DWORD PTR_num $[ebp]
        mov    DWORD PTR_temp $[ebp],eax

;15  :    return(temp);

        mov    eax,DWORD PTR_temp $[ebp]

;16  :  }

        pop    edi
        pop    esi
        pop    ebx
        mov    esp,ebp
        pop    ebp
        ret    0
? mean@ @ YAJQAJJ@ Z ENDP                       ;mean
```

　　首先，这部分列表文件为两个实参和两个局部变量定义了符号常量，用于增强列表文件的可读性。这些变量都保存在堆栈帧中，通过 EBP + 8 访问第一个参数（依次再加 4，访问后续参数），通过 EBP – 4 访问第一个局部变量（依次再减 4 访问后续局部变量）。

　　接着，对应源程序的第 11 行、函数开始的花括号（列表文件的表示是 "；11:｛"）创建函数的起始代码，包括寄存器保护（没有保护 ECX 和 EDX），并预留局部变量的堆栈区域。这里预留 72 个字节空间（对应 18 个 4 字节长整型变量），足够两个局部变量使用，还有余量。预留的堆栈空间使用串存储指令 "REP STOSD"（详见 8.2 节）全部填入 CCH。CCH 是断点中断调用指令（INT 3）的机器代码（详见 8.4 节）。设置多余的堆栈空间并填入断点中断调用指令是用于防止堆栈错误。这是因为，如果由于非法操作程序进入堆栈预留空间，执行了断点中断调用指令就将终止程序执行，不至于导致执行非法指令破坏系统。

源程序第 12 行定义局部变量，并设置 TEMP 初值为 0，汇编语言使用一条 MOV 指令将 0 传送到事先预留的堆栈空间中。

源程序第 13 行是实现数组元素求和的循环语句。这个语句生成的汇编语言代码中，先设置计数变量 i 初值为 0，然后转移到标号 $L1298 处，判断当前 i 没有超过元素个数，则实现数组元素相加。这时，EDX 等于 i 值，EAX 指向数组地址，ECX 等于累加和 temp 值。完成一个元素求和后，转移到标号 $L1299，实现计数变量 i 的增量，并重复求和过程，直到将所有数组元素都进行了求和。

第 14 行用除法指令 IDIV 求平均值，商即平均值在 EAX 中，先暂存临时变量 temp，然后又取出送 EAX 作为函数的返回值，以对应 C++ 语言第 15 行的 return 语句。

最后，函数结束的花括号对应源程序第 16 行，生成子程序的结尾代码，恢复寄存器，返回调用程序，其中的关键是恢复 ESP 值，保证指向正确的返回地址。

对照汇编语言代码和图 7-1，我们可以比较清晰地看到函数执行过程中创建的堆栈帧，由此体会其重要作用。例如，如果错误地设置了局部变量，使其覆盖了返回地址、保护的寄存器等，就会导致堆栈溢出，程序不能正确返回到调用程序。

C 语言的许多常用库函数（如 gets、strcpy 等）没有对数组越界加以判断和限制，利用超长的字符数组就可能导致建立在堆栈中的缓冲区溢出，即覆盖缓冲区之外的区域，这就是所谓的"缓冲区溢出"漏洞。如果利用这个漏洞，精心设计一段入侵程序代码，就是"臭名昭著"的缓冲区溢出攻击。

3. 高级语言的发布版本

从我们掌握的汇编语言知识来看，调试（Debug）版本的程序使用主存作为局部变量，伴随着大量主存读写操作，比之使用寄存器显然性能略差。这是因为，调试版本的可执行文件是没有经过优化的。

Visual C++ 使用的编译程序 CL.EXE 支持许多优化参数，例如，以 O 开头的参数都是优化参数。在项目配置采用调试版本时，默认不进行优化，对应参数 "/Od"。在项目配置采用发布（Release）版本时，对应参数 "/O2"，它按照最快运行速度（Maximize Speed）的原则进行优化。此外还有参数 "/O1"，它是按照最小空间（Minimize Size）的原则优化。它们都可以通过 Visual C++ 集成开发环境的工程（Project）菜单的设置（Setting）命令进行设置。另外，编译程序还支持针对处理器特性的优化。例如，参数 "/G3" 是为 80386 处理器进行优化，参数 "/G4" 是为 80486 处理器进行优化，参数 "/G5" 是为 Pentium 处理器进行优化，参数 "/G6" 是为 Pentium Pro 处理器（包括 Pentium II、Pentium III 和 Pentium 4）进行优化。Visual C++ .NET 2003 还新增了参数 "/G7"，它是为 Pentium 4 或 AMD Athlon 处理器进行优化，"/GL" 参数表示进行整个程序的优化。

现在执行创建菜单的设置活动配置（Set Active Configuration）命令选择发布（Release）版本，重新进行编译和连接，生成经过编译器优化的发布版本的可执行文件。

同样，通过列表文件获得汇编语言代码，我们关注的求平均值函数的部分如下：

```
_d$ =8
_num$ =12
? mean@ @ YAJQAJJ@ Z PROC NEAR                          ;mean,COMDAT

;11   :{
```

```
                push esi

;12     :   long i,temp = 0;
;13     :   for(i = 0;i < num;i ++)temp = temp + d[i];

                mov     esi,DWORD PTR_num $[esp]
                xor     eax,eax
                test    esi,esi
                jle     SHORT $L1300
                mov     ecx,DWORD PTR_d $[esp]
                push    edi
                mov     edx,esi
$L1298:
                mov     edi,DWORD PTR[ecx]
                add     ecx,4
                add     eax,edi
                dec     edx
                jne     SHORT $L1298
                pop     edi
$L1300:

;14     :   temp = temp/num;

                cdq
                idiv    esi
                pop     esi

;15     :   return(temp);
;16     :}

                ret     0
? mean@ @ YAJQAJJ@ Z ENDP                              ;mean
```

首先看到，堆栈帧没有按照常规使用 EBP 访问，而是直接利用 ESP，节省 EBP 操作指令是为了提高性能。程序中，ESI 保存数组元素个数，ECX 保存数组地址。

其次看到，局部变量似乎不见了，实际上是直接使用寄存器实现了它们的功能。EAX 寄存器保存累加和，起到了 temp 局部变量的作用。EDX 寄存器先被赋值数组元素个数，每次循环减量，起到了计数变量 i 的作用。

接着分析程序代码。先对 ESI 进行测试，用 JLE（即 JNG）指令排除了元素个数为 0 的特殊情况。此处的 JLE 指令与 JE 指令的功能相同。标号 $L1298 后面的 5 条指令是循环体，比起调试版本的循环体部分要简单多了，性能自然也就提高了。还可以对比直接使用汇编语言编写的循环体（例 7-1 和例 7-2），显然优于调试版本，不比发布版本差（至少阅读性更好些）。

最后看到，由于除法指令的结果是平均值，已经在 EAX 中，符合返回值的使用约定，所以不再需要指令实现 return 语句。

4. 调用规范

过程调用中，程序设计语言的调用规范主要约定了过程名（用于连接程序识别）、参数压入堆栈的顺序、平衡堆栈的程序。

Visual C ++ 语言的 3 种调用规范参见表 7-2。可以观察采用 "_cdecl" 调用规范的例 7-4 反汇编代码。对应主程序调用语句 "mean（long d [], long num）"，先将右边（后边）最后一个参数 num 压入堆栈，左边（前边）第 1 个参数最后压入堆栈。主程序增量 ESP 值，平衡堆栈。但函数名不是变为 "_mean"，而是增加了很多奇怪的字符，这是因为 Visual C ++ 语言要对函数名进行修饰，以包含函数名、函数的参数类型、函数的返回类型等诸多信息。可以通过在声明语句中加上"extern"C""去掉 Visual C++对函数名的修饰，也就是采用 C 语言修饰格式，此时函数名就是"_mean"。所以，在前面介绍模块连接进行混合编程的注意事项中，特别要求使用"extern"C""声明 C++函数。

表 7-2　Visual C++的调用规范

调用规范	_cdecl	_fastcall	_stdcall
命名约定	名字前加下划线	名字前后都加一个@，后再跟表示参数所占字节数的十进制数值	名字前加下划线，名字后跟@和表示参数所占字节数的十进制数值
参数传递顺序	从右到左	利用 ECX、EDX 传递前两个双字参数，其他参数再通过堆栈传递（从右到左）	从右到左
平衡堆栈的程序	调用程序	被调用程序	被调用程序

MASM 汇编语言支持 6 种语言类型，参见表 7-3。其中，C、SYSCALL 和 STDCALL 语言类型支持长度可变的参数（VARARG），PASCAL、BASIC 和 FORTRAN 语言类型还保存 EBP。

表 7-3　MASM 6.x 的语言类型

语言类型	C	SYSCALL	STDCALL	PASCAL	BASIC	FORTRAN
命名约定	名字前加下划线		名字前加下划线	名字变大写	名字变大写	名字变大写
参数传递顺序	从右到左	从右到左	从右到左	从左到右	从左到右	从左到右
平衡堆栈的程序	调用程序	被调用程序	被调用程序①	被调用程序	被调用程序	被调用程序

①STDCALL 如果采用 VARARG（长度可变）参数类型，则是调用程序平衡堆栈，否则是被调用程序平衡堆栈。

同样，可以观察采用 C 语言类型的例 7-3 反汇编代码，以及采用 STDCALL 语言类型的例 6-6 反汇编代码，并进行对比。另外，可以观察调用 API 函数所采用的名称，例如程序退出语句"INVOKE ExitProcess，0"的反汇编代码是：

```
push 0
call _ExitProcess@ 4
```

5. ENTER 和 LEAVE 指令

ENTER 和 LEAVE 是 IA-32 处理器为支持堆栈帧而设计的指令。

（1）ENTER 指令建立堆栈帧

```
ENTER i16,i8                    ;i16 是在堆栈分配的字节数,i8 为过程的嵌套层次
```

在嵌套层次为 0 时，"ENTER i16，0"指令的作用是：

- EBP 压入堆栈，对应指令：PUSH EBP。
- 设置 EBP 等于 ESP，对应指令：MOV EBP，ESP。
- ESP 减去 i16，对应指令：SUB ESP，i16（或者 ADD ESP，–i16）。

当嵌套层次大于等于 1 时，过程有嵌套，需要重复进栈和调整 EBP 数值。

（2）LEAVE 指令释放堆栈帧

```
LEAVE                          ;释放对应 ENTER 指令建立的堆栈帧
```

它的功能是：

- 设置 ESP 等于 EBP，对应指令：MOV ESP，EBP。
- EBP 弹出堆栈，对应指令：POP EBP。

　　所以，我们看到将 ENTER 指令用于进入过程建立堆栈帧且过程结尾用 LEAVE 指令释放，可以省去多条指令，简化编程。不过，ENTER 指令是一条复杂的指令，在 Pentium 及以后的处理器中使用先进技术加快了多条简单指令的执行，反而不常用它了。

　　如果过程使用 ENTER 指令，建议结尾一定使用 LEAVE 指令，这样配合起来不会出错。

　　由上可见堆栈对于程序的重要性，所以提醒一下，程序要为堆栈留出足够的空间。本书提供的程序框架采用系统默认空间，如果不够，可以在程序开始使用 ".STACK N"（N 是字节数）语句设置，例如：

```
.stack 4096                          ;设置4KB 堆栈空间
```

7.3　调用高级语言函数

　　混合编程中，常见高级语言调用底层汇编语言的子程序。当然，汇编语言同样可以调用高级语言函数，包括调用 Windows API 函数、C 标准库函数等。调用的注意事项与 7.2 节所述的约定一致。例如，汇编语言调用的 C ++ 函数使用 "extern"C"{}" 进行定义。

　　如果是单独汇编的汇编语言程序或者汇编语言模块调用高级语言函数（见 7.3.2 节示例），可以使用 PROTO 声明函数（C ++ 函数选择 C 语言类型、Windows API 函数选择 STDCALL 语言类型），并使用 INVOKE 调用函数。

　　如果是在嵌入汇编语句中调用高级语言函数（见 7.3.1 节示例），不能用 PROTO 声明，也不能使用 INVOKE 调用，因为 Visual C ++ 6.0 并不支持这些伪指令。这时，只能使用 CALL 指令调用，并按照调用规范压入堆栈参数、平衡堆栈。

7.3.1　嵌入汇编中调用高级语言函数

　　下面的示例程序显示一个消息窗口，实现与例 6-4 一样的功能。

[例 7-5]　嵌入汇编中调用消息窗口函数程序

```
#include"windows.h"
int APIENTRY WinMain (HINSTANCE hInstance,HINSTANCE hPrevInstance,
                      LPSTR lpCmdLine,int iCmdShow)
{
    char *lpCaption = "欢迎";
    char *lpText = "你好,汇编语言!";
        __asm{
            push MB_OK                   //MessageBox 参数入栈
            push lpCaption
            push lpText
            push NULL
            call dword ptr MessageBox    //调用 MessageBox,API 函数不需要调整 ESP
        }
    return 0;
}
```

　　这是一个 Windows 图形界面程序，开发时请选择 32 位窗口应用程序（Win32 Application）类型。使用 CALL 指令调用 API 函数前，按照 STDCALL 语言类型从右到左依次压入参数，调用后不必增量 ESP。

7.3.2　汇编语言中调用 C 库函数

　　C 语言有一系列的标准函数，称为标准 C 库（Standard C Library）。标准 C 库的函数对 C ++ 程序同样可用，汇编语言当然也可以借用。例如，printf 函数和 scanf 函数是 C 语言常用的格式化输出和输入函数，它们存放在 MSVCRT. DLL 动态连接库中，开发时需要使用导入库 MS-VCRT. LIB。

1. printf 函数

printf 函数实现格式化输出，C 语言原型是：

```
int printf(const char *,…);
```

该函数的第一个参数是字符串指针，后面的参数是输出值、个数不定。

对应的汇编语言声明可以是：

```
printf  proto c,:ptr byte,:vararg
```

其中，"PTR BYTE" 说明是字节变量的指针，也可以用 DWORD 类型。

[例 7-6] 调用 C 库函数输出信息程序

```
        .686
        .model flat,stdcall
        option casemap:none
        includelib bin\kernel32.lib
ExitProcess proto,:dword
        includelib bin\msvcrt.lib
printf  proto c,:ptr byte,:vararg
        .data
msg     byte 'Hello,World! ',0dh,0ah,0
        .code
start:
        invoke printf,addr msg
        invoke ExitProcess,0
        end start
```

本书配套软件在 BIN 目录下提供 MSVCRT. LIB 文件。

本示例程序用汇编语言实现了经典的 "printf " Hello，World! ＼ n"" 语句功能。

2. scanf 函数

scanf 函数实现格式化输入，C 语言原型是：

```
int scanf(char *,…);
```

该函数的第一个参数是字符串指针，后面的参数保存输入值的变量地址、个数不定。

对应的汇编语言声明是：

```
scanf   proto c,:ptr byte,:vararg
```

[例 7-7] 格式化输入输出程序

利用 scanf 输入一个实数，然后用 printf 以十六进制整数形式输出，观察浮点格式编码（参见 9.1 节）。

```
        include io32.inc
        includelib bin\msvcrt.lib
printf  proto c,:ptr byte,:vararg
scanf   proto c,:ptr byte,:vararg
        .data
msg1    byte 'Enter a real number:',0
format1 byte '% f',0
var     dword ?
msg2    byte 'The codes in machine: % X',0dh,0ah,0
        .code
```

```
start:
            invoke printf,addr msg1
            invoke scanf,addr format1,addr var
            invoke printf,addr msg2,var
            exit 0
            end start
```

7.4　使用 Visual C ++ 开发环境

功能强大的集成开发环境 Visual C ++ 能够用来编辑、汇编、连接和调试汇编语言程序。下面简单描述开发和调试过程，并说明其中应该注意的问题。

实际上，微软已经不再单独升级 MASM，而是与 Visual C ++ 配套使用。具有了高级语言特性的 MASM 也不再是一个简单的汇编程序，而是成为 C 和 C ++ 语言的辅助工具。

7.4.1　汇编语言程序的开发过程

可以选择第 6 章示例程序（例如，例 6-1 ~ 例 6-5，其他程序要使用本书配套的包含文件和子程序库，并需要复制到 Visual C ++ 环境中）进行实践，下面说明其操作步骤。如果是开发例 7-1、例 7-2、例 7-4 和例 7-5 程序，则不需要设置汇编命令这个步骤。

（1）创建工程

执行文件（File）菜单中的新建（New）命令，新建一个工程（Project）。根据需要选择 32 位控制台应用程序（Win32 Console Application）或 32 位窗口应用程序（Win32 Application）。输入工程所在的磁盘目录，输入工程名称（例如，例 6-1 取名 eg0601），如图 7-2 所示，确认后选择创建一个空白工程（An Empty Project）。

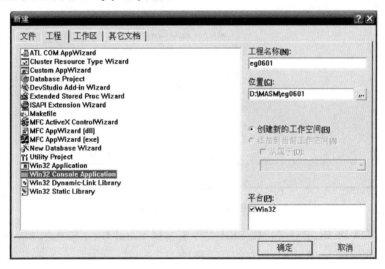

图 7-2　创建工程

（2）创建源程序文件并加入工程

执行文件菜单中的新建命令，新建一个源程序文件。选择文本文件（Text File），输入源程序文件名以及扩展名（例如，eg0601.asm），汇编语言源程序文件使用扩展名.ASM，C ++ 源程序文件使用扩展名.CPP。默认情况下，"添加到工程"是被选中状态，这个文件被加入工程。

如果已有源程序文件，则可以将该文件复制到该工程所在的磁盘目录下，但需要加入该工程。这可以通过工程（Project）菜单、执行添加到工程（Add To Project）命令、展开文件

（Files）对话框进行添加。

　　也可以通过工程菜单中的添加到工程命令、展开新建对话框在该工程项目中进行源文件的创建。

　　用汇编语言编写 32 位控制台或窗口应用程序，采用了 Windows 的 API 函数。由于 Visual C++环境已经具有导入库文件，所以汇编语言程序中就不需要子程序库包含语句 INCLUDELIB 了（Visual C++的导入库文件在其 LIB 目录下）。如果源程序利用 INCLUDE 语句指明 Windows 常量和 API 函数声明所在的包含文件，在 Visual C++环境中也要确定其路径。可以在源程序中给出绝对路径，也可以将这些包含文件复制到 Visual C++头文件所在目录 INCLUDE 的某个子目录下，然后在源程序中使用相对路径指明该子目录（和文件）即可。

　　（3）设置汇编命令

　　在 Visual C++集成环境左边选择文件视图（FileView），并选中汇编语言源程序文件，然后选择右击弹出的设置（Settings）命令或者通过工程菜单的设置命令展开其工程设置窗口。

　　在工程设置窗口的右边选择定制创建（自定义组建，Custom Build）标签，在其命令（Commands）文本框中输入进行汇编的命令，例如，例 6-1 的汇编命令为"ml /c /coff eg0601.asm"，还可以带上参数"/Fl"生成列表文件，带上参数"/Zi"加入调试信息。

　　在工程设置窗口的定制创建标签中，还要在其输出（Outputs）文本框中输入汇编后的目标模块文件名，针对例 6-1 输入"eg0601.obj"，如图 7-3 所示。

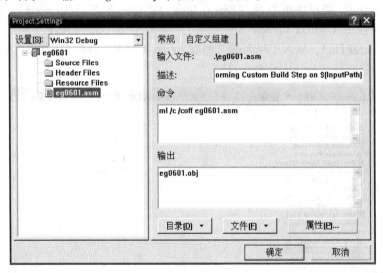

图 7-3　设置汇编命令

　　另外，应该事先将 ML. EXE 和 ML. ERR 文件复制到 Visual C++所在的 Bin 目录下，或者在输入汇编命令的同时输入 ML. EXE 所在的目录路径。

　　（4）进行汇编、连接生成可执行文件

　　这时，就可以调用创建（组建，Build）菜单的创建命令进行汇编语言程序的汇编和连接。汇编、连接的有关信息显示在下面输出（Output）窗口的创建视图中。如果程序正确无误，则会生成可执行文件（默认是调试版本，在 DEBUG 目录下）。如果源程序有错误，创建视图将显示错误所在的行号以及错误的原因。双击该错误信息，光标将定位到出现错误的源程序行。

7.4.2　汇编语言程序的调试过程

　　Visual C++集成开发环境包含有 Windows 应用程序的调试程序，不仅可以用来调试高级语言程序，也可以用来调试汇编语言程序。调试高级语言源程序时，还可以对其进行反汇编，实现汇编语言级的调试。下面结合例 7-4 简单说明其过程，不论调试 C ++ 语言程序还是汇编语言程序，过程都是类似的。当然，要进行源程序级的调试，需要带入调试信息，高级语言则是调试（Debug）版本。

（1）设置汇编语言的调试选项

为了使得 Visual C ++ 集成开发环境更适合对汇编语言程序的调试，可以通过工具（Tools）菜单中的选项（Options）命令展开调试（Debug）标签页进行设置。常规（General）下的十六进制显示（Hexadecimal Display）应该选中，以便以十六进制形式显示输入输出数据（此时，可以用 0n 开头表示输入十进制数据）。反汇编窗口（Disassembly Window）下要选中代码字节（Code Bytes）。存储器窗口（Memory Window）下应选中定宽（Fixed Width），并在后面填入数字 16，如图 7-4 所示。

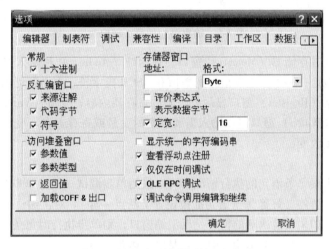

图 7-4　设置汇编语言的调试选项

（2）设置断点，进行断点调试

断点（Breakpoint）是让程序调试过程中暂停执行的语句，以便观察该语句之前的运行状态或当前结果，用于判断在此之前程序是否运行正常。

在文件视图（FileView）中双击源程序文件名，则编辑窗口将显示这个源程序。移动光标到需要暂停的语句行，按 F9 键（或者单击工具栏上的手形图标），这样就在该行设置了一个断点（前面有一个红色的圆点）。移动光标到已经设置断点的语句行再次按 F9 键，则取消断点。在反汇编窗口中，可以针对指令进行断点设置。一个程序可以设置多个断点。

使用创建菜单的执行命令（快捷键是 Ctrl + F5）可以运行已经编译、连接的可执行程序。如果要进行调试，需要利用创建菜单中的开始调试（Start Debug）命令选择在调试状态下执行程序，例如，运行（Go，其快捷键是 F5）命令。如果程序设置了断点，启动程序运行后将停留到断点语句行，在源程序窗口有一个黄色箭头指示。

如果不设置断点，也可以将光标移动到要暂停执行的语句前，然后选择执行到光标（Run to Cursor）命令进行断点调试。

进入调试状态后，原来的创建菜单也变成了调试菜单。这时，利用视图（View）菜单中的调试窗口（Debug Windows）命令，就可以打开各种窗口观察程序当前的运行状态。

现在调试例 7-4，首先打开该工程，完成调试版本的开发，生成可执行文件。接着打开源程序文件，在主函数输出语句前设置断点，按 F5 键开始调试，程序会在该语句前暂停。查看反汇编（Disassembly）窗口，其中就是实际执行的反汇编代码，如图 7-5 所示。

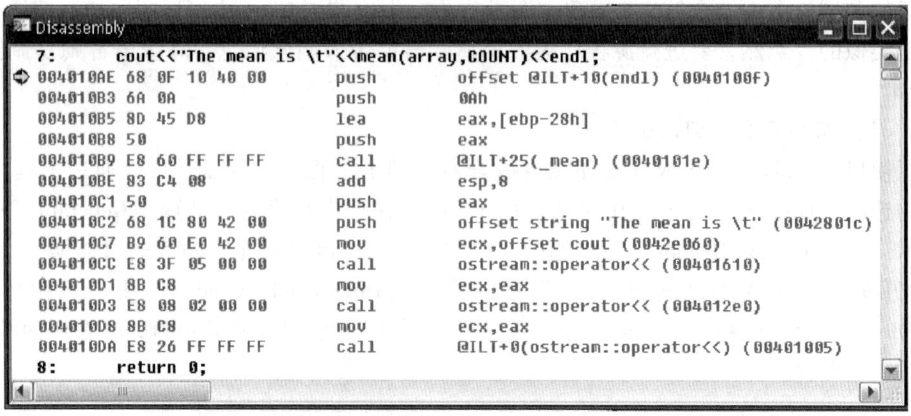

图 7-5 输出语句的反汇编窗口

这时，还可以查看存储器（Memory）窗口，在地址（Address）栏输入变量名，下面就显示该变量所在的主存地址——十六进制形式的数值和 ASCII 码字符，右击还可以选择字或双字显示形式。另外，寄存器（Register）窗口显示处理器的寄存器内容，变量（Variable）窗口显示当前函数的变量，监视（Watch）窗口可以输入需要观察的变量或寄存器名。变量或寄存器内容都可以在这些窗口中直接改变。

（3）单步调试

如果需要仔细观察每条语句的执行情况，可以采用单步调试。执行单步调试命令，则程序执行一条语句，就自动暂停（好像每条语句都被设置了断点一样）。对汇编语言来说，一条语句对应一条指令，所以，如果当前激活的窗口是反汇编窗口，则单步执行时每条指令均暂停；而高级语言的源程序文件窗口是当前激活窗口时，则是每条语句暂停。

单步调试命令可分成以下两种：

- 不跟踪子程序的单步执行（Step Over，快捷键是 F10）——只进行主程序（C 语言中称为主函数）的单步调试。也就是说，当遇到调用子程序（C 和 C++ 语言中称为函数）语句时，完成子程序执行并返回到调用语句的下一条语句暂停，不跟踪子程序的每条语句。
- 跟踪子程序的单步执行（Step Into，快捷键是 F11）——进行子程序语句的单步调试。也就是说，当遇到调用子程序语句时，进入到子程序的第一条语句暂停，进入子程序当中进行调试，跟踪子程序的每条语句执行情况。在子程序中可以执行单步跳出（Step Out）命令结束单步调试、完成子程序执行并返回主程序。

接着前面的例 7-4 调试，程序现在暂停在主函数的输出语句前，按 F11 键进行单步调试，程序进入 mean 函数，并暂停在花括号前。查看此时的反汇编窗口，如图 7-6 所示。

可以继续断点或者单步调试，观察程序运行情况。例如，让例 7-4 程序在循环语句前暂停，打开存储器窗口，在地址栏输入堆栈指针寄存器名 ESP，则函数的堆栈帧就一目了然了，可以右击选择双字显示格式（Long Hex Format）以便观察。

最后，执行停止调试（Stop Debugging）命令，退出调试状态。

（4）汇编语言程序的调试

不论是在 Visual C++ 环境开发的汇编语言程序，还是利用本书提供的简易 MASM 环境开发的汇编语言程序，都可以使用 Visual C++ 的调试程序。

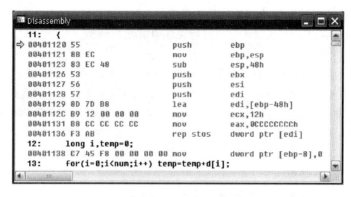

图 7-6　函数建立堆栈帧的反汇编窗口

　　打开 Visual C ++ 集成环境，执行文件（File）菜单中的打开（Open）命令，选择已经生成的可执行文件，然后按 F11 键，或者展开创建（Build）菜单的开始调试（Start Debug）命令、选择跟踪子程序的单步执行（Step Into）命令，就进入调试状态，并暂停在程序开始位置。如果调试信息完整，源程序文件会被自动打开，接下来的基本调试方法就与高级语言一样了。

　　如果只有可执行文件，没有生成调试信息或没有调试信息，也可以进行汇编语言级的调试。打开可执行文件，按 F11 键进入调试状态。调试程序会提示该可执行文件没有调试信息，点击确定，自动弹出反汇编窗口，程序在起始指令处暂停。接着就可以进行断点或单步调试了，但由于没有调试信息，会受到一些限制。

第 7 章习题

7.1　简答题

　　（1）什么是混合编程？

　　（2）混合编程有什么优势？

　　（3）汇编语言与 C 和 C ++ 语言的混合编程有哪两种方法？

　　（4）进行模块连接的混合编程，一般要注意哪些方面的约定规则？

　　（5）C ++ 语言函数通过什么方式传递入口参数？

　　（6）堆栈帧是一个起什么作用的堆栈空间？

　　（7）MASM 使用 INVOKE 伪指令以方便调用高级语言函数，在嵌入汇编代码中也能够这样使用吗？

　　（8）在 Visual C ++ 环境中开发汇编语言程序，为什么可以不用包含导入库文件？

　　（9）什么是断点调试？

　　（10）什么是单步调试？

7.2　判断题

　　（1）C ++ 中可以嵌入汇编指令，但嵌入汇编中不能使用汇编语言的注释形式。

　　（2）汇编语言的宏很有特色，所以仍然可以应用于嵌入汇编中。

　　（3）嵌入汇编中可以直接使用 C ++ 语言定义的变量。

　　（4）嵌入汇编语句仍然可以利用 OFFSET 获得全部变量的地址。

　　（5）MASM 汇编语言的 C 语言类型对应 C ++ 语言的_cdecl。

　　（6）局部变量是通过堆栈创建的。

　　（7）使用寄存器替代频繁访问的变量，可以提升程序性能。

　　（8）Visual C ++ 的发布版本相对于调试版本来说，只是去掉了调试信息，其他一样。

(9) 汇编语言可以调用 C 库函数，且不需要导入库文件。

(10) 没有调试信息，调试程序无法进行汇编语言级的调试。

7.3 填空题

(1) 有一个数据 100，要在嵌入汇编指令中作为立即数，且用十六进制形式表达，可以像汇编语言中一样表达为_____，也可以像 C++语言中一样表达为_____。

(2) C++中有一个整型（int）数组 array，要在嵌入汇编语句中操作数组元素 array[4]，可以表达为_____。

(3) 有一个采用 C 语言类型的汇编语言子程序，如果 C++中要调用，声明函数时要增加_____修饰符。

(4) 函数调用中，通常通过 EBP 指向堆栈帧，其值减_____访问第一个局部变量，其值加_____访问第一个入口参数，返回地址则由其值加_____指向。

(5) C++函数返回一个 32 位整数，返回值使用_____保存。

(6) C++语言的 char、short 和 long 变量类型对应汇编语言的类型依次是_____、_____和_____。

(7) 某个采用"_cdecl"调用规范的 C++函数 sum(int array[], int num)，先压入堆栈的参数是_____。平衡堆栈需要将 ESP 加_____，由_____程序实现。

(8) 反汇编代码对调用程序退出 API 函数使用"_ExitProcess@4"名称，其中的"4"表示_____。

(9) LEAVE 指令用于子程序返回前，相当于_____和_____指令的功能。

(10) printf 函数支持个数不定的参数，在使用 PROTO 进行声明时需要采用类型符号_____。

7.4 阅读如下嵌入汇编的 C++程序，说明显示结果。

```
#include <iostream.h>
int power2(int,int);
void main(void)
{
    cout << power2(5,6) << endl;
}
int power2(int num,int power)
{
    __asm
    {
        mov eax,num
        mov ecx,power
        shl eax,cl
    }
}
```

7.5 阅读如下程序，说明输出结果。

```
// C++程序
#include <iostream.h>
extern "C" { void MLSub(char *,short *,long *);}
char chararray[4] = "abc";
short shortarray[3] = {1,2,3};
long longarray[3] = {32768,32769,32770};
void main(void)
{
    cout << chararray << endl;
    cout << shortarray[0] << shortarray[1] << shortarray[2] << endl;
    cout << longarray[0] << longarray[1] << longarray[2] << endl;
```

```
        MLSub (chararray,shortarray,longarray);
        cout << chararray << endl;
        cout << shortarray[0] << shortarray[1] << shortarray[2] << endl;
        cout << longarray[0] << longarray[1] << longarray[2] << endl;
}
;汇编语言程序
        .686
        .model flat,c
MLSub   proto ,:dword,:dword,:dword
        .code
MLSub   proc uses esi,arraychar:dword,arrayshort:dword,arraylong:dword
        mov esi,arraychar
        mov byte ptr [esi],"x"
        mov byte ptr [esi+1],"y"
        mov byte ptr [esi+2],"z"
        mov esi,arrayshort;
        add word ptr [esi],7
        add word ptr [esi+2],7
        add word ptr [esi+4],7
        mov esi,arraylong
        inc dword ptr [esi]
        inc dword ptr [esi+4]
        inc dword ptr [esi+8]
        ret
MLSub   endp
        end
```

7.6　如下 C++ 程序中输入了两个整数，然后调用汇编语言子程序对这两个数求积，在主程序中打印计算结果。编写汇编语言子程序模块。

```
#include <iostream.h>
extern "C" { int multi(int x,int y);}
void main(void)
{
    int x,y;
    cin >> x;
    cin >> y;
    cout << multi(x,y) << endl;
}
```

7.7　堆栈帧的创建步骤一般有哪些？如果进行代码优化，还一定遵循这个原则吗？

7.8　求最大公约数程序。最大公约数（Greatest Common Divisor）是能够同时被两个（多个）无符号数整除的最大整数。求最大公约数（假设为 M 和 N，M>N）通常使用辗转相除法，其过程是：

（1）用 M 除以 N，得到余数 R。

（2）若余数不等于 0，则 M←N，N←R，继续上述除法求余数。

（3）若余数等于 0，则 N 就是公约数。

C 和 C++ 语言可以编程如下：

```
while(r!=0)
{
    r = m % n;
    m = n;
    n = r;
}
```

采用扩展过程定义 PROC 伪指令编写求最大公约数子程序，入口参数是两个 32 位无符号整数，返回值是最大公约数。

主程序从键盘输入两个无符号整数，调用该子程序，最后输出最大公约数。

（1）使用汇编语言编写主程序。

（2）使用 Visual C ++ 编写主程序。

7.9 如下 C ++ 程序实现对小于指定数值（sample）的数组（array）元素累加求和的功能。

```
#include <iostream.h>
long sums(long array[],long count,long sample);
void main()
{
    long array[] = {10,40,80,50,99,76,15,57,88,20};
    long sample = 60;
    long count = sizeof array/sizeof sample;
    cout << sums(array,count,sample) << endl;
}
long sums(long array[],long count,long sample)
{
    long i = 0,sum = 0;
    while(i < count)
    {
        if (array[i] <= sample)
        {
            sum += array[i];
        }
    i ++;
    }
    return(sum);
}
```

（1）在 Visual C ++ 开发环境生成调试版本的含汇编语言的列表文件、可执行文件，并据此画出函数 sums 的堆栈帧。

（2）在 Visual C ++ 开发环境生成发布版本的含汇编语言的列表文件、可执行文件，并说明编译程序的优化方法。

（3）使用汇编语言，配合 MASM 的高级特性伪指令（扩展定义 PROC、.IF 和 .WHILE）实现该程序功能，并生成完整的列表文件，与高级语言的发布版本比较编程优劣。

（4）使用汇编语言，不采用 MASM 的高级语言特性实现该程序功能，尽量编写一个最优化的程序。

7.10 参考例 4-3 要求，编写汇编语言程序，调用 printf 函数实现将二进制代码 01100100 以二进制、十六进制、十进制和字符形式输出。注意，printf 函数不支持二进制数输出，需要进行处理后再输出。

第 8 章

DOS环境程序设计

DOS 环境是一个简单的 16 位操作系统平台，但给程序员提供了很大的灵活性，应该说更适合汇编语言的学习。本章首先在熟悉实地址存储模型的基础上通过 DOS 功能调用掌握 DOS 编程，然后基于 DOS 环境学习串操作指令、输入输出程序设计以及中断控制编程。

8.1 DOS 编程

16 位 DOS 操作系统运行于 Intel 8086 和 8088 处理器，也可以运行于 80286、IA-32 处理器的实地址工作方式。Windows 操作系统采用虚拟 8086 工作方式模拟了一个 MS-DOS 环境。虚拟 8086 方式实际上只是运行在保护方式的一个特殊任务，是由 IA-32 处理器仿真的一个 8086 处理器环境。8086 仿真状态的执行环境与实地址方式一样，包括其扩展特性。两者的主要不同是 8086 仿真程序使用保护方式的服务程序。

DOS 是单用户单任务操作系统，一个正在运行的程序独占所有系统资源。DOS 系统只有一个特权级别，任何程序和操作系统都是同级的。例如，在 DOS 下编写汇编语言程序，可以读写所有的内存数据、修改中断向量表、直接对键盘端口操作等。而 Windows 在保护方式工作，操作系统运行在最高级别（0 级），应用程序运行于最低级别（3 级）。所有的资源对应用程序来说都是被"保护"的。例如，在第 3 级运行的应用程序无法直接访问 I/O 端口，不能访问其他程序占有的主存，向程序自己的代码段写入数据也是非法的。只有对级别 0 的系统程序来说，系统资源才是全开放的。

16 位 DOS 环境默认采用 16 位操作数尺寸，程序中主要使用 16 位或 8 位寄存器、操作数和寻址方式，堆栈以 16 位为单位压入（PUSH）和弹出（POP）数据。IA-32 处理器的实地址工作方式还允许使用 32 位寄存器、操作数和寻址方式，以及大多数新增的 32 位通用指令。

8.1.1 实地址存储模型

DOS 平台下使用实地址存储模型，只能访问 1MB 存储空间，还必须分成不大于 64KB 的段。

1. 逻辑地址和物理地址

实地址存储模型限定每个段不超过 64KB（$=2^{16}$字节），所以段内的偏移地址可以用 16 位数据表示；还规定段起点的低 4 位地址全为 0（用十六进制表示是 xxxx0H 形式），即模 16 地址（可被 16 整除的地址），省略低 4 位 0（对应十六进制是一位 0），所以段基地址也可以用 16 位数据表示。

逻辑地址包含"段基地址: 偏移地址",实地址存储模型都用 16 位数表示,范围是 0000H ~ FFFFH。根据实地址存储模型,只要将逻辑地址中的段基地址左移 4 位(十六进制是一位),加上偏移地址就得到 20 位物理地址,如图 8-1 所示。例如,逻辑地址"1460H: 0100H"表示物理地址 14700H,其中段基地址 1460H 表示该段起始于物理地址 14600H,偏移地址为 0100H。同一个物理地址可以有多个逻辑地址形式。物理地址 14700H 还可以用逻辑地址"1380H: 0F00H"表示,该段起始于 13800H。

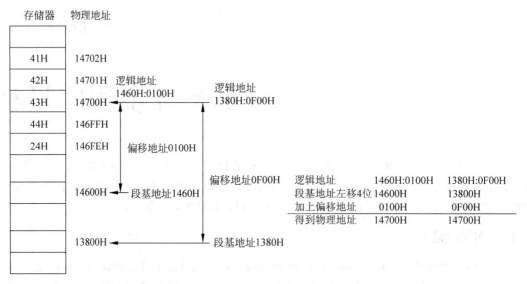

图 8-1　实地址存储模型的逻辑地址和物理地址

2. DOS 地址空间分配

32 位 PC 机支持 4GB 主存空间,其使用情况如图 8-2 所示。

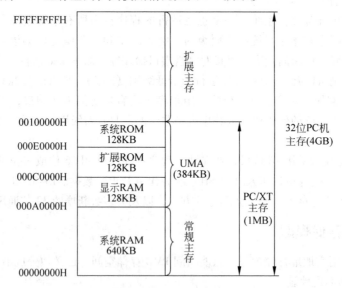

图 8-2　32 位 PC 机的主存空间分配

1MB 后的主存空间主要作为 RAM 区域使用,称为扩展主存(Extended Memory),只能在保护方式使用。DOS 5 及以后版本可以利用 HIMEM. SYS 存储管理软件转换到保护方式使用扩展内存。

低 1MB 是 DOS 操作系统管理的实方式主存空间，可分成 4 个区域。

（1）系统 RAM 区

系统 RAM 区占用地址最低端的 640KB 空间（00000H ~ 9FFFFH）。最低的 1KB 用做中断向量表（详见 8.4 节），00400H ~ 004FFH 的 256 个字节为 ROM-BIOS 使用的数据区，00500H ~ 005FFH 的 256 个字节为 DOS 参数区，接着安排 DOS 操作系统的核心程序、设备驱动程序等，随后都提供给用户应用程序使用。

最低 640KB 的系统 RAM 区是 DOS 应用程序所在的区域，常被称为常规主存（Conventional Memory）或基本主存（Base Memory），其后 384KB 主存称为上位主存区（Upper Memory Area，UMA）。

（2）显示 RAM 区

显示 RAM 区保留作为系统的显示缓冲存储区，也被称为保留 RAM 区。虽然这是 128KB 的主存空间（A0000H ~ BFFFFH），但却用来存放要在屏幕上显示的信息，过去通过显示卡上的 RAM 芯片实现，所以简称"显示缓存"或"显存"。

显示 RAM 区并没有被完全使用，具体使用的容量与显示卡及显示方式有关。例如，PC 机最早使用的单色显示卡 MDA 使用 4KB（B0000H ~ B0FFFH），仅支持黑白字符显示方式，可显示 25 行 ×80 列西文字符。再如，彩色图形显示卡 CGA 使用 16KB（B8000H ~ BBFFFH），可支持多种字符和图形显示模式。增强图形显示卡 EGA 和视频图形阵列 VGA 可以兼容 MDA 和 CGA 使用上述区域，也支持新增显示方式使用从 A0000H 开始的 64KB 主存空间。

（3）扩展 ROM 区

扩展 ROM 区（C0000H ~ DFFFFH）用来安排各种 I/O 接口电路卡上的 ROM，为相应外设提供底层驱动程序。例如，硬盘驱动器使用 C8000H ~ CBFFFH 的 16KB 空间来存放它的驱动程序（即服务于硬盘的 ROM-BIOS）。用户也可按格式要求为自己的设备编写相应的 ROM-BIOS 程序，并将它安排在这一区段，系统会对它进行确认和连接。

（4）系统 ROM 区

系统 ROM 区（E0000H ~ FFFFFH）主要安排系统提供的 ROM-BIOS 程序，负责系统上电检测、磁盘 DOS 的引导（Boot）等初始化操作，也用来驱动系统配置的标准输入输出设备，还存放着供输出设备使用的字符和图符点阵信息。ROM-BIOS 主要占用了地址范围 F0000H ~ FFFFFH 的 64KB 主存空间。IBM PC 和 IBM PC/XT 机上从 E0000H 开始还有 32KB 的 ROM-BASIC 解释程序，可支持用户使用 BASIC 源程序；以后的 PC 机不再有 ROM-BASIC 解释程序，也可以用做用户扩展 ROM 区。

3. 16 位存储器寻址方式

DOS 应用程序使用逻辑地址访问主存，通常段基地址通过默认的段寄存器指示（参见 2.4.3 节），偏移地址则会经常使用 16 位存储器寻址方式，其组成公式是：

$$16 \text{ 位有效地址} = \text{基址寄存器} + \text{变址寄存器} + \text{位移量}$$

特别需要注意的是，其中基址寄存器只能是 BX 或 BP，变址寄存器只能是 SI 或 DI，位移量是 8 或 16 位有符号值。16 位存储器寻址不像 32 位存储器寻址方式那样灵活，也不支持带比例的变址寻址方式，这是当时处理器设计使然，程序员只能遵循，否则就是非法指令。

当然，如果是在 IA-32 处理器的实地址存储模型下，也可以使用更加灵活的 32 位存储器寻址方式。

8.1.2　DOS 应用程序框架

本书利用 16 位包含文件和子程序库引出一个简单的源程序框架，并与 32 位 Windows 控制台源程序框架基本保持一致：

```
;eg0800.asm in DOS
        include io16.inc        ;包含 16 位输入输出文件
        .data                   ;定义数据段
        ……                      ;数据定义(数据待填)
        .code                   ;定义代码段
start:                          ;程序执行起始位置
        mov ax,@data
        mov ds,ax
        ……                      ;主程序(指令待填)
        exit 0                  ;程序正常执行结束
        ……                      ;子程序(指令待填)
        end start               ;汇编结束
```

对比第 1 章 32 位 Windows 控制台环境的程序模板，这里有两处不同。

1）将 IO32.INC 替换为了 IO16.INC。

16 位包含文件 IO16.INC 为 DOS 应用程序编程提供源程序基本语句，同时需要配合 16 位输入输出子程序库 IO16.LIB，保存于当前目录。与 32 位 Windows 平台一样，16 位输入输出子程序库提供了同样功能的子程序，使用方法也相同。

2）增加两条 MOV 指令，用于设置数据段 DS 寄存器。

因为 DOS 分段管理程序，所以代码段、数据段和堆栈段分别需要使用 CS、DS 和 SS 段寄存器指示段基地址。汇编和连接程序根据有关段定义伪指令设置了 CS：IP 和 SS：SP，而 DS 和 ES 等需要用户程序进行设置。程序中通常都需要进行数据定义，所以这里用 MASM 的预定义符号 @DATA（具有数据段地址属性）获得数据段基地址，然后传送给 DS。如果程序用到 ES 附加数据段，还需要设置 ES 内容。

包含文件 IO16.INC 封装了编写 DOS 应用程序的细节内容，如下所示：

```
        .model small
        .686
        .stack

exit    MACRO dwexitcode
        mov ax,4c00h + dwexitcode
        int 21h
        ENDM
        extern readc:near,readmsg:near,dispc:near,dispmsg:near,dispcrlf:near
        ...
        includelib io16.lib
```

DOS 应用程序可以选择多种存储模型，本书中的程序都比较小，所以使用小型存储模型 SMALL。

编写 16 位 DOS 应用程序时，处理器选择伪指令应该在存储模型伪指令".MODEL"之后书写。增加".686"伪指令的作用是为了支持 32 位指令、寻址方式等特性，否则只能使用 16 位 8086 指令、寻址方式。

堆栈段定义伪指令".STACK"设置堆栈区，默认是 1KB 容量。

退出 DOS 操作系统需要使用 DOS 功能调用（详见下节），这里仍然采用宏定义进行了封装。

[例 8-1]　DOS 应用程序

```
        include io16.inc                ;包含 16 位输入输出文件
        .data                           ;数据段
msg     byte 'Hello, Assembly!',13,10,0 ;定义要显示的字符串
        .code                           ;代码段
```

```
start:                                      ;程序起始位置
        mov ax,@data
        mov ds,ax
        mov eax,offset msg                  ;指定字符串的偏移地址
        call dispmsg                        ;调用 I/O 子程序显示信息
        exit 0                              ;程序正常执行结束
        end start                           ;汇编结束
```

本示例程序运行于 DOS 环境。使用本书配套开发软件，建议使用 DOS16.BAT 批处理文件进入 MASM 开发环境，并使用 MAKE16.BAT 批处理进行汇编连接，如图 8-3 所示：

```
make16 eg0801
```

程序执行的结果是完成与例 1-1 相同的信息显示功能。

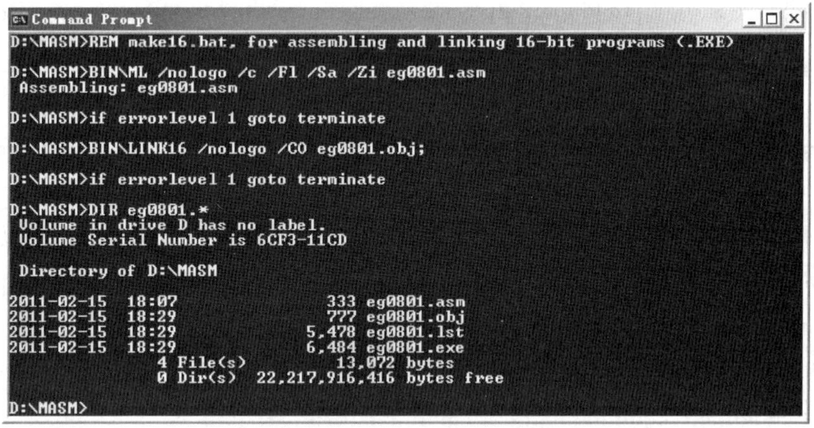

图 8-3　DOS 应用程序的开发过程

DOS 应用程序的开发与 32 位 Windows 应用程序的开发有所不同，MAKE16.BAT 文件的内容是：

```
REM make.bat, for assembling and linking 16-bit programs (.EXE)
BIN\ML/nologo/c/Fl/Zi %1.asm
if errorlevel 1 goto terminate
BIN\LINK16/nologo/CO %1.obj;
if errorlevel 1 goto terminate
DIR %1.*
:terminate
```

虽然与汇编 32 位应用程序使用相同的汇编程序 ML.EXE，但不需要使用"/coff"参数，因为 DOS 操作系统的目标代码文件 OBJ 格式与之不同。

另外，16 位连接程序是所谓段式可执行文件连接器（Segmented Executable Linker），而不是 32 位 Windows 使用的增量连接器（Incremental Linker）。参数"/CO"表明生成调试程序 Code-View 的符号。

8.1.3　DOS 功能调用

DOS 操作系统的系统函数（功能）以中断服务程序形式提供，采用软件中断进行功能调用，使用寄存器传递参数。

IA-32 处理器支持 256 个中断，每个中断用一个中断编号区别，即中断 0 ~ 中断 255 号。软件中断调用就是执行中断调用指令"INT N"，其中 N 表示调用的中断号。中断调用是借助中断机制改变程序执行顺序的方法（详见 8.3 节），类似于子程序调用。

PC 机的基本输入输出系统 ROM-BIOS、操作系统 DOS 和 Linux 都采用中断调用方式提供系统功能。DOS 系统调用一般有如下 4 个步骤：

1）在 AH 寄存器中设置系统调用的子功能号。

2）在指定寄存器中设置入口参数。

3）用中断调用指令（INT N）执行功能调用。

4）根据出口参数分析功能调用的执行情况。

DOS 功能调用的中断号主要是 21H，利用 AH 寄存器区别各个子功能。本章仅介绍几个基本的功能调用，如表 8-1 所示。

表 8-1　DOS 基本功能调用（INT 21H）

子功能号	功　　能	入口参数	出口参数
AH = 01H	从标准输入设备输入一个字符		AL = 输入字符的 ASCII 码
AH = 02H	向标准输出设备输出一个字符	DL = 字符的 ASCII 码	
AH = 09H	向标准输出设备输出一个字符串	DX = 字符串地址	
AH = 4CH	程序终止执行	AL = 返回代码	

1. 退出 DOS

在 DOS 平台中，应用程序执行结束退出，将控制权返还 DOS 可以使用 4CH 号功能调用，利用 AL 提供返回代码。例如，正确返回的代码可以是：

```
mov ax,4c00h          ;设置 AH = 4CH, AL = 00
int 21h               ;调用 DOS 功能,实现执行结束退出
```

2. 字符串显示

在 DOS 平台中，实现字符串显示经常使用其 9 号功能调用，DX 指向这个字符串，但要求字符串以"＄"作为结尾标志，而不是像 C 语言字符串那样使用 0 结尾。

［例 8-2］　DOS 功能调用程序

```
        .model small
        .stack
        .data                                 ;数据段
msg     byte 'Hello, Assembly!',13,10,'$'     ;定义要显示的字符串,注意结尾字符
        .code                                 ;代码段
start:                                         ;程序起始位置
        mov ax,@data
        mov ds,ax
        mov ah,9
        mov dx,offset msg                      ;指定字符串的偏移地址
        int 21h                                ;DOS 功能调用显示信息
        mov ax,4c00h                           ;执行结束
        int 21h
        end start                              ;汇编结束
```

注意本示例程序是一个完整的源程序代码，不需要使用本书配套的输入输出子程序。

另外，本示例程序只使用 8086 指令，所以处理器选择伪指令（.686）也可以不用。

3. 字符显示

实现一个字符的显示，可以使用 DOS 的 2 号功能调用。

执行 AH = 02H 号功能调用，将在显示器当前光标位置显示 DL 给定的字符，且光标移动到下一个字符位置。当输出响铃字符（ASCII 码为 07H）、退格字符（08H）、回车字符（0DH）和换行字符（0AH）时，该功能调用可以自动识别并能进行相应处理。

16 位输入输出子程序库 IO16. LIB 使用 DOS 功能调用实现各个子程序功能，使用方法与 32
位子程序一样。例如，字符串输出子程序 DISPMSG 的代码如下（注意字符串以 0 结尾）：

```
;display a message, (E)AX = address of message
dispmsg   proc
          push eax                      ;寄存器保护
          push ebx
          push edx
          mov ebx,eax                   ;EAX 字符串地址传送给 EBX
dispm1:   mov al,[ebx]                  ;取一个字符
          test al,al                    ;判断是否结尾(0)
          jz dispm2
          mov ah,2                      ;AH = 2,显示一个字符的 DOS 功能
          mov dl,al                     ;设置入口参数
          int 21h                       ;调用 DOS(INT 21H)系统功能
          inc ebx
          jmp dispm1
dispm2:   pop edx                       ;寄存器恢复
          pop ebx
          pop eax
          ret
dispmsg   endp
```

本书提供的 16 位输入输出子程序库主要应用于 Windows 系统的模拟 DOS 环境，所以使用了
IA-32 实地址方式支持的 32 位特性。如果要将上述程序修改为可以在 16 位 8086、8088 处理器上
运行，只要将所有 32 位寄存器修改为对应的 16 位寄存器即可。

4. 字符输入

实现一个字符的键盘输入，可以使用 DOS 的 1 号功能调用。

执行 AH = 01H 号功能调用，将从键盘读取一个字符，并将该字符回显到屏幕上。若无字符
可读，则将一直等待到输入字符。输入字符的 ASCII 码值通过 AL 返回。

如下代码实现 16 位输入输出子程序库中的字符串输入子程序：

```
;read a message, Input: (E)AX = address of message, Output: (E)AX = numbers of characters
readmsg   proc
          push ebx
          push ecx
          mov ebx,eax                   ;EAX 字符串地址传送给 EBX
          mov ecx,eax                   ;再传送给 ECX
rdm1:     mov ah,1                      ;输入一个字符
          int 21h
          cmp al,0dh                    ;是最后的回车字符 0DH 吗?
          jz rdm2                       ;是,结束
          mov [ebx],al                  ;不是,继续输入
          inc ebx                       ;地址增量,指向下一个输入缓冲区位置
          jmp rdm1
rdm2:     mov byte ptr [ebx],0          ;使用 0 作为结尾,替代最后输入的回车字符
          cmp ebx,ecx                   ;若没有输入字符,EBX 没有改变
          jz rdm1                       ;转移到前面重新输入
          sub ebx,ecx
          mov eax,ebx                   ;EAX 取得输入的字符个数,不包括结尾 0
          pop ecx
          pop ebx
          ret
readmsg   endp
```

大家可以对比 6.2 节使用控制台输入函数和输出函数编写的 32 位版本的代码。

8.2   串操作类指令

以字节、字和双字为单位的多个数据存放在连续的主存区域中就形成数据串（String），即数组（Array）。例如，以字节为单位的 ASCII 字符串就是典型的数据串。数据串是程序经常需要处理的数据结构，4.3 节计算字符串长度、数组排序等循环结构程序都是串操作。为了更方便进行数据串操作，IA-32 处理器特别设计了串操作类指令，很有特色。

根据串数据类型的特点，串操作指令采用了特殊的寻址方式，包括：

- 源操作数用寄存器 ESI 间接寻址，默认在数据段 DS 中：DS:[ESI]，允许段超越。
- 目的操作数用寄存器 EDI 间接寻址，默认在附加段 ES 中：ES:[EDI]，不允许段超越。
- 每执行一次串操作，源指针 ESI 和目的指针 EDI 将自动修改：±1、±2 或 ±4。
- 对于以字节为单位的数据串（指令助记符用 B 结尾）操作，地址指针应该 ±1。
- 对于以字为单位的数据串（指令助记符用 W 结尾）操作，地址指针应该 ±2。
- 对于以双字为单位的数据串（指令助记符用 D 结尾）操作，地址指针应该 ±4。
- 当方向标志 DF = 0（执行 CLD 指令设置）时，地址指针应该 +1、+2 或 +4。
- 当方向标志 DF = 1（执行 STD 指令设置）时，地址指针应该 −1、−2 或 −4。

串操作后之所以自动修改 ESI 和 EDI 指针，是为了方便对后续数据的操作，修改的数值对应数据串单位所包含的字节数。用户通过执行 CLD 或 STD 指令控制方向标志 DF，决定主存地址是增大（DF = 0，向地址高端增量）还是减小（DF = 1，向地址低端减量）。

串操作指令有两组：一组实现数据串传送，另一组实现数据串检测。串操作通常需要重复进行，所以经常配合重复前缀指令，它通过计数器 ECX 控制重复执行串操作指令的次数。在使用 16 位地址长度和操作数长度时，地址指针和计数器分别是 SI、DI 和 CX。

8.2.1   串传送指令

这组串操作指令实现对数据串的传送（MOVS）、存储（STOS）和读取（LODS），可以配合使用重复前缀指令 REP，它们不影响标志。

1）串传送指令 MOVS 将数据段中的字节、字或双字数据传送至 ES 指向的段。

```
MOVSB        ;字节串传送:ES:[EDI]=DS:[ESI];然后:ESI=ESI±1,EDI=EDI±1
MOVSW        ;字串传送:ES:[EDI]=DS:[ESI];然后:ESI=ESI±2,EDI=EDI±2
MOVSD        ;双字串传送:ES:[EDI]=DS:[ESI];然后:ESI=ESI±4,EDI=EDI±4
```

2）串存储指令 STOS 将 AL、AX 或 EAX 的内容存入 ES 指向的段。

```
STOSB        ;字节串存储:ES:[EDI]=AL;然后:EDI=EDI±1
STOSW        ;字串存储:ES:[EDI]=AX;然后:EDI=EDI±2
STOSD        ;双字串存储:ES:[EDI]=EAX;然后:EDI=EDI±4
```

3）串读取指令 LODS 将数据段中的字节、字或双字数据读到 AL、AX 或 EAX。

```
LODSB        ;字节串读取:AL=DS:[ESI];然后:ESI=ESI±1
LODSW        ;字串读取:AX=DS:[ESI];然后:ESI=ESI±2
LODSD        ;双字串读取:EAX=DS:[ESI];然后:ESI=ESI±4
```

4）重复前缀指令 REP 用在 MOVS、STOS 和 LODS 指令前，利用计数器 ECX 保存数据串长度，可以理解为"若数据串没有结束（ECX≠0），则继续传送"。

```
REP          ;每执行一次串指令,ECX 减1;直到 ECX=0,重复执行结束
```

需要注意的是，串操作指令本身仅进行一个数据的操作，利用重复前缀指令才能实现连续操作。重复前缀指令先判断 ECX 是否为 0，为 0 结束；否则进行减 1 操作，并执行串操作指令。

[例 8-3]　字符串复制程序

第 2 章例 2-11 程序实现字符串复制是串传送指令 MOVS 的主要应用情形。

```
            .model small
            .686
            .stack
            .data
srcmsg      byte 'Try your best, why not.','$'
dstmsg      byte sizeof srcmsg dup(?)
            .code
start:      mov ax,@data
            mov ds,ax              ;设置数据段 DS
            mov es,ax              ;设置附加段 ES = DS
            mov esi,offset srcmsg  ;ESI = 源字符串地址
            mov edi,offset dstmsg  ;EDI = 目的字符串地址
            mov ecx,lengthof srcmsg ;ECX = 字符串长度
            cld                    ;地址增量传送
            rep movsb              ;重复进行字符串传送
            mov ah,9               ;显示字符串
            mov edx,offset dstmsg
            int 21h
            mov ax,4c00h
            int 21h
            end start
```

本示例程序将源字符串 SRCMSG 的内容复制到目的字符串 DSTMSG 中。要使用串传送指令 MOVS，需要事先设置 ESI、EDI 和方向标志 DF，并将 ECX 赋值需要重复的次数。这样，简单的一条指令就完成了全部传送工作。如果不使用重复前缀，则需要用循环指令，如下：

```
again:      movsb
            loop again
```

当然本示例也可以不使用数据串指令，参见例 2-11 和例 2-12。

MOVSB 指令每次只传送一个字节数据，如果字符串很长，可以使用 MOVSD 指令提高效率，如下：

```
mov edx,ecx         ;字符串长度,转存 EDX
shr ecx,2           ;长度除以 4
rep movsd           ;以双字为单位重复传送
mov ecx,edx
and ecx,11b         ;求出剩余的字符串长度(0~3)
rep movsb           ;以字节为单位传送剩余的字符
```

[例 8-4]　直接清除屏幕程序

串存储指令 STOS 经常用于填充数据。

在 DOS 的标准显示模式下，屏幕由 25 行、每行 80 列字符组成（25×80 显示模式）。每个字符由两个字节控制显示，高字节为字符属性字节，例如，07H 是标准的黑底白字；低字节为字符的 ASCII 码。从逻辑地址 B800H:0000H 开始的显示缓冲区，每个字单元内容对应一个显示字符，共 25×80 个字单元。

本示例程序将 B800:000 开始的 25×80 个字单元全部填入 0720H，实现清除屏幕的目的（相当于 DOS 的清屏命令 CLS）。

```
          .model small
          .code
start:    mov dx,0b800h
          mov es,dx
          mov di,0              ;设置 ES:DI = B800H:0000H
          mov cx,25*80          ;设置 CX = 填充个数
          mov ax,0720h          ;设置 AX = 填充内容
          cld
          rep stosw
          mov ax,4c00h
          int 21h
          end start
```

本示例程序只使用了 8086 支持的 16 位指令。程序中设置 AL 为 20H，即空格字符，将显示缓冲区填充为空格，实现了清除屏幕的作用（程序运行后，最后显示的命令行是 DOS 加上的）。如果将 AX 值设置为 0731H，则屏幕将充满数字 1；如果 AX = 0141H，则屏幕将充满蓝色字母 A。

由于本示例程序默认采用 DOS 标准显示模式，所以只能在 DOS 环境的标准显示模式运行，不要使用控制台窗口（CMD.EXE）。

本示例程序没有通过功能调用而是直接读写显示缓冲区实现显示输出，故常被称为"直接写屏"方法。这是直接针对硬件操作的 I/O 程序，属于最底层的驱动程序。

8.2.2　串检测指令

这组串操作指令实现对数据串的比较（CMPS）和扫描（SCAS）。由于串比较和扫描的实质是进行减法运算，所以它们像减法指令一样影响标志。这两个串操作指令可以配合使用重复前缀指令 REPE/REPZ 和 REPNE/REPNZ，通过 ZF 标志说明两数是否相等。

1）串比较指令 CMPS 用源数据串减去目的数据串，以比较两者间的关系。

```
CMPSB           ;字节串比较:DS:[ESI]-ES:[EDI];然后:ESI = ESI ±1,EDI = EDI ±1
CMPSW           ;字串比较:DS:[ESI]-ES:[EDI];然后:ESI = ESI ±2,EDI = EDI ±2
CMPSD           ;双字串比较:DS:[ESI]-ES:[EDI];然后:ESI = ESI ±4,EDI = EDI ±4
```

注意　串比较指令 CMPS 是源操作数（ESI 指向的主存数据）减去目的操作数（EDI 指向的主存数据），而比较指令 CMP 是目的操作数减去源操作数。

2）串扫描指令 SCAS 用 AL、AX 或 EAX 的内容减去目的数据串，以比较两者间的关系。

```
SCASB           ;字节串扫描:AL-ES:[EDI];然后:EDI = EDI ±1
SCASW           ;字串扫描:AX-ES:[EDI];然后:EDI = EDI ±2
SCASD           ;双字串扫描:EAX-ES:[EDI];然后:EDI = EDI ±4
```

3）重复前缀指令 REPE（或 REPZ）用在 CMPS 和 SCAS 指令前，利用计数器 ECX 保存数据串长度，同时判断串是否相等，可以理解为"若数据串没有结束（ECX≠0），并且串相等（ZF = 1），则继续比较"。

```
REPE|REPZ     ;每执行一次串指令,ECX 减 1;只要 ECX = 0 或 ZF = 0,重复执行结束
```

4）重复前缀指令 REPNE（或 REPNZ）也用在 CMPS 和 SCAS 指令前，利用计数器 ECX 保存数据串长度，同时判断串是否不相等，可以理解为"若数据串没有结束（ECX≠0），并且串不相等（ZF = 0），则继续比较"。

```
REPNE|REPNZ   ;每执行一次串指令,ECX 减 1;只要 ECX = 0 或 ZF = 1,重复执行结束
```

重复执行结束的条件是"或"的关系，只要满足条件之一就可以。所以，指令执行完成时，可能数据串没有比较完，也可能数据串已经比较完，编程时需要区分。

重复前缀指令先判断 ECX 是否为 0，为 0 结束（所以，如果初始化 ECX 为 0，将不会重复操作）；否则进行减 1 操作，并执行串操作指令，然后判断 ZF 标志是否符合继续循环的条件。图 8-4 总结了串操作的过程。

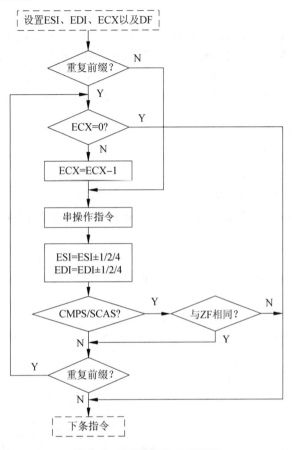

图 8-4　重复串操作的流程图

[例 8-5]　等长字符串比较程序

```
        .model small
        .686
        .stack
        .data
string1 byte 'equal or not'
string2 byte 'eQual or not'
        .code
start:  mov ax,@data
        mov ds,ax                   ;设置数据段 DS
        mov es,ax                   ;设置附加段 ES＝DS
        mov ecx,sizeof string1
        mov esi,offset string1
        mov edi,offset string2
        cld
        repz cmpsb                  ;重复比较,不同或比较完结束比较
        jne found                   ;发现不同字符,转移到 FOUND
        mov dl,'Y'                  ;字符串相同,显示 Y
        jmp done
found:  mov dl,'N'                  ;字符串不同,显示 N
```

```
done:       mov ah,2
            int 21h
            mov ax,4c00h
            int 21h
            end start
```

本示例程序比较两个长度相等的字符串，如果两个字符串相同显示 Y，否则显示 N。

指令"REPZ CMPSB"结束重复执行的情况有两种：第一种是出现不相等的字符（ZF = 0），第二种是比较完所有字符（ECX = 0）。在第二种情况下，对最后比较的一对字符又有两种可能：最后字符不等（ZF = 0）；最后字符相等（ZF = 1），也就是两个字符串相同。所以，重复比较结束后，指令 JNE 的条件成立（ZF = 0）表示字符串不相等。

本示例字符串长度为 12，比较的两个字符串第 1 个字符相同、第 2 个字符不相同，根据串操作流程图 8-4，结束重复执行时 ECX = 10。

[例 8-6] 字符串查找程序

在编程应用中，经常需要查找某个特定数据，这时使用串扫描指令 SCAS 很方便。

本示例程序在 DOS 管理的最低 32KB 主存区域内搜索字符串"COMMAND"，因为 DOS 环境下确实存在这个字符串，所以程序显示"Y"。

```
            ;数据段
search      byte 'COMMAND'              ;待查找的字符串
            ;代码段
            mov edx,0
            mov es,dx
            mov edi,edx                 ;逻辑地址(ES:[EDI] = 0:0)起始
            mov ecx,8000h               ;32KB 主存空间
            cld
again1:     mov edx,sizeof search       ;EDX = 待查找字符串长度
            mov esi,offset search       ;ESI = 待查找字符串地址
            lodsb                       ;取出第一个待比较的字符 AL = DS:[ESI],ESI = ESI + 1
            repnz scasb                 ;重复扫描:AL - ES:[EDI],EDI = EDI + 1
            jecxz next                  ;ECX = 0,扫描到最后字符,转移
            mov ebx,edi                 ;不是最后,保存第一个字符相同时的地址
again2:     dec edx
            jz found                    ;比较完所有字符,查找到
            lodsb                       ;比较下一个字符
            scasb
            jz again2                   ;还相同,继续比较
            mov edi,ebx                 ;不是完全相同,恢复第一个字符相同时的地址
            jmp again1                  ;重新从第一个字符开始比较
next:       jnz nofound                 ;最后一个字符不相同,没有查找到
            dec edx
            jz found                    ;待查找内容只有一个字符,查找到
nofound:    mov dl,'N'                  ;未查找到,显示 N
            jmp done
found:      mov dl,'Y'                  ;查找到,显示 Y
done:       mov ah,2
            int 21h
```

字符串查找需要逐个字符比较，其中的关键是比较第一个字符。第一个字符不相同，需要重复进行；只有在第一个字符相同的情况下，再继续比较下面的字符；而只要有一个字符不相同，就需要重新从下一个主存单元开始查找。在后续的比较过程中，需要暂存第一个字符相同时的地址，以便不完全相同时从这个位置开始下一轮比较。

指令"REPNZ SCASB"停止重复扫描还可能是比较完所有主存单元，但需要判断最后一个

字符是否相同。在相同的情况下，只有比较完字符串中的所有字符（也有可能字符串只有一个字符的特例）才能确定是完全相同，查找到需要的字符串。

本示例程序是多重循环，内外循环都要使用主存地址（程序中使用 EDI 保存），要留意保存。本示例程序也可以使用串比较指令 CMPS 实现，更简洁些。当然，也可以不使用串操作指令实现编程要求，同时也不再受必须使用 ESI 和 EDI 的限制，更灵活些。如下是核心的双重循环部分：

```
again1:   xor ebx,ebx               ;使用 EBX 指示逐个字符比较
again2:   mov al,search[ebx]
          cmp al,[edi+ebx]          ;比较一个字符
          jne next
          inc ebx                   ;指向下一个字符
          cmp ebx,sizeof search
          jz found                  ;字符串比较完,仍相等,则查找到
          jmp again2
next:     inc edi                   ;有不相同的字符
          loop again1               ;重新从第一个字符开始比较
          mov dl,'N'                ;未查找到,显示 N
          jmp done
found:    mov dl,'Y'                ;查找到,显示 Y
done:     mov ah,2
          int 21h
```

很多时候不采用串操作指令也很方便，简单指令组成的程序代码往往更加高效。

8.3　输入输出程序设计

结合硬件电路编写底层输入输出程序是汇编语言的优势之一。

计算机外部设备需要通过输入输出接口电路（简称 I/O 接口）与主机相连。对外设编程实际上是针对 I/O 接口电路编程。I/O 接口电路呈现给程序员的则是各种可编程寄存器，这些寄存器可以分成以下 3 类：

- 数据寄存器——保存主机与外设之间交换的数据。
- 状态寄存器——保存外设或其接口电路当前的工作状态。
- 控制寄存器——保存处理器控制接口电路和外设操作的有关命令。

虽然 I/O 接口电路的寄存器有 3 类，但每种类型的寄存器都可能有多个。计算机系统使用编号区别各个 I/O 接口寄存器，这就是输入输出地址或 I/O 地址，也常用更形象化的术语：I/O 端口（Port）。通过访问 I/O 端口进行外部操作要使用输入输出指令，或简称 I/O 指令，它属于基本的数据传送类指令。

8.3.1　输入输出指令

IA-32 处理器的常用指令都可以存取存储器操作数，但存取 I/O 端口实现输入输出的指令数量很少。简单地说，只有两种：输入指令 IN 和输出指令 OUT。

助记符 IN 表示输入指令，实现数据从 I/O 接口输入到处理器，格式如下：

```
IN AL/AX/EAX, i8/DX
```

助记符 OUT 表示输出指令，实现数据从处理器输出到 I/O 接口，格式如下：

```
OUT i8/DX, AL/AX/EAX
```

1. I/O 寻址方式

IA-32 处理器可以通过多种存储器寻址方式访问存储单元。但是，访问 I/O 接口时只有两种

寻址方式：直接寻址和 DX 间接寻址。

I/O 地址的直接寻址是由 I/O 指令直接提供 8 位 I/O 地址，只能寻址最低 256 个 I/O 地址（00 ~ FFH）。在 I/O 指令中，用 i8 表示这个直接寻址的 8 位 I/O 地址。虽然形式上与立即数一样，但应用于 IN 或 OUT 指令就表示直接寻址的 I/O 地址。

I/O 地址的间接寻址是用 DX 寄存器保存访问的 I/O 地址。由于 DX 是 16 位寄存器，所以可寻址全部 I/O 地址（0000 ~ FFFFH）。在 I/O 指令中，直接书写成 DX 来表示 I/O 地址。

IA-32 处理器的 I/O 地址共 64K 个（0000 ~ FFFFH），每个地址对应一个 8 位端口，不需要分段管理。最低 256 个（00 ~ FFH）可以用直接寻址或间接寻址访问，高于 256 的 I/O 地址只能使用 DX 间接寻址访问。

2. I/O 数据传输量

IN 和 OUT 指令只允许通过累加器 EAX 与外设交换数据。8 位 I/O 指令使用 AL，16 位 I/O 指令使用 AX，32 位 I/O 指令使用 EAX。执行输入指令 IN 时，外设数据进入处理器的 AL/AX/EAX 寄存器（作为目的操作数，书写在左边）。执行 OUT 输出指令时，处理器数据通过 AL/AX/EAX 送出去（作为源操作数，写在右边）。

两种 I/O 寻址和 3 种数据传送量的各种组合参见表 8-2。

表 8-2   输入输出指令示例

输入指令 IN	输出指令 OUT
in al,20h	out 20h,al
in ax,20h	out 20h,ax
in eax,20h	out 20h,eax
mov dx,3fch	mov dx,3fch
in al,dx	out dx,al
in ax,dx	out dx,ax
in eax,dx	out dx,eax

例如：

```
in al,21h          ;从地址为 21H 的 I/O 端口读一个字节数据到 AL
mov dx,300h        ;DX 指向 300H 端口
out dx,al          ;将 AL 中的字节数据送到地址为 300H(DX)的 I/O 端口
```

16 位 80x86 处理器只支持使用 AL 和 AX 的 8 位和 16 位输入输出指令。IA-32 处理器还可用 32 位寄存器 EAX 实现对 I/O 接口的 32 位访问。与字节寻址的存储单元类似，每个 I/O 地址也是对应一个 8 位外设端口，进行字量、双字量输入输出，实际上是从连续的 2 或 4 个端口输入输出 2 个或 4 个字节，原则是"低地址对应低字节数据、高地址对应高字节数据"的小端方式。例如：

```
in al,61h          ;从 I/O 地址 61H 读一个字节数据到 AL
mov ah,al          ;转存到 AH
in al,60h          ;从 I/O 地址 60H 读一个字节数据到 AL
```

如果有电路支持，上述程序片段可以使用如下指令替代，同样能实现从 60H 和 61H 端口读取一个字到 AX 的功能。

```
in ax,60h
```

除基本的 IN 和 OUT 指令外，IA-32 处理器还支持数据串操作的 I/O 指令，即串输入 INS 指令和串输出 OUTS 指令，它们方便实现主存与外设间的数据传输。另外，还可以在串输入输出指令前加重复前缀 REP（需要外设能够跟上处理器的执行速度）。

输入输出指令 IN、OUT 和 INS、OUTS，还有中断标志设置指令 CLI 和 STI（见 8.4 节）的执行涉及 I/O 端口，被称为 I/O 敏感指令（I/O Sensitive）。IA-32 处理器对它们的使用有限制。在保护方式下，当程序拥有最高特权（例如，Windows 操作系统核心程序）时，可以使用任何指令；但对于低特权的应用程序则不允许执行 I/O 敏感指令。DOS 环境没有设置特权，所有程序都

具有同样的权利，没有对指令做限制。

[例 8-7]　读取 CMOS RAM 数据程序

PC 机的配置信息以及实时时钟保存在 CMOS RAM 芯片中，系统断电后由后备电池供电，以保证信息不丢失。CMOS RAM 有 64 个字节容量，以 8 位 I/O 接口形式与处理器连接，通过两个 I/O 地址访问。要访问 CMOS RAM 的内容，需要首先向 I/O 地址 70H 输出要访问的存储单元编号，然后用 I/O 地址 71H 读写该单元的一个字节数据。

CMOS RAM 的 9、8 和 7 号字节单元依次存放着年、月、日数据（参见表 8-3），本示例程序将它们读出显示。这些数据的编码采用压缩 BCD 码（Windows 的 GetLocalTime 函数使用二进制编码，参见 6.3 节），所以使用十六进制数值显示子程序 DISPHB。中间用 "－" 分隔（利用字符显示子程序 DISPC 实现）。

表 8-3　CMOS RAM 实时时钟信息

单元编号	含义及数值
0	秒，00H～59H 依次表示 0～59 秒
2	分，00H～59H 依次表示 0～59 分
4	时，00H～23H 依次表示 0～23 小时
6	星期，01～07H 依次表示周日、周一～周六
7	日，01H～31H 依次表示 1～31 日
8	月，01H～12H 依次表示 1～12 月
9	年，00H～99H 依次表示年份的后两位 XX00～XX99 年

```
            include io16.inc
            .code
start:
            mov al,9          ;AL＝9(准备从 9 号单元获取年代数据)
            out 70h,al        ;从 70H 的 I/O 地址输出,选择 CMOS RAM 的 9 号单元
            in al,71h         ;从 71H 的 I/O 地址输入,获取 9 号单元的内容,保存在 AL
            call disphb       ;显示 AL 内容,即年代
            mov al,'-'        ;显示分隔符"-"
            call dispc

            mov al,8          ;AL＝8(从 8 号单元获取月份数据)
            out 70h,al
            in al,71h
            call disphb       ;显示月份
            mov al,'-'        ;显示分隔符"-"
            call dispc

            mov al,7          ;AL＝7(从 7 号单元获取日期数据)
            out 70h,al
            in al,71h
            call disphb       ;显示日期
            exit 0
            end start
```

本示例程序使用了本书配套的子程序库，以方便显示。如果直接使用 2 号字符显示的 DOS 功能调用，需要将 BCD 码转换为 ASCII 码之后显示。

CMOS RAM 保存着系统的配置信息，除了上述实时时钟单元外，不要向其他单元写入内容，以免引起系统错误。

8.3.2　定时器初始化编程

定时控制在计算机系统中具有重要作用。例如，微机控制系统中常需要定时中断、定时检测、定时扫描等，实时操作系统和多任务操作系统中要定时进行进程调度。PC 机的日时钟计时、主存芯片定时刷新和扬声器音调控制都采用了定时控制技术。

略微复杂的接口电路往往具有可编程性（Programmable），也就是需要针对特定的应用情况或外设，通过向接口电路写入命令字（Command Word）或控制字（Control Word），选择其工作方式、设置原始工作状态等，这称为初始化编程。

操纵 I/O 接口完成具体工作的程序常被称为驱动程序。驱动程序有多个层次。最底层的驱动程序需要结合硬件电路编写，实现基本数据传输、操作控制等功能，适合采用汇编语言。操作系统则利用最底层的驱动程序提供更加便于使用的程序模块或函数，应用程序为最终用户呈现操作界面。

IBM PC 和 PC/XT 机采用 Intel 8253、IBM PC/AT 采用 Intel 8254（兼容 8253）构成定时控制接口电路，32 位 PC 机使用芯片组兼容它们的功能。每个 8253/8254 定时器芯片由 3 个独立的 16 位计数器电路（称为通道，即计数器 0、计数器 1 和计数器 2）组成，每个计数器电路支持 6 种工作方式。计数器电路是记录时钟脉冲个数的数字电路，通过脉冲个数和时钟频率可得出定时长度。

为了使 8253 定时器正常工作，处理器必须对其初始化编程，写入控制字和计数初值。工作过程中，还可以读取计数值。

1. 写入方式控制字

8253 芯片具有 3 个计数器电路，需要分别进行初始化编程，但它们的方式控制字格式相同，如图 8-5 所示。这个控制字需要通过控制端口输出给 8253，该控制端口在 PC 机上是 43H。

定时器的方式控制字有 8 位，最高两位（$D_7 D_6$）表明当前控制字是哪一个计数器通道

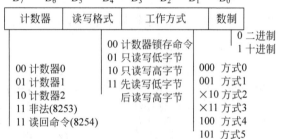

图 8-5　定时器的方式控制字

的控制字。在 8253 中 $D_7 D_6 = 11$ 的编码是非法的，而 8254 则利用它作为读回命令。

方式控制字的 $D_5 D_4$ 两位确定读写计数值的格式。8253 的数据引脚为 8 位，一次只能进行一个字节的数据交换，但计数器是 16 位的，所以 8253 设计了几种不同的读写计数值的格式。如果只需要 1～256 之间的计数值，则用 8 位计数器即可，这时可以令 $D_5 D_4 = 01$，只读写低 8 位，而高 8 位自动置 0。若是 16 位计数，但低 8 位为 0，则可令 $D_5 D_4 = 10$，只读写高 8 位，低 8 位自动为 0。在令 $D_5 D_4 = 11$ 时，就必须先读写低 8 位、后读写高 8 位。

$D_5 D_4 = 00$ 的编码是锁命令，用于把当前计数值保存到输出锁存器，供以后读取。

8253 的每个通道可以有 6 种不同的工作方式，由 $D_3 D_2 D_1$ 这三位决定（其中 × 表示任意，一般为 0）。

8253 的每个通道都有两种计数制：二进制（$D_0 = 0$）和 BCD 码形式的十进制（$D_0 = 1$）。采用二进制计数时，读写的计数值都是二进制数形式，例如，64H 表示计数值为 100。在直接将计数值进行输入或输出时，使用十进制较方便，读写的计数值采用 BCD 编码，例如，64H 表示计数值为 64。

2. 写入计数值

每个计数器通道都有对应的计数器 I/O 地址用于读写计数值，PC 上计数器 0～2 的 I/O 地址依次是 40H～42H。读写计数值时，还必须按方式控制字规定的读写格式进行。

8253 的计数器是先减 1，再判断是否为 0，所以写入 0 实际代表最大计数值。

选择二进制时，计数值编码是 0000H～FFFFH，其中 0000H 是最大值，代表 65536，所以计数值依次是 65536、1～65535，即计数范围为 1～65536。

选择十进制（BCD 码）时，计数值编码是 0000H～9999H，其中 0000H 代表最大值 10000，

所以计数值依次是 10000、1 ~ 9999，即计数范围为 1 ~ 10000。

经过初始化编程，定时器就可以开始计数工作了。在工作过程中，可以读取当前计数值和状态，这时需要利用锁存命令，8254 还可以利用读回命令。

3. 扬声器频率设置

PC 机利用计数器 2 控制主板上扬声器（也称蜂鸣器，不是声卡和音箱）的发声音调，作为机器的报警信号或伴音信号。定时器的控制端口地址是 43H，读写计数器 2 计数值的端口地址是42H，如下子程序实现初始化编程，设置扬声器的发声频率。

```
            ;发声频率设置子程序,入口参数:AX = 1.193 18×10⁶÷发声频率
speaker     proc
            push ax         ;暂存入口参数以免被破坏
            mov al,0b6h     ;方式控制字:定时器2为方式3,先低后高写入16位计数值
            out 43h,al      ;输出到控制端口
            pop ax          ;恢复入口参数
            out 42h,al      ;写入低8位计数值
            mov al,ah
            out 42h,al      ;写入高8位计数值
            ret
speaker     endp
```

8253 定时器连接频率为 1.193 18MHz 的时钟信号，周期为 0.838μs（= 1 ÷ 1.193 18MHz）。根据方式 3 的工作原理，欲输出频率 F 的信号，计数值需由如下公式计算：

$$计数值 = 1.193\ 18MHz ÷ 扬声器发声频率$$

这个子程序仅进行了初始化编程，扬声器是否发出声音还需要控制编程。

8.3.3　扬声器控制编程

定时器的 3 个计数器通道在 PC 机中分别用于日时钟计时、DRAM 刷新定时和控制扬声器发声声调，图 8-6 是其示意图。3 个计数器的时钟输入 CLK 均连接到频率为 1.193 18MHz 的时钟信号。

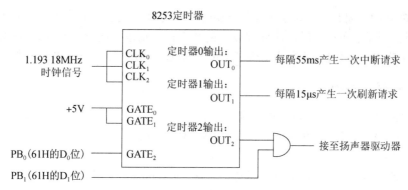

图 8-6　PC 机上的定时器电路

对于连接扬声器的计数器 2 来说，门控信号 $GATE_2$ 来自并行接口 PB_0 位，是 I/O 端口地址 61H 的 D_0 位。同时，输出 OUT_2 经过一个与门，这个与门受 PB_1 位控制，PB_1 是 I/O 端口地址 61H 的 D_1 位。所以，必须使 PB_0 和 PB_1 同时为高电平（逻辑 1），扬声器才能发出预先设定频率的声音。

[例 8-8]　扬声器控制程序

为了方便调用，频率设置、扬声器"响"与"不响"分别编写成子程序。主程序设置好音调后，让声音出现，用户在键盘上按键后声音停止。

```
                    ;数据段
freq                word 1989              ;600Hz 频率对应的计数值:1193 180/600≈1989
                    ;代码段,主程序
                    mov ax,freq
                    call speaker           ;设置扬声器的音调
                    call speakon           ;打开扬声器声音
                    mov ah,1               ;等待按键
                    int 21h
                    call speakoff          ;关闭扬声器声音
                    ;代码段,子程序
speakon             proc                   ;扬声器开子程序
                    push ax
                    in al,61h              ;读取 61H 端口的原控制信息
                    or al,03h              ;D₁D₀ = PB₁PB₀ = 11,其他位不变
                    out 61h,al             ;直接控制发声
                    pop ax
                    ret
speakon             endp
                    ;
speakoff            proc                   ;扬声器关子程序
                    push ax
                    in al,61h
                    and al,0fch            ;D₁D₀ = PB₁PB₀ = 00,其他位不变
                    out 61h,al             ;直接控制闭音
                    pop ax
                    ret
speakoff            endp
speaker             proc
                    ……                    ;同上节子程序,省略
```

注意，在 Windows 的模拟 MS-DOS 环境，需要第 2 次运行上述程序才会发出声音（音量较小）。现在，很多主板已经没有了扬声器，很可惜上述程序也就不能发出声音了。

8.4 中断控制编程

中断（Interrupt）是计算机系统中非常重要的一种技术，是对处理器功能的有效扩展。利用外部中断，计算机系统可以实时响应外部设备的数据传送请求，能够及时处理外部意外或紧急事件。利用内部中断，处理器为用户提供了发现、调试并解决程序执行时出现异常的有效途径。

8.4.1 中断控制系统

IA-32 处理器的中断控制系统能够处理 256 个中断，用中断向量号（类型号）0 ~ 255 区别。本小节主要介绍 IA-32 处理器在实地址方式的中断控制系统。

1. 中断类型

中断有两种类型，即内部中断（也常称为异常，Exception）和外部中断。

内部中断是由于处理器内部的执行程序出现异常引起的程序中断。IA-32 处理器内部支持多种异常情况，例如，执行除法指令时出现错误的除法错中断（向量号 0）、用于程序调试的调试中断（也称单步中断，向量号 1）和断点中断（向量号 3）、执行溢出中断指令时溢出标志 OF 置位情况下的溢出中断（向量号 4）、程序执行了无效代码引起的异常（向量号 6）、违反基本特权保护原则的通用保护异常（向量号 13）、虚拟存储管理需要将辅存内容调入主存时出现的页面失效异常（向量号 14）等。

外部中断是由于处理器外部提出中断请求引起的程序中断。它可以分成非屏蔽中断和可屏蔽中断两种。外部提出中断请求，处理器不能禁止、必须予以响应，这是非屏蔽中断（向量号 2），

它主要用于处理系统的意外或故障。通过中断允许标志 IF 可以控制是否响应的外部中断是可屏蔽中断，它主要用于与外设进行数据交换。

2. 除法错中断

在执行除法指令 DIV 或 IDIV 时，若除数为 0 或商超过了寄存器所能表达的范围，则产生一个向量号为 0 的内部中断，称为除法错中断。

例如，如果设置除数 BL 等于 1，只要被除数 AX 超过 255，则执行 "DIV BL" 后商就大于 255，用 AL 无法表达，这时将产生除法错中断。

[例 8-9]　产生除法错中断的程序

```
        ;数据段
msg     byte 0dh,0ah,'No divide overflow!',0
        ;代码段
        call readuiw
        mov bl,1
        div bl
        mov eax,offset msg      ;没有除法错,显示信息
        call dispmsg
```

本示例程序利用 READUIW 子程序（来自输入输出子程序库）从键盘输入一个无符号整数

（不超过 $2^{16}-1$），结果保存在 AX 中。如果输入不大于 255，除以 1 之后不会产生除法错中断，程序显示 "No divide overflow!"（无除法溢出）信息，这是本示例程序在数据段安排的字符串。如果输入大于 255，则执行 "DIV BL" 指令产生除法错中断，DOS 系统默认的 0 号中断服务程序将显示 "Divide overflow" 信息，并终止应用程序的继续执行，如图 8-7 所示。

3. 溢出中断

在执行溢出中断指令 INTO 时，若溢出标志 OF 为 1，则产生一个向量号为 4 的内部中断，称为溢出中断。

图 8-7　除法错中断的运行示例

[例 8-10]　产生溢出中断的程序

```
        ;数据段
msg     byt 0dh,0ah,'No overflow!',0
        ;代码段
        call readuib
        add al,100
        jno noflow      ;没有溢出,转移(可以删除)
        into            ;有溢出,产生溢出中断
        jmp done        ;可以删除
noflow: mov eax,offset msg   ;显示无溢出信息
        call dispmsg
done:
```

本示例程序首先从键盘输入一个无符号整数（不大于 255），保存在 AL 中，然后与 100 相加。如果输入小于 28，求和结果没有溢出（OF = 0），程序显示本例设置的字符串 "No overflow!"。如果输入的数据大于等于 28，求和结果溢出（因为作为有符号整数，字节量结果不能表达大于等于 128 的数值），标志 OF = 1，此时执行 INTO 指令将产生 4 号溢出中断。DOS 系统默认不对溢出作处理，所以本例出现溢出中断时不会有任何显示信息。

事实上，INTO 指令只有出现溢出（OF = 1）才会中断，而没有溢出时继续执行下条指令。

所以，本示例程序完全可以删除 JNO 和 JMP 指令，效果一模一样。

本章最后会编写一个 4 号溢出中断的驻留中断服务程序。执行了那个程序，再执行本示例，出现溢出中断就会有显示了（详见例 8-12）。

4. 中断指令

与中断有关的指令如下：

```
INT i8          ;中断调用指令,产生 i8 号中断、执行其中断服务程序
IRET            ;中断返回指令,用在中断服务程序最后,实现中断返回
INTO            ;溢出中断指令;若 OF=1,产生 4 号中断;否则顺序执行指令
STI             ;开中断指令:允许可屏蔽中断
CLI             ;关中断指令:禁止可屏蔽中断
```

中断调用指令 INT 的机器代码是 2 个字节（第 1 个字节是 11001101，第 2 个字节是向量号），但向量号为 3 的中断调用指令（INT 3）较特殊，是 1 个字节，机器代码是 11001100（即 CCH），常用于程序调试的断点中断。调试程序的断点往往就是通过插入该字节实现的。

中断调用指令 INT 类似于段间调用 CALL，具体调用过程是：

- 将标志寄存器压入堆栈，保护各个标志位状态。
- 设置标志 IF 和 TF 为 0，禁止可屏蔽中断和单步中断。
- 将被中断指令的逻辑地址压入堆栈，保护断点地址。
- 根据向量号获得中断服务程序逻辑地址，传送给 CS 和 (E)IP，实现转移。

控制转移至中断服务程序入口地址（首地址），开始执行中断服务程序。中断服务程序最后是中断返回指令 IRET，它类似于子程序返回指令 RET，具体的操作是：

- 断点地址弹出堆栈，实现程序返回。
- 标志寄存器弹出堆栈，恢复各个标志位原状态。

5. 中断向量表

中断服务程序可以安排在主存的任何位置，那么如何通过中断向量号将控制流程转移到这个程序呢？80x86 处理器使用了地址表，类似于 4.2 节中介绍的地址表方法。

实地址方式下，这个地址表被称为中断向量表（Interrupt Vector Table），其中保存着中断服务程序的入口地址。中断服务程序的地址含有 16 位段基地址 CS（高字部分）和 16 位偏移地址 IP（低字部分），共 4 个字节，按照"低对低、高对高"的小端存储方法保存在中断向量表中。中断向量表被处理器固定地安排在以物理地址最低端 00000H 开始，从中断向量号 0 依次安排每个中断服务程序地址，256 个中断占用 1KB 区域，参见图 8-8。

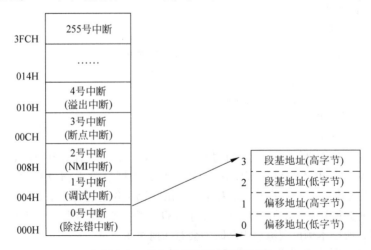

图 8-8　实方式的中断向量表结构

由此结构可以看到：向量号为 N 的中断服务程序地址保存在物理地址 = N × 4 位置起的连续 4 个字节中。

8.4.2　内部中断服务程序

熟悉了处理器中断控制系统后，就可以编写内部中断服务程序进行实践。用 MASM 编写 DOS 平台的内部中断服务程序与编写子程序类似，都是利用过程定义伪指令 PROC 和 ENDP。所不同的是，进入中断服务程序后通常要执行 STI 指令开放可屏蔽中断，最后执行 IRET 指令返回调用程序。内部中断服务程序通常采用寄存器传递参数。

主程序通过中断调用指令 INT N 执行内部中断服务程序，其实质相当于子程序调用。主程序在调用用户的内部中断服务程序之前，必须修改中断向量表的对应项，使其指向相应的中断服务程序。

中断服务程序如果只是被某个应用程序使用，那么应用程序在返回 DOS 前，要使系统恢复原中断向量表项的状态。方法是：在设置中断向量表项之前，首先读取并保存原中断向量表项。

[例 8-11]　内部中断服务程序

本例编写 80H 号中断服务程序，使其具有显示以"0"结尾字符串的功能。字符串缓冲区首地址为入口参数，利用 DS 和 DX 传递其段基地址和偏移地址。

```
            .model small
            .stack
            .data
intoff      word ?                   ;用于保存原中断服务程序的偏移地址
intseg      word ?                   ;用于保存原中断服务程序的段基地址
intmsg      byte 'A Instruction Interrupt!',0dh,0ah,0    ;字符串(以 0 结尾)
            .code
start:      mov ax,@data
            mov ds,ax
            ;获取系统的原 80H 中断服务程序地址
            mov bx,0
            mov es,bx                ;设置附加段 ES = 0,指向物理地址低端
            mov bx,80h               ;BL = AL = N = 80H
            shl bx,1
            shl bx,1                 ;BX = N × 4
            mov ax,es:[bx]           ;获取中断服务程序的偏移地址
            mov intoff,ax
            mov ax,es:[bx +2]        ;获取中断服务程序的段基地址
            mov intseg,ax
            ;设置本程序的 80H 中断服务程序地址
            mov ax,offset new80h
            mov es:[bx],ax           ;设置偏移地址
            mov ax,seg new80h
            mov es:[bx +2],ax        ;设置段基地址
            ;中断调用
            mov dx,offset intmsg     ;设置入口参数 DS 和 DX
            int 80h                  ;调用 80H 中断服务程序,显示字符串
            ;恢复系统的原 80H 中断服务程序地址
            mov ax,intoff
            mov es:[bx],ax           ;恢复偏移地址
            mov ax,intseg
            mov es:[bx +2],ax        ;恢复段基地址
            mov ax,4c00h
            int 21h
            ;80H 内部中断服务程序:显示字符串(以 0 结尾);DS: DX = 缓冲区首地址
new80h      proc                     ;过程定义
```

```
                sti                 ;开中断
                push ax             ;保护寄存器
                push bx
                push si
                mov si,dx
new1:           mov al,[si]         ;获取欲显示字符
                cmp al,0            ;为"0"结束
                jz new2
                mov bx,0            ;采用 ROM-BIOS 调用显示一个字符
                mov ah,0eh
                int 10h
                inc si              ;显示下一个字符
                jmp new1
new2:           pop si              ;恢复寄存器
                pop bx
                pop ax
                iret                ;中断返回
new80h          endp                ;中断服务程序结束
                end start
```

本示例程序首先读取并保存中断 80H 的原中断服务程序地址，然后设置新中断服务程序地址。此时，程序中就可以调用 80H 号中断服务程序了。当不再需要这个中断服务程序时，就将保存的原中断服务程序地址恢复，这样该程序返回 DOS 后不会改变系统状态。

中断服务程序应该放置在源程序格式的子程序位置，即退出主程序的语句之后、END 语句之前。另外，本示例程序没有使用 DOS 功能调用，而是直接利用 ROM-BIOS 中的显示器功能调用（INT 10H），其中断向量号在 PC 机中被分配为 10H。ROM-BIOS 功能与操作系统无关，没有 DOS 支持也可以应用，其调用方法与 DOS 功能调用方法一样。本示例程序使用显示输出的 0EH 号子功能在当前光标显示一个字符（与 2 号 DOS 功能一样），入口参数为：AL = 显示字符的 ASCII 码，BX = 0。

8.4.3 驻留中断服务程序

用户的中断服务程序如果要让其他程序使用，必须驻留在系统主存中，这就形成驻留 (Terminate and Stay Resident, TSR) 程序。不驻留的程序执行结束后，它所使用的主存空间由 DOS 回收用于其他程序。

用 DOS 功能调用（INT 21H）实现程序驻留并返回，需要 31H 号功能，其入口参数有两个：一个是 AL = 返回代码，另一个是 DX = 程序驻留的容量。需要注意的是，驻留容量是保存在主存中的程序长度，以节（Paragraph）为单位，每节是 16 个字节。

[例 8-12] 驻留中断服务程序

前面介绍过 4 号溢出中断，它用于处理有符号数的运算溢出。DOS 操作系统并没有为其编写服务程序，因为每次溢出原因都可能不同。现在编写一个 4 号溢出中断服务程序，功能是显示溢出 "Overflow!" 信息，并将它驻留在主存。这样，以后如果 OF = 1 时执行 INTO 指令或者 INT 4 指令，就会产生 4 号中断，显示上述信息。

```
                .model small
                .code
new04h          proc                    ;中断服务程序
                sti
                push ax                  ;保存寄存器
                push bx
                push si
```

```
             push ds
             mov ax,cs                    ;数据在代码段中,故 DS=CS
             mov ds,ax
             mov si,offset intmsg
   dps1:     mov al,[si]
             cmp al,0
             jz dps2
             mov bx,0                     ;调用 ROM-BIOS 功能显示 AL 中的字符
             mov ah,0eh
             int 10h
             inc si
             jmp dps1
   dps2:     pop ds                       ;恢复寄存器
             pop si
             pop bx
             pop ax
             iret                         ;中断返回
   intmsg    byte 0dh,0ah,'Overflow!',0   ;溢出后显示的信息
   new04h    endp                         ;中断服务程序结束
             ;主程序开始
   start:    mov ax,cs
             mov ds,ax
             ;设置 04H 中断服务程序地址
             mov bx,0
             mov es,bx                    ;设置附加段 ES=0,指向物理地址低端
             mov ax,offset new04h
             mov es:[4*4],ax              ;设置偏移地址
             mov ax,seg new04h
             mov es:[4*4+2],ax            ;设置段基地址
             ;显示安装信息
             mov ah,9
             mov dx,offset tsrmsg
             int 21h
             ;计算驻留内存程序的长度
             mov dx,offset start
             add dx,256                   ;增加 256 个字节(程序段前缀空间)
             add dx,15
             mov cl,4
             shr dx,cl                    ;调整为以"节"(16 个字节)为单位
             mov ax,3100h                 ;程序驻留,返回 DOS
             int 21h
   tsrmsg    byte 'INT 04H Program Installed!',0dh,0ah,'$'
             end start
```

　　本示例程序将需要驻留主存的中断服务程序写在前面，这样后面的主程序就不会驻留主存。主程序首先设置 04H 号中断服务程序的入口地址，然后计算需要保留在主存的程序长度。标号为 START 之前的程序就是要驻留的中断服务程序，所以其偏移地址就是在此之前程序的字节数。DOS 会为调入主存执行的程序创建一个 256 字节的程序段前缀（Program Segment Prefix，PSP）空间，所以这个程序驻留主存的长度也应该增加 256 字节。

　　但是，驻留程序长度以节（16 个字节）为驻留单位，所以需要除以 16（程序中用右移 4 位实现）。不过，在作除法前要先加 15 个字节，这样才能保证将中断服务程序完整驻留；否则，最后的若干字节会被截断。例如，如果需要驻留的程序是 $N \times 16 + M(1 \leqslant M \leqslant 15)$，不加 15 就除以 16，则最后 M 个字节不会驻留。

　　执行该程序后，4 号溢出中断服务程序驻留在主存。这时，再执行例 8-10 的程序，看一下与原来有什么不同。

第 8 章习题

8.1 简答题

(1) 实地址方式的段基地址为什么常只给出高 16 位？

(2) 实地址存储模型下，逻辑地址如何转换为物理地址？

(3) 编写 DOS 应用程序为什么通常要设置 DS 值？

(4) 80x86 处理器的 MOV 指令支持外设数据传送吗？

(5) 什么是 I/O 敏感指令？

(6) PC 机中，CMOS RAM 属于主存空间吗？

(7) 为什么写入 8253/8254 的计数初值为 0 却代表最大的计数值？

(8) 为什么"INT 3"指令比较特殊？

(9) 除法错中断会在什么情况下出现？

(10) 远调用 CALL 指令和 INT N 指令有什么区别？

8.2 判断题

(1) 在运行于实地址方式的 DOS 系统下，允许读写任何主存单元。

(2) 8086 中，"MOV[AX]，BX"是非法指令。

(3) 尽管参数不同，但将模块文件进行连接的连接程序却是同一个文件。

(4) DOS 程序和 Windows 程序一样使用同一个退出函数（功能）实现退出。

(5) 重复前缀指令 REP 可以用在绝大多数 MOV 指令之前。

(6) 指令"OUT DX，AX"的两个操作数均采用寄存器寻址方式，一个来自处理器、一个来自外设。

(7) 指令"IN BX，20H"正确，表示从 20H 端口输入一个数据，存放到 BX 寄存器。

(8) IA-32 处理器的 64K 个 I/O 地址也像存储器地址一样分段管理。

(9) 80x86 处理器能够处理 256 个中断，编号是 0～255。

(10) 实地址方式下，每个中断在中断向量表中占 4 个字节，因为中断服务程序的偏移地址为 32 位。

8.3 填空题

(1) DOS 平台下使用实地址存储模型，只能访问_____存储空间，仍进行分段管理，但每段不大于_____容量，且起始物理地址的低 4 位必须是_____。

(2) 在实地址工作方式下，逻辑地址"7380H：400H"表示的物理地址是_____，并且该段起始于_____物理地址。

(3) 8086 支持的 16 位存储器寻址方式中用做基址寄存器的只能是_____和_____，用做变址寄存器的只能是_____和_____。

(4) CMPS 指令执行后，自动增量或减量的寄存器是_____和_____。希望它们增量可以使用_____指令设置，否则使用_____指令设置。

(5) 指令"IN AL，21H"的目的操作数是_____寻址方式，源操作数是_____寻址方式。

(6) 指令"OUT DX，EAX"的目的操作数是_____寻址方式，源操作数是_____寻址方式。

(7) IA-32 处理器支持 4GB 主存，具有_____个 8 位外设端口，在 IN 和 OUT 指令中使用_____寄存器可以访问到全部端口。

(8) 一个数据"00110110B"被输出给 8253 定时器的控制端口，它表示控制字。从中可以看出，这是针对计数器_____进行初始化编程，规定采用_____号工作方式，使用_____进制进行计数。

（9）IA-32 处理器设计向量号 0～4 依次作为_____中断。

（10）实地址方式下，主存最低_____的存储空间用于中断向量表。向量号 8 的中断服务程序入口地址保存在物理地址_____开始的_____个连续字节空间；如果其内容从低地址开始依次是 00H、23H、10H、F0H，则其中断服务程序的入口地址是_____。

8.4 将如下 8086 的逻辑地址用其物理地址表示（均为十六进制形式）：

（1）FFFF:0　（2）40:17　（3）2000:4500　（4）B821:4567

8.5 汇编语言调用 DOS 系统功能的一般格式是怎样的？

8.6 使用 DOS 系统功能编写 DOS 应用程序，要求如下：提示 "Press ESC to Exit"，等待用户输入字符。如果用户按下 ESC 键（其 ASCII 码是 1BH）则退出，否则继续等待输入字符。

8.7 以 MOVS 指令为例，说明串操作指令的寻址特点，并用 MOV 和 ADD 等指令实现 MOVSD 的功能（假设 DF = 0）。

8.8 已知数据段 500H～600H 处存放了一个字符串，说明如下程序片段执行后的结果：

```
mov esi,600h
mov edi,601h
mov ax,ds
mov es,ax
mov ecx,256
std
rep movsb
```

8.9 如下程序片段执行完后，ECX 和 EDI 分别等于多少？实现了什么功能？

```
cld
xor eax,eax
mov ecx,2
mov edi,2000h
rep stosd
```

8.10 不使用数据串指令改写例 8-4 的程序，实现同样的功能。

8.11 屏幕滚动程序。使用"直接写屏"方法编程，将 DOS 标准显示模式下的屏幕内容向上滚动一行，最后一行填充字母 A。这需要将屏幕第 2 行（开始于 $1 \times 2 \times 80$ 的偏移地址）内容传送到第 1 行，第 3 行传送到第 2 行，……，最后一行（开始于 $24 \times 2 \times 80$ 的偏移地址）传送完后，填充字符 A。

8.12 使用串操作指令编写一个数据查找子程序。使用寄存器传递参数，如下：

入口参数：EAX = 待查找的数据，EBX = 待查找数组地址，EBX = 数组元素个数
出口参数：EAX = 1 查找到，EAX = 0 没有查找到

8.13 完成例 8-7 显示当前日期同样的功能。要求获得日期数据后转换成 ASCII 码，保存在缓冲区、利用 9 号 DOS 功能实现显示。

8.14 利用 CMOS RAM 的系统时间，将年月日时分秒星期等时间完整地显示出来。

8.15 试按如下要求分别编写 8253 的初始化程序，已知 8253 的计数器 0～2 和控制字 I/O 地址依次为 204H～207H。

（1）使计数器 1 工作在方式 0，仅用 8 位二进制计数，计数初值为 128。

（2）使计数器 0 工作在方式 1，按 BCD 码计数，计数值为 3000。

（3）使计数器 2 工作在方式 2，计数值为 02F0H。

8.16 利用扬声器控制原理，编写一个简易乐器程序。

当按下 1~8 数字键时，分别发出连续的中音 1~7 和高音 i（对应频率依次为 524Hz、588Hz、660Hz、698Hz、784Hz、880Hz、988Hz 和 1048Hz）。

当按下其他键时暂停发音。

当按下 ESC 键（ASCII 码为 1BH）时，程序返回操作系统。

8.17 按照如下要求编程。

（1）编写一个程序，将例 8-11 的 NEW80H 中断服务程序驻留内存。

（2）编写一个程序，执行 INT 80H 指令，显示需要的信息。

浮点、多媒体及64位指令

指令系统（指令集）是处理器支持的所有指令的集合。作为复杂指令集计算机（CISC）的典型代表，为了保证软件向后兼容（现在的软件能在后续产品上继续运行），IA-32 处理器维持了一个庞大的指令系统，如表 9-1 所示。

表 9-1　IA-32 处理器指令系统

指令类型	指令特点
通用指令	处理器的基本指令，包括整数的传送和运算、流程控制、输入输出、位操作等
浮点指令	浮点数处理指令，包括浮点数的传送、算术运算、超越函数运算、比较、控制等
多媒体指令	多媒体数据处理指令，包括 MMX、SSE、SSE2 以及 SSE3 和 SSSE3、SSE4 等
系统指令	为核心程序和操作系统提供的处理器功能控制指令

通用指令属于处理器的基本指令，主要处理整数、地址和 BCD 码数据类型，包括数据传送、算术逻辑运算、程序流程控制、外设输入输出等指令类型，是编写应用程序和系统程序主要的、必不可少的指令。本书前面各章从不同角度学习了 IA-32 处理器通用指令当中最基本、最常用的指令。

IA-32 处理器的通用指令绝大多数都是在 16 位 8086 处理器基本指令（包括 80186 完善的若干指令）的基础上扩展形成的 32 位指令。80286 开始陆续增加的通用指令，往往是针对特定应用目的而设计的，多数是不常用的复杂指令。

80286 引入了保护方式，所以主要增加了用于保护方式的指令。这些指令多数属于所谓的特权指令，通常只有系统核心程序能够使用它们，是主要的系统指令。

80386 在执行单元新增了一个"桶形"移位器（实现快速移位操作的硬件电路），所以新增许多与位操作有关的指令。80486、Pentium 和 Pentium Pro 都增加了若干整数指令，以增强某个方面的处理功能。80486 开始的 IA-32 处理器芯片上集成有浮点处理单元（Floating-Point Unit，FPU），所以都支持浮点数据的处理指令。

Pentium Ⅱ～Pentium 4 处理器陆续增加了处理整型多媒体数据的 MMX 指令、单精度浮点型多媒体数据的 SSE 指令、双精度浮点型多媒体数据的 SSE2 指令以及完善多媒体数据处理的 SSE3 指令等。支持 Intel 64 位结构的 Pentium 4，又提供了 64 位指令，还具有虚拟机管理指令。

本章简要地介绍基本的浮点指令、多媒体指令和 64 位指令的特点，目的是使大家对这些指令有所了解。

9.1　浮点指令

简单的数据处理、实时控制领域一般使用整数，所以传统的处理器或简单的微控制器只有整数处理单元。实际应用当中还要使用实数，尤其是科学计算等工程领域。有些实数通过移动小数点位置，可以用整数编码表达和处理，但可能要损失精度。实数也可以经过一定格式转换后，完全用整数指令仿真，但处理速度难尽如人意。在计算机中表达实数采用浮点数据格式，配合浮点指令进行编程。Intel 80x87 是与 Intel 80x86 处理器配合使用的浮点处理器，80486 及以后的 IA-32 处理器中已经集成了浮点处理单元，统称为 x87 FPU。

9.1.1　实数编码

实数（Real Number）常采用所谓的科学表示法表达，例如，"−123.456"可表示为：
$$-1.234\,56 \times 10^2$$

该表示法包括三个部分，分指数和有效数字两个域以及一个符号位。指数用来描述数据的幂，它反映数据的大小或量级；有效数字反映了数据的精度。在计算机中，表达实数的浮点格式也可以采用科学表示法，只是指数和有效数字要用二进制数表示、指数是 2 的幂（而不是 10 的幂）、正负符号也只能用 0 和 1 区别。

另外，实数是一个连续系统，理论上说任意大小与精度的数据都可以表示。但是在计算机中，由于处理器的字长和寄存器位数有限，实际上所表达的数值是离散的，其精度和大小都是有限的。显而易见，有效数字位数越多，能表达数值的精度也就越高；指数位数越多，能表达数值的范围就越大。所以，浮点格式表达的数值只是实数系统的一个子集。

1. 浮点数据格式

计算机中的浮点数据格式如图 9-1 所示，分成指数、有效数字和符号位三个部分。IEEE 754 标准（1985 年）制定了 32 位（4 个字节）编码的单精度浮点数据和 64 位（8 个字节）编码的双精度浮点数据格式。

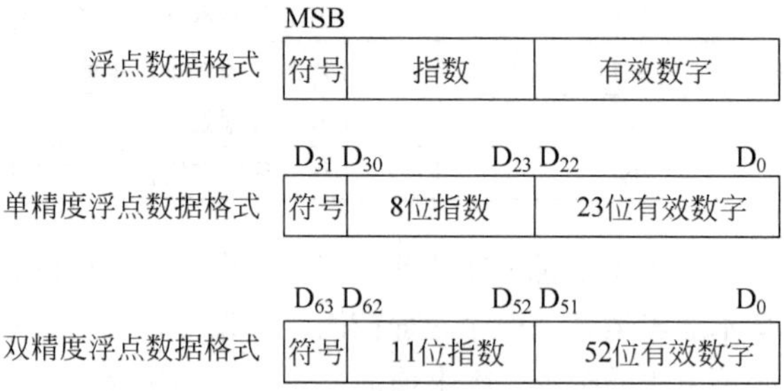

MSB		
浮点数据格式		

浮点数据格式　符号　指数　有效数字

D_{31} D_{30} 　 D_{23} D_{22} 　 D_0

单精度浮点数据格式　符号　8位指数　23位有效数字

D_{63} D_{62} 　 D_{52} D_{51} 　 D_0

双精度浮点数据格式　符号　11位指数　52位有效数字

图 9-1　浮点数据格式

其中，各部分解释如下：

- 符号（Sign）——表示数据的正负，在最高有效位（MSB）。负数的符号位为 1，正数的符号位为 0。
- 指数（Exponent）——也称为阶码，表示数据以 2 为底的幂，恒为整数，使用偏移码（Biased Exponent）表达。单精度浮点数用 8 位表达指数，双精度浮点数用 11 位表达指数。
- 有效数字（Significand）——表示数据的有效数字，反映数据的精度。单精度浮点数用最低 23 位表达有效数字，双精度浮点数用最低 52 位表达有效数字。有效数字一般采用规格化（Normalized）形式，是一个纯小数，所以也被称为尾数（Mantissa）、小数或分数（Fraction）。

2. 浮点阶码

类似于补码、反码等编码，偏移编码（简称移码）也是表达有符号整数的一种编码。标准偏移码选择从全 0 到全 1 编码中间的编码作为 0，也就是从无符号整数的全 0 编码开始向上偏移一半后得到的编码作为偏移码的 0（对 8 位就是 128 = 10000000B）。以这个 0 编码为基准，向上的编码为正数，向下的编码为负数。于是，N 位偏移码 = 真值 + 2^{N-1}。

例如，对 8 位编码，真值 0 的无符号整数编码是全 0，标准偏移码则表示为 0 + 128 = 00000000B + 10000000B = 10000000B，恰好是中间的编码。真值 127 的无符号整数编码是 01111111B，标准偏移码则表示 127 + 128 = 01111111B + 10000000B = 11111111B。

反过来，采用标准偏移码的真值 = 偏移码 – 2^{N-1}。例如，对于偏移码是全 0 的编码，其真值 = 00000000B – 10000000B = 0 – 128 = – 128。与补码对比，偏移码仅与之符号位相反，如表 9-2 所示。

表 9-2　8 位二进制数的补码、标准偏移码、浮点阶码

十进制真值	补 码	标准偏移码	浮点阶码
+127	01111111	11111111	11111110
+126	01111110	11111110	11111101
+2	00000010	10000010	10000001
+1	00000001	10000001	10000000
0	00000000	10000000	01111111
–1	11111111	01111111	01111110
–2	11111110	01111110	01111101
–126	10000010	00000010	00000001
–127	10000001	00000001	
–128	10000000	00000000	

为了便于进行浮点数据运算，指数采用偏移编码。但是，在 IEEE 574 标准中，全 0、全 1 两个编码用于特殊目的，其余编码表示阶码数值。所以，单精度浮点数据格式中的 8 位指数的偏移基数为 127，用二进制编码 0000001 ~ 11111110 表达 – 126 ~ + 127。双精度浮点数的偏移基数为 1023。相互转换的公式如下：

- 单精度浮点数据：真值 = 浮点阶码 – 127，浮点阶码 = 真值 + 127。
- 双精度浮点数据：真值 = 浮点阶码 – 1023，浮点阶码 = 真值 + 1023。

3. 规格化浮点数

十进制科学表示法的实数可以有多种形式，例如：

$$- 1.234\,56 \times 10^2 = - 0.123\,4\,56 \times 10^3 = - 12.3456 \times 10^1$$

此时，小数点左移或右移，对应着进行指数增量或减量。在浮点格式中，数据也会出现同样的情况。为了避免多样性，同时也为了能够表达更多的有效位数，浮点数据格式的有效数字一般采用规格化形式，它表达的数值是：

$$1.XXX\cdots XX$$

由于去除了前导 0，它的最高位恒为 1，随后都是小数部分，这样有效数字只需要表达小数部分，其小数点在最左端，它隐含一个整数 1。这就是通常使用的浮点数据。

[例 9-1]　把浮点格式数据转换为实数表达

某个单精度浮点数如下：

BE580000H = 1011 1110 0101 1000 0000 0000 0000 0000B

将它分成 1 位符号、8 位阶码和 23 位有效数字 3 部分：

BE580000H = 1 01111100 10110000000000000000000B

符号位为 1，表示负数。

指数编码是 01111100，表示指数 = 124 – 127 = – 3。

有效数字部分是 10110000000000000000，表示有效数字 = 1.1011 B = 1.6875。

所以，这个实数为：$-1.6875 \times 2^{-3} = -1.6875 \times 0.125 = -0.2109375$。

[例 9-2]　把实数转换成浮点数据格式

对实数"100.25"进行如下转换：

$$100.25 = 0110\ 0100.01B = 1.10010001B \times 2^6$$

于是，符号位 = 0。

指数部分是 6，8 位阶码为 10000101B（= 6 + 127 = 133）。

有效数字部分是 10010001000000000000000B。

这样，100.25 表示成单精度浮点数为：

$$0\ 10000101\ 10010001000000000000000B$$
$$= 0100\ 0010\ 1100\ 1000\ 1000\ 0000\ 0000\ 0000\ B$$
$$= 42C88000H$$

即 42C88000H（参见例 9-4 的验证）。

4. 非规格化浮点数

浮点格式的规格化数所表达的实数是有限的。例如，对单精度规格化浮点数，其最接近 0 的情况是：指数最小（−126）、有效数字最小（1.0），即数值 $\pm 2^{-126}$（$\approx \pm 1.18 \times 10^{-38}$）。当数据比这个最小数还要小、还要接近 0 时，就无法用规格化浮点格式来表示，这就是下溢（Underflow）。

对单精度规格化浮点数，其最大数的情况是：指数最大（127）、有效数字最大（编码为全 1，表达数值 $1 + 1 - 2^{-23}$），即数值：$\pm (2 - 2^{-23}) \times 2^{127}$（$\approx \pm 3.40 \times 10^{38}$）。当数据比这个最大数还要大时，就无法用规格化浮点格式来表示，这就是上溢（Overflow）。

为了能够表达更小的实数，制定了"非规格化浮点数"：它用指数编码为全 0 表示 −126；有效数字仅表示小数部分但不能全 0，表示的数值是：

$$0.XXX\cdots XX$$

这时，有效数字最小编码是最低位为 1、其他为 0，表示数值 2^{-23}。这样，非规格化浮点数能够表示到 $\pm 2^{-126} \times 2^{-23}$（$\approx \pm 1.40 \times 10^{-45}$）。

非规格化浮点数表示了下溢，程序员可以在下溢异常处理程序中利用它。

5. 零和无穷大

真值 0 用浮点数据格式表达，称为机器零，其指数和有效数字的编码都是全 0，符号位可以是 0 或 1，所以分成 +0 和 −0。

大于规格化浮点数所能表达的最大数的真值，浮点格式用无穷大表达。它根据符号位分为正无穷大（+∞）和负无穷大（−∞），指数编码为全 1，有效数字编码为全 0。

浮点格式通过组合指数和有效数字的不同编码，可以表达规格化有限数（Normalized Finite）、非规格化有限数（Denormalized Finite）、有符号零（Signed Zero）、有符号无穷大（Signed Infinity），如图 9-2 所示。除此之外，还支持一类特殊的编码：指数编码是全 1、有效数字编码不是全 0，称之为非数（Not a Number，NaN），这是因为 NaN 不是实数的一部分。程序员可以利用 NaN 等进行特殊情况的处理。

x87 FPU 除支持 IEEE 754 标准的 32 位单精度浮点格式和 64 位双精度浮点格式之外，还引入了 80 位扩展精度浮点格式，它的最高位是 1 位符号，随后 15 位用于指数，最低 64 位是有效数字。扩展精度浮点数主要用于内部存储中间结果，以保证最终数值的精度。很多计算机中并没有 80 位扩展精度这种数据类型。x87 FPU 还支持 16、32 和 64 位的 3 种整型数据类型，以及 18 位十进制数的 BCD 码。

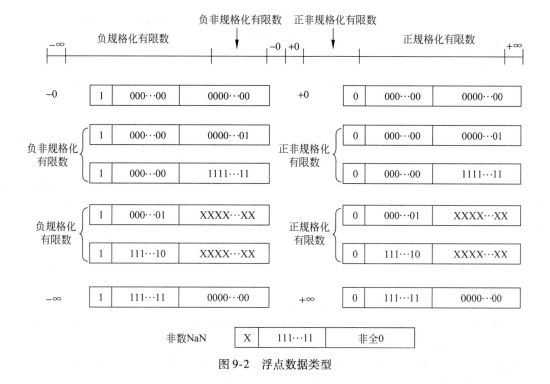

图 9-2 浮点数据类型

9.1.2 浮点寄存器

与整数处理器类似，浮点处理单元也采用一些寄存器协助完成浮点操作。对程序员来说，组成 x87 FPU 浮点执行环境的寄存器主要是 8 个浮点数据寄存器和几个专用寄存器（标记寄存器、状态寄存器和控制寄存器等）。

1. 浮点数据寄存器

x87 FPU 浮点处理单元有 8 个浮点数据寄存器（FPU Data Register），编号为 FPR0 ~ FPR7，如图 9-3 所示。每个浮点寄存器都是 80 位的，以扩展精度格式存储数据。当其他类型的数据压入数据寄存器时，将自动转换成扩展精度保存；相反，当从数据寄存器取出数据时，系统也会自动转换成要求的数据类型。x87 FPU 采用早期处理器的堆栈结构，8 个数据寄存器不是随机存取，而是按照"后进先出"的堆栈原则工作，并且首尾循环。所以，浮点数据寄存器常被称为浮点数据栈，或浮点寄存器栈。

浮点数据寄存器　标记寄存器

80位	2位
FPR0	tag0
FPR1	tag1
FPR2	tag2
FPR3	tag3
FPR4	tag4
FPR5	tag5
FPR6	tag6
FPR7	tag7

标记 tag 值含义

00——对应数据寄存器存有有效的数据

01——对应数据寄存器的数据为 0

10——对应数据寄存器的数据是特殊数据：
　　　非数 NaN、无限大或非规格化格式

11——对应数据寄存器内没有数据，为空（empty）状态

图 9-3 浮点数据寄存器

为了表明浮点数据寄存器中数据的性质，对应每个 FPR 寄存器都有一个 2 位的标记（Tag）位，8 个标记 tag0 ~ tag7 组成一个 16 位的标记寄存器。

2. 浮点状态寄存器

16 位浮点状态寄存器表明浮点处理单元当前的各种操作状态，每条浮点指令都对它进行修改以反映执行结果，其作用与整数处理单元的标志寄存器 EFLAGS 相当，如图 9-4a 所示。

（1）堆栈标志

堆栈有栈顶，浮点状态寄存器的 TOP（D_{13} ~ D_{11}）字段指明哪个浮点数据寄存器 FPR 是当前栈顶，这 3 位组合而得到的数字 0 ~ 7 指示当前栈顶的数据寄存器 FPR0 ~ FPR7 的编号。

浮点数据寄存器栈可能出现溢出操作错误。当下一个数据寄存器已存有数据（非空寄存器）时，继续压入数据就发生堆栈上溢（Stack Overflow）；当上一个浮点寄存器已没有数据（空寄存器，标记位 tag = 11B）时，继续取出数据就发生堆栈下溢（Stack Underflow）。SF（D_6）堆栈溢出标志为 1，表示寄存器栈有溢出错误。条件码 C1 说明是堆栈上溢（C1 = 1）还是下溢（C1 = 0）。条件码（Condition Code）共 4 位，其他 3 位（C3、C2、C0）保存浮点比较指令的比较结果。

（2）异常标志

状态寄存器的低 6 位反映了浮点运算可能出现的 6 种异常。

- PE（Precision Exception，精度异常）为 1，表示结果或操作数超出指定的精度范围，出现了不准确结果。
- UE（Underflow Exception，下溢异常）为 1，表示非 0 的结果太小，以致出现下溢。
- OE（Overflow Exception，上溢异常）为 1，表示结果太大，以致出现上溢。
- ZE（Zero divide Exception，被零除异常）为 1，表示除数为 0 的错误。
- DE（Denormalized operand Exception，非规格化操作数异常）为 1，表示至少有一个操作数是非规格化的。
- IE（Invalid operation Exception，非法操作异常）为 1，表示操作是非法的，例如，用负数开平方等。

除 DE 外，IEEE 754 标准也定义了上述其他异常。另外，ES（Error Summary，错误总结）标志在任何一个未被屏蔽的异常发生时，都会置位。B（FPU Busy，浮点处理单元忙）为 1，表示浮点处理单元正在执行浮点指令；为 0，表示空闲。

3. 浮点控制寄存器

16 位浮点控制寄存器用于控制浮点处理单元的异常屏蔽、精度和舍入操作，如图 9-4b（下面一行数字是初始值）。

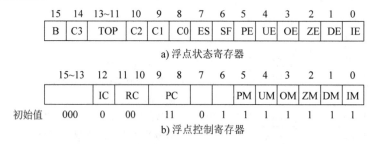

图 9-4　浮点状态寄存器和浮点控制寄存器

（1）异常屏蔽控制（Exception Mask Control）

控制寄存器的低 6 位决定 6 种错误是否被屏蔽，其中任意一位为 1 表示不允许产生相应的异常（屏蔽）。它们是精度异常屏蔽 PM（Precision Mask）、下溢异常屏蔽 UM（Underflow Mask）、上溢异常屏蔽 OM（Overflow Mask）、被零除异常屏蔽 ZM（Zero divide Mask）、非规格化异常屏蔽 DM（Denormalized operand Mask）和非法操作异常屏蔽 IM（Invalid operation Mask）。

在浮点程序设计中，异常的处理是一个难点，尤其是异常处理程序的编写比较复杂。通过屏蔽特定异常，程序员可以将多数异常留给 FPU 处理，而主要处理严重的异常情况。x87 FPU 初始化后默认屏蔽所有异常。

（2）精度控制（Precision Control）

精度控制 PC 有 2 位，控制浮点计算结果的精度。PC = 00 时，32 位单精度；PC = 01 时，保留；PC = 10 时，64 位双精度；PC = 11 时，80 位扩展精度。

程序通常采用默认扩展精度，以使结果有效数最多，即精度最高。采用单精度和双精度是为了支持 IEEE 标准，也使得在用低精度数据类型进行计算时精度不变化。精度控制位仅仅影响浮点加、减、乘、除和平方指令的结果。

（3）舍入控制（Rounding Control）

只要可能，浮点处理单元就会按照要求格式（单、双或扩展精度）产生一个精确值；但是，经常出现精确值无法用要求的目的操作数格式编码的情况；这时就需要进行舍入操作。2 位舍入控制 RC 控制浮点计算采用的舍入类型，如表 9-3 所示。

表 9-3　舍入控制

RC	舍入类型	舍入原则
0 0	就近舍入（偶）	舍入结果最接近准确值。如果上下两个值一样接近，就取偶数结果（最低位为 0）
0 1	向下舍入（趋向 −∞）	舍入结果接近但不大于准确值
1 0	向上舍入（趋向 +∞）	舍入结果接近但不小于准确值
1 1	向零舍入（趋向 0）	舍入结果接近但绝对值不大于准确值

各舍入类型说明如下：

- 就近舍入（Round to Nearest）是默认的舍入方法，类似于"四舍五入"原则，适合于大多数应用程序，它提供了最接近准确值的近似值。例如，有效数字超出规定数位的多余数字是 1001，它大于超出规定最低位的一半（即 0.5），故最低位进 1。如果多余数字是 0111，它小于最低位的一半，则舍掉多余数字（截断尾数、截尾）即可。对于多余数字是 1000、正好是最低位一半的特殊情况，最低位为 0 则舍掉多余位，最低位为 1 则进位 1、使得最低位仍为 0（偶数）。
- 向下舍入（Round Down）用于得到运算结果的上界。对正数就是截尾；对负数，只要多余位不全为 0 则最低位进 1。
- 向上舍入（Round Up）用于得到运算结果的下界。对负数就是截尾；对正数，只要多余位不全为 0 则最低位进 1。
- 向零舍入（Round toward Zero）就是向数轴原点舍入，不论是正数还是负数都是截尾，使绝对值小于准确值，所以也称为截断舍入（Truncate）。它常用于浮点处理单元进行整数运算。

另外，无穷大控制（Infinity Control，IC）用于兼容 Intel 80287 数值协处理器，它对以后的 x87 FPU 没有意义。

[例 9-3]　把实数 0.2 转换成浮点数据格式

将实数 0.2 转换为二进制数，但它是 0011B 的无限循环数据：

$$0.2 = 0.00110011\dot{0}01\dot{1}\,B = 1.1001100110011001100110011\dot{0}01\dot{1}B \times 2^{-3}$$

于是，符号位 = 0。

指数部分是 −3，8 位阶码为 01111100B（= −3 + 127 = 124）。

有效数字是无限循环数，按照单精度要求取前 23 位是 10011001100110011001100B，后面是 110011B，需要进行舍入处理。按照默认的就近舍入方法，应该进位 1。所以，有效数字编码是：10011001100110011001101B。

这样，0.2 表示成单精度浮点数为：

$$0\ 01111100\ 10011001100110011001101\ B$$
$$=\ 0011\ 1110\ 0100\ 1100\ 1100\ 1100\ 1100\ 1101\ B$$
$$=\ 3E4CCCCD\ H$$

请参见例 9-4 程序的验证，也可以执行例 7-7 程序验证。通过这个例子可以看到，计算机连一个简单的 0.2 都表达不准确，可见浮点格式数据只能表达精度有限的近似值。但如果采用 BCD，真值 0.2 可以表达为 00000010B（即 02H，假设小数点在中间）。

9.1.3　浮点指令及其编程

x87 FPU 具有自己的指令系统，共有几十种浮点指令，指令助记符均以 F 开头。浮点指令系统包括了常用的指令类型：浮点传送指令、浮点算术运算指令、浮点超越函数指令、浮点比较指令和 FPU 控制指令。

浮点指令一般需要 1 或 2 个操作数，数据存于浮点数据寄存器或主存中（不能是立即数），主要有以下 3 种寻址方式：

- 隐含寻址——操作数在当前数据寄存器顶，即 ST(0)。许多浮点指令的一个隐含（目的）操作数是 ST(0)，汇编格式中 ST 等同于 ST(0)。这是堆栈结构下操作数的一个特点，它常使得汇编语言程序员感到困惑，增加了编写浮点指令程序的难度。
- 寄存器寻址——操作数在指定的数据寄存器栈中即 ST(i)。其中，i 是相对于当前栈顶 ST(0) 而言的，即 i = 0 ~ 7。
- 存储器寻址——操作数在主存中，主存中的数据可以采用任何存储器寻址方式。

1. 浮点传送指令

浮点数据传送指令完成主存与栈顶 ST(0)、数据寄存器 ST(i) 与栈顶之间的浮点格式数据的传送。浮点数据寄存器是一个首尾相接的堆栈，所以它的数据传送实际上是对堆栈的操作，有些操作要改变堆栈指针 TOP，即修改当前浮点数据寄存器的栈顶。

（1）取数指令

取数指令 FLD 从存储器或浮点数据寄存器取得（Load）数据，压入（Push）寄存器栈顶 ST(0)。"压栈"的操作是：使栈顶指针 TOP 减 1，数据进入新的栈顶 ST(0)，参见图 9-5a。压

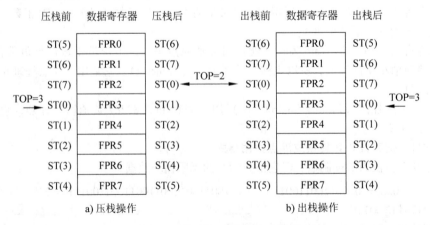

图 9-5　浮点数据寄存器栈的操作

栈操作改变了指针 TOP 指向的数据寄存器，即原来的 ST(0) 成为现在的 ST(1)，原来的 ST(1) 成为现在的 ST(2)，……其他浮点指令在实现数据进入寄存器栈时都伴随有这个压栈操作。数据进入寄存器栈前由浮点处理单元自动转换成扩展精度浮点数。

（2）存数指令

存数指令 FST 将浮点数据寄存器的栈顶数据存入（Store）主存或另一个浮点数据寄存器，寄存器栈没有变化。数据取出后按要求的格式自动转换，并在状态寄存器中设置相应的异常标志。

（3）存数且出栈指令

存数且出栈指令 FSTP 除执行相应存数指令功能外，还要弹出（Pop）栈顶。"出栈"的操作是：将栈顶 ST(0) 清空（使对应的标记位等于 11B），并使 TOP 指针加 1，参见图 9-5b。出栈操作改变了指针 TOP 指向的数据寄存器，即原来的 ST(1) 成为现在的 ST(0)，原来的 ST(2) 成为现在的 ST(1)，……浮点指令集中还有一些执行"出栈"操作的指令，它们的指令助记符都是以 P 结尾。

浮点数据传送指令有一组常数传送指令，它们将浮点运算过程中经常使用的常数按扩展精度压入寄存器栈顶 ST(0)，例如，传送 0、1、π 和 $\log_2 10$ 等常数的浮点指令依次是 FLDZ、FLD1、FLDPI 和 FLDL2T。

浮点交换指令 FXCH 实现栈顶 ST(0) 与任意一个寄存器 ST(i) 之间的数据交换。许多浮点指令只对栈顶操作，而有了这个交换指令后，就可以比较方便地对其他数据寄存器单元进行操作了。

[例 9-4] 浮点传送程序

```
            ;数据段
f32d    real4 100.25,0.2              ;单精度浮点数
f64d    real8 - 0.2109375            ;双精度浮点数
f80d    real10 100.25e9              ;扩展精度浮点数
varf    real4 ?,?
i32d    dword 3e4ccccdh              ;0.2 的编码(参见例 9-3)
            ;代码段
        finit                        ;初始化 FPU
        fld f32d                     ;压入单精度浮点数 f32d
        fld f64d                     ;压入双精度浮点数 f64d
        fld f80d                     ;压入扩展精度浮点数 f80d
        fldpi                        ;压入 π (3.1415926…)
        fst varf                     ;将栈顶数据 π 传送到变量 VARF
        fstp varf + 4                ;将栈顶数据 π 弹出到变量 VARF + 4
        mov eax,dword ptr f32d + 4   ;取 0.2(二进制编码)
        cmp eax,i32d                 ;比较编码是否相同
        jz dispy
        mov al,'N'                   ;不相同,显示 N
        jmp dispn
dispy:  mov al,'Y'                   ;相同,显示 Y
dispn:  call dispc
```

本示例程序用于演示浮点传送指令的功能，并验证 0.2 的编码，使用第 1 章的源程序框架可以生成 32 位控制台程序，也可以使用第 8 章给出的源程序框架生成 16 位 DOS 程序，两者的运行结果相同，均应显示"Y"。由于实数 0.2 的浮点格式编码是 3E4CCCCDH（参见例 9-3，也可以通过本示例程序的列表文件查看），与其比较的结果当然应该相同了。

数据定义伪指令 DWORD(DD)、QWORD(DQ) 和 TBYTE(DT) 依次定义 32、64 和 80 位数据，它们可用于定义整数变量，也可用于定义单精度、双精度和扩展精度浮点数变量。实数表达至少有一个数字和一个小数点，如果没有小数点则是一个整数。为了相互区别，MASM 6.11 建

议采用 REAL4、REAL8、REAL10 分别定义单精度、双精度、扩展精度浮点数，但不能出现纯整数（其实，整数后面补个小数点就可以了）。相应的数据属性依次是 DWORD、QWORD、TBYTE。另外，实常数可以用 E 表示 10 的幂。

每当执行一个新的浮点程序时，第一条指令都应该是初始化 FPU 的指令 FINIT。该指令用于清除浮点数据寄存器栈和异常，为程序提供一个"干净"的初始状态。否则，遗留在浮点寄存器栈中的数据可能会产生堆栈溢出。另外，浮点指令程序段结束后，也最好清空浮点数据寄存器。

2. 其他浮点指令

浮点算术运算指令用于实现浮点数据的加（FADD）、减（FSUB）、乘（FMUL）、除（FDIV）运算，还包括求绝对值（FABS）、求平方根（FSQRT）和取整（FRNDINT）等指令。

浮点超越函数指令用于实现对实数求三角函数、指数和对数等运算，有计算正切（FPTAN）、反正切（FPATAN）、正弦（FSIN）、余弦（FCOS）、正弦和余弦（FSINCOS）、指数（F2XM1）、对数（FYL2X）等指令。

浮点比较指令用于比较栈顶数据与指定的源操作数，比较结果通过浮点状态寄存器来反映。例如，检查浮点数据类型（FXAM）、与零比较（FTST）、浮点数比较（FCOM）等指令。

FPU 控制指令用于控制和检测浮点处理单元的状态及操作方式。例如，FPU 初始化（FINIT）、浮点空操作（FNOP）、保存浮点状态（FSAVE）、设置浮点状态（FRSTOR）等指令。

[例 9-5] 计算圆面积的程序

利用嵌入式汇编与 C++ 语言进行混合编程，求圆面积。

```
#include <iostream.h>
float area(float radius);
int main()
{
  float ftemp;
  cout << "请输入圆的半径:\t";
  cin >> ftemp;
  cout << endl << "该圆的面积是:\t" << area(ftemp) << endl;
  return 0;
}
float area(float radius)
{
  float ftemp;                    // 定义局部变量,用于返回值
  __asm {                         // 嵌入式汇编代码部分
        fldpi                     ;π 压入栈顶
        fld fradius               ;半径值 R 压入栈顶
        fmul st(0),st(0)          ;乘积:R×R
        fmul                      ;求出面积:π×R²,并出栈
        fstp ftemp    }           ;弹出面积:πR²
  return(ftemp);
}
```

9.2 多媒体指令

计算机的传统应用领域是科学计算、信息处理和自动控制。随着个人微机大量进入家庭，人们希望在计算机中感受多彩的现实世界和虚幻的未来世界。计算机不仅要处理文字，还要处理图形图像，以及音频、动画和视频等多种媒体形式，于是 20 世纪 90 年代初出现了多媒体计算机，多媒体技术也就应运而生了。多媒体技术是将多媒体信息，经计算机设备获取、编辑、存储等处理后，以多媒体形式表现出来的技术。为了满足多媒体技术对大量数据快速处理的需要，Intel 公司在其 Pentium 系列处理器中加入了多媒体指令。

多媒体指令的关键技术是采用单指令多数据（Single Instruction Multiple Data，SIMD）结构，即利用一条多媒体指令能够同时处理多对数据，从而极大地提高了处理器性能。所以，多媒体指令也常称为 SIMD 指令。现在，多媒体指令已经广泛应用于高性能通用处理器和专用处理器（例如，数字信号处理器 DSP）当中，并通过计算机、多媒体播放器和多功能手机等各种电子设备影响着我们的工作和生活。

9.2.1　MMX 技术

MMX（MultiMedia eXtension）意为多媒体扩展，是 1996 年 Intel 公司正式公布的处理器增强技术。它的核心是针对多媒体信息处理中的数据特点，新增了 57 条多媒体指令，用于处理大量的整型数据。

1. MMX 数据类型

根据多媒体数据的特点，MMX 技术引入了"紧缩（Packed）整型数据"，以及基本的、通用的紧缩整型指令（MMX 指令、整型 SIMD 指令）。

紧缩整型数据是指多个 8、16、32 或 64 位的整型数据组合形成一个整体。MMX 指令采用 64 位紧缩整型数据，可以表示 8 个字节（Packed Byte）、4 个字（Packed Word）、2 个双字（Packed Doubleword）或 1 个 4 字（Packed Quadword），如图 9-6 所示。8 个字节的紧缩数据按照小端方式连续存放在主存中。

紧缩字节：8个8位字节被紧缩成1个64位数据

b7	b6	b5	b4	b3	b2	b1	b0

63　56 55　48 47　40 39　32 31　24 23　16 15　8 7　0

紧缩字：4个16位字被紧缩成1个64位数据

w3	w2	w1	w0

63　　　48 47　　　32 31　　　16 15　　　0

紧缩双字：2个32位双字被紧缩成1个64位数据

d1	d0

63　　　　　　32 31　　　　　　0

紧缩4字：1个64位数据

q0

63　　　　　　　　　　　　0

图 9-6　MMX 紧缩整型数据格式

2. MMX 寄存器

MMX 技术含有 8 个 64 位的 MMX 寄存器，名称依次为 MM0、MM1、…、MM7，用于对紧缩整型数据进行运算。

MMX 寄存器设计为随机存取，便于编程使用，但实际上是借用 8 个浮点数据寄存器实现的。x87 FPU 有 8 个浮点数据寄存器 FPR，以堆栈方式存取。每个浮点数据寄存器有 80 位，高 16 位用于指数和符号，低 64 位用于有效数字。MMX 利用其 64 位有效数字部分作为随机存取的 64 位 MMX 寄存器。Intel 公司通过将 MMX 寄存器映射到已有的浮点数据寄存器中，就得到了 8 个 MMX 寄存器，其中并未增加任何新的物理寄存器，也没有增加任何状态标志等。这样，就保持了与原 IA-32 处理器的软件兼容。

3. MMX 指令

MMX 指令是一组处理紧缩整型多媒体数据的通用指令，包括一般整型指令的主要类型，可以分成如下几类：MMX 算术运算指令、MMX 比较指令、MMX 移位指令、MMX 类型转换指令、逻辑指令、传送指令和状态清除指令 EMMS。

MMX 指令的助记符除传送指令（MOVD 和 MOVQ）和清除指令（EMMS）外，都以 P 开头。另外，多数指令的助记符有一个说明数据类型的后缀：B、W、D 和 Q，依次表示紧缩字节、紧缩字、紧缩双字和紧缩 4 字。

MMX 的每种指令都是针对多媒体数据处理的需要精心设计的，大多数指令都体现了单指令多数据 SIMD 特性。例如，MMX 指令 PADD［B，W，D］实现两个紧缩数据的加法，如图 9-7 所示。PADDB 指令的操作数是 8 对相互独立的 8 位字节数据元素（紧缩字节类型），而 PADDW 指令的操作数是 4 对相互独立的 16 位字数据元素（紧缩字类型），PADDD 指令的操作数则是 2 对相互独立的 32 位双字数据元素（紧缩双字类型）。各个数据元素相加形成各自的结果，相互之间没有关系也没有影响。在多媒体软件中，存在着大量这种需要并行处理的数据。

	b07	b06	b05	b04	b03	b02	b01	b00
+	b17	b16	b15	b14	b13	b12	b11	b10
	b07+b17	b06+b16	b05+b15	b04+b14	b03+b13	b02+b12	b01+b11	b00+b10
	7F	FE	F0	00	00	03	12	34
+	00	03	30	00	FF	FE	43	21
	7F	01	20	00	FF	01	55	55

a）PADDB 指令

	w03	w02	w01	w00		7FFE	F000	0003	1234
+	w13	w12	w11	w10	+	0003	3000	FFFE	4321
	w03+w13	w02+w12	w01+w11	w00+w10		8001	2000	0001	5555

b）PADDW 指令

	d01	d00		7FFEF000	00031234
+	d11	d10	+	00033000	FFFE4321
	d01+d11	d00+d10		80022000	00015555

c）PADDD 指令

图 9-7   MMX 加法 PADD ［B，W，D］ 指令

4. 环绕运算和饱和运算

环绕（Wrap-around）运算就是通常的算术运算，是指当无符号数据的运算结果超过其数据类型界限时，进行正常的进位、借位运算。但是，MMX 技术没有新增任何标志，MMX 指令也并不影响状态标志，所以并不能反映出每个进位或借位。图 9-7 演示的 PADD 指令就是环绕加法运算。

饱和（Saturation）运算是 MMX 指令的一个特点。它是指当运算结果超过其数据界限时，其结果被最大值或最小值所替代。因为带符号和无符号数据的界限是不同的，所以饱和运算有带符号数和无符号数之分，如表 9-4 所示。

表 9-4   各数据类型的上、下界限

数据类型	无符号数据	有符号数据
字节	00H ~ FFH(255)	80H(−128) ~ 7FH(127)
字	0000H ~ FFFFH(65 535)	8000H(−32 768) ~ 7FFFH(32 767)
双字	00000000H ~ FFFFFFFFH($2^{32} −1$)	80000000H($−2^{31}$) ~ 7FFFFFFFH($2^{31} −1$)

对无符号数据来说，有进位或借位就是超出范围，此时出现饱和。例如，无符号 16 位字的数据界限是 0000 ~ FFFFH，则进行无符号饱和运算：

（1）7FFEH + 0003H = 8001H（不饱和）

（2）0003H + FFFEH = FFFFH（饱和）

（3）7FFEH − 0003H = 7FFBH（不饱和）

（4）0003H − FFFEH = 0000H（饱和）

对有符号数据来说，产生溢出就是超出范围，此时出现饱和。例如，有符号 16 位字的数据界限是 8000H ~ 7FFFH，则进行有符号饱和运算：

（1）7FFEH + 0003H = 7FFFH（饱和）

（2）0003H + FFFEH = 0001H（不饱和）

（3）7FFEH – 0003H = 7FFBH（不饱和）

（4）0003H – FFFEH = 0005H（不饱和）

饱和运算对许多图形处理程序非常重要。例如，图形正在进行黑色浓淡处理时，可以有效地防止由于环绕相加导致的黑色像素突变为白色，因为饱和运算将计算结果限制到最大的黑色值，绝不会溢出成白色。

5. 乘加指令

具有"乘-加"运算指令是 MMX 技术的又一个特点，因为进行数据相乘然后乘积求和是向量点积、矩阵乘法、快速傅里叶变换等主要的运算，而后者又是处理图像、音频和视频等多媒体数据的最基本算法。

MMX 乘加指令 PMADDWD 将源操作数的 4 个有符号字与目的操作数的 4 个有符号字分别相乘，产生 4 个有符号双字。然后，低位的 2 个双字相加并存入目的寄存器的低位双字，高位的 2 个双字相加并存入目的操作数的高位双字，如图 9-8 所示。对源操作数和目的操作数的所有 4 个字都为 8000H 情况，PMADDWD 指令将结果处理为 80000000H。

w03	w02	w01	w00	7FFE	F000	0003	1234
w13	w12	w11	w10	0003	3000	FFFE	4321
w03×w13+w02×w12		w01×w11+w00×w10		FD017FFA		04C5F4AE	

图 9-8 乘加指令 PMADDWD

9.2.2 SSE 技术

采用 MMX 指令的 Pentium Ⅱ 处理器取得了极大的成功，推动了多媒体应用软件的发展，同时也对处理器能力提出了更高的要求。于是，Intel 公司针对互联网的应用需求，利用 MMX 指令集的关键技术"单指令多数据 SIMD"，在 1999 年 2 月推出了具有 SSE（Streaming SIMD Extensions，数据流 SIMD 扩展）指令集的 Pentium Ⅲ 处理器。

数据流 SIMD 扩展技术在原来的 IA-32 编程环境基础上，主要提供了 8 个 128 位的 SIMD 浮点数据寄存器 XMM0 ~ XMM7，增加了具有 70 条指令的 SSE 指令集，用于支持 128 位紧缩单精度浮点数据。

1. 紧缩单精度浮点数据

SSE 技术支持的主要数据类型是紧缩单精度浮点操作数（Packed Single-precision Floating-point）。它是将 4 个相互独立的 32 位单精度（Single-Precision，SP）浮点数据组合在一个 128 位的数据中，如图 9-9 所示。32 位单精度数据格式符合 IEEE 754 标准。

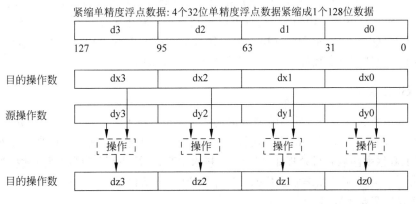

图 9-9 紧缩单精度浮点数据格式和 128 位操作模式

由于采用与紧缩整型数据类似的紧缩浮点数据，所以多数 SIMD 浮点指令一次可以处理 4 对 32 位单精度浮点数据。图 9-9 也演示了 SSE 指令支持的 128 位操作模式。

2. SSE 寄存器

SSE 技术提供了 8 个 128 位的 SIMD 浮点数据寄存器。每个 SIMD 浮点数据寄存器都可以直接存取，寄存器名为 XMM0 ~ XMM7。它们用于存放数据而不能用于寻址存储器。

SSE 技术还提供了一个 32 位的控制/状态寄存器 MXCSR（SIMD Floating-Point Control and Status Register），相当于 x87 FPU 的浮点控制寄存器和浮点状态寄存器，用于屏蔽/允许数字异常处理程序、设置舍入类型、选择刷新至零模式、观察状态标志，如图 9-10 所示。

31~16	15	14 13	12	11	10	9	8	7	6	5	4	3	2	1	0
保留	FZ	RC	PM	UM	OM	ZM	DM	IM	保留	PE	UE	OE	ZE	DE	IE

图 9-10　浮点 SIMD 控制/状态寄存器

MXCSR 寄存器的低 6 位是 6 个反映是否产生 SIMD 浮点无效数值异常的状态标志，其含义与 x87 FPU 浮点异常标志的含义相同。某个异常状态位为 1，表示发生了相应的浮点数值异常。MXCSR 中的 D_{12} ~ D_7 是 6 个对应 SIMD 浮点数值异常的屏蔽控制标志，也与 x87 FPU 浮点异常屏蔽标志的作用相同。某异常屏蔽控制位置位，相应的异常就被屏蔽。复位后 MXCSR 寄存器的内容是 1F80H，表示屏蔽所有异常。

MXCSR 中的 RC 是两个舍入控制位，控制 SIMD 浮点数据操作的舍入原则，也具有就近舍入（00）、向下舍入（01）、向上舍入（10）和向零舍入（11）这 4 个类型。默认采用就近舍入类型。

MXCSR 中的刷新至零标志 FZ（Flush-to-Zero）为 1 将允许刷新至零模式：当运算结果出现下溢时，将使结果刷新至零。对于出现下溢情况，IEEE 标准是得到非规格化结果（逐渐下溢）。显然，刷新至零模式不与 IEEE 标准兼容，但是它却以损失一点精度的代价，在经常出现下溢的应用程序中取得了较快的执行速度。复位（FZ = 0）后，关闭刷新至零模式。

3. SSE 指令

SSE 指令集共有 70 条指令，其中有 12 条为增强和完善 MMX 指令集而新增加的 SIMD 整数指令（助记符仍以字母 P 开头）、8 条高速缓冲存储器优化处理指令，最主要的则是 50 条 SIMD 单精度浮点处理指令。

50 条 SSE 指令系统的 SIMD 浮点指令分成若干组，有数据传送、算术运算、逻辑运算、比较、数据转换、数据组合、状态管理指令。很多指令都体现了 SIMD 特性，例如，加（ADDPS）、减（SUBPS）、乘（MULPS）、除（DIVPS）指令可以实现 4 对单精度浮点数的算术运算，取最大值（MAXPS）和取最小值（MINPS）指令可以分别取得 4 对单精度浮点数各自的最大值和最小值，求平方根（SQRTPS）、求倒数（RCPPS）和求平方根的倒数（RSQRTPS）指令则可以用一条指令获得 4 个单精度浮点数的平方根、倒数和平方根后的倒数。

9.2.3　SSE2 技术

MMX 技术主要提供了并行处理整型数据的能力，SSE 技术主要提供的是单精度浮点数据的并行处理能力。2000 年 11 月，Intel 公司推出 Pentium 4 处理器，又采用 SIMD 技术加入了 SSE2 指令，扩展了双精度浮点并行处理能力。SSE2 技术主要新增了紧缩双精度浮点数据类型和 76 条浮点 SIMD 指令，还增强了紧缩整型数据类型和相应的 68 条整型 SIMD 指令。

1. 紧缩双精度浮点数据

SSE2 技术包括 IA-32 处理器原有的 32 位通用寄存器、64 位 MMX 寄存器、128 位 XMM 寄存器，还包括 32 位的标志寄存器 EFLAGS 和浮点状态/控制寄存器 MXCSR 等，但并没有引入新的寄存器和指令执行状态。它主要利用 XMM 寄存器新增了一种 128 位紧缩双精度浮点数据和 4 种 128 位 SIMD 整型数据类型，参见图 9-11。

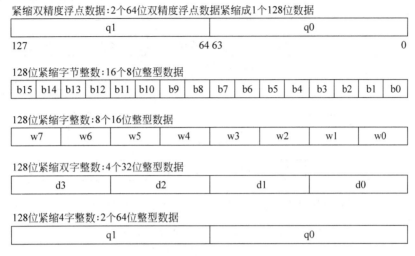

图 9-11　SSE2 的数据类型

紧缩双精度浮点数（Packed Double-Precision Floating-point）由两个符合 IEEE 754 标准的 64 位双精度浮点数组成，紧缩成一个双 4 字数据。128 位紧缩整数（128-bit Packed integer）可以包含 16 个字节整数、8 个字整数、4 个双字整数或 2 个 4 字整数。采用 SSE2 技术，可进行两组双精度浮点数据或 64 位整数操作，还可以进行 4 组 32 位整数、8 组 16 位整数和 16 组 8 位整数操作。例如，对 8 位整数，SSE2 指令可以同时进行 16 对数据的运算，而普通整数指令只能进行一对数据的运算。

2. SSE2 指令

SSE2 指令集包含 76 条双精度浮点数据 SIMD 指令，与 SSE 指令集非常相似，也分成多组，有 SSE2 的传送、算术运算、逻辑运算、比较、数据转换和数据组合指令。例如，加（ADDPD）、减（SUBPD）、乘（MULPD）、除（DIVPD）指令可以实现 2 对双精度浮点数的算术运算，取最大值（MAXPD）和取最小值（MINPD）指令可以分别取得 2 对双精度浮点数各自的最大值和最小值，求平方根（SQRTPD）指令则可以用一条指令获得 2 个双精度浮点数的平方根。

SSE2 技术除具有 76 条双精度浮点指令外，还在原来 MMX 和 SSE 技术的基础上补充了 68 条 SIMD 扩展整数指令、高速缓存控制和指令排序指令，共有 144 条 SIMD 指令。

9.2.4　SSE3 技术

2003 年，Intel 公司利用 90nm 工艺生产了新一代 Pentium 4 处理器。其中新增了 13 条 SSE3 指令，有 10 条用于完善 MMX、SSE 和 SSE2 的指令，一条用于 x87 FPU 编程中浮点数转换为整数的加速指令，2 条用于加速线程的同步指令。SSE3 指令的编程环境没有改变，也没有引入新的数据结构或新的状态。

SSE3 指令支持的水平运算和对称运算很有特色。

1. 水平运算指令

大多数 SIMD 指令进行垂直操作，即两个紧缩操作数的同一个位置数据进行操作，结果也保存在该位置。水平运算指令进行水平操作，即在同一个紧缩操作数的连续位置数据进行加或减。

SSE3 指令有单精度浮点水平加法（HADDPS）、减法（HSUBPS）和双精度浮点水平加法（HAD-DPD）、减法（HSUBPD）指令，如图 9-12 所示。

HADDPS指令

操作数	dx3	dx2	dx1	dx0
操作数	dy3	dy2	dy1	dy0
结果	dy3+dy2	dy1+dy0	dx3+dx2	dx1+dx0

HADDPD指令

操作数	qx1	qx0
操作数	qy1	qy0
结果	qy1+qy0	qx1+qx0

HSUBPS指令

操作数	dx3	dx2	dx1	dx0
操作数	dy3	dy2	dy1	dy0
结果	dy3−dy2	dy1−dy0	dx3−dx2	dx1−dx0

HSUBPD指令

操作数	qx1	qx0
操作数	qy1	qy0
结果	qy0−qy1	qx0−qx1

图 9-12　水平加法和水平减法指令

2. 对称加减指令

SSE3 的对称加减指令 ADDSUBPS 将第 2 和 4 个单精度浮点数对进行加法，将第 1 和 3 个单精度浮点数对进行减法，即对称处理。ADDSUBPD 指令则用于对称处理双精度浮点数。如图 9-13 所示。

ADDSUBPS指令

操作数	dx3	dx2	dx1	dx0
操作数	dy3	dy2	dy1	dy0
结果	dx3+dy3	dx2−dy2	dx1+dy1	dx0−dy0

ADDSUBPD指令

操作数	qx1	qx0
操作数	qy1	qy0
结果	qx1+qy1	qx0−qy0

图 9-13　对称加减指令

3. SSSE3 指令

Intel Core 2 处理器引入补充 SSE3 指令，即 SSSE3 指令（Supplemental Streaming SIMD Extensions 3）。SSSE3 指令补充了 32 条指令，包括 12 条水平运算指令、6 条求绝对值指令、2 条乘-加指令等。

9.3　64 位指令

2005 年，在 PC 机用户对 64 位技术的企盼和 AMD 公司兼容 32 位 80x86 的 64 位处理器的压力下，Intel 公司推出了扩展存储器 64 位技术（Extended Memory 64 Technology，EM64T）。EM64T 技术是 IA-32 结构的 64 位扩展，首先应用于支持超线程技术的 Pentium 4 至尊版（支持双核技术）和 6xx 系列 Pentium 4 处理器，后来被称为 Intel 64 位结构（Intel 64 Architecture）。随着 Intel 64 位技术的出现，IA-32 指令系统也扩展成为 64 位，64 位软件也逐渐开始获得应用。

Intel 64 技术为软件提供了 64 位线性地址空间，支持 40 位物理地址空间。Intel 64 技术在保护方式（含虚拟 8086 方式）、实地址方式和系统管理 SMM 方式的基础上，又引入了一个新的工作方式：32 位扩展工作方式（IA-32e）。

IA-32e 有以下两个子工作方式：

1）兼容方式：允许 64 位操作系统无须修改而运行大多数 32 位软件，也可以运行大多数 16

位程序。虚拟 8086 方式和涉及硬件任务管理的程序不能在该方式下运行。

兼容方式由操作系统在代码段启动，这意味着一个 64 位操作系统既可以在 64 位方式支持 64 位应用程序，也可以在兼容方式支持 32 位应用程序（无须进行 64 位编译）。

兼容方式类似于 32 位保护方式。在该方式下，应用程序只能存取最低 4GB 地址空间，使用 16 或 32 位地址和操作数。

2）64 位方式：允许 64 位操作系统运行存取 64 位地址空间的应用程序。

在 64 位工作方式，应用程序还可以存取 8 个附加的通用寄存器、8 个附加的 SIMD 多媒体寄存器、64 位通用寄存器和 64 位指令指针等。

64 位方式引入了一个新的指令前缀 REX，用于存取 64 位寄存器和 64 位操作数。64 位方式由操作系统在代码段启动，默认使用 64 位地址和 32 位操作数。默认操作数可以在每条指令的基础上用 REX 前缀超越，这样许多现有指令都可以使用 64 位寄存器和 64 位地址。

9.3.1　64 位方式的运行环境

64 位执行环境类似于 32 位保护方式，不同之处在于任务或程序可寻址 2^{64} 字节线性地址空间、2^{40} 字节物理地址空间（软件可以访问 CPUID 指令获得处理器支持的实际物理地址范围）以及 64 位寄存器和操作数。

1. 64 位方式的寄存器

64 位方式新增了 8 个 64 位通用寄存器 R8 ~ R15，如图 9-14 所示（阴影表示新增部分）。所以，64 位方式下有 16 个通用寄存器，默认是 32 位，用 EAX、EBX、ECX、EDX、EDI、ESI、EBP、ESP 和 R8D ~ R15D 表示。16 个通用寄存器还可以保存 64 位操作数，用 RAX、RBX、RCX、RDX、RDI、RSI、RBP、RSP 和 R8 ~ R15 表示。它们也支持 16 位通用寄存器：AX、BX、

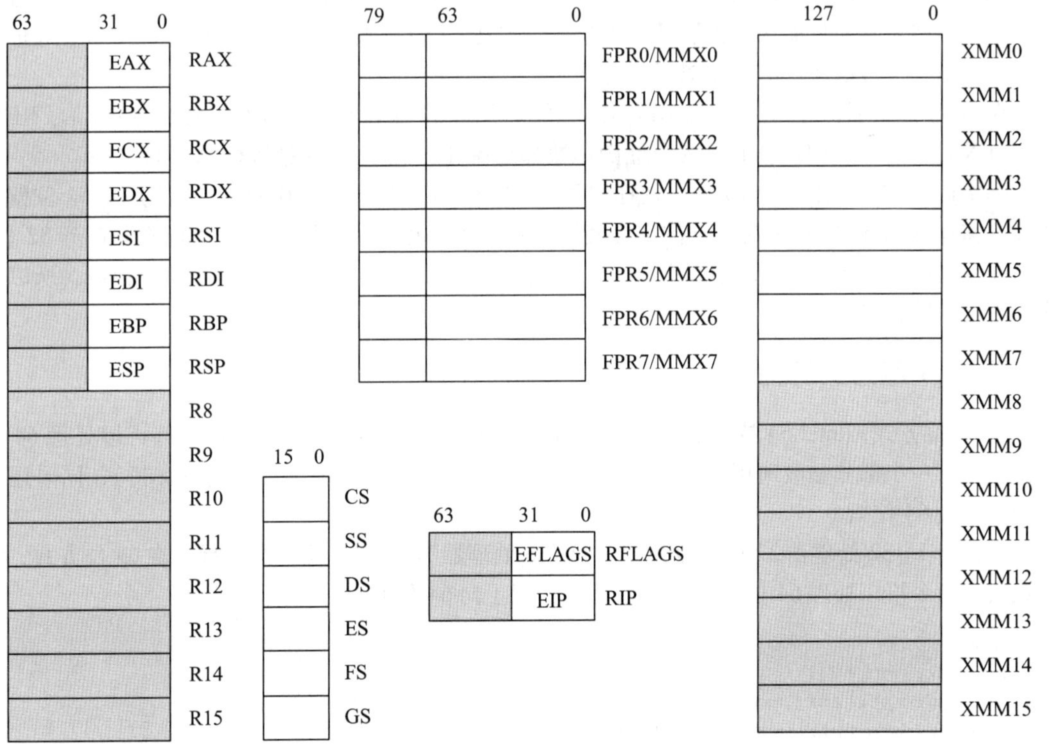

图 9-14　Intel64 常用寄存器

CX、DX、SI、DI、SP、BP 或 R8W～R15W，还支持 8 位通用寄存器：使用 REX 前缀是 AL、BL、CL、DL、SIL、DIL、SPL、BPL 和 R8L～R15L，没有 REX 前缀是 AL、BL、CL、DL、AH、BH、CH、DH。

64 位方式为 SIMD 多媒体指令新增了 8 个 XMM 寄存器 XMM8～XMM15，现共有 16 个 128 位的 XMM 寄存器 XMM0～XMM15。

标志寄存器也扩展为 64 位，称为 RFLAGS 寄存器。

2. 64 位方式的寻址方式

64 位方式的存储器操作数由一个段选择器和偏移地址访问，偏移地址可以是 16、32 或 64 位。偏移地址通过如下部分组合（与 32 位存储器操作数寻址方式一样），其中基址和变址保存在 16 个通用寄存器之一：

- 位移量——一个 8、16 或 32 位数值。
- 基址——32 或 64 位通用寄存器中的一个数值。
- 变址——32 或 64 位通用寄存器中的一个数值。
- 比例因子——一个 2、4 或 8 数值，用于乘以变址数值。

例如，下一条指令的源操作数采用带比例的相对基址变址寻址方式：

```
MOV EAX,[RBX+RSI*8+200]
```

在 64 位方式下，不管对应段描述符中的基地址是什么，都将 CS、DS、ES 和 SS 段寄存器的段基地址作为 0，这样为代码、数据和堆栈创建了一个平展的地址空间。FS 和 GS 是例外，它们可用于线性地址计算的附加基地址寄存器。

64 位方式的指令指针也是 64 位的，称为 RIP。所以，目标地址支持 RIP 相对寻址，使用有符号 32 位的位移量进行符号扩展成 64 位与下一条指令的 RIP 计算有效地址。在 IA-32 兼容方式下，指令的相对寻址只能用于控制转移类指令。但在 64 位方式下，具有 "mod reg r/m" 寻址方式字段的指令也可以使用 RIP 相对寻址方式。

在 64 位方式下，近指针（NEAR）是 64 位，即 64 位有效地址；所有近转移（CALL、RET、Jcc、JCXZ、JMP 和 LOOP）的目的地址操作数都是 64 位。这些指令更新 64 位 RIP。

远指针（FAR）由一个 16 位段选择器和 16/32 位偏移地址（操作数为 32 位）或 64 位偏移地址（操作数为 64 位）组成。软件主要使用远转移改变特权层。因为立即数通常限制到 32 位，所以在 64 位方式下，改变 64 位 RIP 的方法是使用间接转移寻址。也正是由于这个原因，所以删除了直接远转移寻址。

9.3.2　64 位方式的指令

在 64 位方式，Intel 64 技术扩展了大多数整数通用指令的功能，使得它们都可以处理 64 位数据，但有一小部分整数通用指令不被 64 位方式所支持（而非 64 位方式仍然支持），同时还新增加了一些 64 位指令。

类似于 IA-32 处理器 32 位指令系统对 80286 处理器 16 位指令系统的扩展，在 64 位方式，大多数通用指令可以处理 64 位操作数或者功能实现了向 64 位的自然增强。例如：

```
mov rax,r9
mov edx,[rsi+8]
mov qword ptr[ebx],rcx
mov eax,dword ptr[ecx*2+r10+0100h]
xchg r8,qvar                ;假设变量定义为"qvar qword 3456h"
xlatb                       ;AL=[RBX+AL]
```

```
lea r15,qvar                 ;如果是 32 位地址则零位扩展成 64 位
mov rax,qword ptr varX       ;对 64 位变量 varX 和 varY 的求和
add rax,qword ptr varY       ;64 位操作数运算显然使用 64 位指令更加有效
add rax,rbx
sbb rdx,3721h
imul rbx                     ;RDX:RAX←RAX×RBX
```

当然，64 位方式对有些指令并没有增加其 64 位处理能力，也就是没有改变，例如，输入 IN 和输出 OUT 指令，还有浮点 FPU 指令和 MMX 指令。SSE、SSE2 和 SSE3 指令可以利用 REX 前缀使用 8 个新增的 XMM 寄存器 XMM8 ~ XMM15，如果它们的操作数是通用寄存器，则可以利用 REX.W 前缀访问 64 位通用寄存器。

还有些指令已经不被 64 位方式所支持，例如，64 位方式不再支持 6 条十进制调整运算指令和边界检测指令 BOUND。单字节编码的 INC 和 DEC 指令因为与 16 个 REX 前缀代码一样，所以也不被 64 位方式支持，但其他 INC 和 DEC 指令都是正常的。标志寄存器低字节传送指令 LAHF 和 SAHF 只有特定处理器才支持。

1. 堆栈操作指令

64 位方式的堆栈指针 RSP 为 64 位，隐含使用 RSP 堆栈指针的指令（除远转移外）默认采用 64 位操作数尺寸。所以，PUSH 和 POP 指令能将 64 位数据压入或弹出堆栈，但不能将 32 位数据压入或弹出堆栈，使用 66H 操作数尺寸前缀可以支持 16 位数据的压入和弹出。当将段寄存器内容压入 64 位堆栈时，指针自动调整成 64 位。64 位方式不支持 PUSHA、PUSHAD、POPA 和 POPAD 指令。

PUSHF 和 POPF 指令在 64 位方式和非 64 位方式一样。PUSHFD 总是将 64 位 RFLAGS 压入堆栈（RF 和 VM 标志被清除）；POPFD 总是从堆栈弹出 64 位数据，然后将低 32 位进行零位扩展成 64 位存入 RFLAGS。

2. 符号扩展指令

零位扩展指令 MOVZX 现在支持将 8、32 位寄存器或存储器操作数进行零位扩展到 64 位通用寄存器。符号扩展指令 MOVSX 也支持 8、16 位寄存器或存储器操作数符号扩展到 64 位通用寄存器，但 32 位寄存器或存储器操作数符号扩展到 64 位通用寄存器使用的是 MOVSXD 指令。

例如，对于两个 32 位操作数求乘积，使用符号扩展成 64 位进行乘法更加有效，代码段如下：

```
movsxd rax,DWORD PTR varx
movsxd rcx,DWORD PTR vary
imul rax,rcx
```

在原有 CBW 和 CWDE 指令的基础上，64 位方式新增有 CDQE 指令，后者将 EAX 数据符号扩展到 RAX。同样，CWD 和 CDQ 也扩展有新指令 CQO，后者将 RAX 数据符号扩展到 RDX:RAX。

3. 串操作指令

在 64 位方式，串操作指令 MOVS、CMPS、SCAS、LODS 和 STOS（包括 INS 和 OUTS）的源操作数用 RSI（使用 REX 前缀）或 DS:ESI 指示，目的操作数用 RDI（使用 REX 前缀）或 DS:EDI 指示。串操作的重复前缀使用 RCX（使用 REX 前缀）或 ECX。另外，64 位方式还增加了 4 条针对 4 字数据的串操作指令，它们是串比较 CMPSQ、串读取 LODSQ（4 字数据传送到 RAX）、串传送 MOVSQ、串存储 STOSQ（将 RAX 的数据保存到主存）。

JCXZ 使用 CX 计数器，JECXZ 使用 ECX 计数器，新增的 JRCXZ 指令使用 64 位 RCX 计数器。LOOP、LOOPZ 和 LOOPNZ 指令在 64 位方式还可以使用 64 位寄存器 RCX 进行计数。但是，它们

仍然是短转移。

64 位方式的指令还有其他一些改变，这里不再详细介绍。Microsoft Visual C++. NET 2005 开始支持 Intel 64 技术。Visual C++ 2005 的宏汇编程序 MASM 除保留有汇编 16 和 32 位指令的 ML.EXE 程序外，又为 64 位指令系统（称为 x64 结构）提供了 ML64.EXE 程序。ML64.EXE 程序能将 x64 结构的汇编语言源程序汇编成 x64 结构的目标代码 OBJ 文件。注意，Visual C++ 2005 文档中 Intel 64 位是指 Itanium（安腾）处理器的 64 位指令系统，AMD 64-bit 是指 AMD 公司的 64 位处理器指令系统。

C/C++编译器通常支持嵌入汇编，可以在语句中直接插入处理器指令。但是，Microsoft Visual Studio C/C++并不支持 x64 指令，而是提供了编译器内联函数（Compiler Intrinsic）形式。当然，也可以编写独立的汇编语言程序，使用外部汇编程序生成目标模块，进行模块连接方式的混合编程。

第 9 章习题

9.1 简答题

（1）浮点数据为什么要采用规格化形式？

（2）IEEE 标准规定单精度和双精度数据的有效数字位数分别为 23 和 52，但为什么说它们具有二进制 24 和 53 位的精度？

（3）为什么有时使用非规格化浮点数据格式？

（4）什么是浮点格式中的 NaN？

（5）为什么浮点数据编码有舍入问题，而整数编码却没有？

（6）什么是就近舍入？

（7）多媒体指令为什么常被称为 SIMD 指令？

（8）为了支持 MMX 指令，处理器增加了标志和寄存器吗？

（9）SSE3 指令的水平加减运算有什么特色？

（10）原来 8086 的所有指令都可以在 Intel 64 位工作方式下使用吗？

9.2 判断题

（1）浮点数据格式不能表达整数。

（2）一个 32 位数据是全 0，不管它是整数编码还是单精度浮点编码，都表示真值 0。

（3）x87 FPU 有 8 个 80 位浮点数据寄存器，可以随机存取。

（4）浮点指令中的浮点寄存器常表达为 ST(i)，例如，ST(0) 总是对应 FPR0 寄存器。

（5）x87 FPU 的指令系统只有浮点算术运算指令，不支持复杂的求三角函数、指数和对数等运算。

（6）浮点指令也可以访问主存单元。

（7）MMX 技术还不能支持浮点数据格式的处理。

（8）SSE2 技术支持 128 位数据，可表示 2 个双精度浮点数，也支持 16 个 8 位整数。

（9）IA-32 指令集结构升级为 64 位，被称为 IA-64 指令集结构。

（10）Intel 64 结构支持 16 个 64 位整数通用寄存器。

9.3 填空题

（1）对真值 −125，用补码表示是＿＿＿＿＿＿＿；标准偏移码与补码只有 1 位不同，所以是＿＿＿＿＿＿＿；而浮点阶码则再减 1，是＿＿＿＿＿＿＿。

(2) 单精度浮点数据格式共有_____位，其中符号位占 1 位，阶码部分占_____位，尾数部分占_____位。

(3) 通过例 9-2 知道实数"100.25"的浮点格式编码是 42C88000H，则"－100.25"的浮点格式编码是_____。

(4) 单精度浮点规格化格式能表达的数据范围是从_____到_____。出现比最小数还要小的数据，就是出现了_____；出现比最大数还要大的数据，就是出现了_____。

(5) 如果要表达的实数大于浮点格式所能表达的最大数，则 IEEE 754 标准将其编码称为_____，特点是：其阶码的编码均为_____，有效数字的编码均为_____。

(6) 为了扩大精度，x87 FPU 支持扩展精度格式，它共有_____位，所以其浮点寄存器也设计为_____位。

(7) IA-32 处理器的浮点指令助记符均以_____开头，例如，浮点加、减、乘、除指令的助记符依次是_____。

(8) 对于有符号字节数据 78H 和 56H，如果采用环绕加运算，其和为_____；如果采用饱和加运算，其和为_____。

(9) MMX 技术引入了 8 个_____位 MMX 寄存器，名字是_____。SSE 技术又引入了 8 个_____位 SIMD 浮点数据寄存器，名字是_____。

(10) Intel 64 结构新增了 8 个通用寄存器，名称为_____；原来的 8 个通用寄存器被扩展为 64 位，名称为_____。

9.4 已知 BF600000H 是一个单精度规格化浮点格式数据，它表达的实数是什么？

9.5 实数真值 28.75 如果用单精度规格化浮点数据格式表达，其编码是什么？

9.6 编程显示单精度浮点数据的编码（十六进制形式），例如，用于验证上一个习题结果。实数可以定义在数据段中。

9.7 解释如下浮点格式数据的有关概念：

(1) 数据上溢和数据下溢

(2) 规格化有限数和非规格化有限数

(3) NaN 和无穷大

9.8 什么是紧缩整型数据和紧缩浮点数据？扩展有 SSE3 指令的 Pentium 4 支持哪些紧缩数据类型？

9.9 SIMD 是什么？举例说明 MMX 指令如何利用这个结构特点。

9.10 什么是环绕运算和饱和运算？给出如下结果：

(1) 环绕加：7F38H + 1707H

(2) 环绕减：1707H － 7F38H

(3) 无符号饱和加：7F38H + 1707H

(4) 无符号饱和减：1707H － 7F38H

(5) 有符号饱和加：7F38H + 1707H

(6) 有符号饱和减：1707H － 7F38H

附录 A

调试程序WinDbg

WinDbg 是微软免费提供的 Windows 调试程序（Microsoft Debugging Tools For Windows），其下载地址为：

http：//www.microsoft.com/whdc/devtools/debugging/installx86.mspx

WinDbg 具有强大的调试功能，可用于用户模式和内核模式的程序调试，可实现本机或双机调试，可进行 C/C++ 语言和汇编语言源程序级调试，并包括 3 个版本：一个 32 位的基于 x86 和 x64 处理器的版本、一个 64 位的基于 x64 处理器的版本、一个 64 位的基于安腾处理器的版本。为配合汇编语言的教学，本书只针对 32 位版本，介绍调试用户模式 Windows 应用程序的使用方法。为此，只需要抽取 WinDbg 软件包中的主要文件，复制到某个目录下就可以启动运行。

WinDbg 软件包（版本 6.11）的主要文件如下：

- windbg.exe：图形界面的调试器可执行文件。
- debugger.chi、debugger.chm：帮助文档文件。
- relnotes.txt：发布信息文件。
- dbgeng.dll、dbghelp.dll：有关动态连接库文件。

在 Windows 操作系统下，可以直接双击 WinDbg 程序或其快捷方式启动，然后调入被调试程序。需要说明的是，由于没有完整安装调试程序，也没有进行 Windows 共用符号文件等的配置，调试过程中命令窗会提示一些警告信息，可以不予理会。WinDbg 的主界面如图 A-1 所示。

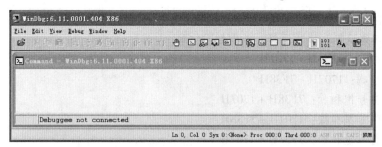

图 A-1　WinDbg 程序的主界面

A.1　WinDbg 的菜单

WinDbg 是标准的 Windows 图形界面程序，启动后尚未打开被调试程序（Debugee）的主界面如图 A-1 所示。它具有 6 组菜单，可以使用鼠标、Alt 组合键和快捷键方式执行菜单命令，上部有工具栏（Toolbar），下面是状态栏（Status Bar），中间是命令窗。

（1）文件菜单（File）

文件菜单主要用于打开要调试的源程序文件（Open Source File）、可执行文件（Open Executable），设置符号文件（Symbol File Path）、源程序文件（Source File Path）和可执行文件（Image File Path）的路径，实现调试程序的退出（Exit），还可以关闭当前窗口（Close Current Window）和查看最近打开的文件（Recent Files）。

（2）编辑菜单（Edit）

编辑菜单用于实现常规的剪切（Cut）、复制（Copy）、带格式复制（Copy Formatted）和粘贴（Paste）操作，以及查找（Find）、查找下一个（Find Next）。

利用编辑菜单可以选择当前激活的命令窗、反汇编窗、源程序窗或对话框中的所有文本（Select All），可以将当前激活的命令窗、调用窗或便笺本中的所有文本写入一个文件（Write Window Text to File），还可以对源程序窗选中的一个项目计算项值（Evaluate Selection）或者显示数据类型（Display Selected Type），结果在命令窗显示出来。

调试过程中，编辑菜单可以通过输入地址（Go to Address）或行号（Go to Line）定位指令，可以设置源程序窗的当前行作为当前指令（Set Current Instruction），可以打开包含当前指令的窗口并定位到该指令（Go to Current Instruction）。

调试前后，编辑菜单还可以显示和控制被调试程序中的断点（Breakpoints），新建、打开或关闭调试过程中生成的日志文件（Open/Close Log File）。

（3）查看菜单（View）

查看菜单主要用于打开 WinDbg 支持的各种窗口，例如，命令窗、存储器窗、寄存器窗、反汇编窗等，还可以打开或关闭工具栏（Toolbar）和状态栏（Status Bar），进行显示字体格式（Font）、各种选项（Options）的设置。

（4）调试菜单（Debug）

调试菜单是进行程序调试的主要命令。调试有两种基本方式：断点调试和单步调试。

断点调试是在程序中设置暂时中止执行的位置，即断点（Breakpoint），然后让程序开始或继续执行（Go），直到遇到断点停止；程序执行时出现异常或结束也会停止执行。调试过的程序还可以选择重新开始（Restart）命令，再次从头开始执行。

单步调试是以一条语句（源程序模式）或一个指令（汇编模式）为步进单位的调试方式，每次执行一条语句或指令，然后暂停并显示执行结果。

单步调试有两个命令：

- 单步进入（Step Into）调试命令让用户可以进入函数内部进行函数体的单步调试。
- 单步通过（Step Over）调试命令把函数作为一条语句执行、不进入函数内部进行调试。

（5）窗口菜单（Window）

窗口菜单用于关闭窗口，调整窗口浮动或者固定等排列方式，还可以选择自动打开反汇编窗等。

（6）帮助菜单（Help）

帮助菜单提供使用调试程序的帮助信息，与标准的 Windows 应用程序类似。

常用的菜单命令还可以点击工具栏上的图标启动执行，如表 A-1 所示。

表 A-1　工具栏的图标

图标	菜单命令	含　义
	File ｜ Open Source File	打开源程序文件
	Edit ｜ Cut	剪切
	Edit ｜ Copy	复制
	Edit ｜ Paste	粘贴
	Debug ｜ Go	开始或继续执行，直到遇到断点、出现异常或程序结束等
	Debug ｜ Restart	重新开始执行
	Debug ｜ Stop Debugging	停止执行，并终止程序的调试
	Debug ｜ Break	停止进程或线程，也可用于中止命令窗的显示
	Debug ｜ Step Into	单步进入调试（遇到函数时进入函数体进行调试）
	Debug ｜ Step Over	单步通过调试（遇到函数时不进入函数体，将函数作为一条语句执行）
	Debug ｜ Step Out	单步跳出（执行函数体剩余语句，直到函数返回后中断）
	Debug ｜ Run to Cursor	运行到光标（从当前指令一直执行到被激活的指令位置）
	Edit ｜ Breakpoints	如果源程序窗或反汇编窗被激活，则设置或取消断点；否则打开中断对话框
	View ｜ Command	打开或激活命令窗
	View ｜ Watch	打开或激活观察窗
	View ｜ Locals	打开或激活局部窗
	View ｜ Registers	打开或激活寄存器窗
	View ｜ Memory	打开或激活存储器窗
	View ｜ Call Stack	打开或激活调用窗
	View ｜ Disassembly	打开或激活反汇编窗
	View ｜ Scratch Pad	打开或激活便笺本
	View ｜ Processes and Threads	打开或激活进程和线程窗
	View ｜ Command Browser	打开或激活命令浏览器窗
	Debug ｜ Source Mode	前一个设置源程序调试模式，后一个设置汇编调试模式
	View ｜ Font	设置字体格式
	View ｜ Options	打开选项对话框

A.2　WinDbg 的窗口

WinDbg 有很多种调试信息窗口，每种窗口反映被调试程序静态代码或者动态执行的相关信息，用于监测程序调试过程。

（1）命令窗（Command）

命令窗是主要的调试信息窗口，上面部分显示调试命令执行的结果，下面文本框输入调试命令。当 WinDbg 开始一个调试会话（过程）时，调试程序的命令窗会自动打开。

（2）观察窗（Watch）

观察窗用于显示全局变量、局部变量和寄存器的信息，可以定制要跟踪的项目。显示有 4 项内容，总是显示名字和数值，类型和位置可选（单击工具栏的文本进行选择）。

（3）局部窗（Locals）

局部窗用于显示当前范围内局部变量的所有信息。显示有 4 项内容，总是显示名字和数值，类型和位置可选（单击工具栏的文本进行选择）。

（4）寄存器窗（Registers）

寄存器窗显示目标处理器的寄存器内容和标志状态。有两个显示项，一个寄存器名、一个内容。可以使用工具栏按钮定制显示顺序等。

（5）存储器窗（Memory）

存储器窗显示主存中一个范围内的内容，可以打开多个存储器窗。显示单位可以是字节、字、双字、4 字等，可以使用二进制、十六进制、无符号或有符号十进制、ASCII 或 Unicode、浮点数据等多种格式显示。左列是地址，后面是内容，如果以字节格式显示，右列是 ASCII 字符。可以改变显示内容的地址，还可以直接修改内容。

（6）调用窗（Calls）

调用窗显示当前调用堆栈的信息。调用窗上有多个按钮便于执行常见命令进行观察。

（7）反汇编窗（Disassembly）

反汇编窗是被调试程序的汇编语言代码。

（8）便笺本（Scratch Pad）

便笺本是用户记录调试信息的记事本。

（9）进程和线程窗（Processes and Threads）

进程和线程窗显示被调试的系统、进程和线程的信息，也可以选择新的系统、进程和线程，并激活。

（10）源程序窗（Source）

源程序窗显示被调入调试程序的源程序文件内容，可以打开多个源程序窗。

（11）命令浏览器窗（Command Browser）

命令浏览器窗显示和保存调试命令的文本结果，上面用于输入命令，点击开始、前一个、后一个可以在下面显示原来输入的命令的执行情况。

调试信息窗口可以使用菜单（View）命令、工具栏的按钮和快捷键打开或激活。其中源程序窗和存储器窗可以同时打开多个，其他窗口只能打开一个。

关闭窗口可以使用其右上角的关闭按钮或者快捷键。关闭当前激活的窗口，也可以使用文件（File）菜单的关闭当前窗口（Close Current Window）命令。同时关闭所有源程序窗口，可以使用窗口（Window）菜单的关闭所有源程序窗口（Close All Source Windows）命令。

每个调试信息窗口的标题栏右上角有一个该窗口的图标，单击可以展开一个快捷菜单，也可以用鼠标右击标题栏展开这个快捷菜单。许多信息窗也有工具栏，其中的大多数按钮与这些快捷菜单中的命令具有相同的功能。使用快捷菜单的命令可以配置该信息窗。

调试信息窗口可以利用滚动条查看屏幕没有显示出来的部分。有些信息窗口支持编辑（Edit）菜单的查找（Find）、跳到地址（Go to Address）和跳到行（Go to Line）命令，便于快速搜索信息。"查找"命令用于命令窗和源程序窗，需要输入文本实现查找。"跳到地址"命令用于反汇编窗和源程序窗，需要输入地址才可以跳转。地址形式可以是表达式，例如，函数、符号或者存储器地址。如果地址不准确、有歧义，则显示多个结果。"跳到行"命令用于源程序窗，需要输入程序行号进行定位，如果行号大于程序行数则跳到最后一行。

信息窗口支持常规的剪切、复制和粘贴操作，也可以设置文本属性（字体、格式和大小），支持窗口移动、改变大小等操作。

信息窗口可以处于浮动（Floating）状态，也可以被安排在固定位置（Docked）。双击信息窗口标题栏就可以将信息窗从浮动状态改为固定状态，或者从固定状态改为浮动状态，也可以使用固定（Dock）命令和取消固定（Undock）命令。窗口（Window）菜单有固定所有（Dock All）和取消固定所有（Undock All）命令，还可以使用打开平台（Open Dock）命令创建一个新的窗口平台用于固定信息窗。如果希望同时显示出所有被打开的窗口，可以让它们水平并列窗口（Horizontally Tile Floating Windows）或者垂直并列窗口（Vertically Tile Floating Windows）。

A.3　WinDbg 的调试模式

WinDbg 调试程序支持两种不同的操作模式：源程序模式（Source Mode）和汇编模式（Assembly Mode）。源程序模式时使用微软 Visual Studio 调试符号格式。

进行源程序调试，必须创建符号文件（.PDB 文件），这些符号文件包含了二进制指令与源程序语句行的信息。同时，调试程序还需要源程序文件，因为符号文件中并没有包含实际的源程序。应该设置可执行文件、符号文件、源程序文件的路径，以便调试程序能够搜索到这些文件，因为调试时需要它们。为了进行汇编语言程序的源程序级调试，使用 MASM 进行汇编时需要在 ML 命令行带上"/Zi"参数、在 LINK 命令行带上"/debug"参数，这样将会生成含调试信息的 .PDB文件。

如果具有应用程序的 C/C++ 源程序文件，可以使用源程序模式进行功能强大的调试。但有时没有源程序，或者调试别人的代码，或者创建可执行文件时没有生成完整的 .PDB 符号，或者希望跟踪应用程序调用 Windows 子程序的情况，这时我们不得不在汇编模式进行调试。另外，汇编模式具有源程序模式所不具有的许多有用特性。例如，调试程序可以自动显示被访问存储器和寄存器的内容，以及程序计数器的地址。这些显示内容使得汇编模式的调试成为一个非常有用的手段。

如果用户的应用程序使用汇编语言编写，则反汇编窗可能与源程序代码不能完全匹配。特别是空操作指令（NO-Ops）和注释不会出现。如果希望调试汇编源程序，用户必须使用源程序模式进行调试，可以像 C/C++ 语言程序一样打开汇编语言程序文件。

在源程序模式单步执行的单位是一个语句行，汇编模式单步执行的单位是一个汇编代码行。在 WinDbg 的源程序模式下，运行或单步执行时，源程序窗会自动进入前台；而在汇编模式，反汇编窗自动进入前台。有些命令在不同的调试模式显示的信息不同。

激活源程序模式，可以使用调试菜单的源程序模式命令，或者单击工具栏的源程序开（Source mode on）按钮。进入汇编模式，可以使用工具栏上的源程序模式关闭（Source mode off）按钮或者不选中调试菜单的源程序模式命令，此时 ASM 会出现在状态栏。

A.4　WinDbg 的常用调试命令

WinDbg 是图形界面的调试程序，大部分常规调试都可以通过鼠标点击菜单等图形交互方式进行，但有时也需要配合调试命令。调试命令主要在命令窗口下面部分的文本框中输入，调试结果在上面部分显示。

使用调试命令需要注意其语法规则。通用的语法规则是：

- 除特别说明外，命令及其参数不区分字母大小写。
- 多个命令参数可以使用空格或逗号分隔。
- 通常命令与第一个参数之间的空格可以省略，如果不引起歧义，参数之间的空格也可以省略。

（1）表达式、数字和操作符

调试程序 WinDbg 识别两种不同的表达式，一种是 MASM 表达式，一种是 C++ 表达式。

在 MASM 表达式中，调试程序启动后默认使用十六进制的数字。0x、0n、0t 和 0y 分别显式表示十六、十、八和二进制数，还可以用后缀字母 h 显式表示十六进制数，没有前后缀的数字都采用默认进制。可以使用"n"命令修改默认的数据表示进制。C++ 表达式中的数字默认按十进制解释，除非指明不同：0x 前缀表示十六进制，0 前缀表示八进制（在调试程序的输出中，有时也使用十进制前缀 0n）。

在 MASM 表达式中，符号作为地址对待，任何符号的数值都表示其存储器地址。根据符号的含义，这个地址可能是全局变量、局部变量、函数、段、模块或者任何其他可识别的标号。如果可能与十六进制数混淆，可以在符号前加一个惊叹号"!"；如果需要指明某个模块中的符号，可以在符号前加模块名和惊叹号。C++ 表达式与在实际源程序中的含义相同，符号是作为相应的数据类型看待。根据符号的含义，它可能是一个整数、一个数据结构、函数指针或者其他数据类型。无对应 C++ 数据类型的符号产生语法错误。

表达式中任意一个项前可以使用 + 或 – 等符号，各个项之间可以使用 +、–、*、\ 和 mod（或 %）等操作符。还支持逻辑运算、移位运算等许多操作符。MASM 运算总是基于字节，C++ 运算则遵循 C++ 运算规则。

调试程序默认采用 MASM 表达式的操作符，如果不改变调试程序状态计算一个表达式，可以使用"? 表达式"命令。所有的命令和调试信息窗都使用默认的表达式操作符，除如下例外："?? C++ 表达式"命令总是使用 C++ 表达式操作符。观察窗和局部窗总是使用 C++ 表达式操作符。有些扩展命令总是使用 MASM 表达式操作符。

（2）寄存器语法

在表达式中使用寄存器，应该在之前加一个"@"符号。基于 x86 处理器，在 MASM 表达式中有些常用寄存器可以省略"@"，例如：eax、ebx、ecx、edx、esi、edi、ebp、eip 和 efl（标志寄存器）。不常用寄存器要加"@"符号，C++ 表达式总是要加"@"符号。

"r"命令是一个例外，它的第一个参数总是寄存器（不能有"@"符号），如果还有参数，则需要遵循上述表达式规则，使用"@"符号。

（3）行号语法

MASM 表达式中可以使用源程序文件的行号（C++ 表达式不允许），需要使用两个抑音符"'"（键盘左上角与"~"在一起的那个）括起来，完整的格式如下：

```
'Module! Filename:LineNumber'
```

模块名可以省略。文件名前可以有路径（需与编译时一致），文件名也可以省略，表示当前程序计数器指向的文件。行号采用十进制数（除非使用 0x 说明是十六进制数），省略的话表示可执行文件的第一条指令所在的行号。

（4）字符串的通配符

有些命令支持具有通配符的字符串参数，常用的有：

- *：表示零个或多个字符。
- ?：表示任意一个字符。
- []：包括字符列表中任意一个字符，还可以使用连字符"–"表示范围。

（5）地址和地址范围语法

地址参数说明变量或函数的位置。除非特别指明，否则调试命令的地址都是虚拟地址，并支持平展（Flat）和实地址模式。

地址参数如表 A-2 所示（表中中括号内的内容表示可选）。

表 A-2　地址参数的表达

语　法	含　　义
偏移量	虚拟地址空间的一个绝对地址，与执行模式对应
&［段：］偏移量	实地址
% 段：［偏移量］	分段的 32 位或 64 位地址
%［偏移量］	虚拟地址空间的一个 32 位或 64 位绝对地址
名字［+ ｜ -］偏移量	一个平展的 32 位或 64 位地址。名字可以是任意一个符号

有些调试命令需要使用一个地址范围，可以使用一对地址表达这两个地址间的范围；也可以使用一个地址，后跟 L（大小写均可）和数字表达从起始地址开始的后续若干个地址。数字表示是该对象对应的尺寸数，例如对象尺寸是字节，L8 表示 8 个字节地址；对象尺寸是双字（4 个字节），L2 也表示 8 字节范围。用"L - 数字"形式，则前一个地址是结束地址，而不是起始地址。

有些命令使用一个地址表达一个默认的地址范围。

表 A-3 简单罗列了 WinDbg 中调试用户态应用程序的常用调试命令（与 DOS 的 DEBUG 和 CodeView 调试程序类似），表中符号的含义是：

- 中括号"[]"表示内容可选。
- 花括号"{}"表示必选其一。
- 垂直线"|"表示有多项选择。

表 A-3　常用调试命令

命　　令	作　　用
回车	没有作用或重复上一个命令（可以在"选项"对话框中设置）
?	显示命令的帮助信息
? 表达式	计算表达式的值
?? C ++ 表达式	计算 C ++ 语言表达式的值
a［地址］	从指定地址开始汇编，没有指定地址则是 EIP 的地址，最后回车结束
c 地址范围 地址	比较两个地址区域内的内容
d {a｜b｜c｜d｜D｜f｜p｜q｜u｜w｜W}［地址范围］	显示指定区域的内容，没有指定地址则从上一个显示地址开始，地址无效则显示问号。后一个字母表示显示的形式。da：以 ASCII 字符显示；db：字节量和 ASCII 字符；dc：双字和 ASCII 字符；dd：双字；dD：双精度浮点数；df：单精度浮点数；dp：指针；dq：4 字（8 字节）；du：Unicode 字符；dw：字；dW：字和 ASCII 字符
e {a｜b｜d｜D｜f｜p｜q｜u｜w} 地址［数值］	对指定区域进行修改，后一个字母的含义同 d，没有后一个字母则遵循上一个 e 命令的格式。没有提供数值，则会提示输入
f 地址范围 形式	按指定形式填充指定地址范围的主存
g［=起始地址］［断点地址 ...］［；命令］］	从起始地址开始执行程序，直到遇到断点或结束。没有起始地址，则是 EIP 值；没有断点地址，则不创建断点；断点命令是在断点中止后执行的调试命令
i {b｜w｜d} 地址	只用于核心态，从指定外设地址输入一个字节（b）、字（w）或双字（d）数据
m 地址范围 地址	将指定地址范围的内容移动到另一个地址开始的位置
n［基数］	设置 MASM 表达式默认的进制，基数是 16、10 和 8，没有基数则显示当前的进制
o {b｜w｜d} 地址	只用于核心态，向指定外设地址输出一个字节（b）、字（w）或双字（d）数据

（续）

命　令	作　用
p［＝起始地址］［指令条数］［"命令"］	（不进入函数）从起始地址单步执行指定条数的指令，没有起始地址则是 EIP 值，没有条数则是 1。命令是指单步执行后执行的调试命令
pa［＝起始地址］停止地址［"命令"］	单步执行到指定的停止地址，其他同上
pc［＝起始地址］［指令条数］	单步执行到下一个 CALL 指令，指令条数指需要遇到 CALL 的次数才停止，默认是 1
pct［＝起始地址］停止地址［"命令"］	单步执行到下一个 CALL 或 RET 指令，其他同上
ph［＝起始地址］［指令条数］	单步执行到下一个跳转指令（包括条件转移、无条件转移、调用、返回和系统调用），其他同上
pt［＝起始地址］［指令条数］	单步执行到下一个 RET 指令，其他同上
q	结束调试会话，关闭被调试程序
r［F｜X］［寄存器：＝［数值]]	显示寄存器（含标志寄存器）内容并赋予新值，F 表示浮点寄存器，X 表示 XMM 寄存器
s 地址范围 形式	以指定的形式搜索存储器地址范围的内容
t［＝起始地址］［指令条数］［"命令"］	（进入函数）从起始地址单步执行指定条数的指令，没有起始地址则是 EIP 值，没有条数则是 1。命令是指单步执行后执行的调试命令
ta［＝起始地址］停止地址［"命令"］	单步执行到指定的停止地址，其他同上
tc［＝起始地址］［指令条数］	单步执行到下一个 CALL 指令，指令条数指需要遇到 CALL 的次数才停止，默认是 1
tct［＝起始地址］停止地址［"命令"］	单步执行到下一个 CALL 或 RET 指令，其他同上
th［＝起始地址］［指令条数］	单步执行到下一个跳转指令（包括条件转移、无条件转移、调用、返回和系统调用），其他同上
tt［＝起始地址］［指令条数］	单步执行到下一个 RET 指令，其他同上
u［地址范围｜地址］	反汇编指定虚拟地址范围的机器代码，只给出一个地址则反汇编 8 条指令，没有地址则使用当前地址
uf 地址	反汇编指定地址的函数
up［地址范围｜地址］	反汇编指定物理地址范围的机器代码，只给出一个地址则反汇编 8 条指令，没有地址则使用当前地址
ur［地址范围｜地址］	反汇编指定地址范围的 16 位实模式代码，只给出一个地址则反汇编 8 条指令，没有地址则使用当前地址
ux［地址］	反汇编指定地址的 BIOS 代码的 8 条指令，默认地址是 BIOS 开始位置

WinDbg 调试程序还支持以圆点"."开始的元命令（Meta-Commands）和以惊叹号"！"开始的扩展命令（Extension Commands）。

A. 5　WinDbg 的常规调试操作

启动 WinDbg 后，建议首先通过文件菜单设置符号文件（Symbol File Path）、源程序文件（Source File Path）和可执行文件（Image File Path）的路径，并使用保存工作空间（Save Workspace）命令进行保存，以方便后续操作。

然后，可以通过"文件"菜单的"打开可执行文件"命令调入被调试的可执行文件。打开可执行文件的同时，将打开命令窗口，也将打开一个运行窗口（假设是控制台程序）。由于程序还没有运行，控制台运行窗口只有光标，但随着程序在调试程序中执行将可以输入或显示程序运行结果。当停止调试时，运行窗口被关闭。

如果要进行源程序模式的调试，还需要通过"文件"菜单的"打开源程序文件"命令调入被调试的源程序文件。

1. 断点调试

有了被调试程序，就可以在调试程序中运行。选择调试（Debug）菜单的执行（Go）命令，或者单击执行 ![]按钮，或者按 F5 快捷键，程序开始执行。随着程序的执行，可以在运行窗口进行交互，并一直执行到程序结束。

重新开始程序的执行，需要使用重新执行（Restart）命令。要暂停运行状态的程序，使用中止（Break）命令。如果不再需要对被调试程序进行调试，可以使用停止调试（Stop Debugging）命令，或者关闭调试程序本身也会结束调试过程。默认情况下，关闭调试程序将自动保存工作区（Workspace）文件，记录打开的窗口、设置的断点等情况。

进行程序调试，往往是跟踪程序的动态执行情况，这就需要在程序的关键位置设置断点。打开源程序文件或激活源程序窗，单击工具栏上设置或取消断点按钮 ![]或者按 F9 快捷键，在当前光标所在的语句设置断点，或者如果已经存在断点则是取消断点。也可以选择编辑（Edit）菜单的断点（Breakpoints）命令进行断点设置和编辑。在调试过程中，调试程序会高亮源程序窗和反汇编窗当前行，具有断点的行会是红色（允许的断点）、黄色（禁止的断点）或紫色（当断点与当前程序计数器相同）。源程序语句按照语言的分析进行分色显示。

通常需要在程序的入口位置设置第一个断点，这样利用执行（Go）命令（F5 快捷键）可以将程序暂停在本程序的第一条指令（语句）位置，为真正开始程序的调试做好准备。同时，建议在结束程序的语句位置设置断点，这样可以观察到程序执行的最终结果。如图 A-2 所示是在程序开始位置和结束位置设置有断点，并执行到第一个断点（程序入口）暂停的界面，上面是命令窗、下面是源程序窗。

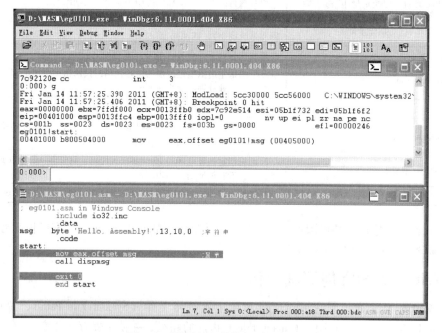

图 A-2　设置断点并执行到程序入口

本示例命令窗下部的命令行提示符是"0：000 >"，表示无进程号和线程号。出现类似"2：0005 >"形式的提示符，则前一个数字表示当前被调试程序的进程号，后一个数字表示当前被调试进程的线程号。命令窗的命令行用于输入调试命令，例如执行（Go）命令相当于命令行输入"g"命令。再如，若没有在程序入口设置断点（未打开源程序文件或者进行汇编模式调试时），可以利用"g@ $ exentry"命令实现执行到程序入口的作用。

命令窗的命令行支持一般的行编辑操作：

- 利用上下键可以调出原来输入的命令。
- 支持退格、删除、插入和左右键进行编辑。
- 使用 ESC 键可以清除当前行的内容。

2. 单步调试

当被调试程序执行到程序入口位置暂停后，就可以进行逐条语句（指令）的执行，实现单步调试了。由于程序中经常需要调用汇编语言的子程序或者高级语言的函数，所以单步调试通常使用单步通过（Step Over）命令（工具栏图标是 ⬚，快捷键是 F10，命令行是"p"命令）。如果要进行子程序或函数的单步调试，才需要使用单步进入（Step Into）命令（工具栏图标是 ⬚，快捷键是 F11 或 F8，命令行是"t"命令）。

每执行一次单步命令，程序执行一条语句（指令）后暂停，显示当前的执行结果。例如命令窗显示有通用寄存器、标志寄存器和段寄存器的内容，还显示出下一条要执行的指令。源程序窗和反汇编窗也将当前行指向新的一行语句（指令）。

可以使用查看菜单的反汇编命令，或者工具栏的反汇编按钮，或者 Alt + 7 快捷键打开反汇编窗。如果在窗口菜单选择了"自动打开反汇编"（Automatically Open Disassembly）命令，这个窗口会被自动激活。反汇编窗有一个"高亮当前源程序语句行的指令（Highlight instructions from the current source line）"命令可以让用户查找当前语句行对应的所有指令。

反汇编窗显示指定区域的机器代码，如图 A-3 所示。反汇编窗显示有 4 列内容，从左到右依次是：偏移地址、机器代码、汇编语言助记符和指令操作数（参数）。在 WinDbg 的反汇编窗中，当前程序计数器（即指令指针寄存器 EIP，标示为"@ $scopeip"）所在的行被高亮为蓝色。该行的右侧显示有被访问的存储单元或寄存器的内容。如果该行包括一个分支指令，则标注有［br = 1］或［br = 0］分别表示该分支发生跳转或者没有发生跳转、顺序执行。

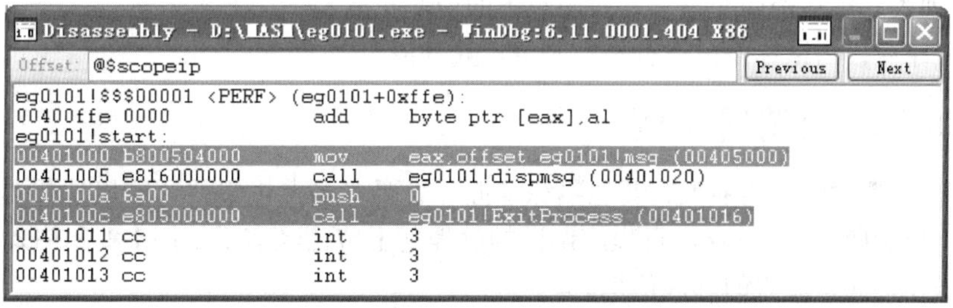

图 A-3　反汇编窗

有时需要执行一部分程序代码后暂停但不希望设置断点，这时可以在源程序窗或反汇编窗中将光标移动要暂停位置的语句，再选择执行到光标（Run to Cursor）命令就可以了。

程序执行结束，就不要继续执行了，否则会进入 Windows 的退出函数而不能自拔。可以选择重新开始，也可以停止调试，或者退出调试程序 WinDbg。

3. 读写寄存器和标志

在程序调试过程中，每当执行暂停，命令窗显示有通用寄存器、段寄存器和标志寄存器的当前内容。打开寄存器窗口，则能够显示所有寄存器的内容，还可以直接修改。例如，命令窗用"efl"表示标志寄存器，等号后是其值，同时用若干符号表示了常用标志的状态（见表 A-4），而寄存器窗则直接用 0 或 1 表达状态，更让人一目了然。

表 A-4　标志的符号及表达的状态

标志	OF	DF	IF	SF	ZF	AF	PF	CF
复位（=0）符号	NV	UP	DI	PL	NZ	NA	PO	NC
置位（=1）符号	OV	DN	EI	NG	ZR	AC	PE	CY

WinDbg 中的寄存器窗用于显示和修改寄存器的内容，寄存器的显示顺序可以定制。另外，WinDbg 中还可以使用观察窗显示寄存器（在名字栏输入"@"后跟小写字母形式的寄存器名），但不能改变寄存器值。

4. 读写存储器和变量

WinDbg 中最方便读写存储器的方法是利用存储器窗口。通过查看（View）菜单的存储器（Memory）命令或工具栏按钮或快捷键都可以打开存储器窗，如图 A-4 所示。

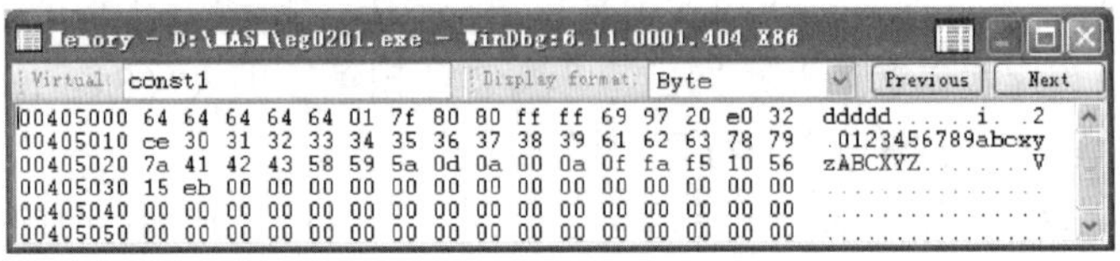

图 A-4　存储器窗

在存储器窗中，虚拟地址（Virtual）栏输入存储器地址或变量名，显示格式（Display format）栏选择读写格式：十六进制（字节、字、双字、4 字），十进制整数（短、长、4 字，无符号），浮点数（10 字节、16 字节、32 字节和 64 字节实数），以及 ASCII 字符等形式。汇编语言的调试中，通常可以选择十六进制字节（Byte）形式，此时后面还将显示每个字节的 ASCII 字符形式。

控制读写的方法如下：

- WinDbg 中的存储器窗显示指定存储器范围的内容，也可以写入该范围内的任何位置。
- WinDbg 中可以使用局部窗显示所有局部变量的名字和值，也可以修改它们的值。"dv"命令也显示所有局部变量的名字和值。
- WinDbg 中可以使用观察窗显示并改变全局和局部变量。观察窗可以显示你希望的任意变量的列表，包括全局变量和任何函数中的局部变量。

选中源程序窗，当鼠标停留在符号上时会计算其值。

A.6　WinDbg 的调试示例

WinDbg 调试程序的功能强大，要想熟练掌握，需要多多上机实践。这里选择本教材中典型的示例程序，演示使用 WinDbg 进行程序调试的过程（上节已经演示了例 1-1 和例 2-1）。希望读者边学习边操作，获得直观的感性认识。

首先，需要按照上节所述设置好符号文件路径、源程序文件路径和可执行文件路径（例如，均设置为 MASM 开发软件所在的目录）。其次，进行源程序级调试时，需要汇编连接时生成调试信息（文件）。

1. 调试例 3-6 理解指令功能

1）启动 WinDbg 调试程序，打开可执行文件（EG0306.EXE）和源程序文件（EG0306.ASM）。

2）在源程序文件窗口设置断点（单击语句，按 F9 键或手形图标），通常至少设置两个：一个在主程序起始位置（即标号 START 对应的指令），另一个在程序执行结束位置（即退出语句 EXIT）。

3）如果在程序起始位置设置了断点，按 F5 键（或 Debug 菜单的 Go 命令）开始调试过程，并暂停在主程序第 1 条指令。如果没有源程序文件或者无调试信息，无法进行断点设置时，可以在命令窗口输入调试命令"g@$exentry"，也同样执行到程序起始位置。

4）观察主要的调试信息窗口，例如命令（Command）窗、反汇编（Disassembly）窗、存储器（Memory）窗或者观察（Watch）窗，了解程序执行前的有关信息。

例如，打开观察窗或者存储器窗，输入 tempc 和 tempf 变量名，查看变量值。

5）按 F10 键（或 Debug 菜单的 Step Over 命令）单步执行一条指令，观察寄存器、变量值等的变化，理解指令功能、感受指令执行结果，或发现程序问题。

6）继续单步执行，或者在关键位置设置断点之后执行到该断点，体会效果。

7）最后在程序执行结束语句前暂停，观察程序运行结果。

例如，图 A-5 是例 3-6 的程序运行结束后的观察窗结果。

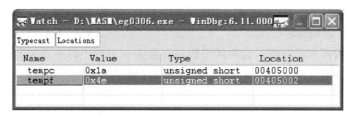

图 A-5 观察窗

8）按 Shift + F5 键（或 Debug 菜单的 Stop Debugging 命令）停止调试过程，或者直接退出 WinDbg 调试程序。

2. 调试例 4-5 理解分支程序

1）如上例所示，启动 WinDbg 调试程序，打开文件（EG0405. EXE 和 EG0405. ASM）、设置断点、开始调试并暂停在第 1 条指令位置。

打开寄存器窗，可以通过定制（Customize）命令展开定制寄存器列表，按照希望的寄存器显示的先后顺序进行排列，以便观察。

2）按 F10 键（或 Debug 菜单的 Step Over 命令）进行单步调试，注意观察寄存器窗的变化，尤其是指令指针寄存器 EIP 和状态标志。

单步执行第 1 条指令（MOV EAX，885），EAX 被赋值 375H，EIP 增量 5（因为第 1 条指令代码是 5 个字节）。

单步执行第 2 条指令（SHR EAX，1），注意标志 CF = 1，EIP 增量为 7。

单步执行第 3 条指令（JNC）。此时，条件转移指令的条件（CF = 0）不成立，将顺序执行下条指令（ADD），EIP = 401009H，如图 A-6a 所示。

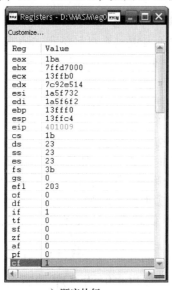

a）顺序执行

b）跳转执行

图 A-6 寄存器窗

按 F5 键继续执行到结束前的断点，本程序运行的控制台窗口显示结果（443）。

3）按 Ctrl + Shift + F5 键（或 Debug 菜单的 Restart 命令）再次从头开始进行调试。

单步执行第 1 条指令（MOV）后，可以在寄存器窗直接修改 EAX 值（例如，376H）。或者单步执行第 2 条指令（SHR）后，直接修改 CF 标志为 0。这时，单步执行第 3 条条件转移指令 JNC 时，条件成立、程序执行发生跳转，EIP = 40100CH，如图 A-6b 所示。

3. 调试例 4-15 理解循环程序

为了理解反汇编窗和汇编模式的调试过程，开发本示例程序时不要加入调试信息，完成后删除源程序文件和目标模块文件，只保留一个可执行文件（EG0415.EXE）。

1）启动调试程序，打开可执行文件（EG0415.EXE），在命令窗输入调试命令 "g @ $ exentry"、执行到程序第 1 条指令暂停，如图 A-7 所示是其反汇编窗。

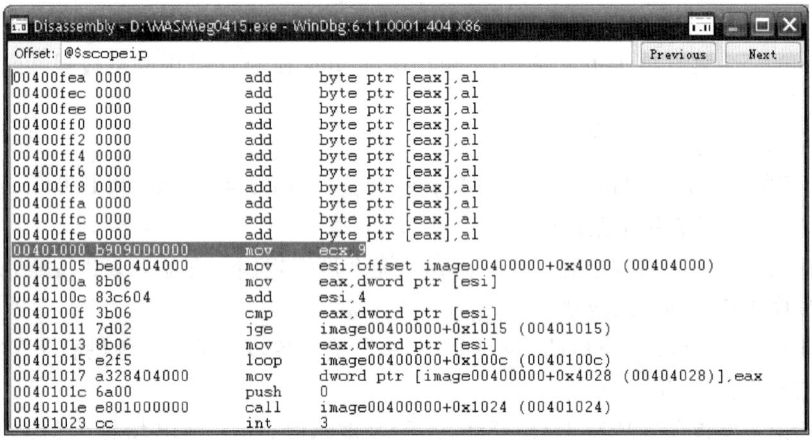

```
Disassembly - D:\WASM\eg0415.exe - WinDbg:6.11.0001.404 X86
Offset: @$scopeip                                              Previous   Next
00400fea 0000         add    byte ptr [eax],al
00400fec 0000         add    byte ptr [eax],al
00400fee 0000         add    byte ptr [eax],al
00400ff0 0000         add    byte ptr [eax],al
00400ff2 0000         add    byte ptr [eax],al
00400ff4 0000         add    byte ptr [eax],al
00400ff6 0000         add    byte ptr [eax],al
00400ff8 0000         add    byte ptr [eax],al
00400ffa 0000         add    byte ptr [eax],al
00400ffc 0000         add    byte ptr [eax],al
00400ffe 0000         add    byte ptr [eax],al
00401000 b909000000   mov    ecx,9
00401005 be00404000   mov    esi,offset image00400000+0x4000 (00404000)
0040100a 8b06         mov    eax,dword ptr [esi]
0040100c 83c604       add    esi,4
0040100f 3b06         cmp    eax,dword ptr [esi]
00401011 7d02         jge    image00400000+0x1015 (00401015)
00401013 8b06         mov    eax,dword ptr [esi]
00401015 e2f5         loop   image00400000+0x100c (0040100c)
00401017 a328404000   mov    dword ptr [image00400000+0x4028 (00404028)],eax
0040101c 6a00         push   0
0040101e e801000000   call   image00400000+0x1024 (00401024)
00401023 cc           int    3
```

图 A-7　无调试信息时的反汇编窗

2）阅读反汇编窗的汇编代码，静态分析程序功能。反汇编窗会跟随光标位置进行反汇编。有时随着光标移动，内容可能会发生变化。这时，可以在偏移地址（Offset）输入指令指针名称（EIP）将反汇编代码定位于当前指令。

通过静态分析得出基本判断，这是一个循环程序，涉及 EAX、ESI 和 ECX 寄存器，访问地址 00404000 ~ 00404028 存储单元，每次 ESI 增量 4 可能是一个双字变量。所以，进行动态跟踪的调试过程中，可以打开寄存器窗和存储器窗（在虚拟地址 Virtual 栏直接输入地址，并在显示格式 Display format 栏选择 Long 类型）。

3）单步或断点调试（必要时在 WinDbg 主界面设置汇编调试模式，即点击 "Source Mode off" 按钮），观察寄存器窗，理解程序功能。

注意，执行到 LOOP 指令时，如果按 F10 键进行单步通过（Step Over）调试，将一次执行完成所有循环，暂停在 LOOP 指令后的下条指令，此时 ECX = 0。如果希望调试循环体本身，可以按 F11 键或 F8 键进行单步进入（Step Into）调试，第一次循环后 ECX 减 1 成为 8，程序进行循环（反汇编窗 LOOP 指令后面有一个［br = 1］标注，说明发生控制转移）。

4）完成循环，执行到程序结束前。观察存储器窗，结果单元（本示例的虚拟地址：00404028）为最大值（本示例是：900）。

4. 调试例 5-7 理解堆栈传递参数

1）启动调试程序，打开文件（EG0507.EXE 和 EG0507.ASM），执行到第 1 条指令位置暂停。

2）动态跟踪程序执行，注意在调用指令（CALL MEAN）时按 F11 键进入子程序单步调试，执行到子程序完成寄存器保护暂停。

3）打开此时的调用（Call）窗，设置显示有关信息，如图 A-8 所示。调用窗提示在 MEAN 子程序中访问堆栈的基址指针 EBP（ChildEBP）=0013FFB4H（可以与命令窗或寄存器窗进行对照），返回地址（RetAddr）是 0040101CH（可以对照反汇编窗），压入堆栈的参数（Args to Child）是 00405000H（数组地址）和 0000000AH（元素个数）。下一个堆栈数据（7C817077H）是系统操作的数据。

图 A-8 调用窗

4）为了进一步了解当前堆栈情况，可以打开存储器窗，在虚拟地址栏输入 esp，并设置显示格式为十六进制双字类型（Long Hex），如图 A-9 所示。该图同样印证了图 A-8 提示的堆栈内容。

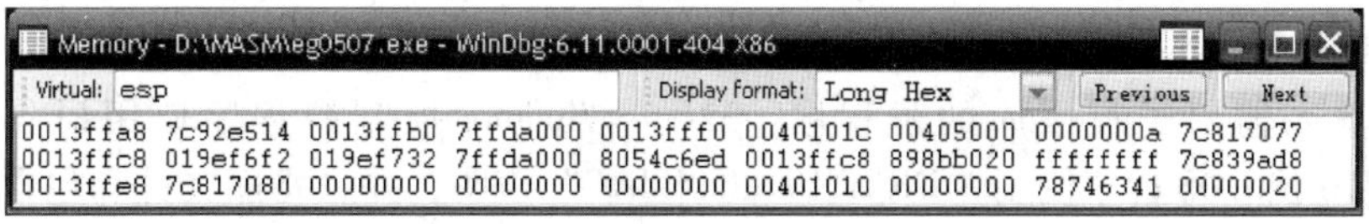

图 A-9 显示当前堆栈内容的存储器窗

5）继续动态跟踪程序执行，可以在子程序返回指令（RET）前后观察寄存器窗和存储器窗，体会堆栈变化和平衡堆栈的操作。

6）本示例主程序最后调用本书配套的子程序（DISPSID），有兴趣的话可以进入调试（没有源程序，只能在反汇编窗查看代码），或者就此结束调试过程。

5. 调试例 6-4 理解 Windows 编程

启动调试程序，执行被调试程序（EG0604.EXE），在其第 1 条指令位置暂停。本示例中需要打开反汇编窗，才能观察到调用 Windows 函数的 INVOKE 语句对应的汇编语言代码，如图 A-10 所示。可以看出，高级语言函数实质也是通过堆栈传递参数，但 Windows 函数不需要调用程序平衡堆栈。

按 F10 键单步执行，程序调用 MessageBox 函数，显示消息窗口，等待用户点击确认完成调用并返回。如果希望以处理器指令为单位单步执行，需要选择汇编调试模式（在 WinDbg 主界面点击"Source Mode off"按钮）。

有兴趣的话，可以按 F11 键进入操作系统函数内部进行动态跟踪。

图 A-10 调用 Windows 函数的反汇编窗

附 录 B

输入输出子程序库

为了便于在汇编语言程序中进行键盘输入和显示器输出编程,本书作者编写了基本的输入输出子程序库。IO32. LIB 和 IO16. LIB 分别是 32 位 Windows 控制台环境和 16 位 DOS 环境的输入输出子程序库文件,并分别配合有 IO32. INC 和 IO16. INC 包含文件。

要使用输入输出子程序库的子程序,32 位 Windows 控制台程序使用语句"INCLUDE IO32. INC"、16 位 DOS 程序使用"INCLUDE IO16. INC"声明,并且将库文件和包含文件保存在当前目录下。

这些子程序的调用方法如下:

```
MOV EAX, 入口参数
CALL 子程序名
```

子程序名以 READ 开头表示键盘输入,DISP 开头表示显示器输出,参见表 B-1。中间字母 B、H、UI 和 SI 依次表示二进制、十六进制、无符号十进制和有符号十进制数,结尾字母 B、W 和 D 依次表示 8 位字节量、16 位字量和 32 位双字量。另外,C 表示字符,MSG 表示字符串,R 表示寄存器。

表 B-1　输入输出子程序

子程序名	参数及功能说明	
READMSG	入口参数:EAX = 缓冲区地址	功能说明:输入一个字符串(回车结束)
	出口参数:EAX = 实际输入的字符个数(不含结尾字符0),字符串以 0 结尾	
READC	出口参数:AL = 字符的 ASCII 码	功能说明:输入一个字符(回显)
DISPMSG	入口参数:EAX = 字符串地址	功能说明:显示字符串(以 0 结尾)
DISPC	入口参数:AL = 字符的 ASCII 码	功能说明:显示一个字符
DISPCRLF	功能说明:光标回车换行,到下一行首位置	
READBB	出口参数:AL = 8 位数据	功能说明:输入 8 位二进制数据
READBW	出口参数:AX = 16 位数据	功能说明:输入 16 位二进制数据
READBD	出口参数:EAX = 32 位数据	功能说明:输入 32 位二进制数据
DISPBB	入口参数:AL = 8 位数据	功能说明:以二进制形式显示 8 位数据
DISPBW	入口参数:AX = 16 位数据	功能说明:以二进制形式显示 16 位数据
DISPBD	入口参数:EAX = 32 位数据	功能说明:以二进制形式显示 32 位数据
READHB	出口参数:AL = 8 位数据	功能说明:输入 2 位十六进制数据
READHW	出口参数:AX = 16 位数据	功能说明:输入 4 位十六进制数据

（续）

子程序名	参数及功能说明	
READHD	出口参数：EAX = 32 位数据	功能说明：输入 8 位十六进制数据
DISPHB	入口参数：AL = 8 位数据	功能说明：以十六进制形式显示 2 位数据
DISPHW	入口参数：AX = 16 位数据	功能说明：以十六进制形式显示 4 位数据
DISPHD	入口参数：EAX = 32 位数据	功能说明：以十六进制形式显示 8 位数据
READUIB	出口参数：AL = 8 位数据	功能说明：输入无符号十进制整数（≤255）
READUIW	出口参数：AX = 16 位数据	功能说明：输入无符号十进制整数（≤65 535）
READUID	出口参数：EAX = 32 位数据	功能说明：输入无符号十进制整数（$\leqslant 2^{32} - 1$）
DISPUIB	入口参数：AL = 8 位数据	功能说明：显示无符号十进制整数
DISPUIW	入口参数：AX = 16 位数据	功能说明：显示无符号十进制整数
DISPUID	入口参数：EAX = 32 位数据	功能说明：显示无符号十进制整数
READSIB	出口参数：AL = 8 位数据	功能说明：输入有符号十进制整数（−128 ~ 127）
READSIW	出口参数：AX = 16 位数据	功能说明：输入有符号十进制整数（−32 768 ~ 32 767）
READSID	出口参数：EAX = 32 位数据	功能说明：输入有符号十进制整数（$-2^{31} \sim 2^{31} - 1$）
DISPSIB	入口参数：AL = 8 位数据	功能说明：显示有符号十进制整数
DISPSIW	入口参数：AX = 16 位数据	功能说明：显示有符号十进制整数
DISPSID	入口参数：EAX = 32 位数据	功能说明：显示有符号十进制整数
DISPRB	功能说明：显示 8 个 8 位通用寄存器内容（十六进制）	
DISPRW	功能说明：显示 8 个 16 位通用寄存器内容（十六进制）	
DISPRD	功能说明：显示 8 个 32 位通用寄存器内容（十六进制）	
DISPRF	功能说明：显示 6 个状态标志的状态	

数据输入时，二进制、十六进制和字符输入规定的位数自动结束，十进制和字符串需要用回车表示结束（超出范围显示出错 ERROR 信息，要求重新输入）。输出数据在当前光标位置开始显示，不返回任何错误信息。入口参数和出口参数都是计算机中运用的二进制数编码，有符号数用补码表示。

另外，子程序将输入参数的寄存器进行了保护，但输出参数的寄存器无法保护。如果仅返回低 8 位或低 16 位参数，高位部分不保证不会改变。输出的字符串要以 0 结尾，返回的字符串自动加入 0 作为结尾字符。

附 录 C

32位通用指令列表

表 C-1　指令符号说明

符　号	说　明
r8	任意一个 8 位通用寄存器 AH/AL/BH/BL/CH/CL/DH/DL
r16	任意一个 16 位通用寄存器 AX/BX/CX/DX/SI/DI/BP/SP
r32	任意一个 32 位通用寄存器 EAX/EBX/ECX/EDX/ESI/EDI/EBP/ESP
reg	代表 r8/r16/r32
seg	段寄存器 CS/DS/ES/SS 和 FS/GS
m8	一个 8 位存储器操作数单元
m16	一个 16 位存储器操作数单元
m32	一个 32 位存储器操作数单元
mem	代表 m8/m16/m32
i8	一个 8 位立即数
i16	一个 16 位立即数
i32	一个 32 位立即数
imm	代表 i8/i16/i32
dest	目的操作数
src	源操作数
label	标号

表 C-2　16/32 位基本指令的汇编格式

指令类型	指令汇编格式	指令功能简介

传送指令	MOV reg/mem, imm
	MOV reg/mem/seg, reg
	MOV reg/seg, mem
	MOV reg/mem, seg
		dest←src

交换指令	XCHG reg, reg/mem XGHG reg/mem, reg	reg←　→reg/mem
转换指令	XLAT label XLAT	AL←DS：[（E）BX + AL]

（续）

指令类型	指令汇编格式	指令功能简介
堆栈指令	PUSH reg/mem/seg PUSH imm POP reg/seg/mem PUSHA POPA PUSHAD POPAD	寄存器/存储器入栈 立即数入栈 出栈 保护所有 r16 恢复所有 r16 保护所有 r32 恢复所有 r32
标志传送	LAHF SAHF PUSHF POPF PUSHFD POPFD	AH←FLAG 低字节 FLAG 低字节←AH FLAGS 入栈 FLAGS 出栈 EFLAGS 入栈 EFLAGS 出栈
地址传送	LEA r16/r32，mem LDS r16/r32，mem LES r16/r32，mem LFS r16/r32，mem LGS r16/r32，mem LSS r16/r32，mem	r16/r32←16/32 位有效地址 DS：r16/r32←32/48 位远指针 ES：r16/r32←32/48 位远指针 FS：r16/r32←32/48 位远指针 GS：r16/r32←32/48 位远指针 SS：r16/r32←32/48 位远指针
输入输出	IN AL/AX/EAX，i8/DX OUT i8/DX，AL/AX/EAX	AL/AX/EAX←I/O 端口 i8/［DX］ I/O 端口 i8/［DX］←AL/AX/EAX
加法运算	ADD reg，imm/reg/mem ADD mem，imm/reg ADC reg，imm/reg/mem ADC mem，imm/reg INC reg/mem	dest←dest + src dest←dest + src + CF reg/mem←reg/mem + 1
减法运算	SUB reg，imm/reg/mem SUB mem，imm/reg SBB reg，imm/reg/mem SBB mem，imm/reg DEC reg/mem NEG reg/mem CMP reg，imm/reg/mem CMP mem，imm/reg	dest←dest − src dest←dest − src − CF reg/mem←reg/mem − 1 reg/mem←0 − reg/mem dest − src
乘法运算	MUL reg/mem IMUL reg/mem IMUL r16，r16/m16/i8/i16 IMUL r16，r/m16，i8/i16 IMUL r32，r32/m32/i8/i32 IMUL r32，r32/m32，i8/i32	无符号数值乘法 有符号数值乘法 r16←r16 × r16/m16/i8/i16 r16←r/m16 × i8/i16 r32←r32 × r32/m32/i8/i32 r32←r32/m32 × i8/i32
除法运算	DIV reg/mem IDIV reg/mem	无符号数值除法 有符号数值除法
符号扩展	CBW CWD CWDE CDQ MOVSX r16，r8/m8 MOVSX r32，r8/m8/r16/m16 MOVZX r16，r8/m8 MOVZX r32，r8/m8/r16/m16	把 AL 符号扩展为 AX 把 AX 符号扩展为 DX.AX 把 AX 符号扩展为 EAX 把 EAX 符号扩展为 EDX.EAX 把 r8/m8 符号扩展并传送至 r16 把 r8/m8/r16/m16 符号扩展并传送至 r32 把 r8/m8 零位扩展并传送至 r16 把 r8/m8/r16/m16 零位扩展并传送至 r32

（续）

指令类型	指令汇编格式	指令功能简介
十进制调整	DAA	将 AL 中的加和调整为压缩 BCD 码
	DAS	将 AL 中的减差调整为压缩 BCD 码
	AAA	将 AL 中的加和调整为非压缩 BCD 码
	AAS	将 AL 中的减差调整为非压缩 BCD 码
	AAM	将 AX 中的乘积调整为非压缩 BCD 码
	AAD	将 AX 中的非压缩 BCD 码扩展成二进制数
逻辑运算	AND reg, imm/reg/mem	dest←dest AND src
	AND mem, imm/reg	
	OR reg, imm/reg/mem	dest←dest OR src
	OR mem, imm/reg	
	XOR reg, imm/reg/mem	dest←dest XOR src
	XOR mem, imm/reg	
	TEST reg, imm/reg/mem	dest AND src
	TEST mem, imm/reg	
	NOT reg/mem	reg/mem←NOT reg/mem
移位	SAL reg/mem, 1/CL/i8	算术左移 1/CL/i8 指定的位数
	SAR reg/mem, 1/CL/i8	算术右移 1/CL/i8 指定的位数
	SHL reg/mem, 1/CL/i8	与 SAL 相同
	SHR reg/mem, 1/CL/i8	逻辑右移 1/CL/i8 指定的位数
循环移位	ROL reg/mem, 1/CL/i8	循环左移 1/CL/i8 指定的位数
	ROR reg/mem, 1/CL/i8	循环右移 1/CL/i8 指定的位数
	RCL reg/mem, 1/CL/i8	带进位循环左移 1/CL/i8 指定的位数
	RCR reg/mem, 1/CL/i8	带进位循环右移 1/CL/i8 指定的位数
串操作	MOVS [B/W/D]	串传送
	LODS [B/W/D]	串读取
	STOS [B/W/D]	串存储
	CMPS [B/W/D]	串比较
	SCAS [B/W/D]	串扫描
	INS [B/W/D]	I/O 串输入
	OUTS [B/W/D]	I/O 串输出
	REP	重复前缀
	REPZ / REPE	相等重复前缀
	REPNZ / REPNE	不等重复前缀
转移	JMP label	无条件直接转移
	JMP r16/r32/m16/m32/m48	无条件间接转移
	Jcc label	条件转移
	JCXZ label	CX 等于 0 转移
	JECXZ label	ECX 等于 0 转移
循环	LOOP label	(E)CX← (E)CX－1；若 (E)CX≠0，循环
	LOOPZ / LOOPE label	(E)CX← (E)CX－1；若 (E)CX≠0 且 ZF＝1，循环
	LOOPNZ / LOOPNE label	(E)CX← (E)CX－1；若 (E)CX≠0 且 ZF＝0，循环
子程序	CALL label	直接调用
	CALL r16/r32/m16/m32/m48	间接调用
	RET	无参数返回
	RET i16	有参数返回
中断	INT i8	中断调用
	IRET	中断返回
	INTO	溢出中断调用

（续）

指令类型	指令汇编格式	指令功能简介
高级语言支持	ENTER i16，i8 LEAVE BOUND r16/r32，mem	建立堆栈帧 释放堆栈帧 边界检测
处理器控制	CLC STC CMC CLD STD CLI STI NOP WAIT HLT LOCK SEG：	CF←0 CF←1 CF← ~ CF DF←0 DF←1 IF←0 IF←1 空操作指令 等待指令 停机指令 封锁前缀 段超越前缀
保护方式类指令	略	略

表 C-3　新增 32 位指令的汇编格式

指令类型	指令汇编格式	指令功能简介
双精度移位	SHLD r16/r32/m16/m32，r16/r32，i8/CL SHRD r16/r32/m16/m32，r16/r32，i8/CL	将 r16/r32 的 i8/CL 位左移进入 r16/r32/m16/m32 将 r16/r32 的 i8/CL 位右移进入 r16/r32/m16/m32
位扫描	BSF r16/r32，r16/r32/m16/m32 BSR r16/r32，r16/r32/m16/m32	前向扫描 后向扫描
位测试	BT r16/r32，i8/r16/r32 BTC r16/r32，i8/r16/r32 BTR r16/r32，i8/r16/r32 BTS r16/r32，i8/r16/r32	测试位 测试位求反 测试位复位 测试位置位
条件设置	SETcc r8/m8	条件成立，r8/m8 =1；否则，r8/m8 =0
系统寄存器传送	MOV CRn/DRn/TRn，r32 MOV r32，CRn/DRn/TRn	装入系统寄存器 读取系统寄存器
多处理器	BSWAP r32 XADD reg/mem，reg CMPXCHG reg/mem，reg	字节交换 交换加 比较交换
高速缓存	INVD WBINVD INVLPG mem	高速缓存无效 回写及高速缓存无效 TLB 无效
Pentium 指令	CMPXCHG8B m64 CPUID RDTSC RDMSR WRMSR RSM	8 字节比较交换 返回处理器的有关特征信息 EDX. EAX←64 位时间标记计数器值 EDX. EAX←模型专用寄存器值 模型专用寄存器值←EDX. EAX 从系统管理方式返回
Pentium Pro 指令	CMOVcc r16/r32，r16/r32/m16/m32 RDPMC UD2	条件成立，r16/r32←r16/r32/m16/m32 EDX. EAX←40 位性能监控计数器值 产生一个无效操作码异常

附录 D

MASM伪指令和操作符列表

表 D-1   MASM 6.11 的主要伪指令

伪指令类型	伪　指　令
变量定义	DB/BYTE/SBYTE、DW/WORD/SWORD、DD/DWORD/SDWORD/REAL4、FWORD/DF、QWORD/DQ/REAL8、TBYTE/DT/REAL10
定位	EVEN、ALIGN、ORG
符号定义	RADIX、=、EQU、TEXTEQU、LABEL
简化段定义	.MODEL、.STARTUP、.EXIT、.CODE、.STACK、.DATA、.DATA?、.CONST、.FARDATA、.FARDATA?
完整段定义	SEGMENT/ENDS、GROUP、ASSUME、END、.DOSSEG/.ALPHA/.SEQ
复杂数据类型	STRUCT/STRUC、UNION、RECORD、TYPEDEF、ENDS
流程控制	.IF/.ELSE/.ELSEIF/.ENDIF、.WHILE/.ENDW、.REPEAT/.UNTIL [CXZ]、.BREAK/.CONTINUE
过程定义	PROC/ENDP、PROTO、INVOKE
宏汇编	MACRO/ENDM、PURGE、LOCAL、PUSHCONTEXT、POPCONTEXT、EXITM、GOTO
重复汇编	REPEAT/REPT、WHILE、FOR/IRP、FORC/IRPC
条件汇编	IF/IFE、IFB/IFNB、IFDEF/IFNDEF/IFDIF/IFIDN、ELSE、ELSEIF、ENDIF
模块化	PUBLIC、EXTEN/EXTERN [DEF]、COMM、INCLUDE、INCLUDELIB
条件错误	.ERR/.ERRE、.ERRB/.ERRNB、.ERRDEF/.ERRNDEF、.ERRDIF/.ERRIDN
列表控制	TITLE/SUBTITLE、PAGE、.LIST/.LISTALL/.LISTMACRO/.LISTMACROALL/.LISTIF、.NOLIST、.TFCOND、.CREF/.NOCREF、COMMENT、ECHO
处理器选择	.8086、.186、.286/.286P、.386/.386P、.486/.486P、.8087、.287、.387、.NO87
字符串处理	CATSTR、INSTR、SIZESTR、SUBSTR

表 D-2   MASM 6.11 的主要操作符

操作符类型	操　作　符
算术运算符	+、-、*、/、MOD
逻辑运算符	AND、OR、XOR、NOT
移位运算符	SHL、SHR
关系运算符	EQ、NE、GT、LT、GE、LE
高低分离符	HIGH、LOW、HIGHWORD、LOWWORD
地址操作符	[ ]、$、:、OFFSET、SEG

（续）

操作符类型	操作符
类型操作符	PTR、THIS、SHORT、TYPE、SIZEOF/SIZE、LENGTHOF/LENGTH
复杂数据操作符	()、<>、.、MASK、WIDTH、?、DUP、'、"
宏操作符	&、<>、!、% 、;;
流程条件操作符	==、! =、>、>=、<、<=、&&、||、!、& CARRY?、OVERFLOW?、PARITY?、SIGN?、ZERO?
预定义符号	@CatStr、@code、@CodeSize、@Cpu、@CurSeg、@data、@DataSize、@Date、@Environ、 @fardata、@fardata?、@FileCur、@FileName、@InStr、@Interface、@Line、@Model、 @SizeStr、@SubStr、@stack、@Time、@Version、@WordSize

附 录 E

列表文件符号说明

汇编过程中可以生成列表文件，其中包含伪指令生成的数据和硬指令生成的机器代码，有时需要使用一些符号表达，常用的符号含义如表 E-1 所示。

表 E-1　列表文件常见符号

符　号	含　义	示　例
=	表示符号常量等价的数值或者字符串	= 000A
[ ]	括号之前的数值表示重复个数，括号内是重复内容	000A [24]
R	现在的地址只是相对地址（Relative）	BA 0032 R
E	现在的地址是子程序等在外部模块（External）中的地址	E8 0000 E
----	汇编时无法确定的地址	BA ---- R
∣	操作数长度前缀指令代码①	66 ∣ 8B 0E 0022 R
&	寻址方式长度前缀指令代码②	67& 8A 03
:	段超越前缀指令代码	26：A1 2000
/	字符串前缀指令代码	F3/AB
C	源程序文件包含的汇编语句	C　.model flat, stdcall
*	汇编程序生成的指令	*　call ExitProcess
1	宏定义包含的指令	1　xor ebx, ebx

①操作数长度前缀指令代码是 66H，表示改变默认的操作数长度。

　　例如，32 位 Windows 操作系统默认是 32 位操作数环境，指令"MOV CX, WVAR"是 16 位操作数，所以 MASM 自动加入操作数长度前缀指令。

　　同样，MS-DOS 平台默认是 16 位操作数环境，指令"MOV ECX, DVAR"是 32 位操作数，所以 MASM 自动加入操作数长度前缀指令。

②寻址方式长度前缀指令代码是 67H，表示改变默认的寻址方式长度。

　　例如，32 位 Windows 操作系统默认采用 32 位有效地址寻址方式，指令"MOV EDI, [SI]"中的 [SI] 是 16 位有效地址寻址方式，所以 MASM 自动加入寻址方式长度前缀指令。

　　同样，MS-DOS 平台默认采用 16 位有效地址寻址方式，指令"MOV DI, [ESI]"中的 [ESI] 是 32 位有效地址寻址方式，所以 MASM 自动加入寻址方式长度前缀指令。

附录 F

常见汇编错误信息

使用 ML.EXE 进行汇编过程中如果出现非法情况，会提示非法编号，并显示 ML.ERR 文件中的非法信息。

非法编号以字母 A 起头，后跟 4 位数字，形式是：Axyyy。其中 x 是非法的情况，yyy 是从 0 开始的顺序编号。

A1yyy 是致命错误（Fatal Errors），常见的致命错误信息如表 F-1 所示。

A2yyy 是严重错误（Severe Errors），常见的严重错误信息如表 F-2 所示。

A4yyy、A5yyy 和 A6yyy 依次是级别 1、2 和 3 的警告（Warnings），常见的警告信息如表 F-3 所示。

表 F-1　常见致命错误信息及中文含义

英 文 原 文	中 文 含 义
cannot open file	不能打开指定文件名的（源程序、包含或输出）文件
invalid command-line option	无效命令行选项（ML 无法识别给定的参数）
nesting level too deep	汇编程序达到了嵌套（20 层）的限制
line too long	源程序文件中语句行超出字符个数（512）的限制
unmatched macro nesting	模块没有结束标识符，或没有起始标识符
too many arguments	汇编程序的参数太多了
statement too complex	语句太复杂（汇编程序不能解析）
missing source filename	ML 没有找到源程序文件

表 F-2　常见严重错误信息及中文含义

英 文 原 文	中 文 含 义
memory operand not allowed in context	不允许存储器操作数
immediate operand not allowed	不允许立即数
extra characters after statement	语句中出现多余字符
symbol type conflict	符号类型冲突
symbol redefinition	符号重新定义
undefined symbol	无定义的符号
syntax error	语法错误
syntax error in expression	表达式中出现语法错误

（续）

英 文 原 文	中 文 含 义
invalid type expression	无效的类型表达式
. MODEL must precede this directive	该语句前必须有 . MODEL 语句
expression expected	当前位置需要一个表达式
operator expected	当前位置需要一个操作符
invalid use of external symbol	外部符号的无效使用
instruction operands must be the same size	指令操作数的类型必须一致（长度相等）
instruction operand must have size	指令操作数必须有数据类型
invalid operand size for instruction	无效的指令操作数类型
constant expected	当前位置需要一个常量
operand must be a memory expression	操作数必须是一个存储器表达式
multiple base registers not allowed	不允许多个基址寄存器（如［BX + BP］）
multiple index registers not allowed	不允许多个变址寄存器（如［SI + DI］）
must be index or base register	必须是基址或变址寄存器（不能是［AX］或［DX］）
invalid use of register	不能使用寄存器
DUP too complex	使用的 DUP 操作符太复杂了
invalid character in file	文件中出现无效字符
instruction prefix not allowed	不允许使用指令前缀
no operands allowed for this instruction	该指令不允许有操作数
invalid instruction operands	指令操作数无效
jump destination too far	控制转移指令的目标地址太远
cannot mix 16- and 32-bit registers	地址表达式不能既有 16 位寄存器又有 32 位寄存器
constant value too large	常量值太大了
instruction or register not accepted in current CPU mode	当前 CPU 模式不支持的指令或寄存器
END directive required at end of file	文件最后需要 END 伪指令
invalid operand for OFFSET	OFFSET 的参数无效
language type must be specified	必须指明语言类型
ORG needs a constant or local offset	ORG 语句需要一个常量或者一个局部偏移
too many operands to instruction	指令的操作数太多
macro label not defined	发现未定义的宏标号
invalid symbol type in expression	表达式中的符号类型无效
byte register cannot be first operand	字节寄存器不能作为第一个操作数
cannot use 16-bit register with a 32-bit address	不能在 32 位地址中使用 16 位寄存器
missing right parenthesis	缺少右括号
divide by zero in expression	表达式出现除以 0 的情况
INVOKE requires prototype for procedure	INVOKE 语句前需要对过程声明
missing operator in expression	表达式中缺少操作符
missing right parenthesis in expression	表达式中缺少右括号
missing left parenthesis in expression	表达式中缺少左括号
reference to forward macro definition	不能引用还没有定义的宏（先定义、后引用）
16 bit segments not allowed with /coff option	/coff 选项下不允许使用 16 位段
invalid . model parameter for flat model	无效的平展（flat）模型参数

表 F-3 常见警告信息及中文含义

英 文 原 文	中 文 含 义
start address on END directive ignored with . STARTUP	. STARTUP 和 END 均指明程序起始位置，END 指明的起始点被忽略
too many arguments in macro call	宏调用时的参数多于宏定义的参数
invalid command-line option value, default is used	无效命令行选项值，使用默认值
expected ' > ' on text literal	宏调用时参数缺少" > "符号
multiple . MODEL directives found : . MODEL ignored	发现多条 . MODEL 语句，只使用第一条 . MODEL 语句
@@ : label defined but not referenced	定义了标号，但没有被访问
types are different	INVOKE 语句的类型不同于声明语句，汇编程序进行适当转换
calling convention not supported in flat model	平展（flat）模型下不支持的调用规范
no return from procedure	PROC 生成起始代码，但在其过程中没有 RET 或 IRET 指令

参 考 文 献

［1］钱晓捷. 微机原理与接口技术——基于 IA-32 处理器和 32 位汇编语言［M］. 5 版. 北京：机械工业出版社，2014.

［2］钱晓捷. 汇编语言程序设计［M］. 4 版. 北京：电子工业出版社，2012.

［3］钱晓捷. 汇编语言简明教程［M］. 北京：电子工业出版社，2013.

［4］Kip R Irvine. Intel 汇编语言程序设计［M］. 温玉杰，等译. 5 版. 北京：电子工业出版社，2007.

［5］Intel. Intel 64 and IA-32 Architectures Software Developer's Manual Volume 1：Basic Architecture（253665. pdf）［P/OL］. http：//developer. intel. com，2010.

［6］Richard C Detmer. 80x86 汇编语言与计算机体系结构（英文版）［M］. 北京：机械工业出版社，2004.

［7］Barry B Brey. Intel 微处理器（英文版·第 7 版）［M］. 北京：机械工业出版社，2006.

推荐阅读

计算机组成基础（原书第2版）

作者：孙德文 等 ISBN：978-7-111-53347-4 定价：39.00元

本书系统地介绍了计算机的基本组成原理和内部工作机制，包括计算机系统概论、运算基础、数值的机器运算、存储系统和结构、指令系统、中央处理器、I/O接口、外围设备和总线。在此基础上，为了加强理论与应用实践的联系，反映计算机技术的新发展——新的处理器芯片和控制芯片组层出不穷，计算机的应用遍地开花，应用技术更有了长足的进步，第2版新加了一章"计算机硬件系统举例——PC主板和CPU"。

针对我国高等教育进入大众化的现实以及计算机学科迅速发展的特点，本书在内容组织和编写过程中尽可能做到深入浅出、贴近实际，在保证基本体系和基础内容的前提下，有选择地介绍学科的新发展和新技术。

数据结构与算法：Python语言描述

作者：裘宗燕 ISBN：978-7-111-52118-1 定价：45.00元

本书基于Python语言介绍了数据结构与算法的基本知识，主要内容包括抽象数据类型和 Python 面向对象程序设计、线性表、字符串、栈和队列、二叉树和树、集合、排序以及算法的基本知识。本书延续问题求解的思路，从解决问题的目标来组织教学内容，注重理论与实践的并用。

计算机科学导论：基于机器人的实践方法

作者：陈以农 等 ISBN：978-7-111-43588-4 定价：35.00元

这是一本基于机器人的计算机科学入门课程教材/实验教学教材，既介绍原理又要实现原理，分为原理和实验两部分。这样学生在学完一个原理之后，就要动手实践这个原理。该课程的实验部分主要基于微软的机器人开发环境MRDS、VPL可视化编程语言以及乐高机器人。

推荐阅读

深入理解计算机系统（原书第3版）

作者：[美] 兰德尔 E. 布莱恩特 等　译者：龚奕利 等　书号：978-7-111-54493-7　定价：139.00元

理解计算机系统首选书目，10余万程序员的共同选择

卡内基-梅隆大学、北京大学、清华大学、上海交通大学等国内外众多知名高校选用指定教材

从程序员视角全面剖析的实现细节，使读者深刻理解程序的行为，将所有计算机系统的相关知识融会贯通

新版本全面基于X86-64位处理器

　　基于该教材的北大"计算机系统导论"课程实施已有五年，得到了学生的广泛赞誉，学生们通过这门课程的学习建立了完整的计算机系统的知识体系和整体知识框架，养成了良好的编程习惯并获得了编写高性能、可移植和健壮的程序的能力，奠定了后续学习操作系统、编译、计算机体系结构等专业课程的基础。北大的教学实践表明，这是一本值得推荐采用的好教材。本书第3版采用最新x86-64架构来贯穿各部分知识。我相信，该书的出版将有助于国内计算机系统教学的进一步改进，为培养从事系统级创新的计算机人才奠定很好的基础。

—— 梅 宏　中国科学院院士/发展中国家科学院院士

　　以低年级开设"深入理解计算机系统"课程为基础，我先后在复旦大学和上海交通大学软件学院主导了激进的教学改革……现在我课题组的青年教师全部是首批经历此教学改革的学生。本科的扎实基础为他们从事系统软件的研究打下了良好的基础……师资力量的补充又为推进更加激进的教学改革创造了条件。

—— 臧斌宇　上海交通大学软件学院院长